本书是国家社会科学基金后期资助项目（16FZX037）结项成果、《人生最优化原理》《社会最优化原理》《人生最优学新论》姊妹作。

ZUIYOUXUE
TONG LUN

最优学通论

张瑞甫　张倩伟　张乾坤　著

人民出版社

责任编辑:侯俊智
助理编辑:程　露
封面设计:王春铮
责任校对:秦　婵

图书在版编目(CIP)数据

最优学通论/张瑞甫,张倩伟,张乾坤 著. —北京:人民出版社,2021.12
ISBN 978－7－01－023161－7

Ⅰ.①最… Ⅱ.①张…②张…③张… Ⅲ.①最佳化-研究 Ⅳ.①N032

中国版本图书馆 CIP 数据核字(2021)第 026021 号

最优学通论
ZUIYOUXUE TONGLUN

张瑞甫　张倩伟　张乾坤　著

人民出版社 出版发行
(100706　北京市东城区隆福寺街 99 号)

涿州市旭峰德源印刷有限公司印刷　新华书店经销

2021 年 12 月第 1 版　2021 年 12 月北京第 1 次印刷
开本:710 毫米×1000 毫米 1/16　印张:29
字数:422 千字

ISBN 978－7－01－023161－7　定价:90.00 元

邮购地址 100706　北京市东城区隆福寺街 99 号
人民东方图书销售中心　电话 (010)65250042　65289539

题　记

"天之降罔，维其优矣。"

——《诗经·大雅·瞻卬》

"社会化的人，联合起来的生产者，将合理地调节他们和自然之间的物质变换，把它置于他们的共同控制之下，而不让它作为一种盲目的力量来统治自己；靠消耗最小的力量，在无愧于和最适合于他们的人类本性的条件下来进行这种物质变换。"

——卡尔·马克思

1

题 词

《最优学通论》，是一本系统研究最优化的著作。此书具有重大的学术创新意义和现实价值。

成中英

二〇一一年九月二十八日
于曲阜孔子研究院

（成中英，国际中国哲学会荣誉会长、世界著名哲学家
美国哈佛大学博士、夏威夷大学教育英文《中国哲学
季刊》主编）

序 言 一

　　中共中央《关于全面深化改革若干重大问题的决定》明确提出："以人为本""统筹谋划""最大限度调动一切积极因素""实现效益最大化和效率最优化"。这不仅是对全面深化改革的要求，而且适用于人生、社会与环境文明建设，是中国特色社会主义建设的又一重要理论创新，需要长期坚持，大力研究，全面深入贯彻落实。《最优学通论》一书，可谓一部系统研究人生、社会与环境文明建设"最优化"的学术专著；它不仅是作者的全国和省部级奖图书《人生最优化原理》《社会最优化原理》《人生最优学新论》和其他相关研究成果的姊妹作，而且是作者的又一部原创力作。

　　本书具有三个方面的突出特点。

　　其一，选题新颖，意义重大。

　　本书强调，"最优学，堪称最优化的科学形态，或曰最优化哲学；它是一门研究最优化的普遍现象、本质特点、基本规律及其主要范畴和相应理论、原则与方法的新兴科学。它既是理论化、系统化的最优观，又是最富有成效魅力的最优化方法论，是最优观与最优化方法论的有机统一"。最优学研究，力图以客观世界的最优化现象、本质和规律为根据，以古今中外散见的最优化理论、原则与方法特别是哲学、管理科学、运筹学、系统论、未来学的最优化理论、原则与方法为参照，以马克思主义相关理论为指导，以作者的早期相关研究成果为开端，以自身特有的最优化理论、原则与方法为主干，对最优学的缘起、由来与创立，内在规定与强力支持系统，最优学研究对象的原本形态、基本规律与最优学的主要范畴，最优学的根本关注：主体与客体、认识与实践的最优化，最优学的基本理论与通用原则，最优学的一般方法、主要方法、简易方法与高级方法，以及最优学的核心宗旨：人生建设的最优化，最优学的宏观指向：经济、政治、文化、社会与生态文明建设的最优化，最优学的重点聚焦：生产、经营、生活与交往方式的最优化，最优学的价值追索：资源开发与利用的最优化，最优学的重要保障：管理、改革、开放与创新的最优化，最优学的系统整合、未来发展及其歌诀千字文等，进行了全方位系统化论析。

本书创造性地提出："狭义最优化的取向要求是最正确科学地认识世界、改造世界、创造世界，最大限度地造福于人类社会；基本方略是以人为本，统筹兼顾，全面、协调、可持续最优发展；实质要义是按照人类最大价值效益取向与事物一定属性特点相统一的规定，向最好努力，向最坏预防；核心精髓是，以最少的人力、物力、财力、时间投入、消耗，获得最大的人生、社会与环境价值效益；目的归宿是实现人生、社会与环境永续最美好化。"

本书不仅对充分深化、拓展和提升最优化研究具有重要理论创新价值，而且对弘扬马克思主义最优化思想和科学发展观，全面深入贯彻落实习近平新时代中国特色社会主义思想，尤其是中共中央《关于全面深化改革若干重大问题的决定》提出的"实现效益最大化和效率最优化"要求和党的十九大报告有关精神，具有特定现实意义。

其二，内容丰富，逻辑严谨。

本书大致分为四大部分十章。第一部分，即绪论至第四章，堪称最优学的本体论、认识论、实践论、方法论、价值论的基础理论、原则与方法部分；第二部分，即第五章至第八章，可谓最优学的应用理论、原则与方法部分；第三部分，即第九章，堪称最优学的保障理论、原则与方法部分;第四部分,即第十章,可谓最优学的概括、升华、展望与学记歌诀部分。四大部分十章,既相互独立,又相互联系,彼此构成由缘起、由来与创立,到基础理论、原则与方法,应用理论、原则与方法,重要保障理论、原则与方法,再到系统整合、未来发展及其歌诀千字文,本体论与认识论、实践论相结合,方法论与价值论相统一,共同建构起最优学通论四部一统十位一体的新体系。

其三,形式活泼,语言生动。

本书不仅突破了以往一些相关研究成果部分与整体相割裂、理论与实践相分离平均用力的单调僵化模式,有利于突出重点、全面兼顾;而且合乎最优学的内在规定和必然要求,有利于全面优化各部分内容之间的篇幅比重和相互关系,增强其高度系统有机性。全书文理交叉,理实互补,中间适当穿插少量格言诗句,特别是其结尾部分的最优学歌诀千字文,不仅顺应了未来科技文化既高度分化,又多元交叉互补、综合发展创新的大趋势,沿袭和发展了"文史哲不分家""文理科相通融",言之有文、行而致远的优良写作传统,而且具有画龙点睛、锦上添花之作用,有利于升华内容、活跃形式、彰显哲理文采,增强视觉冲击力、思想感染性和语言表达艺术效果,便于解读、学习、记忆和应用、传播。

本书作为国内外第一部系统研究最优学的学术专著,诚然也有某些缺点和不足,有的方面还需要进一步丰富、深化和升华,但总体上却堪称一部难能可贵、值得一读的学术原创专著。

邢贲思

(本文作者系著名马克思主义理论家、哲学家,
中共中央党校原副校长、《求是》杂志原总编)

序 言 二

吾与瑞甫先生，谊属桑梓，曾共游学于圣人故里。文理不同科，先生主修文哲，学以至圣人之道也；吾则忝列格物门墙，隶首作数，然暌违三十余载。

盛世逢春，岁在辛丑。先生携《最优学通论》书稿来访，言专纂之事，十载有余，历尽艰辛，遂成其志，专纂完成。皇皇四十余万言，字字穷千辛，有望成册，付梓面世，托吾以序言。吾本出身理科，虚识最优化之术，感其行而知其艰难，赞其举而赏其大作，心有惺惺惜焉。然序言之请，终觉诚惶诚恐，不敢弄斧于班门，献丑于先生。几番嘱托，推辞不得，遂受命动笔，深感荣幸，爰书数语，以为序言。

芸芸众生，无论达官显贵，亦或贩夫走卒，追逐"最优"，乃为天理。然其目标、约束与达成目标之术皆异，故成缤纷之人生也。先生之《最优学通论》一书，乃为国家社会科学基金新兴学科研究项目，为一部从哲学层面揭示自然界、人类社会和人生领域最优化现象、本质、特点与规律、范畴，系统论析最优化理论、原则与方法的原创性专著。它对于拓展和升华最优化研究，尤其是定性与定量最优化相结合、文科与理科最优化相交叉的综合最优化研究，具有重要之学术创新价值与重大现实意义。

先生沐浴圣人之恩泽，行走于天地之间，以聪明才智，立德立功立言，吾愿其《最优学通论》意义深远而将趋于无穷矣。

（本文作者系著名运筹学专家，中国科学院
大学数学科学学院执行院长、博士生导师）
2021 辛丑年于北京

目　　录

绪　　论

创新，不仅是一个民族进步的灵魂，一个国家兴旺发达的不竭动力，而且是全人类和整个社会发展的永恒主题与重要标志。英国当代著名科学家贝弗里奇有一句名言："在科学上，最受尊崇、最受欢迎的进展莫过于对新定律和新原理的认识，以及某些对人类最有实际用处的新事实的发现。"① 然而，"万事开头难"②，新兴科学的创立尤其如此；但令人鼓舞的是，难易总是相对的，在这个意义上，只要"按照事物的真实面目及其产生情况来理解事物，任何深奥的哲学问题……都可以十分简单地归结为某种经验的事实"③，都会得到科学合理的诠释和化解。最优学作为一门原创性科学，它像其他任何一门新兴科学一样，只要解放思想，实事求是，上下求索，潜心参悟，悉心研究，勇于创新，所有困难都可以克服，一切问题都能够解决：不仅最优学的缘起、由来可以发现和揭示，最优学的创立能够实现，最优学的内在规定尤其是概念含义与研究对象及其本质特点、构成体系与学科定位可以解读、建构和确定，最优学的强力支持系统特别是其哲学依据、人文科技关怀、历史确证与现实走势能够合理阐释，而且正是它们历史地构成了最优学诞

---

① ［英］贝弗里奇著：《科学研究的艺术》，陈捷译，科学出版社 1979 年版，第 137 页。
② 《马克思恩格斯选集》第 2 卷，人民出版社 2012 年版，第 81 页。
③ 《马克思恩格斯文集》第 1 卷，人民出版社 2009 年版，第 528 页。

生的参照系统，逻辑地成为最优学的研究起点和所要解决的首要问题。

一、最优学的缘起、由来与创立

人类诞生 400 万年的认知历史和生产、生活与交往实践表明，人们所赖以生存和发展的客观世界①，不仅无始无终、无边无际、千姿百态、千变万化、奥妙无穷，而且普遍联系、自己运动、自我完善、相互转化、螺旋式上升、波浪式前进、永恒发展。对此，恩格斯精辟地描述道："当我们通过思维来考察自然界或人类历史或我们自己的精神活动的时候，首先呈现在我们眼前的，是一幅由种种联系和相互作用无穷无尽地交织起来的画面，其中没有任何东西是不动的和不变的，而是一切都在运动、变化、生成和消逝"，"除了生成和灭亡的不断过程、无止境地由低级上升到高级的不断过程，什么都不存在"；"在这种变化中，尽管有种种表面的偶然性，尽管有种种暂时的倒退，（但）前进的发展终究会实现"。②列宁则明确指出："发展是按所谓螺旋式，而不是按直线式进行的"③，"世界"是"永恒发展的"④。在这个神奇的世界中，无时不存在着最优化的形态，涌动着最优化的潜流，蕴含着最优化的规定；无处不显现着最优化的倾向，甚至在某些方面直接呈现出最优化的

① 自1927年以来，先后由比利时天文学家勒美特、美国科学家伽莫夫、古思、温伯格等人提出的，西方广为流行的所谓"宇宙大爆炸理论"中的宇宙，仅仅指时空有限的人类生活其中的可观测到的小宇宙。它只是人们通常所说的宇宙的一个组成部分，而非真正的哲学语义的整个宇宙。这个小宇宙，大约有138亿年（一说140亿年）的历史，200多亿光年（一说465亿光年）的空域。世界"永恒发展"的最深刻的直接原因，在很大程度上就在于自身的"大爆炸"；最深刻的间接原因，则在于爆炸前暗物质的能量极度聚集收缩，它是"大爆炸"的前提。本书最优化的客观依据所涉及的宇宙或曰整个客观世界，指大小宇宙的统一体。有关大小宇宙的界说，可参见美国学者 S. G. 布拉什《宇宙的内涵》一文；李竞主编：《宇宙探索》，科学技术文献出版社1999年版，第183~197页和其他相关文献。
② 分别见《马克思恩格斯文集》第3卷，人民出版社2009年版，第538页；第4卷，第270、298页。
③《列宁选集》第2卷，人民出版社2012年版，第423页。
④《列宁全集》第55卷，人民出版社1990年版，第91页。

性质特点。事物存续、运动、变化、发展的内容、形式、特点，尽管多种多样，其向位、层面和过程虽然不尽相同，实际结果未必完全合乎最优化的要求，未必时时处处与最优化相吻合，甚至在一定时间、地点、条件下，在某些方面和一定程度与最优化相去甚远，乃至背道而驰；但是，它们却毫无例外地反映着最优化的多元多维属性特点，受制于内外最优化规律的支配。

事物的非最优化状态，并非出自它所固有的本质规定，而是要么发端于与外部最优化因素相对立的内在最优化因素的非自觉性、非自主性、弱势性、消极被动性，构成结构的紊乱无序、系统功能的相互抵触、能量不必要的内耗空耗，或新质对旧质的更替；要么来源于外部因素最优化强加给它的异己力量的冲击，或外部因素最优化对内部因素最优化的强势影响、制约和决定性胜利。事物的非最优化，尽管相对于事物的由发生、发展转入衰落、消亡的具体有限过程，带有某些确定不移的必然性，但相对于物质不灭和能量守恒与转化定律，以及它的形态属性最优化，却又是随机偶然的，它不过是更大时空尺度上的最优化在一定向位、层面和过程的曲折、迂回运动、变化、发展或多元化、多维度、变形化、转轨化、更新化的特殊表现形式。客观世界的普遍联系、自己运动、自我完善、相互转化、螺旋式上升、波浪式前进、永恒发展，实质上是客观世界自身最优化的规定性不断展开、交合、重组、嬗变、升华的过程，是客观世界自在形式无限趋向最优化的忠实表现。在这个意义上，任何事物的一定属性特点，尤其是质、量、度、关节点、空间形状、位序、结构及其关系、比例、环境的自在形式、变化趋势、发展过程，都是其内外不同因素最优化交互作用的结果。

大自然把宇宙的最高智慧赋予人类，同时也把自主权交给了人类，但它并不必然地保证人类永远拥有这种至高无上的智慧、权力和尊位。它似乎不愿再过多地眷顾和干预人类，而是寄希望于人类凭借自身的崇高智慧来全面觉醒，领悟宇宙、省察自然、观照自我、明悉社会、洞察环境，不断彰显自身、完善自身、实现自身。地球生物原始霸主恐龙的

3

灭绝，给人类以极大的反面警示。马克思曾极其深刻地指出："历史本身是自然史的即自然界生成为人这一过程的一个现实部分"，"是自然界对人来说的生成过程"。① 人类作为宇宙之最、天之骄子、万物之灵、大自然亿万斯年演化出来的最高产物，理应法天行健、自强不息，尊地势坤、厚德载物，按照自然、人类及其社会最优化的本质要求，结合事物属人性的最佳趋向，最优质态，最佳量、度、关节点，最良空间形状、位序，以及最优结构、关系、比例，最佳环境与发展过程等，全方位建构和实现人生、社会与环境的最优化。

然而，令人极为惊诧和十分遗憾的是，由于人类认识的诸多迷茫，实践的大量非理性化、非科学化、非人性化，手段、方式、方法的高度历史局限性，人类社会和人的思维、语言、行为，除了相当有限的最优化文明成果之外，至今却仍存在着诸多非最优化因素，甚或与最优化大相径庭、截然相反的种种流弊。人类社会远未达到其内外条件当时和现今所允许、所应当、所能够达到的最优化高度。它一直在血与火、战争与和平、破坏与建设、黑暗与光明、专制与民主、失败与成功、对立与统一的各种矛盾交织中，艰难地向前发展；人的思维、语言、行为一直在原始与现代、野蛮与文明、盲目与自觉、经验与科学、低效与高能、个人本位与社会本位、狭隘自私与顾全大局、竞争敌对与协作互利中艰难曲折地向前行进。对此，恩格斯告诉人们：不仅"人们自身的社会结合一直是作为自然界和历史强加于他们的东西而同他们相对立"，而且"人们自己的社会行动的规律，这些一直作为异己的、支配着人们的自然规律而同人们相对立"；"到目前为止的一切生产方式，都仅仅以取得劳动的最近的、最直接的效益为目的。那些只是在晚些时候才显现出来的、通过逐渐的重复和积累才产生效应的较远的结果，则完全被忽视了"。② 美国当代社会学家雷蒙德·艾迪斯痛切地说道："我们在某

---

① 《马克思恩格斯全集》第3卷，人民出版社2002年版，第308页。
② 《马克思恩格斯文集》第9卷，人民出版社2009年版，第300、562页。

一方面战胜了物质世界，在某种程度上也战胜了错综复杂的生物现实世界。但是，我们似乎不能得到一种能使我们生命发挥最大效益的智慧"；"我们不能像处理（自然界的）'复杂的'问题（例如，怎样快速拍摄木星照片）那样，有效地处理'简单的'社会问题"，"当我们着手解决人类社会的问题时，并不比两三千年以前好多少。世界仍然是一个充满苦难的海洋"。① 新世纪、新千年的到来，并没有给人类带来多少福音。大量失业、食品安全、药品用品隐患、金融危机、贸易摩擦、高科技垄断、恶性竞争、制度腐败、政治高压、独裁专制、相互倾轧、局部战争、军备竞赛、恐怖活动、利益冲突、零和博弈、负和博弈、资源浪费、环境污染、生态破坏、重大疫情频发，特别是逆历史潮流而动的反全球化行径、"单边贸易主义""自杀性炸弹爆炸"袭击、战争冲突，以及得过且过、不思进取、不求优化、蔽于最优、原始低效等非最优化弊端，依然是阻挠和困扰人生、社会与环境最优化的最大障碍。所有这些，既从反面严重影响着人生、社会与环境最优化的历史进程，从一定的向位、层面和过程反映着最优化之间的多样化矛盾冲突，又确然无疑地昭示出人类对人生、社会与环境最优化的主体能动性作用，以及人生、社会与环境最优化的巨大潜力和无限广阔的发展空间。

　　人们不禁要问：人类怎样才能顺天应人，遵循宇宙、自然最优化的客观规律，全面而又彻底地消除人生、社会与环境的一切非最优化弊端，力避地球生物原始霸主恐龙覆灭的悲剧在人类社会重演，最大限度地确保人类及其社会永远立于至高无上的宇宙尊位？怎样才能最正确科学地设计、确立与修正属于自身的最佳目标，规划、实践与调控属于自身的最优道路？怎样才能最充分地培植属于自身的最优要素，组合属于自身的最佳结构，利用属于自身的最良功能，营造属于自身的最良环境，控制属于自身的最优过程，建立和运用一整套属于自身的最优化理论、原则与方法体系和整个最优化系统，全方位实现人生、社会与环境

---

① 引自张向东主编：《二十世纪社会思潮》，中国人民大学出版社1991年版，第1页。

的最优化？对于这样一系列关系人类前途命运的重大问题尤其是后两者，跨入新世纪、新千年的历史新人，不能不作出无愧于历史的、划时代的、合乎逻辑的正确科学回答。

最优学就是在这样的宇宙、自然、人生与社会背景条件下，在人生、社会与环境全方位最优化的呼唤声中，经过笔者长期艰辛探索研究，伴随其姊妹作《人生最优化原理》①《社会最优化原理》②《中外名人的人生之路：人生最优化相关范例评介》③《人生最优学新论》④ 和其他相关研究成果⑤的问世，缘起、由来与创立的。

二、最优学的内在规定

最优学的内在规定，主要包括和涉及最优学的概念含义与研究对象及其本质特点，最优学的构成体系与学科定位。它决定着最优学的内容性质、形式样态、发展方向和建构路径，是最优学最重要的组成部分之一。

（一）最优学的概念含义与研究对象及其本质特点

最优学的概念含义与研究对象及其本质特点，即最优学的内在含义与所要研究的内容及其本质特性。它是最优学不可缺少的构成元素。

1. 最优学的概念含义

最优学有着自身特有的概念含义。

最优学的概念含义元素，相当丰富。恩格斯曾指出："从历史上和

---

① 张瑞甫著：《人生最优化原理》，山东人民出版社 1990 年第 1 版，1991 年第 2 版。
② 张瑞甫著：《社会最优化原理》，中国社会科学出版社 2000 年版。
③ 张瑞甫主编：《中外名人的人生之路：人生最优化相关范例评介》，内蒙古人民出版社 2010 年版。
④ 张瑞甫、张倩伟、张乾坤著：《人生最优学新论》，人民出版社 2015 年版。
⑤ 详见本书后主要参考文献（二）：张瑞甫在《人民日报》《光明日报》《北京大学学报》《新华文摘》《新兴学科》《世界儒学大会学术论文集》等发表的相关论文。

实际上摆在我们面前的、最初的和最简单的关系出发"，可以"使最难的问题变得……简单明了"。① 最优学的"最"字，在我国，最早见于《庄子·天下篇》中的"惠施之口谈，自以为最贤"和《史记·五帝纪》中的"蚩尤最为暴"之语；意为极其、极端，后引申为极为、极致、极度、无比等。"优"字，最初见于《诗经·大雅·瞻卬》中的"天之降罔，维其优矣"一说；意为合理、优秀，后引申为理想、卓越、美好。"最优"二字合为一词，最早见于《新唐书·赵憬传》中的"课最尤（优）者，擢以不次"一语；意为出类拔萃、超凡脱俗、位居第一，后引申为至高无上、无比美好等。在西方，英语中的"最"字（Most），除极其、极端、极为、极致、极度、无比意蕴之外，还具有尽量、彻底、全方位、尽可能等寓意；"优"字（Excellent）具有好、快、多、省，佳、良、善、美、精，经济、便宜、耐用、舒适、可靠、实惠、便利、有效，适当、适度、适中，协调、和谐、有序，高级、健全、充分、全面、完善、强盛，正确、科学，小投入、少消耗、大价值、高效率、大收益，伟大、崇高、独特、新颖、可持续、永恒等寓意。

　　"最优"（Best）二字合为一词，意为极优、至优、全优、无比优越、尽可能优化等。最优化（Optimization），即最美好化或曰向最美好方面变化。

　　最优学的概念含义特征，十分突出。最优学，堪称最优化的科学形态，或曰最优化哲学；它是一门研究最优化的普遍现象、本质特点、基本规律及其主要范畴和相应理论、原则与方法的新兴科学。它既是理论化、系统化的最优观，又是最富有成效魅力的最优化方法论，是最优观与最优化方法论的有机统一。最优学研究，力图以客观世界的最优化现象、本质和规律为根据，以古今中外散见的最优化理论、原则与方法特别是哲学、管理科学、运筹学、系统论、未来学的最优化理论、原则与方法为参照，以马克思主义相关理论为指导，以作者的早期相关研究成果为开端，以自身特有的最优化理论、原则与方法为主干，对最优学的缘起、由来与创立，内在规定与强力支持系统，最优学研究对象的原本形态、基本规律与最优学的主要范畴，最优学的根本关注：主体与客体、认识与实践的最优化，最优学的基本理论与通用原则，最优学的一般方法、主要方法、简易方法与高级方法，以及最优学的核心宗旨：人生建设的最优化，最优学的宏观指向：经济、政治、文化、社会与生态文明建设的最优化，最优学的重点聚焦：生产、经营、生活与交往方式的最优化，最优学的价值追索：资源开发与利用的最优化，最优学的重要保障：管理、改革、开放与创新的最优化，最优学的系统整合、未来发展及其歌诀千字文等，进行全方位系统化论析。它对于充分深化、拓展和提升最优化研究，弘扬马克思主义最优化思想和科学发展观，全面深入贯彻落实习近平新时代中国特色社会主义思想，尤其是中共中央《关于全面深化改革若干重大问题的决定》提出的"以人为本""统筹谋划""最大限度调动一切积极因素""实现效益最大化和效率最优化"要求和中共"十九大报告"精神，实现人生、社会与环境最优化，具有重要理论创新价值和特定现实意义。

"最优学"无论在我国汉语《辞源》《辞海》中，还是在英语大词典中都查无此词。最优学作为一门科学，不愧为国内外首次系统研究最优化的原始创新科学[①]。最优学通论，即对最优学的通体研究论析；它是最优学的思想理论基础，决定着整个最优学的构成体系与发展方向。

2. 最优学的研究对象及其本质特点

最优学的研究对象，是一般最优化为主的最优化问题。

最优化，既是最理想化的一定模式、状态、境界、趋向，又是合目的性与合规律性、选择性与创造性相统一的一定目标、要素、结构、功

[①] 20世纪前期，美国管理学家霍普夫（Hopf）虽然曾提出过最优学相关问题，但他并没有对其作出过直接研究，更谈不上系统论析，充其量只是对"工商企业管理"的某些最优化问题作出些有益探讨。

能、环境、过程、整体；既是一种客观存在，又是一种最高价值追求和尖端科学形态。最优化，就其广义而言，指的是自然界、人类社会和人的思维、语言、行为等宇宙间一切事物的最佳规定属性；就其狭义而论，指的是人类社会和人的思维、语言、行为的最理想化状态。① 最优化，不仅反映事物的自在现象、本质属性和固有规律，而且彰显着人类终极关怀、普遍价值；它是人类一切认识和实践活动的最高诉求、愿景、源泉、动力和理论、原则与方法，是人类古老而又常新的永恒主题。

最优学的研究对象的本质特点，即最优化的本质特点；它作为最优化区别于其他事物的根本特性，主要通过狭义最优化的取向要求、基本方略、实质要义、核心精髓、目的归宿呈现出来。狭义最优化的取向要求是最正确科学地认识世界、改造世界、创造世界，最大限度地造福于人类社会；基本方略是以人为本，统筹兼顾，全面协调可持续最优发展；实质要义是按照人类最大价值效益取向与事物一定属性特点相统一的规定，向最好努力，向最坏预防；核心精髓是以最少的人力、物力、财力、时间投入、消耗，获得最大的人生、社会与环境价值效益；目的归宿是实现人生、社会与环境永续最美好化。

无数事实和大量研究成果一再表明并将继续表明：人类千百万年的文明史，归根结底是一部自觉或不自觉的认知、追求和不断提升人生、社会与环境最优化的历史，一部由自在最优化向自觉最优化、自为最优化持续飞跃的历史，一部由简单最优化向复杂最优化、由低级最优化向高级最优化永续升腾前进的历史；没有人生、社会与环境最优化就没有真正意义的人类最高度的文明，自然也无所谓严格意义的人类完善的科学文化。

（二）最优学的构成体系与学科定位

最优学的构成体系，指的是最优学的内在构成机制，它是最优学的

---

① 本书侧重于狭义最优化研究，适当兼顾广义最优化论析。这是由最优学的属人性和"人"是"主体"，是"万物的尺度"所决定的。

研究对象在内容关系层面的展开。最优学的学科定位，即最优学作为一门独立科学所处的特定地位，它决定着最优学的本质属性。

1. 最优学的构成体系

最优学的构成体系，相当庞大。它除了涉及最优学学科群的构成体系、最优学硬件建设的构成体系之外，最主要的是最优学通论的构成体系。

最优学通论的构成体系，大致分为四大部分十章。第一部分，即绪论至第四章，堪称最优学的本体论、认识论、实践论、方法论、价值论的基础理论、原则与方法部分；第二部分，即第五章至第八章，可谓最优学的应用理论、原则与方法部分；第三部分，即第九章，堪称最优学的保障理论、原则与方法部分；第四部分，即第十章，可谓最优学的概括、升华、展望与学记歌诀部分。四大部分十章，既相互独立，又相互联系，彼此构成由缘起、由来与创立，到基础理论、原则与方法，应用理论、原则与方法，保障理论、原则与方法，再到系统整合、未来发展及其歌诀千字文，本体论与认识论、实践论相结合，方法论与价值论相统一，总分分总，条块结合，交叉互补，相互规定，相互渗透，相互制约，层层递升，级级跃进，不可分割的有机整体，共同建构起最优学通论四部一统十位一体的新体系。见下页图。

2. 最优学的学科定位

一门学科或科学，之所以成为它自身，很大程度取决于它的学科或科学定位。对此，马克思主义创始人指出："科学就在于把理性方法运用于感性材料。归纳、分析、比较、观察和实验是理性方法的主要条件"[①]；"每一门科学都是分析某一个别的运动形式或一系列互相关联和互相转化的运动形式的，因此，科学分类就是这些运动形式本身依其内在序列所进行的分类、排序，科学分类的重要性也正在于此"。[②] 毛泽

---

① 《马克思恩格斯文集》第 1 卷，人民出版社 2009 年版，第 331 页。
② 《马克思恩格斯文集》第 9 卷，人民出版社 2009 年版，第 504 页。

东强调："科学研究的区分，就是根据科学对象所具有的特殊的矛盾性。"① 现代西方学者乔治·赫曼斯（Georgr Homans）等人认为："成就一门科学的不是它的结果，而是目标。如果其目标是要建立自然属性之间的普遍联系，当对一种关系的真理检验最终依赖于数据本身，且数据不是纯粹人造的时侯，那么该学科就是科学。"② 这些观点论述，虽然各有侧重，不尽一致，但有一点可以肯定：学科或科学的本质，就在于它的高度概括性、严谨推理性、理论创新性、观点正确性、体系合理性、实践应用性、可持续发展性，特别是与远缘学科或科学相比较的独立性和与近缘学科或科学相比较的差异性。最优学恰恰符合这些本质要求。

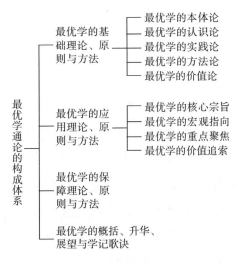

最优学通论构成体系

与最优学联系最为密切、最具比较鉴别价值的学科，是哲学、管理科学、运筹学、系统论、未来学，人生最优化原理、人生最优学新论和社会最优化原理，以及其他学科的相关理论、原则与方法。最优学同这些学科的相关理论、原则与方法既有一定联系，又有质的区

① 《毛泽东选集》第 1 卷，人民出版社 1991 年版，第 309 页。
② 参见《中国社会科学》2006 年第 3 期，第 28 页。

别。哲学的根本特征，在于它是最一般的理论化、系统化的世界观和方法论。正确科学的哲学，虽然主张最正确科学地认识世界、改造世界、创造世界，最大限度地造福于人生与社会，但它却局限于最简略一般的最优化观念和方法论层面。最优学则力求在此基础上，对最优化进行全方位深化、拓展和升华。管理科学，是管理学的核心和尖端。它主要研究管理主客体及其相互关系，力求较多经济或政治、文化等价值效益，尤其是社会价值效益。其基本内容虽然以最优化思想为指导，但其大量组成部分却停留在经验性、直觉性、主观性等非最优化层面。最优学则力图全面实现各项理论、原则与方法的最优化。运筹学，是应用数学的重要分支，是20世纪30年代末"二战"中期以来兴起的关于数量最优化的科学。它主要研究军事作战、经济管理、系统工程中的定量最优化问题。它缺乏定性最优化理论、原则与方法的重要内容。最优学则既立足定性最优化研究，又兼顾一定的定量最优化分析。系统论，是研究事物有机整体性建构的科学。系统论的主体内容尽管离不开最优化理论、原则与方法的支持，但它却没有把最优化理论、原则与方法贯彻应用到系统的所有向位、层面和过程。最优学则试图使其理论、原则与方法全方位达到最优化。未来学，是按照客观世界的一定联系，以及事物产生、发展、变化规律，运用概率统计、分析预测等科学方法和实践经验，正确预测、设计、规划、应对事物未来，创造事物美好未来的科学。未来学虽然需要一定的最优化理论、原则与方法为引领，但它却不可避免地含有大量非最优化元素，甚至空想假设成分。最优学则力求使事物特别是人生、社会与环境的未来，实现切实、全面而又持续永久的最优化。人生最优化原理、人生最优学新论和社会最优化原理，是分别研究人生最优化原本理论，人生最优化理论、原则与方法，以及社会最优化原本理论的新兴科学。最优学虽然以人生最优化原理、人生最优学新论和社会最优化原理为重要内容，但它却不囿于三者研究的对象范围，而是通过尽可能的深度挖掘、广泛拓展、高度提升，力求建构起具有普适意义、永恒价值的通用而又全面的最优化理论、原则与方法新体系。其他学科或科学的相关理论、原则与方法，尤其是国内外出版的名为"最优化理论与方法"的相关论著，则往往以偏概全、名不副实。它们大多讲述的只是些数学最优化理论、原则与方法，与哲学化、文理综合化的最优学相去甚远。苏联教育理论家巴班斯基提出并风靡一时的"教学过程的最优化"，虽然多少融入一些定性最优化元素，但由于其仅限于教学过程某些方面的最优化且过于粗浅，远远构不成一门独立学科，与最优学的宏大构成体系不能相提并论。它们充其量只是最优学的一个分支和有益补充。最优学除自身特定的理论、原则与方法外，尽管也要借鉴其他学科的相关理论、原则与方法丰富、发展、完善自身，但这些理论、原则与方法已不同于其原属学科的内涵意义，而是在最优学思想指导下，经过严格筛选、加工、提炼、改造、创新、重组、升华了的赋予特定甚至全新最优学意义、最优化规定的理论、原则与方法。它们事实上已成为最优学不可分割的有机组成部分。

最优学特定的缘起、由来与创立先决条件，独特的内在规定尤其是特有的含义特点与研究对象，科学的构成体系，决定了它具有不可替代的特殊学科定位。最优学不啻是最具成效魅力、最有发展前途、最富原始创新特点的新兴学科。

三、最优学的强力支持系统

最优学具有非同寻常的强力支持系统。这种支持系统，主要由最优学的哲学依据、最优学的人文科技关怀、最优学的历史确证与现实走势构成。

（一）最优学的哲学依据

最优学的哲学依据，直接关系到最优学能否成为一门具有普遍意义的科学。最优学有着极为深刻而又多元的哲学依据。美国著名科学家艾莫逊曾说道："广阔的宇宙充满着至善。"① 世界不是缺少最优化的存在,而是缺少发现最优化的眼睛,缺少思考、探索、追求和创造最优化及其所属科学最优学的智慧和行为。

1. 无机界无机物、生物界生物的最优化意蕴

无机界无机物、生物界生物的最优化意蕴,相当深厚。

首先,无机界无机物的形态属性、运动路线,特别是其相互吸引、相互排斥的相互作用,以强制弱、以大胜小的上升前进性的"演化",为最优学理论、原则与方法的缔造、建构,准备了无比深广的最坚实的客观物质基础。

一方面,整个宇宙到处充满圆形体(圆球、圆圈、圆面、圆柱)和类圆体(椭球、椭圆、圆锥)及其分化、重组、变幻形态。从宏观世界的场、星云、星系、恒星、行星,到中微观世界的太空失重悬浮的水体、大气层中下落的水滴、地面上的露珠,电磁波、射线、彩虹、旋风、湍涡、水系、山包、丘岭,以及原子、原子核、电子,均呈现圆球形或类圆体状态;行星围绕恒星运行、电子围绕原子核旋转所形成的轨迹,则构成形式多样、大小不等的圆圈,所围成的圆形则成为圆面,恒星、行星、原子核、电子运转所形成的图形,则构成粗细不等、曲直相间、高低不同、长短不一的螺旋式圆柱。而在立体几何中,同样体积、容积的不同形体,圆球的表面积最小,同样表面积的不同形体,圆球的体积、容积最大;在平面几何中,同样面积的不同图形,圆的周长(圆圈)最短,同样周长围成的不同图形,圆的面积最大。正是在这个意义上,古希腊科学家毕达哥拉斯认为:"一切立体图形中最美的是球形,一切平面图形中最美的是圆形。"② 在柱体中,同样体积、容积的不同柱体,圆柱的表面积最小,同样表面积的不同柱体,圆柱的体积、

---

① 引自王通讯著:《微观人才论》,中国社会科学出版社 2001 年版,第 169 页。

② 北京大学哲学系外国哲学史教研室编:《古希腊罗马哲学》,生活·读书·新知三联书店 1957 年版,第 36 页。

容积最大。运动力学表明，在初始条件相同的情况下，同样质量而形状不同的物体做圆周（圆圈）、螺旋式或波浪式（圆柱）运动时，圆球的阻力最小，抗压力、抗击力、耐磨性最强。这就意味着圆球做同样的功，以圆圈形式运动不仅所形成的圆周、螺旋式或波浪式（圆柱）轨迹路线最短，所用时间最少、速度最快，而且耗能最少、效益最大，最具最优化特点；圆球、圆周、圆面、圆柱最富有最优化意蕴。类圆体及其与圆形体的分化、重组、变幻形态，则不同程度地具有多元多维最优化内涵，反映着最优化的相互联系和多样性的一致。

　　另一方面，无机界无机物发展的本质特别是其内外动力的交互作用，使物体在排除其他作用力影响的情况下，总是沿着距离最短、阻力最小的路线上升前进；无机界无机物的上升前进性的"演化"，总是趋向于更高级的物质形态——生物形态。这种现象不仅使物体与圆结下不解之缘，使电流总是沿着距离最短的导体路线传导，使"物体总是沿着阻力最小的路线运动"①，使物质形态总是朝着耗能最少、收效最大的方向变化发展，而且体现着原始物质形态从混沌到分化、由弱小到强大的最优化大趋势；并且这种大趋势持续趋向更高层次的物质形态——生物形态及其最优化。恩格斯曾这样写道：根据运动力学定律，"在宇宙中……绝无例外地发生着"这样的"情形"，即"相互作用的物体"，在不受其他力的影响的情况下，总是"沿着它们的中心点所连接起来的直线的方向起作用"；"如果设想两个相互作用的物体在相互作用时不受第三个物体的任何妨碍或影响，而这种作用不是沿着最短的和最直接的路线发生，即沿着连接两个物体的中心点的直线发生，那么这在我们看来是很荒谬的"，"生命是整个自然界的一个结果"。② 无机界无机物的这种最优化形态属性与最优化"演化"趋势，尽管是无意识的、非自觉的、低层次的，但它却是通向生物界最优化的必不可少的基础性

---

① ［美］爱因斯坦语，参见 http//www.baidu.com 百度百科·爱因斯坦·人物轶事，2016 年 7 月 22 日。

② 《马克思恩格斯文集》第 9 卷，人民出版社 2009 年版，第 515、459 页。

环节。

其次，基于无机界无机物的最优化规定，由无机界无机物"演化"而来的生物界生物的形体构成特点、生理机能，以及生存竞争、自然选择①、适者生存、遗传变异、优胜劣汰的规律和由此而决定的生活习性的"进化"，为最优学的理论、原则与方法的确立和发展，提供了取之不尽、用之不竭的力量源泉。

生物界，不仅植物、微生物、动物的细胞，大量植物的种子、果实、叶片，动物的卵子、头脑、眼球、孔窍、关节呈圆形体、类圆形体形态，而且所有高等植物的根系、茎蔓、干枝、纤维，全部高等动物的肢体、筋骨、肌腱、神经、血管、食道、肠道、触角、指爪、毛发等，均呈圆柱或类圆柱形。它们因其表面积相对最小，外部抵抗力相对最强，而受损害程度相对最低，能量投入、消耗相对最小，因其体积、容积相对最大而收益相对最高，最具有相对最优化意义。并且所有植物、微生物、动物的基因 DNA 图谱链均为双螺旋结构，既具有圆球、圆圈、圆面最优化特点，又具有圆柱的最优化属性。生物多样性所表现出来的非圆形体、非类圆形体现象，则不仅在很大程度上属于圆形体、类圆形体的分化、重组、变幻形态，而且无一不是生物结合自身和环境的规定特点，以相对或绝对最少的能量投入、消耗，获得相对或绝对最大的生存和发展价值效益的最优化产物。

不仅如此，大量植物的叶片、茎蔓、枝杈、花瓣发育批次数量之比，高等动物尤其是人、猴、狗、马、牛、羊、猪的心脏、肚脐眼、肢体关节等重要脏器、关节，均处在或近似处在其上下或左右前后器官长短之比 0.618：0.382 的"最佳黄金分割点"位置。人体的水分与人体的其他物质重量之比，人的心跳次数与呼吸次数之比，以及昼夜 24 小时与人的每天 15 小时的清醒时间之比，15 小时的清醒时间与 9 小时的

---

① 指生物作为主体为自身存续发展的自然而然的选择与自然界对生物自身选择的统一，下同。

睡眠时间之比，37℃的正常体温与23℃的智力作业最佳温度之比，人的身高与步长之比，均为或大致为 0.618∶0.382 的最佳黄金分割比例，具有天然自在最优化比例属性。植物、微生物、动物的"进化"，所造成的生物的最优化色彩、结构、本能、习性，则更显而易见。为了最大限度地利于生存、繁衍、进化，冰雪覆盖的两极生物多为白色，沙漠中的生物多为沙黄色，温热带的生物多为杂色；鸵鸟、企鹅的翅膀已徒具形式，海豹的四肢已变成强健的蹼鳍。独居动物多半以其特有的最佳方式抵御外部侵害和通过变形伪装避险逃逸，以最短路径、最快速度猎食；群居动物饥饿时，能以集群力量最有效地捕获猎物，受到攻击时能以集体特有的最强力量抗击天敌，或以最快速、最安全、群体损失最小的方式保护自身。就连小小的细菌、细胞、蜜蜂等，也有着自身特定的最优繁衍、进化样式。英国《自然——遗传学》杂志 2004 年 5 月刊文介绍，美籍科学家 UriAlon 及其合作者通过荧光酶刺激诱导细菌合成一种氨基酸，结果表明"细菌"体内的"一系列的酶"，"宛如生产线一般排列得井然有序"，它们的"活动"，"像商业一样，都是选择最经济快捷的最优化路径"；"细菌"活动表现出明显的"最优化生理过程"。[①]科学研究发现，生物细胞的生化过程"都力图最大限度地扩大其各自的成就"，按"害处最小""收益最大的行为模式采取行动"。[②] 英国 19世纪生物进化论创始人达尔文观察发现，"蜜蜂"能够"把蜂房建造成"正六边形，共用紧密排列、长短粗细、薄厚软硬、大小相当的最"适当的形状，来容纳最大可能容量的蜜，而在建造中则用最小限度的贵重的蜡质"，这样可"最大可能地经济使用劳力和蜡使之完成"；达尔文慨叹道："每一蜂群如果能够这样以最小的劳力，并且在蜡的分泌上消耗最少的蜜，来营造最好的蜂房，那么它们就能得到最大的成功，并且还会把这种新获得的节约本能传递给新蜂群。这些新蜂群在它们那

① 中国生物技术信息网，2004 年 7 月 1 日。
② ［英］R. 道金斯著：《自私的基因》，卢允中、张岱云译，科学出版社 1981 年版，第 95、134 页。

一代，在生存斗争中就会获得最大成功的机会。"① 达尔文进一步指出：生物不仅"一切肉体的和精神的禀赋都有向着完善化（最优化）前进的倾向"，"把坏的排斥掉，把好的保存下来加以积累"，而且"最后胜利的并且产生占有优势的新物种的，将是各个纲中较大的优势群的普通的、广泛分布的物种"。② 恩格斯认为，生物"形态越高，进化就越快"。③ 人类作为宇宙中最高级强大的生物种群，恰恰拥有这种最丰富的最优化优势。基于这样的认识，古希腊思想家索福克勒斯在其《安提戈涅》一书中提出："大自然中有许多美好的东西，而最美好的则是人。"④ 同时代的思想家柏拉图强调："最美的境界……是心灵的优美与身体的优美和谐一致，融成一个整体。"⑤ 德国 19 世纪哲学家叔本华认为："人体美是一种客观的表现。它标志着意志在其可以认识的最高阶段上最充分的客观化。"⑥

2. 人类社会和人的思维、语言、行为的最优化形态

人类社会和人的思维、语言、行为的最优化形态，异彩纷呈。本于生物界生物的最优化属性，由生物界生物"进化"而来的人类社会和人的思维、语言、行为形式特点，特别是其由简单到复杂、由低级到高级、由旧质到新质自觉不自觉的"优化和最优化"，为最优学的理论、原则与方法的推进和完善，创造出最直接的现实条件。

一方面，无机界、生物界的圆现象通过物质与精神的转化与升华，造就出人类社会和人的思维、语言、行为的大量富有最优化内涵的圆文化。人类早期的洞穴建筑、拱形桥梁，相当多的石器、陶器，现代的各种圆珠、轴承、轮器、钻孔、铆钉、仪表、管材、简物，各种球类、饼

---

① ［英］达尔文著：《物种起源》，周建人、叶笃庄等译，商务印书馆 1995 年版，第 293、294、295、302、303 页。
② 同上书，第 556、98 页。
③ 恩格斯：《自然辩证法》，人民出版社 1984 年版，第 289 页。
④ 金明华主编：《世界名言大词典》，长春出版社 1991 年版，第 12 页。
⑤ 本书编纂组编：《中外名言大全》，河北人民出版社 1987 年版，第 483 页。
⑥ 同上书，第 492 页。

类、圈类、杆类、杠类体育器材，各类螺旋器、弹簧、人造电磁波、火箭、导弹、雷达圆形天线、人造卫星、宇宙飞船、航空航天导航系统，小说、戏剧、影视故事大团圆结局；中国的元宵节、七夕节、中秋节、团圆饭、二龙戏珠造型、狮子滚绣球表演、彩球求偶仪式，西方的太阳神文化、生日蛋糕、圆桌会议、青春圆舞，表示"无""非正非负数""增减 1 位可扩缩 10 倍"，以及"同意"等多种意义的"0"或"〇"，数学圆几何学等，这些数不胜数的圆文化，均蕴含着丰富多样的最优化意义。同时，人类社会和人的思维、语言、行为的取优汰劣的本性，尤其是"科学研究本身就含有至美"①，含有一定最优化元素。

　　另一方面，人类社会，由原始初级形态到中级一般形态，再到高级优化形态；人的思维，由朦胧模糊到清晰条理，由粗浅简单到精深复杂，由线性到立体，由具体到抽象，由定性、定量到定性与定量相结合，由静态到动态，由"机械"到辩证，由要素到结构、功能、系统，由模仿到创新，由传统到现代、未来，由生物脑到人工电脑，由非科学到科学、最佳思维；人的语言，从低级到高级，从语法到逻辑、修辞，从口语到书面、信号、人工智能语言；人的行为，从被动到主动，从盲目到自觉，从个体到群体，从低效到高效、最高效，从野蛮到文明、最佳行为，一直贯穿着越来越粗壮、越来越发达的最优化红线，标示着越来越凸显、越来越加速的最优化历史进程。用恩格斯的话表达就是："人离开狭义的动物越远，就越是有意识地自己创造自己的历史，未能预见的作用、未能控制的力量对这一历史的影响就越小，历史的结果和预定的目的就越加符合"；"历史只是沿着最短的路程奔向新的灿烂的思想星座"，"它的圈子越转越大，飞行越来越迅速、越来越灵活"，"而且，每转一圈就更加接近于无限"。② 人类社会和人的思维、语言、行

---

① ［波兰］居里夫人语，引自王极盛著：《科学创造心理学》，科学出版社 1986 年版，第 281 页。
② 分别见《马克思恩格斯文集》第 9 卷，人民出版社 2009 年版，第 421、422 页；《马克思恩格斯全集》第 41 卷，人民出版社 1982 年版，第 32 页。

为的最优化，就是这样向前运行的。

3. 整个世界所有事物的最优化发展规律

整个世界，基于所有事物产生、发展、变化、存续的最佳趋向、最优质态、最佳量度、关节点，基于所有事物最良位序、结构、关系、比例，最佳环境与发展、变化趋势过程等，所有事物的最优化发展规律，都支配着事物运动变化的总趋势，规定着事物运动变化的基本内容、形式和特点；尤其是事物的螺旋式上升、波浪式前进的发展规律，直接为最优学的理论、原则与方法的永恒发展和飞跃，提供了普遍、永久而又无比强大的动力支撑。

无数客观现实和各种矛盾发展学说特别是辩证唯物主义哲学表明，事物的"发展"不是直线式的，而是螺旋式上升、波浪式前进的。它在对立统一规律、量变质变规律特别是否定之否定规律的支配下，沿着由对立到统一再到新的对立，由量变到质变再到新的量变，由肯定到否定再到新的肯定即否定之否定路线，循环往复，永恒发展，以至无穷。对此，德国 19 世纪辩证法大师黑格尔深刻指出：事物的发展周期是"一个在自身中完成的圆圈（不封闭的上升前进性圆圈——引者注），但它的完成同样又是向另一个圆圈的过渡；——一个旋涡，它向自己的中心回归，而这中心又直接在另一个把它吞没了的更高的圆圈的边沿上"；事物的发展同"认识"过程一样，"它从简单的规定性开始，继之而来的规定性就愈益丰富、愈益具体。因为结果包含着自己的开端，而开端的进程用新的规定性丰富了结果。普遍的东西构成基础……保存在自己的异在之中……在继续规定的每一个阶段上，普遍的东西都在提高它以前的全部内容，它不仅没有因为自己的辩证的前进而丧失什么，也没有丢下什么，而且还带上一切收获，使自身不断丰富和充实起来"。[1] 列宁则精辟地说道：事物的发展是"高级阶段重复低级阶段的某些特征、特性等等，并且仿佛是向旧东西的复归（否定的否定）"；

---

[1] 引自《列宁全集》第 55 卷，人民出版社 1990 年版，第 229、199、200 页。

又说：事物的"发展似乎是在重复以往的阶段，但它是以另一种方式重复，是在更高的基础上重复（'否定的否定'）"。① 事物的这种螺旋式上升、波浪式前进的发展规律，不仅具体地彰显着对立统一规律、量变质变规律、否定之否定规律的魅力，而且表征着让人耳目一新、心旷神怡、浮想联翩的圆规律。它具有圆球最优化、圆周最优化、圆面最优化、圆柱最优化的多元多维、纵横交错、上升前进一体化动态的最优化神韵特点，彼此四位一体地演绎出经天纬地、万般神奇的最优化四重奏。

诚然，无机界无机物、生物界生物，以及人类社会和人的思维、语言、行为，乃至整个世界所有事物的发展规律，其最优化内容、形式、特点复杂多样，不仅圆与非圆形体并存交错，而且圆形体、类圆体，特别是圆球、圆圈、圆面、圆柱、螺旋式、波浪式形体未必时时处处与最优化相一致。通常，它们在独立存续和一定发展意义是最优化的，在组合和一定进取意义不一定最优。如一定数量的滚珠构成的轴承，由于其相互间摩擦力、阻力最小，因而具有动力学最优化意义，但把它们随便堆放在一起建筑墙壁则会因其彼此间的空隙过大，而失去稳定最优化特点，并且它不如针器的穿透力强、直线运动速度快、连接性强；其他圆形体、类圆体则与之情况大同小异。与此相反，非圆形体虽然缺乏独立、存续和一定发展的最优化意义，但却含有组合和一定进取的最优化属性。这也正是林林总总、形形色色的物质形态，特别是社会形态、复杂思维、哲理语言、高级行为和整个世界所有事物的发展规律，在某些方面、一定程度外圆内方或外方内圆、非圆即方、非方即圆、亦圆亦方、亦方亦圆、圆方结合、方圆一体、变化多端的客观根据所在。但是，万变不离其宗，万变不离最优。无机界无机物、生物界生物，以及人类社会和人的思维、语言、行为，乃至整个世界所有事物发展规律的这些最优化意蕴、形态、功能与最优化"演化""进化""发展"特

---

① 《列宁选集》第 2 卷，人民出版社 2012 年版，第 412、423 页。

点，恰恰表明，所有事物都不同程度地具有最优化属性，并且其最优化属性在表现形式和价值取向上，总是服从和服务于自身整体最少的能量投入、消耗与最大的存续和发展价值效益的要求，一切以价值效益最大化为转移。整个世界，就是最优化无限多样性与一致性的统一。

（二）最优学的人文科技关怀

存在决定意识。正像"人们远在知道什么是辩证法以前，就已经辩证地思考了"一样①，早在最优学产生以前，人们就开始了对最优学研究对象最优化的人文科技关怀，并且这种关怀总体伴着人类的进步而不断提升，随着社会的发展而持续演进。在这一进程中，其中不乏富有价值需要传承的主流正确思考，自然也含有少量亟待批判清除的错误成分。

1. 最优学富有价值的人文科技思想

恩格斯说过："任何新的学说……必须首先从已有的思想材料出发。"② 最优学富有价值的人文科技思想由来已久，源远流长。

在我国，上古神话中就有"天数极高，地数极深，盘古极长"的观念传述。③ 两三千年以前，光耀千古、影响世界、历久弥新的人文科技圣典《周易》，就载有"易有太极"，"易穷则变，变则通，通则久"，"广大配天地，变通配四时，阴阳之义配日月，易简之善配至德"，"极数知来""自天佑之""当位以节，中正以通""吉无不利""和而至""德圆而神""德合无疆""变而通之以尽利，鼓而舞之以尽神""美之至也"的最优化纪言。④，《黄老帛书》强调的"唯圣人能用天极，能尽天当"，《尚书》所提出的"人心惟危，道心惟微，惟精惟一，允执厥中"，"罔有定极""罔以尽人心""罔以尽其力""会其有极，归其有

---

① 《马克思恩格斯文集》第 9 卷，人民出版社 2009 年版，第 150 页。
② 同上书，第 19 页。
③ 引自《艺文类聚·三五历记》，上海古籍出版社 1965 年版，第 2、3 页。
④ 《周易·系辞上、系辞下、节彖传、坤象传、坤文言》。

极""建其有极""天罚不极"等极致最优化宏论;① 世界文化名人儒家学派创始人孔子提出的不偏不倚、无过无不及,"执其两端用其中","天下为公",世界"大同"的人生、社会与环境最优化主张,"中庸之为德也,其至矣乎,民鲜久矣"的人生感慨,② 则为当时和后来形成的人生愿景和道统德治理想、德法并用方略,确立起最优化理论核心。孙武强调的"浑浑沌沌,形圆而不可败"③,认为圆方略不可战胜。儒家经典《大学》所强调的"苟日新,日日新,又日新",则具有十分积极的最优化意义。孔子嫡孙子思在其传世佳作《中庸》中则一语道破人类最优化的实质:"经纶天下之大经,立天下之大本,知天地之化育","尊德性而道问学,致广大而尽精微,极高明而道中庸","至诚如神"。先秦哲学家惠施揭示的宇宙"无穷而有穷"④ 规律,汉代初期经典《淮南子》主张的"穷无穷,极无极"⑤ 理念,宋代哲学家周敦颐提出的"太极本无极""无极而太极","先觉觉后觉","立人极"宏论⑥;近代学者严复强调的"与其一时之天时、地利、人事最相适宜"学说⑦;中国民主革命先驱孙中山先生奉行的"养天地正气,法古今完人"诉求,制定的"人能尽其才,地能尽其利,物能尽其用,货能畅其流","民族、民权、民生"三民主义建国兴邦大略,则富含人生、社会与环境最优化的特质⑧。1949 年新中国成立后,学成回国的著名数学家华罗庚提出的"要求成本最低,或者要求人力最省,或者要求在一定用工量之下时间最短""质量第一(收益最高)","就要根据不同目的及具体情况去定出主要矛盾线","向主要矛盾环节要时间;向非主要矛盾环节要节约",

---

① 《尚书·大禹谟、盘庚下、旅獒、洪范、吕刑》。

② 《中庸》《礼记·礼运》《论语·雍也》。

③ 《孙子兵法·势篇》。

④ 《庄子·天下篇》。

⑤ (汉)刘安主编:《淮南子·原道训》。

⑥ (宋)周敦颐:《太极图说》《周子通书·师》。

⑦ 严复:《原强》。

⑧ 《孙中山选集》上册,人民出版社 1981 年版,第 2 页。

"突出重点","统筹兼顾，达到多快好省的目的"，以及所推广的优选法、统筹法①。著名科学家钱学森倡导的系统工程理论与方法，则从现代科学技术前沿把数量最优化研究推向时代高端，进而为最优学的创立提供了数理方法支持。我国当代学者李存臻、严春友在其《宇宙全息统一论》一书中认为，宇宙具有全息统一性、最优性，"全息着的宇宙"所呈现出的"异常复杂的结构"，是"按照最简单的规律构造起来的，即是对同一信息的不断复制，遵循着最经济的原则"；② 我国中央党校原副校长杨春贵教授等当代一些著名学者强调："追求最好结果与最佳效益，历来是人类活动的重要目标"③ 等，自然亦有助于最优化讨论的提升。

西方最优学的人文科技思想，亦不亚于我国。两千多年前，古希腊著名思想家、科学家毕达哥拉斯不仅提出"极限"概念、"黄金分割法"和"球形""圆形""和谐""最美"最优理论，而且认为"在一切事情，中庸（中道）是最好的"，"坐于一切最好的思想上，如车之御者"，随心所欲，纵横驰骋。④ 同时代的著名哲学家、科学大师亚里士多德则较系统地提出："如果每一种技艺或科学都注意于中道，并且使其工作达到中道的标准，那么它们一定会使它们的功能发挥得很好"，"任何具有技艺的大家，都避免太多或太少，而寻求和选择中道"；因为"对于事物本身或对我们而言，我们都可或取得过多，或取得过少，或取得恰到好处。凡取得恰当，都是指它是过度与不及之间的中道"，只不过"事物的中道，即绝对的中道"，"对我们而言的中道，即相对的中道"，"中道或适度的东西，在某种意义下（如极大极小），就是一种极端"，"过度与不及都有损于优点，唯守中道可以成功"。⑤ 赫拉克利特

---

① 《统筹方法评话》，《人民日报》1965 年 6 月 6 日。
② 李存臻、严春友著：《宇宙全息统一论》，山东人民出版社 1988 年版，第 61 页。
③ 参见杨春贵主编：教育部硕士研究生教材《马克思主义与社会科学方法论》，高等教育出版社 2012 年版，第 3 页。
④ 全增嘏主编：《西方哲学史》上册，上海人民出版社 1983 年版，第 57、58、62 页；周辅成编：《西方伦理学名著选辑》上卷，商务印书馆 1964 年版，第 16、17 页。
⑤ 周辅成编：《西方伦理学名著选辑》上卷，商务印书馆 1964 年版，第 296、295、297、298 页。

则提出"看不见的和谐比看得见的和谐更好"的观点①。德国 18 世纪著名科学家莱布尼茨围绕人类理性最优化揭示道:"这个世界的作者使万物都有一定的限定,但他自己却是这么无拘无束;因为他(自以为)是依据智慧和完美的理性行事的,不在乎源于无知。而一个人越聪明,他肯定也就越注意什么是最完美的。"② 同时代的俄国著名文学家托尔斯泰强调:"重要的不是知识的数量,而是知识的质量。有些人知道很多很多,但却不知道最有用的东西。"③ 英国 19 世纪哲学家卡莱尔认为"世上凡事皆有'最'"。④ 法国近代数学家帕斯卡尔则指出:"人在一个极端是显不出伟大的,只有在达到两个极端的同时……才能显露其伟大。"⑤ 奥地利当代著名心理学家阿尔费雷德·阿德勒认为"追求优越"或曰"对优越感的追求是所有人类的通性"。⑥ 英国当代著名管理学家丹尼尔·A. 雷恩在评价"功利主义"时有一句名言:通常,"人总是在算计用最小的成本带来最大的效用"。⑦ 美国现代科学家摩根认为,从无机界到人类社会,"整个宇宙不过就是自然之大系统罢了"。⑧ 美国当代系统论重要创始人拉兹洛指出:系统"进化(一般)沿着结构复杂性和组织性的阶梯攀升并趋向最大自由能(最大能量)和最小熵(最小紊乱)状态"。⑨ 这些思想观点,对于最优化的深入研究,具有多层面的促进作用。

---

① 北京大学哲学系外国哲学史教研室编译:《西方哲学原著选读》上卷,商务印书馆 1981 年版,第 24 页。
② [德]莱布尼茨:《论事物的最后根据》,见金明华主编:《世界名言大词典》,长春出版社 1991 年版,第 606 页。
③ 引自王通讯著:《人才论集》第 1 卷,中国社会科学出版社 2001 年版,第 337 页。
④ 参见金明华主编:《世界名言大词典》,长春出版社 1991 年版,第 45 页。
⑤ 同上书,第 62 页。
⑥ 引自赵敦华主编:《西方人学观念史》,北京出版社 2005 年版,第 426 页。
⑦ [美]丹尼尔·A. 雷恩著:《管理思想的演变》,赵睿等译,中国社会科学出版社 2000 年版,第 490 页。
⑧ [英]摩根著:《突创进化论》,施友忠译,商务印书馆 1938 年版,第 75、76 页。
⑨ [美] E. 拉兹洛:《系统哲学讲演集》,闵家胤等译,中国社会科学出版社 1991 年版,第 38 页。

马克思主义经典作家及其后继者，虽然与其他大量思想家、哲学家、政治家、教育家、科学家一样，没有明确提出最优学概念；但是，他们的思想宝库中却蕴含着最优学特别是人生、社会与环境最优化的一些宝贵元素。早在100多年前，马克思主义创始人就指出："人的根本就是人本身"，"人也按照美的规律来构造"；① 未来社会将"尽可能快地增加生产力的总量"，"有计划地利用生产力"，"使自己的成员能够全面发挥他们的得到全面发展的才能"。② "社会化的人，联合起来的生产者，将合理地调节他们和自然之间的物质变换，把它置于他们的共同控制之下，而不让它作为一种盲目的力量来统治自己；靠消耗最小的力量，在无愧于和最适合于他们的人类本性的条件下来进行这种物质变换。"③ 列宁强调："如何使全体劳动者过最美好、最幸福的生活……马克思主义的全部困难和全部力量，也就在于了解这个真理。"④ 毛泽东青年时期即认为"人类之目的在实现自我而已。实现自我者，即充分发达吾人身体及精神之能力至于最高之谓。达此目的之方法在活动，活动之所凭借，在于国家社会种种之组织，人类之结合"；"吾人须以实践至善为义务，即以发达吾人身心之能力至于极高为义务……以实践具足之生活为义务也"。⑤ 新中国成立后，他强调："必须注意尽可能充分地利用人力和设备，尽可能改善劳动组织、改善经营管理和提高劳动生产率，节约一切可能节约的人力和物力"⑥，"鼓足干劲，力争上游，多快好省地建设社会主义"⑦。邓小平则明确指出："各项工作都要进行经济效果比较，从中选出花钱少、收效大的最优方案。这是一条十分重要的方针。"⑧ 不仅

① 《马克思恩格斯文集》第1卷，人民出版社2009年版，第11、163页。
② 《马克思恩格斯选集》第1卷，人民出版社2012年版，第421、308页。
③ 《马克思恩格斯文集》第7卷，人民出版社2009年版，第928、929页。
④ 《列宁选集》第3卷，人民出版社1972年版，第571页；2012年版，第546页。
⑤ 《毛泽东早期文稿》，湖南出版社1990年版，第246~247、238页。
⑥ 《毛泽东文集》第6卷，人民出版社1999年版，第461页。
⑦ 《毛泽东文集》第8卷，人民出版社1999年版，第305页。
⑧ 引自中国社会科学院数量经济与技术经济研究所编：《现代化建设与科学决策》，中国社会科学出版社1989年版，第22页。

如此，马克思主义经典作家及其后继者提出的以人为核心、作出发点，倡导民主法治、人民利益至上思想，突出重点、全面安排、两点论和重点论相统一思想①，解放思想、实事求是、与时俱进、开拓创新思想，改革、开放、发展、稳定思想，以及当代中国化的马克思主义者提出的"以人为本"，"统筹兼顾"，坚持"创新、协调、绿色、开放、共享"发展理念，通过"最优路径"，"最大限度调动一切积极因素"，"构建和谐社会"，建设"资源节约型、环境友好型社会"，"实现效益最大化和效率最优化"，"促进人的全面发展"和"经济建设、政治建设、文化建设、社会建设、生态文明建设"五位一体、"全面协调可持续"、又好又快地"发展"的"科学发展观"思想②；习近平总书记强调的"止于至善，是中华民族始终不变的人格追求"③，"人民有信仰，民族有希望，国家有力量。实现中华民族伟大复兴的中国梦，物质财富要极大丰富，精神财富也要极大丰富"，"大道至简，实干为要"，"我们都要'自强不息，止于至善'"④，"在推动实现中华民族伟大复兴中国梦的实践中谱写人生事业的华彩篇章"⑤，向往"最有价值的东西"，"敢为人先，追求卓越"，"优中选优"，"向着人类最先进的方面注目，向着人类精神世界的最深处探寻"，讴歌"最美人物"，彰显最美"人生"⑥，"中国

---

① 《马克思恩格斯选集》第1卷，人民出版社2012年版，第411页；《毛泽东文集》第7卷，人民出版社1999年版，第23~44页；《习近平谈治国理政》第2卷，外文出版社2017年版，第35、39、40、41、79、221页等。

② 见胡锦涛：《在中国共产党第十八次全国代表大会上的报告》，《人民日报》2012年11月18日；中共中央：《关于全面深化改革若干重大问题的决定》，《人民日报》2013年11月18日；《中央经济工作会议公报》，新华社北京2020年12月18日电；《习近平谈治国理政》第1卷，外文出版社2018年版，第13、154、117页；《习近平谈治国理政》第3卷，外文出版社2020年版，第241页等。

③ 习近平：《在纪念五四运动100周年大会上的讲话》，新华社北京2019年4月30日电。

④ 《习近平谈治国理政》第2卷，外文出版社2017年版，第323、541、263页。

⑤ 同上书，第264页。

⑥ 分别见习近平：《在中国文联十大、中国作协九大开幕式上的讲话》，《人民日报》2016年12月1日；习近平：《在文艺工作座谈会上的讲话》，《人民日报》2014年10月15日；习近平：《在两院院士大会、中国科协第十次全国代表大会上的讲话》，新华社北京2021年5月28日电；《习近平谈治国理政》第3卷，外文出版社2020年版，第248、307页等。

特色社会主义进入新时代，我国社会主要矛盾已经转化为人民日益增长的美好生活需要和不平衡不充分的发展之间的矛盾"，"以前我们"重点"要解决'有没有'的问题"，"现在"重点"要解决'好不好'的问题"，而"好"的最高境界就是"最好"亦即最优或曰"最优化"①，我们要"做最充分的准备……争取最好的结果"，"把握全局，注意协调，力争最大综合效益"②，"以尽可能少的资源投入生产尽可能多的产品、获得尽可能大的效益"等③，亦不同程度地包含最优化的可贵意蕴，为最优学的创建和发展在某些方面指明了前进方向。

至于哲学、管理科学、运筹学、系统论、未来学，以及人生最优化原理、人生最优学新论、社会最优化原理和其他科学提供的相关理论、原则与方法，则直接或间接地为最优学的创立、完善、升华，提供了丰富的原材料。国内外管理最优化、运筹最优化、系统最优化、未来最优化等研究组织机构设立的硕士点、博士点、博士后流动站，以及所培养的高级最优化专门人才，则在某些方面和一定程度成为最优学尤其是定量最优学研究的重要方面军、生力军和最优化事业兴旺发达的生动体现。

2. 对相关错误观点的批判

真理同谬误相比较而存在，相斗争而发展。马克思曾指出："最好是把真理比作燧石，它受到的敲打越厉害，迸发出的火花就越灿烂。"④与最优学的研究对象最优化相违逆的影响最大、危害最深、亟待批判清除的相关错误观点，主要有以下几种。

其一，相对主义不可知论观点。

相对主义不可知论观点，是一种是非混沌、愚昧无知、消极避世观

---

① 《习近平谈治国理政》第3卷，外文出版社2020年版，第9、133、428、172页。
② 分别见习近平：《在党史学习教育动员大会上的讲话》，《求是》杂志2021年第7期，第12页；中共中央文献研究室编：《习近平关于全面深化改革论述摘编》，中央文献出版社2014年版，第50、56页。
③ 《习近平谈治国理政》第1卷，外文出版社2018年版，第77页。
④ 《马克思恩格斯全集》第1卷，人民出版社1995年版，第174页。

点。它认为："物无非彼，物无非是"，"方生方死，方死方生；方可方不可，方不可方可；因是因非，因非因是"，"彼亦一是非，此亦一是非"①，"根本不存在最优化"，"最优化只是相对的，它不具有绝对性"，"最优化是一个悖论命题"，"金无足赤，人无完人"，"只有更好，没有最好"，"最好是好的敌人"，"如果总是企图找那个最好，不但最好找不到，甚至连好也达不到"，"只有满意，没有最满意"，"只有优化，没有最优化"，因而应"只求满意，不求最满意；只求优化，不求最优化"。②

　　相对主义不可知论观点的错误，重点在于三个方面。

　　一方面，它不仅不知道最优学有着特定的缘起、由来与创立，内在规定与强力支持系统，以及其他相关内容，而且不懂得任何事物都是相对与绝对的辩证统一，最优化的相对性与绝对性，或曰相对最优化与绝对最优化具有不可分割的内在联系，二者相互规定，互为存在条件，离开一方他方便不存在，彼此相互渗透、相互贯通，在一定条件下相互转化；不知道如果只承认最优化的绝对性而不承认其相对性，就会导致绝对主义和形而上学，如果只承认最优化的相对性而否定其绝对性，就会陷入相对主义和不可知论，误入列宁所痛斥的反"辩证法""排斥绝对"的"主观主义""怀疑论和诡辩论"的歧途。列宁在《谈谈辩证法问题》一文中明确指出："主观主义（怀疑论和诡辩论等等）和辩证法的区别在于：在（客观）辩证法中，相对和绝对的差别也是相对的。对于客观辩证法说来，相对中有绝对。对于主观主义和诡辩论说来，相对只是相对，因而排斥绝对。"③ 只有坚持最优化的相对性与绝对性的辩证统一，才是最合乎实际的、正确科学的观点和态度。④ 最优化问题有着自身明确的答案，与自相矛盾根本无解的"悖论命题"格格不入，

① 《庄子·齐物论》。
② 孙耀君编著：《西方管理思想史》，山西人民出版社1987年版，第514~516页等。
③ 《列宁选集》第2卷，人民出版社2012年版，第557页。
④ 见张瑞甫、张倩伟、张乾坤著：《人生最优学新论》，人民出版社2015年版，第4页；张瑞甫著：《社会最优化原理》，中国社会科学出版社2000年版，第1页注，第29、59~61页等。

风马牛不相及。"金无足赤，人无完人"，不过是就一般现实而言不及其余地看待人和事物的非科学的片面化观点。事物的运动、变化和发展既有"更好"又有"最好"，"更好"以"最好"为目的，"最好"以"更好"作前提；"更好"是"最好"的前身和过程，"最好"是"更好"的趋势和结果。"更好"的极致形态，本身即是"最好"。"更好"与"最好"同在，"最好"与"更好"密不可分。"只有更好，没有最好"作为某企业的一句广告词，不过是为了引人注目而玩弄辞藻的文字游戏，是连起码的辩证法常识和司空见惯的比自己"更好"、比别人"更差"、"小进即退"的失败教训也不顾的商业炒作。它不仅与习近平总书记提出的有些方面虽"不求最大，但求最优"①的思想相违背，而且早已为"生当做人杰，死亦为鬼雄""力求唯一，确保第一，敢为天下先，想就想得最好，做就做得最优"的最佳为人处事理念、现代经营战略、卓越绩效管理和大量成功经验所唾弃。

另一方面，相对主义不可知论观点根本不了解："最好"不仅不是"好"的敌人，相反是"好"的必不可少的目标方向、良师益友、根本保障。"满意"和"优化"是两个原始性、经验性、模糊性概念，科学价值含量较低。"满意"通常可以分为三个层次：最低满意、一般满意、最高满意；"优化"通常也可以分为三个层次：最低优化、一般优化、最高优化。很显然，只有第三层次的"最满意"和"最高优化"，才具有最优化意义。前两个层次的最低满意、一般满意与最低优化、一般优化，不仅与最满意、最优化相去较远，而且同与时俱进、尽可能高尚的科学精神相违背。"最满意"与"最优化"，是一个不可否认的事实。"满意"与"优化"的非具体的笼统表述，实质上是对人类科学创新和社会文明进步的消极应对，它早已为高度定性化与定量化相结合的现代科学发展大趋势所不齿，被迅猛到来的大数据、云计算、互联网、数字化、信息化时代所淘汰。美国诺贝尔经济学奖获得者赫伯特·西

① 习近平为"闽江职业大学"提出的办学理念，新华社福州2021年3月25日电。

蒙，提出的当一位行走在玉米地旁的饥饿者欲寻求一个玉米棒充饥，只要就近找一个"满意"的即可，而不必跑遍整个玉米地找一个"最好"的玉米棒的观点。① 其中"满意"的玉米棒实际上是附加了寻找时间最短、费力最小、功效最高，且老嫩适中、无虫蚀、无污染约束条件的最高满意的玉米棒，即相对于充饥来说的最好的玉米棒；其所谓的"最好"的玉米棒，则是在选种意义上的最大、最满意的质量"最好"的，而不是充饥意义上的"最好"的玉米棒。西蒙的这一观点，不仅忽视了"满意"的模糊性、层次性，而且在逻辑上偷换了充饥"最好"的玉米棒与选种"最好"的玉米棒两个不同的概念。西蒙没有想到，他的例证不仅没有否定最优化科学；恰恰相反，而是从反面进一步证明了最优化的客观必然性、主观必要性和现实多样性。

再一方面，相对主义不可知论观点不懂得，由于事物发展的负面效应，人类行为往往高求低就，"取法乎上，仅得乎中"②。如果只求满意不求最满意，只求优化不求最优化，到头来往往连最低、一般的满意与优化也得不到，甚至会导致最不满意、最劣化的恶果。只求满意、优化不求最满意、最优化的消极观点和落后平庸行为，与过度和不及的错误观点和行为，同样不可取。不仅如此，相对主义不可知论观点更昧于"无上上智，无了了心"③，识最至上，取优为先，顺天理者昌，逆人道者亡的科学真理。备受世界伟大科学家爱因斯坦推崇的"对于自然科学家在认识上的倾向有极大的影响"的奥地利著名科学家马赫，他研究发现，大凡功绩卓著的科学家，"为了达到自己的目的，他们都选择那种最简单、最经济、最近便的手段"，马赫将这种现象称为"思维经济原则""科学经济原则"④。人类科学创新的真谛在于最优化，社会文明进步的本质在于最优化，最优化堪称人类社会最珍贵的科学利器、文明法宝。

① 参见孙耀君编著：《西方管理思想史》，山西人民出版社 1987 年版，第 514~516 页。
② 唐太宗：《帝范后续》等。
③ （明）《增广贤文》。
④ 参见《爱因斯坦文集》第 1 卷，许良英等编译，商务印书馆 1976 年版，第 83、84 页；全增嘏主编：《西方哲学史》下册，上海人民出版社 1985 年版，第 466、467 页。

"造化钟神秀，阴阳割昏晓。"① 与相对主义不可知论观点截然相反的一些真知灼见则认为，人生与社会发展，如逆水行舟，不仅不进则退，而且小进即退。伟人与常人、强国与弱国，其业绩的大小高低，在选择与创新层面的最大分野，不是好与坏的差异，也不是好与较好的差异和更好与好的差异，而是最好与好的差异。美国当代著名成功学家安东尼·罗宾就此说道，人生与社会的优越与一般的最大区别，"往往不是在好坏之间取舍，而是好与最好的抉择。'最好'的敌人，常常便是满足于'好'的心态与行为"。② 承认不承认最优化的客观必然性、主观必要性和现实多样性，有没有自觉明确而又乐天达观、积极向上、奋发进取的最优化观念心态，对于人生与社会的素质提升、完善至关重要；掌握不掌握最优化理论、原则与方法，对于人生建设（人的建设）、经济建设、政治建设、文化建设、社会建设与生态文明建设成效迥然不同；能不能运用最优化理论、原则与方法，最大限度地认识、改造、创造世界造福于人生与社会，结果大相径庭。对此，我国当代著名经济学家、北京大学厉以宁教授强调，在（人生与社会）竞争中要立于不败之地，往往"没有次优，只有最优，次优最终是会被淘汰的"，一定要"不断地向最优目标前进"，实现"最优"。③ 美国当代跨文化研究权威菲利普·R. 哈里斯和罗伯特·T. 莫兰在其合著的《跨文化管理教程》中，对于美国之所以成为世界上最强大的国家，作出这样的分析："许多美国人喜欢使用最高级的词，诸如最多、最好和最大等。原因可能是由于竞争作为一种社会的价值观的重要性所造成的，也与评定优秀表现的量化式标准有关。"④ 美国相当多的社会组织"章程"之

---

① （唐）杜甫：《望岳》。

② 参见田原、张弘编著：《安东尼·罗宾潜能成功学》下册，经济日报出版社 1997 年版，第 814 页。

③ 见厉以宁在央视 2 台财经频道"中国县域经济发展高层论坛"上的讲话，2012 年 9 月 5 日。

④ ［美］菲利普·R. 哈里斯、罗伯特·T. 莫兰：《跨文化管理教程》，关世杰主译，新华出版社 2002 年版，第 346 页。

所以设有诸如"尽你最大的能力、勇气、热情和奉献精神，取得出众的技术成就""努力使用尽可能少的原材料与能源，并只产生最少的废物和任何其他污染，来达到你的工作目标"的规定，① 亦出于同样的原因。人生与社会发展尤其是最优发展，既需要尽可能地赢得自身纵向发展的相对优势，更需要最大限度地争取内外纵横发展的绝对优势。唯有这样，才能将人生全方位引向光明，把社会最高度导向强盛。

　　最优化作为新兴科学，所遭遇的莫须有的非议和艰难而又曲折漫长的发展历程，不仅让人很容易联想到孔子所警示的"君子中庸（一定意义的最优化），小人反中庸"②，联想到毛泽东的精辟论述："新的正确的东西，在开始的时候常常得不到多数人的承认，只能在斗争中曲折地发展。正确的东西，好的东西，人们一开始常常不承认它们是鲜花，反而把它们看作毒草。哥白尼关于太阳系的学说，达尔文的进化论，都曾经被看作是错误的东西，都曾经经历艰苦的斗争。我国历史上也有许多这样的事例"③；而且让人很容易联想到英国现代科学家麦肯奇的著名论断："一项对知识的创造性贡献，其过程可分为三步：在第一阶段，人们嘲笑它是假的，不可能的，或没有用的；到第二阶段，人们说其中可能有些道理，但永远派不上什么实际的用场；到第三步，也是最后的阶段，新发现已获得了普遍的承认，这时，许多人说这个发现并不新鲜，早就有人想到了。"④ 然而，真理终究是真理，谬误到底是谬误；真理在与谬误斗争中必然提升，谬误在同真理斗争中注定消亡。否认甚至试图诋毁最优学研究对象最优化的相对主义不可知论观点，不但无损于最优化的光辉，相反还要以其自身的消亡为代价、作动力，促进最优化事业欣欣向荣、蒸蒸日上，不断从胜利走向新的更大胜利。这是历史

---

① ［美］维西林德、冈恩：《工程、伦理与环境》，吴晓东、翁端译，清华大学出版社 2003年版，第 73、74 页。

② 《中庸》。

③ 《毛泽东文集》第 7 卷，人民出版社 1999 年版，第 229 页。

④ 转引自［英］贝弗里奇著：《科学研究的艺术》，陈捷译，科学出版社 1979 年版，第117、118 页。

的辩证法，也是不以人的意志为转移的客观规律。

其二，偏狭孤注的定量最优化观点。

偏狭孤注的定量最优化观点，即极力推崇定量最优化分析，大肆贬低定性最优化研究的形而上学的片面化观点。这一观点的主要错误在于，一方面，它不明白所有事物都是质和量的有机结合。如果单独对事物予以定性最优化研究或定量最优化分析，不足以全面反映事物最优化属性。其实，包括定量最优化在内的现有数学定量分析，其局限性、僵化呆板性、脱离实际性相当突出。它甚至因傲慢与偏见，固守"异名数不能相加"和"1+1"只能等于"2"的成规，连司空见惯的"1 个写字台+1 把椅子＝1 套学习、办公用具"之类的常识性问题也理解不了、解决不好，对于系统科学所描述的"1+1>2"或"1+1≥0"或"1+1≤0"的现实世界普遍存在的问题，更是因其"不可思议"而将其排除在数学研究领域之外。偏狭孤注的定量最优化观点，表面上看似精确无误，而实际上从一开始就属于撇开具体事物特点尤其是同类事物个性差异，将本来复杂多样的事物一厢情愿地硬性抽象化为简单同一事物，建立在笼统基础之上的披着精确外衣的片面精确化科学。另一方面，它不懂得定性最优化是定量最优化的基础和目标，定量最优化是定性最优化的展开和精确化。定性最优化决定和主导着定量最优化的性质和方向，定量最优化从属和服务于定性最优化的本质特点和要求。如同美国经济学家鲍尔丁所说，在现实生活中，蕴含定量最优化在内的"数学只是一个极好的仆人，而却不是一个好的主人"。[①] 这似乎印证了我国古代先哲老子的一句箴言："善计不用筹策。"[②] 定性最优化与定量最优化相互联系、相辅相成；二者联手作为、协同发力，才能优势互补、相得益彰。

其三，超限利己、过度投机钻营的观点和其他相关错误观点。

超限利己、过度投机钻营的观点，是过分利己主义或曰极端利己主

---

① 参见李兴山主编：《现代管理学》，中共中央党校出版社 1994 年版，第 31 页。
② 《老子·道德经》第二十七章。

义和机会主义观点。它主张唯我独尊，唯利是图，不择手段，超越人道限度地利己，不失一切时机地钻营牟利。这种观点，可谓是一种恶劣的反最优化观点。我国先秦时期杨朱的"拔一毛而利天下，不为也"① 的人生信条，庄子的"为善无近名，为恶无近刑，缘督以为经；可以保身，可以全生，可以养亲，可以尽年"② 的临界利己主义处世哲学；英国 17 世纪哲学家霍布斯的"人对人就像狼一样"③ 的悲天悯人裸语，法国 18 世纪国君路易十五夫人的"死后哪怕洪水滔天"的歇斯底里、毫不负责的纵欲宣泄，德国 19 世纪强权政治主义者尼采的弱肉强食、疯狂占有、损害和征服异族他人的强力意志、超人主张④，现代社会"人不为己，天诛地灭"⑤、损人利己、损公肥私、不讲道德的丑陋心境等，均反映或属于典型的超限利己、过度投机钻营观点。这种观点不仅经常引起群怨众怒，而且经常受阻碰壁，后患无穷。而正确科学的最优化观点，只能是"勿以恶小而为之，勿以善小而不为"⑥，从善如流，疾恶如仇，力求实现人生最优化、社会最优化与环境最优化三位一体、和谐统一。

至于其他相关错误观点，特别是听天由命、随遇而安、随波逐流、不思进取的非优化观点，苟且偷生、得过且过、庸碌无为、不求优化的反最优化观点，其谬误、危害更是一目了然，不值得深批广判，只配作彻底清除。

（三）最优学的历史确证与现实走势

马克思曾深刻指出："历史从哪里开始，思想进程也应当从哪里开

---

① 《孟子·尽心上》。
② 《庄子·养生主篇》。
③ 全增嘏主编：《西方哲学史》上卷，上海人民出版社 1985 年版，第 482 页。
④ 参见万俊人著：《现代西方伦理学史》上卷，北京大学出版社 1990 年版，第 85~94 页。
⑤ 这种观点貌似有一定的生物学根据，但是它却不知道人是最社会化的高级动物，人的本质在其社会现实性上，是一切社会关系的总和；它更不知道人仅为己亦会天诛地灭的辩证逻辑。
⑥ （三国）刘备：《敕后主刘禅诏书》。

始，而思想进程的进一步发展不过是历史过程在抽象的、理论上前后一贯的形式上的反映；这种反映是经过修正的，然而是按照现实的历史过程本身的规律修正的。"① 在本质意义上，最优学的历史确证与现实走势和最优学的人文科技关怀相伴而生，相助以成，相促以进，一路同行。我国战国时代的著名历史故事田忌和齐王赛马，李冰父子都江堰工程的设计建造，北宋真宗年间丁渭的皇宫修复，乃至古代万里长城的修筑，京杭大运河的开通，当代两弹一星工程建设，黄河小浪底工程的调水调沙设计，长江三峡工程、空间实验室工程、"嫦娥探月工程"和"火星探测工程"的实施；古埃及金字塔的设计建造，古希腊罗马的城邦管理，19世纪末20世纪初美国科学管理创始人泰勒的科学管理实践，吉尔布雷斯夫妇的效率心理研究，管理心理学家梅奥的霍桑实验，"二战"期间美、英、法海陆空三军运用运筹学的方法对德、意法西斯的协同作战，以及当代美国的曼哈顿原子弹工程，战略防御体系，阿波罗登月工程，星球大战计划，一度开启的生物圈二号实验，欧洲航天局火星空间站的研发，国际合作组织开展的人类基因组测序、破译、定性、定量、改造、重组、利用计划，空间资源和平开发利用计划，世界卫生保健防疫计划，联合国世界和平与住区人口资源环境协调、生态保护、经济社会效益一体、人类命运共同体可持续发展规划等的实施，均在某些方面和一定程度运用了最优化的理论、原则与方法，带有最优化实践特性，开辟出通向最优化的多元多维历史和现实途径，昭示出最优化的光辉前景。

希腊中世纪著名哲学家尼斯蒂葛里高利（Gregory of Nyssa）曾高瞻远瞩地指出，世界是由低级向高级"渐臻至完美"的，"最完美的在最后才出现"。② 德国现代著名哲学家叔本华则认为，"宇宙的万事万物越是优秀，越是高等，它们达至成熟的时间就来得越迟"③。最优学的理

① 《马克思恩格斯文集》第2卷，人民出版社2009年版，第603页。
② 见赵敦华主编：《西方人学观念史》，北京出版社2005年版，第91页。
③ ［德］叔本华著：《论文集·生存空虚说》；引自金明华主编：《世界名言大词典》，长春出版社1991年版，第607页。

论、原则与方法，在人类以往历史的漫长进程中，虽然总体处于经验实证、直观感悟、理论假设、实验探索阶段，并且星点斑驳，杂然无序，不够系统、完整、深刻、规范、自觉，缺少大量必要的内容，远远谈不上一门独立科学，即便已经发展了半个多世纪的运筹学，其最优化研究也基本局限于部分定量最优化问题；最优化的实践虽然至今相当原始、浅陋、有限，但是，最优学却充满勃勃生机、无限希望，拥有无比广阔的发展前景。最优学在遥远的古代孕育、萌芽，在近现代逐步得以成长，在当代哲学、管理科学、运筹学、系统论、未来学领域的某些方面和一定程度获得发展，在今天则不断趋向完善成熟！最优学的诞生，尤其是最优学的研究对象最优化的广泛推广应用，可望能够引发人们思想观念、语言表达与行为方式的一场重大变革，在各行各业、各种生产生活和整个人类社会发展进程中，发挥出自己特有而又无比强大的正能量，创造出一个又一个神话般奇迹！

第一章　最优学研究对象的原本形态、基本规律与最优学的主要范畴

马克思曾指出："所谓彻底，就是抓住事物的根本。"① 列宁认为："物质的抽象，自然规律的抽象，价值的抽象等等，一句话，那一切科学的（正确的、郑重的、不是荒唐的）抽象，都更深刻、更正确、更完全地反映自然。"② 大凡新兴科学的创建，都离不开对其研究对象的原本形态、基本规律与其主要范畴的高度概括、抽象和深入阐释、分析。最优学研究对象的原本形态、基本规律与最优学的主要范畴，既是最优学的缘起、由来与创立，内在规定与强力支持系统的概括和延伸，又同它们一起构成最优学的本体论部分。它是最优学赖以创立的又一重要客观依据和不可或缺的重要内容。

一、最优学研究对象的原本形态

最优学研究对象的原本形态，即最优学的研究对象最优化的原始和根本构成形式样态。它是自在事物最优化与人为事物最优化的有机结合和对立统一，大致由三组六种形态组成。

---

① 《马克思恩格斯文集》第 1 卷，人民出版社 2009 年版，第 11 页。
② 《列宁全集》第 55 卷，人民出版社 1990 年版，第 142 页。

（一）生发最优化与分异最优化

生发最优化，即事物适时而又恰如其分地形成、产生、发展、变化的最优化。它反映的是事物从无到有、由小到大、由弱到强、由低级到高级的形成、产生、发展、变化趋势。它要求，为新生事物摇旗呐喊，奔走呼号，充分创造有利条件，使新生事物层出不穷，茁壮成长，蔚然成势。《周易》所说的"阴阳"大化，"有""无"相生，"生生"不息，"变动不居"，"天地感而万物化生"，"云行雨施，品物流行""周流六虚，上下无常，刚柔相易""惟变所适"，"日月得天而能久照，四时变化而能久成"，"益动而巽，日进无疆；天施地生，其益无方"，"凡益之道，与时偕行"；"天下之至健""天下之至顺"，"天地设位，圣人成能"，"圣人久于其道，而天下化成"，"明于天之道，而察于民之故，是兴神物以前民用"，"君子以多识前言往行""刚健笃实辉光""进德修业""知至至之""探赜索隐，钩深致远，以定天下之吉凶，成天下之亹亹者"，"开物成务，冒天下之道"，"以通天下之志，以定天下之业，以断天下之疑"，"服牛乘马，引重致远，以利天下"，"备物致用，立成器以为天下利"；① 我国先秦思想家老子讲的"道生一，一生二，二生三，三生万物"②；古希腊哲学家赫拉克利特提出的"世界"是"一团永恒的活火"③；人们常说的一切皆流，一切皆变，一切都是相对的，一切以时间、地点、条件为转移，唯变不变，以变应变，万变不离其宗，万变不离最优等；都是对生发最优化的深刻揭示。

分异最优化，是事物在生发最优化基础上形成的分化、变异对立性最优化。它表明事物种类的丰富性、事物层次的多重性、事物发展变化的多样性，彰显着矛盾双方为最大限度地求得自身的存续发展，而相互

---

① 《周易·系辞上、系辞下、大有传、咸象传、乾象传、恒象传、益象传、大畜传、乾文言》。
② 《老子·道德经》第四十二章。
③ 北京大学哲学系外国哲学史教研室编译：《西方哲学原著选读》上卷，商务印书馆 1981 年版，第 21 页。

否定、相互排斥、相互斗争、竞相超越。它规定，具体地分析和区别对待不同事物，力求事物或其要素系统尽可能地繁荣发展，异彩纷呈。《周易》所揭示的"物各从其类"，生生之谓易，"遏恶扬善"，"损以远害，益以兴利"，"时止则止，时行则行，动静不失其时"，"变而通之以尽利，鼓而舞之以尽神"；① 《尚书》所强调的"不作无益害有益，功乃成；不贵异物贱用物，民乃足"；② 孔子所主张的"君君、臣臣、父父、子子"等级明确、安分守己、各负其责、各尽其能，"和而不同""周而不比""群而不党"，"能好人能恶人"，"道不同，不相为谋"理论；③ 墨子倡导的"两利相权取其大，两害相权取其轻"的利害相权取其利，利利相权取其大，害害相权取其小，尽量趋利避害；④ 荀子提出的"治乱定分""明分使群""别同异"；⑤ 达尔文揭示的生存竞争、自然选择、遗传变异、优胜劣汰的生物进化论；马克思主义者的斗争学说；当代西方流行的"宇宙大爆炸理论"、耗散结构理论、突变理论等；均不同程度地揭示出分异最优化的一定本质特点。

（二）两极最优化与适中最优化

两极最优化，即事物以生发最优化、分异最优化为底蕴的最小、最大、极小、极大的最佳或曰极佳最优化。它主张，不仅高度明确最优化的两极属性特点，而且坚持向最好努力，向最坏预防，以最少的投入、消耗，获得最大的价值效益。《周易》所说的"太极""极其数""极天之赜""与时偕极""极深而研几"，"弥纶天地之道"，"穷理尽性以至于命"，"天下之至精""天下之至动""天下之至变""天下之至赜"，"精义入神""穷神知化"，"以致用"，"纯粹精也"；⑥ 《黄老帛书》强调

---

① 《周易·乾文言、大有象传、系辞下、艮象传、系辞上》。
② 《尚书·旅獒》。
③ 《论语·颜渊、子路、为政、卫灵公、里仁》。
④ 《墨子·大取、小取》。
⑤ 《荀子·正名、王制、富国、礼论》。
⑥ 《周易·系辞上、乾文言、系辞下、说卦》。

的"用天极""尽天当",《尚书》所提出的各种"极"论①,孔子所倡导的"无所不至"②,子思所说的"发育万物、峻极于天"③;《大学》所讲的"知至""至善","君子无所不用其极";《礼记》礼运篇推崇的"至正";宋代学者周敦颐《太极图说》提出的"人极",现代学者郭沫若《满江红》一诗中盛赞毛泽东的"为民立极",毕达哥拉斯学派提出的"极限理论""无限思想",柏拉图强调的"至善方能至美","人生最遗憾的,莫过于轻易地放弃了不该放弃的,固执地坚持了不该坚持的";④ 现代尖端科学管理科学、运筹学、系统论、未来学和人们常讲的"大道至简"、"大爱无疆"、上下界限、左右边缘、周围界面、区间界域、边际效益,目标极限最优化、内容要素最优化、投入产出最优化、消耗收益最优化、损益取舍最优化,以及古今中外所认同的具有普遍价值的两极相通、物极必反、物极必变、否极泰来观点,都是对两极最优化的生动描述。

适中最优化,是事物在生发最优化、分异最优化、两极最优化的前提下,不偏不倚、无过无不及的最优化。它主要侧重于质、量、度、关节点最优化、向位最优化、层次最优化、过程最优化,以及为人处事、实践操作、程度限度最优化。它强调,极其准确地认识事物,对待事物,在认识、改造、创造世界造福人类自身的过程中,做到正逢其时、恰适其位、妙如其分。《周易》所提出的"天地设位,而易行乎其中矣","中正有庆""中行无咎""中以行愿""中而上行","知进退存亡而不失其正";⑤ 孔子及其后学提出的"中庸""中正""其中""时中""中节""中和""用中","矜而不争""过犹不及","中也者,天下之大本也"思想;⑥ 古希腊科学家毕达哥拉斯提出的"黄金分割法"

① 《尚书·盘庚下、旅獒、洪范、吕刑》。
② 《论语·阳货》。
③ 《中庸》。
④ 苗力田主编:《古希腊哲学》,中国人民大学出版社1995年版,第77、79页。
⑤ 《周易·系辞上、益象传、夬象传、噬嗑象传、乾文言》。
⑥ 《论语·雍也、尧曰、述而、八佾、卫灵公、先进》,《中庸》,《礼记·礼运》。

（0.618∶0.382 方法），亚里士多德提出的"中道"观点;① 人们通常强调的适时、适位、适当、适量、适度、适可而止、中位、中立、中介、居中、择中，"炒菜看火候""做事乘良机"，"美酒饮当微醉后，好花看到半开时"，"潮起海天阔，扬帆正当时"，工字出头既为土，工与人合变为天（指行为过头适得其反，行为适中高大如天），尤其是至关重要的及时、到位、中心、核心、合情、合理、恰切、恰当、恰巧、正当、位序适当、比例协调理念和优选法等，均是对适中最优化不同形式的深刻表达。

（三）和合最优化与创新最优化

和合最优化，即事物根据彼此共性特点，尤其是普遍联系、相互转化规律，针对生发最优化、分异最优化、两极最优化、适中最优化的内在独立性缺陷、外部联系不足，而形成的和谐、和睦、和中，以及合目的、合规律、汇合、融合、圆满合一、统一性最优化。它要求，用联系的、全面的、发展的观点看待问题，按照矛盾双方相互肯定、相互依存、相互渗透、相互贯通，在一定条件下相互转化的特点，力求事物结构效益、关系效益、规模效益、环境效益、过程效益、系统整体效益最大化。《周易》提出的"天地相遇，品物咸章"，"天下和平"，"利者，义之和""和而至""各得其所"，"黄中通理""德圆""德合""美之至"，"物不可以苟合"，"君不密（周全、缜密）则失臣，臣不密则失身，几事不密则害成。是以君子慎密而不出（户庭、纰漏、破绽）也";② 孔子及后期儒家倡导的"尽美也，又尽善也"③，"万物并育而不相害，道并行而不相悖"，"祖述尧舜，宪章文武，上律天时，下袭水土"，"博学之，审问之，慎思之，明辨之，笃行之"，"泛爱众，而亲仁"，"和为贵"、合内外之道，"成人之美"，见善"如好好色"，"四海

---

① 全增嘏主编:《西方哲学史》上册，上海人民出版社 1983 年版，第 62 页。
② 《周易·姤彖传、咸彖传、乾文言、系辞下、坤文言、系辞上、序卦、坤象传》。
③ 《论语·八佾》。

之内皆兄弟";① 孙武强调的"知天知地，胜乃不穷","知彼知己，胜乃不殆","上下同欲者胜","不战而屈人之兵，善之善者也";② 孟子所主张的"仁者爱人","天时""地利""人和","充实之为美";③ 墨子在《天志中》强调的"顺天意""兼相爱，交相利"；荀子在《天论》中提出的"列星随旋，日月递照，四时代御，阴阳大化，风雨博施，万物各得其和以生，各得其养以成，不见其事而见其功"，在《解蔽》中揭示的"周而成，泄而败"，在《劝学》中讲述的"不全不粹之不足以为美"，修以求其粹美，养以期其充足；宋代哲学家张载在《正蒙·乾称篇》中提出的"天人合一"思想；古希腊思想家提出的"和谐"理论、贵"圆"学说;④ 英国17世纪哲学家培根所说的"世界上没有一个极美的东西不是在调和中有着某种奇异";⑤ 英国19世纪生物学家达尔文揭示的生物合群性、共生性、互利性、遗传认同性、环境依赖适应性；英国当代哲学家罗素强调的"最优秀的人们，总是把自己的优秀归功于各种被认为水火不容的品质的完美结合"⑥；马克思主义哲学强调的世界物质多样性的统一理论，普遍联系、相互转化学说，矛盾对立统一学说；现代运筹学中的统筹法；一度风靡全球的系统论、信息论、控制论、协同学理论、自组织理论，以及宇宙全息统一论、经济全球化理论、命运共同体理论、地球村理论、世界一体化理论、"大美自然"理论、人口资源环境协调统一理论，突出重点、统筹兼顾、全面协调可持续发展理论；亦不同程度地彰显着和合最优化的内在规定性。

　　创新最优化，是事物在生发最优化、分异最优化、两极最优化、适中最优化、和合最优化基础上形成的创生、布新最优化。它规定，以超

---

① 《中庸》，《论语·学而、颜渊》。
② 《孙子兵法·地形篇、谋攻篇》。
③ 《孟子·离娄下、公孙丑下、尽心下》。
④ 严智泽等主编：《创造学新论》，华中科技大学出版社2002年版，第278页。
⑤ 同上书，第278页。
⑥ 许汝罗、王永亮主编：《思想道德修养与法律基础》（学生辅学读本），高等教育出版社2006年版，第137页。

乎寻常的热情、胆略和态度，最高度地重视人生、社会与环境建设的创新，让创新之花在各行各业、各个向位层面异彩纷呈，永续绽放。《周易》所讲的"易穷则变，变则通，通则久"，"汤武革命，顺乎天而应乎人"，"日新之谓盛德""富有之谓大业""盛德大业，至矣哉"；① 孔子所警示世人的"愚而好自用，贱而好自专，生乎今之世，反乎古之道；如此者，灾及其身也"②；《大学》所强调的"日新"，"亲（新）民""惟新""道盛德至善"；《中庸》强调的"赞天地之化育"，"与天地参"；《孙子兵法》提出的"善出奇者，无穷如天地，不竭如江河"③；近代戊戌维新变法领袖康有为提出的"物新则壮，旧则老；新则鲜，旧则腐；新则活，旧则板；新则通，旧则滞"；古希腊哲学家赫拉克利特提出的"太阳每天都是新的"④；马克思主义哲学所强调的事物永恒运动变化发展规律、量变质变规律、否定之否定规律；现代社会所崇尚的创新至上，不创新就没有出路，"敢为天下先""大众创业、万众创新""创新，创新，再创新"；无一不是对创新最优化的美好愿景诉说。

事物的发展，实际上是一个由生发最优化、分异最优化、两极最优化、适中最优化、和合最优化，到创新最优化，再到新的更高级的生发最优化、分异最优化、两极最优化、适中最优化、和合最优化、创新最优化，螺旋式上升、波浪式前进、循环往复、不断上升前进以至无穷的永恒过程。其他各种形式的最优化，都不过是从不同的向位、层面和过程，以不同的方式，对生发最优化、分异最优化、两极最优化、适中最优化、和合最优化、创新最优化三组六种最优化原本形态的变幻、拓展，或多元多维交叉演绎、全方位系统整合升华。

---

① 《周易·系辞下、革象传、系辞上》。
② 《中庸》。
③ 《孙子兵法·势篇》。
④ 北京大学哲学系外国哲学史教研室编译：《西方哲学原著选读》上卷，商务印书馆 1981 年版，第 23 页。

二、最优学研究对象的基本规律

最优学研究对象的基本规律，即最优学的研究对象最优化的基本规律；它指的是最优化最基础最重要的本质联系及其必然趋势。该类规律既是一种不可违背的客观存在，又是最优学研究对象的原本形态的概括、抽象和深化，以及最优学的主要范畴的统一性前提。它决定和制约着最优化的各个向位、层面，贯穿于最优化的全过程。同最优学研究对象的原本形态一样，作为最优化科学形态的最优学，其研究对象的基本规律大致有三条。

（一）最优化多样统一规律

最优化多样统一规律，即最优化多种样态广泛分布在宇宙各界，并且相互联系统一的规律。一方面，如前所述，整个世界，所有界域，一切事物，包括无机界、生物界、人类社会和人的思维、语言、行为等，都各有各的最优化规定，各有各的最优化规律。无机界的最优化规律，即无机物结合自身的存续发展需要和外部环境的性质特点，以其特定的方式，最大限度地追求自身存续发展利益的规律。生物界的最优化规律，指的是生物结合自身的生存发展需要和外部环境的性质特点，以其特定的方式，最大限度地追求自身生存发展的利益规律。人类社会和人的思维、语言、行为的最优化规律，即各种社会形态、各个历史阶段和人的各种思维、语言、行为方式，结合自身的生存发展需要和外部环境的性质特点，以其特定的方式，最大限度地追求自身生存发展利益的规律。其他事物的最优化，亦大致相同。① 可以说，有多少界域就有多少种最优化规律形态，有多少类事物就有多少种最优化规律形式；只要有界域和事物存在，就有不同种类的最优化规律存在。这是世界所有界

---

① 详见本书绪论三（一）最优学的哲学依据。

域、一切事物保持自身最优化的规定性的客观依据。另一方面，整个世界、所有界域、一切事物，尽管各有各的最优化规律特点，但彼此却不是绝缘的，而是相互联系，异中有同，万变不离其宗。无论什么样的最优化规律，都是在结合自身的存续发展需要和外部环境的性质特点，以其特定的方式，最大限度地追求自身存续发展的最大利益，都统一于以最少的能量投入、消耗，获得最大的存续发展效益这一根本规律。

最优化多样统一规律昭示，不仅所有事物都有其一定的最优化规律可循，而且所有事物都是最优化的特殊性与普遍性、个性与共性的对立统一。它要求，最优化的认识与实践，应采取奋发向上、开拓进取的积极态度，极力探索、发现和充分利用最优化多样统一规律，最正确科学地认识、改造和创造世界，最大限度地造福于人类社会。

（二）最优化转化递升规律

最优化转化递升规律，是最优化彼此相互连接贯通变化，呈梯形按等级逐级向上发展递进的规律。一方面，所有界域、一切事物的最优化之间并非绝缘孤立，而是既相互区别，又相互联系，在一定条件下相互转化。一般说来，最优化的形态层次越高，其要素、结构就越复杂，单位能量就越大，联系就越广泛，发展就越迅速，转化的力度就越强大；反之，最优化的形态层次越低，其要素、结构就越简单，单位能量就越小，联系就越狭窄，发展就越缓慢，转化的力度就越弱小。另一方面，整个世界各个界域、各种事物的最优化发展等级不同，呈梯形发展状态。从无机界的最优化到生物界的最优化，再到人类社会和人的思维、语言、行为的最优化，其发展等级逐层提高、级级强化，从而形成从低级最优化到中级最优化，再到高级最优化的持续递进。这一形式过程，集中演绎着从无意识的自然最优化到有意识的人为最优化，从不自觉的自在最优化到自觉的自为最优化，从原始初级最优化到一般最优化，再到高层次的最优化的自然历史进程。不同界域、不同种类事物，由于其内在规定不同，环境状况不一，尽管其最优化的起点、进度不同，甚至大相径庭，但它们却无一例外地在各自的基点、向位、层面，以其最适合自身存续发展的方式，最大限度地向最高层级的最优化形态发展。这个过程，总体上既无开端又无终结，永无止境。事物的普遍联系、相互转化，螺旋式上升、波浪式前进的永恒运动，以及由简单到复杂、由低级到高级、由旧质到新质发展的总趋势，就是这一规律的合乎逻辑的显现。

最优化转化递升规律表明，最优化具有相互联系转化和等级层次性特点。它规定，必须最正确科学地认识和对待最优化的相互联系转化特点及其等级层次性，严格遵循和充分利用最优化转化递升规律，做到既联系地、全面地、发展地看待最优化，又循序渐进，防止左右倾向，在非优变优化、优化变最优化的基础上，力求使最优化持续不断地达到新的更高层级的最优化，使坏事变好事，好事向更好的方面发展。

（三）最优化系统演进规律

最优化系统演进规律，即最优化的各个组成部分相互协调、相互规定、有机统一、共同演绎发展推进的规律。在这个规律中，一方面，由于最优化形态、地位、作用不同，通常低层次的最优化决定高层次的最优化，高层次的最优化反映并反作用于低层次的最优化和统领低层次的最优化；数量多、能量大的最优化，统御和制约数量少、能量小的最优化。当彼此发生矛盾冲突，低层次的最优化服从高层次的最优化，数量少、能量小的最优化服从数量多、能量大的最优化。这是由后者对前者的优势性，以及系统整体本身最优化的最小投入、消耗，最大价值效益取向共同造成的。另一方面，最优化系统，作为一个相对独立的存在形态，不仅在结构、功能相对最优化的情况下，系统最优化功能大于各孤立要素最优化功能之和，而且在良性动态开放条件下，通过与外界合理物质交换和能量信息交流，系统最优化将向更高形态、层次的最优化持续不断地跃升前进。这一过程永远不会完结。

最优化系统演进规律启示人们，最优化是一个不可分割、相互规定、相互制约、持续演进的系统整体。它主张，在认识世界、改造世界、创造世界造福人类自身的进程中，树立系统整体和动态开放的理念，最正确科学地认识和利用最优化系统演进规律，力求以总体最少的投入、消耗，获得系统整体静态与动态的最大价值效益。

最优化多样统一规律、转化递升规律、系统演进规律，是一个对立统一的有机整体。其中，最优化多样统一规律，反映的主要是最优化的多元化、广泛性和一致性；最优化转化递升规律，表明的主要是最优化内涵与外延的关联性、通融性和层次性、动态升华特点；最优化系统演进规律，标明的主要是最优化之间的有机性、系统整体性和发展大趋势。三大规律共同维系和推动着最优化个体和整体不断向上向前发展。

三、最优学的主要范畴

最优学的范畴，是揭示最优学研究对象某些方面的重要特性、内在联系的范式规定、畴域概念。它标明最优化的不同属性特征，既是对最优学的研究对象规律的概念性分解和凝结，又是对最优化概念两两对应属性特点关系的深刻揭示。最优学的范畴是一个庞大的群体，可以说有多少最优化的相关概念，就有多少最优学的范畴。从一般视角审视，最优学的主要范畴大致有六对十二种。

（一）相对最优化与绝对最优化

同其他任何科学特别是相对真理与绝对真理的属性及其相互关系一样，最优化既是相对的，又是绝对的，是相对最优化与绝对最优化的辩证统一。

相对最优化，即有限意义、既定目标、现实状态、一定可能性的最优化；它表明最优化的偶然性、暂时性、条件性、有限性和思维的非至上性、行为的局限性。庄子在谈及事物的相对性时曾说过："以道观之，物无贵贱；以物观之，自贵而相贱；以俗观之，贵贱不在己"，"以趣观之，因其所然而然之……因其所非而非之"；"毛嫱丽姬，人之所美也；鱼见之深入，鸟见之高飞；麋鹿见之决骤"。[①] 庄子的学说，不仅生动说明一般事物的相对性，而且可以用来解读最优化的相对性或相对最优化。相对最优化要求，在不能求得绝对最优化的有限条件下，确保取得相对性最优化。

绝对最优化，指的是极限意义、终极目标、理想状态、无限发展的可能性的最优化。它体现着最优化的必然性、永恒性、无条件性、无限性和思维的至上性，行为的多样丰富性。绝对最优化规定，在条件允许的情况下，确保实现绝对性最优化。

相对最优化与绝对最优化相互渗透，相互制约。相对最优化可谓绝对最优化的构成部分，它含有绝对最优化的元素，体现着绝对最优化的一定特性，没有一系列的相对最优化就没有绝对最优化。绝对最优化堪称无数相对最优化之总和，它蕴含着相对最优化的属性特点，没有绝对最优化就无所谓相对最优化。相对最优化的时间跨度越长、空间范围越广，其绝对最优化的程度就越高；反之，其绝对最优化的程度就越低。相对最优化与绝对最优化，在一定条件下相互转化。相对最优化在总体上是相对的、不确定的，绝对最优化在一定条件下是绝对的、确定的。离开这些限制条件，二者会互易其位。相对最优化与绝对最优化，在一定意义上既像两条渐近线，彼此永远接近着而又永远不能相交；又像一条生物 DNA 双螺旋结构链，彼此一直区分着而又始终缠绕在一起。相对最优化与绝对最优化的最佳关系主张，必须尽可能地将二者有机结合起来，使之发挥最大效能，为人生、社会与环境建设带来尽可能多的价值效益。

（二）模糊最优化与精确最优化

整个世界，由于事物本身某些属性特点的不确定性，尤其是动态过

---

① 《庄子·秋水篇、齐物论》。

程、外部联系和各种"中介状态"、朦胧特性的不确定性，以及主体认识能力、实践条件的局限性、简略性，人们对事物的认识和对待方式必然具有一定的模糊性。这种现象，势必使反映事物属性特点的模糊最优化成为必要。恩格斯所反对的那种"是就是，不是就不是；除此以外，都是鬼话"，"只见树木，不见森林"，只承认对立不承认统一，只看到"两极"看不到中间形态，只求精确不顾模糊的"形而上学"观点和做法，[①] 是不可取的。同时，事物本身的属性特点特别是定量特点、人们的认识能力、实践条件，以及人们对事物的认识和处理方式，在一定时间、地点、条件下，又具有一定的确定性、超局限性、具体明晰性。这就决定了精确最优化在科学认识与实践中的现实可能性。

模糊最优化，即基于事物的不确定性和主体认识能力、实践条件的局限性，以及人们对事物的认识和对待方式的模糊性，运用模糊方式对事物属性特点所形成的相应最优化；它属非精确最优化形态，通常用模糊不清的语言和方式表达。大量哲学、人文社会科学、文学艺术，乃至某些自然科学表达形式，尤其是感性认识、梦幻意识、笼统表述、模态判断、大略推理、意识流创作、朦胧诗词，意象派绘画、雕塑、音乐、舞蹈，好莱坞电影、科幻作品，以及模糊数学、概率统计、系统论中的"灰箱方法"等，都属于模糊哲学或模糊人文社会科学、模糊艺术、模糊自然科学形式。其中，不乏模糊最优化元素。模糊最优化的优点，重在其即时效用性、便捷快速性、广泛应用性；其缺点主要在于原始粗略性、不确定性、或然性、迫不得已性，一般不如精确最优化严格、科学、精细、高效。模糊最优化要求，在需要模糊的情况下，确保思维、语言、行为恰到好处的模糊最优化。

精确最优化，指的是在精确认识指导下，运用精确方式对事物属性特点所确定的最优化。它与模糊最优化相互对立，通常用明确无疑的方式来表达。一切肯定性的解说方式，大量否定性的表达形态，特别是传

---

① 《马克思恩格斯文集》第 3 卷，人民出版社 2009 年版，第 539、540、541 页。

统数学、物理学、生物学中的定量性公式、算法，以及系统论中的"白箱方法"，都属于精确文化科学形态。其中，含有不少精确最优化形式。在这个意义，可以说模糊数学是理科的文学，文学则是文科的模糊数学，诗歌警句则是以最恰切精当的语言表达最丰富深刻的思想情感的文科的运筹学。精确最优化的优点，重在其具体现实性、精确肯定性、科学高效性；其缺点，主要在于高难度性、不易掌握、成本高、时间长，不如模糊最优化便捷实用、应用广泛。精确最优化规定，在需要精确的情况下，确保思维、语言、行为恰如其分的精确最优化。

模糊最优化与精确最优化，二者合则互利，离则两伤，不可分离。模糊最优化与精确最优化的最佳关系主张，在现实生产生活中，既应防止"只见树木，不见森林"的经验主义、形而上学观点和做法，又要避免"只见森林，不见树木"的唯理论、诡辩论观点和举动；力求"既见树木，又见森林"，模糊最优化与精确最优化并举，彼此取长补短、相得益彰。

（三）部分最优化与整体最优化

部分最优化，即整体最优化的构成元素。它要求，不仅力争自身在独立状态下的最优化，而且确保自身在整体最优化中达到最优化。整体最优化，指的是部分最优化的组合形态。它规定，将若干部分最优化以最佳方式结合起来，确保其发挥大于各部分最优化功能之和的超强功能。

部分最优化与整体最优化相互依赖，没有部分最优化就没有整体最优化；没有整体最优化就无所谓整体意义的部分最优化。整体最优化功能，由部分最优化自身的功能和部分最优化之间的结构功能共同组成。从广义来讲，整体最优化功能可以大于部分最优化功能之和，也可以等于部分最优化功能之和，还可以小于部分最优化功能之和。当部分最优化结构功能大于"0"时，整体最优化功能就大于部分最优化功能之和，如 1+1>2 的各种团队组合、生命有机体；当部分最优化结构功能等于"0"时，整体最优化功能就等于部分最优化功能之和，如 1+1＝2 的一盘散沙、失控组织、无序社会；当部分最优化结构功能小于"0"时，整体最优化功能就小于部分最优化功能之和，如 1+1<2 的二人穿针引线、没水喝的三个和尚组合、力量相互抵消的多人拔河比赛、两败俱伤的"窝里斗"团队、消极惰性组织、各种形式的一票否决制评价活动。就狭义而言，整体最优化功能必须大于部分最优化功能之和；不然，便谈不上严格意义的整体最优化功能。部分最优化与整体最优化的最佳关系主张，部分最优化只能是结构功能最大化基础上的部分最优化，整体最优化只能是最大限度的大于部分最优化功能之和的整体最优化；并且，当部分最优化与整体最优化发生矛盾冲突，部分最优化应服从整体最优化。这是由前者对后者的劣势性，以及事物整体最优化的最大价值效益取向共同决定的。

（四）内容最优化与形式最优化

任何事物都有自己特定的内容和形式。内容，即事物的内部要素；形式，即事物的结构方式和现象。内容决定形式，有什么样的内容往往就有什么样的形式；形式表现内容并反作用于内容。适合内容要求的形式，有利于内容的存续和发展；不适合内容要求的形式，则有害于内容的存续和发展。发展内容，繁荣形式，是人们认识世界、改造世界、创造世界造福人类自身的历史使命。毛泽东谈到文艺创作的内容和形式的关系时强调："我们要求"的是"内容和形式的统一"，正确科学而又丰富深刻的思想"内容"与"尽可能完美的艺术形式的统一"。① 毛泽东的文艺创作观点，既反映出文艺创作的内容最优化与形式最优化的统一性，也适合于其他事物内容最优化与形式最优化关系的要求。

内容最优化，即事物要素的最优化。它要求，事物各种各样各个不同层次的内容，必须达到相应的最高境界、最佳状态。形式最优化，指

① 《毛泽东选集》第 3 卷，人民出版社 1991 年版，第 869、870 页。

的是事物结构方式和现象的最优化。它规定，按照最优化愿景，使事物结构方式和现象尽可能地有利于所需要的内容的存续和发展。内容最优化与形式最优化的最佳关系主张，内容最优化必须与形式最优化尽可能地协调统一，既防止一定的内容和适当的形式相脱离的有实无名的实用主义，又避免一定的形式和适当的内容相割裂的有名无实的形式主义、唯美主义两种错误倾向，力求内容最优化与形式最优化发挥出最佳关系价值效益。

（五）静态最优化与动态最优化

静态最优化，即一定时间、地点、条件下事物确定性的最优化。它要求，按照事物的本来面目认识事物，根据自身一定利益需要改造和创造事物。动态最优化，指的是变动不居的最优化。它规定，在静态最优化的基础上，用联系的全面的尤其是发展的观点看待事物，使之最大限度地造福于自身。

静态最优化与动态最优化相互贯通，相互支持。静态最优化是相对静止的动态最优化，动态最优化是加入时间变量和地点、条件变量的静态最优化。马克思主义哲学认为，要深入认识事物、正确对待事物，一方面，必须基于事物的相对静态性及其由此决定的独立性和人的能力的有限性，把事物"从自然的或历史的联系中抽出来，从它们的特性、它们的特殊的原因和结果等等方面来分别加以研究"[1]，因为，"如果不把不间断的东西割断，不使活生生的东西简单化、粗陋化，不加以划分，不使之僵化，那么我们就不能想象、表达、测量、描述运动"[2]；另一方面，要按照事物的普遍联系、相互转化、永恒发展和人的能力发展的可能性、应然性、无限性，把"抽出来"的事物还原，"把握住、研究清楚它的一切方面、一切联系和'中介'。我们永远也不会完全做

---

[1]　《马克思恩格斯选集》第 3 卷，人民出版社 2012 年版，第 790 页。
[2]　《列宁全集》第 55 卷，人民出版社 1990 年版，第 219 页。

到这一点，但是，全面性这一要求可以使我们防止犯错误和防止僵化"。① 没有静态最优化，无法最正确科学地定性定量认识事物，无法最正确科学地对待事物，因而也无法最大限度地造福于人类社会；而没有动态最优化，则不可能全面真实地反映事物，不可能正确科学地处理事物，因而也不会尽可能地给人类社会带来福祉。正确科学地认识、改造和充分利用事物，必须使静态最优化与动态最优化结合起来。静态最优化与动态最优化的最佳关系主张，一方面，将静态最优化的相对确定性和动态最优化的绝对变化性，最紧密地联系在一起；另一方面，把静态最优化的孤立、片面、静止性和动态最优化的不确定性、笼统性、模糊性的缺点，通过彼此取长补短尽可能清除掉，使二者辩证地统一在一起，形成一体化永恒过程，发挥最大人生、社会与环境价值效益。

（六）有限最优化与无限最优化

所有事物，都是有限和无限的对立统一，最优化亦如此。

有限最优化，即人力、物力、财力、时间投入、消耗多元、多维有限性的最优化。它体现着最优化的相对暂时性、条件性、局限性，是生产、生活中最常见的最优化。有限最优化要求，在有限条件下，不遗余力地达到应有的有限性最优化。无限最优化，指的是相对于有限最优化而言的人力、物力、财力、时间投入、消耗多元、多维无限性的最优化。它凸显着最优化的绝对永恒性、无条件性、非局限性，是科学研究中必不可少的最优化。无限最优化规定，在条件允许和没有条件最大限度地创造条件的情况下，尽可能地实现无限性最优化。有限最优化与无限最优化，二者既各有区别，又互有联系。有限最优化是无限最优化的组成元素，寓于无限最优化之中，反映着无限最优化的某些特质；无限最优化是无数有限最优化之总和，它昭示着有限最优化的一定特性；没有有限最优化就没有无限最优化，没有无限最优化则无所谓有限最优

① 《列宁选集》第4卷，人民出版社2012年版，第419页。

化。有限最优化与无限最优化的最佳关系主张，在有限最优化中找到无限最优化，在无限最优化中发现有限最优化；并且力求在暂时最优化中找到永恒最优化，在永恒最优化中发现暂时最优化；必要时，通过有限无限化和无限有限化，采取"穷无穷，极无极"① 方式，将有限最优化上升发展为无限最优化，将无限最优化分解转化为一系列的有限最优化。

最优学的六对十二个主要范畴，以各自不同的方式，反映着最优学的丰富内涵，彰显着最优化的多样性及其关系特点。在认识世界、改造世界、创造世界造福人类自身的活动中，必须因人因事因时因地因情制宜，为谋求人类自身最大价值效益服务。对于复杂问题、高难度任务，必要时可采取多元多维交叉并举的方式，形成合力，使之优势互补，劣势相抵，规模价值效益达到最大值。

---

① （汉）刘安主编：《淮南子·原道训》。

第二章　最优学的根本关注：主体与客体、认识与实践的最优化

最优学的根本关注：主体与客体、认识与实践的最优化，堪称最优学的认识论、实践论部分。它是最优学的前提和先导，是连接最优学的本体论，以及最优学的基础理论、原则与方法，最优学的应用理论、原则与方法的桥梁与纽带。几者共同规定和制约着最优学的保障理论、原则与方法，最优学的概括、升华、展望与学记歌诀，与它们一起构成相互贯通、一脉相承的有机整体。

一、主体与客体的最优化

马克思主义创始人指出："人始终是主体。"① 他们公开申明"我们的出发点是从事实际活动的人"②。毛泽东则强调："世间一切事物中，人是第一个可宝贵的"，"只要有了人，什么人间奇迹也可以造出来"。③ 任何最优化，特别是人生、社会与环境最优化，都必须通过主体与客体的最优化及其交互作用才能实现。主体与客体的最优化，在最优学的根本关注中占有首要位置，具有主导作用。它主要包括主体与客体及其最

---

① 《马克思恩格斯文集》第 1 卷，人民出版社 2009 年版，第 195~196 页。
② 同上书，第 525 页。
③ 《毛泽东选集》第 4 卷，人民出版社 1991 年版，第 1512 页。

优化的内涵意蕴，主体与客体的最优化原则，主体与客体的最优化方法三个方面的内容。

（一）主体与客体及其最优化的内涵意蕴

广义主体，泛指具有独立自主地位，并对客体发挥作用的人或事物。狭义主体，仅仅指认识和实践者人。主体既包括个人主体，又包括群体主体、社会主体。本书所涉及的主体，主要限于狭义主体。客体，则是主体认识和实践的对象；它由人或事物构成。人既是主体，又是客体，还是主客体的统一。当人单纯认识或改造、创造客体时，他（她）则是纯粹的主体；当人被他人或社会这一主体认识或改造、创造时，他（她）又是纯粹的客体；当人进行自我认识或改造、创造的时候，他（她）则是主客体的统一。在现实生产、生活与交往中，无论纯粹主体的人，还是纯粹客体的人，都是不存在的，人总体是主客体的统一。不然，人便不成其为人；它要么是子虚乌有、全知全能的神仙上帝，要么属消极被动的动物、植物，甚至没有感觉、知觉的无机物。人的主体性，即人作为主体所具有的自主性、自觉性、自为性和创造性的主观能动性。人的客体性，即人作为客体所具有的非自主、非自觉、非自为和非创造性的客观被动性。与人的主体性、客体性密切相关的人的社会化，则是主体人加入社会群体、接受社会教化、担当社会角色、塑造社会形象、施加社会影响、优化社会形态、推动社会进步的主体客体化形式；社会的人化，则是社会以人为主导、以人为根本、以人为目的，尊重人、依靠人、关心人、爱护人、服务人的客体主体化过程。人的主体性规定人的客体性，进而支配人的社会化和社会的人化；人的社会化和社会的人化则具体地反映人的主体性对社会客体性的一定认同、趋从和统领。人的社会化和社会的人化本身，就是一系列人的主体性、客体性的交互作用、系统整合。主体与客体相互规定、相互影响、相互渗透、相互制约，二者在一定条件下相互转化。认识与实践，则是主体与客体联系的中介。马克思主义者认为，不仅"在生产中，人客体化，在消费中，物主体化；在分配中，社会以一般的、占统治地位的规定的形式，担任生产和消费之间的中介；在交换中，生产和消费由个人的偶然的规定性来中介"①，而且人的一切认识和实践，都属于主体客体化或客体主体化的中介形态。人的主体性与客体性的这种本质特点及其相互关系，为主体与客体的最优化构成了现实本体论前提。主体与客体的最优化，即主体与客体尤其是主体为最大限度地满足自身存续和发展的需要，采取最正确科学的理论、原则与方法，达到自身美好理想的过程。其本质是，以最少的人力、物力、财力、时间投入、消耗，获得最大的主体与客体价值效益。它在很大程度上是主体尽可能多地获得自身价值效益与尽量避免和减少客体损害的辩证统一。

（二）主体与客体的最优化原则

主体与客体的最优化原则，指的是根据主体与客体及其最优化的内涵意蕴，按照相应需要和有关属性，最正确科学地对主体与客体建构的准则。它主要涉及两项内容。

1. 最大限度地提升主体与客体的品位水准

主体与客体的品位水准，标明其质量层次高低。最大限度地提升主体与客体的品位水准，即按照人生、社会与环境最大价值效益取向和主体与客体的一定属性特点相统一的愿望，最大限度地提高主体的内在素质品位，优化客体的构成元素水平。它要求，尽可能地创造条件，一方面，通过学习、教育、培养、训练等活动，充分提升主体的情商、智商、健商、审美能力、劳动技能，或曰道德素质、文化素质、身体素质、审美素质、劳动素质，使之能够充分发挥人生、社会与环境最优化效能；另一方面，全面优化客体，使之能够尽量为主体最优化、社会最优化与环境最优化发挥积极效用。

2. 尽可能地优化主体与客体的关系

认识与实践，既反映、规定、改造、创造、联系主体，又反映、规

_____

① 《马克思恩格斯文集》第 8 卷，人民出版社 2009 年版，第 13 页。

定、改造、创造、联系客体。主体与客体积极效用的发挥不是孤立的，而是通过主体客体化、客体主体化的交互作用，亦即认识与实践中介实现的。人生、社会与环境最优化的成败得失，不仅取决于主体与客体的品位水准，而且取决于主体与客体的关系。尽可能地优化主体与客体的关系，指的是运用最正确科学的认识与实践方式，最大限度地优化主体与客体的内外联系，使之能够发挥出最大价值效益。它规定，必须致力主体与客体关系尽可能的融洽和谐。一方面，对有利于主体与客体关系最优化的因素，使之锦上添花；另一方面，对不利于主体与客体关系最优化的因素，防患于未然，遏制于即萌，消除于已发，使主体与客体关系达到最有利于人生、社会与环境的理想境界。

（三）主体与客体的最优化方法

主体与客体的最优化方法，是遵循主体与客体的最优化原则，按照具体需要和实际情况，获取主体与客体最大价值效益的方法。它主要有两种形式。

1. 主体为主，客体为辅

"人"作为宇宙之最、天之骄子、万物之灵，以及认识、改造、创造世界造福人类自身的主体，是"万物的尺度，是存在者存在的尺度，也是不存在者不存在的尺度"。[①] 人因天地而崇高，天地因人而精彩。主体为主、客体为辅，即以主体最优化为主导，客体最优化为辅助。它要求，一切从主体最优化出发，一切以主体最优化为核心、作目的，使客体最优化尽可能地服从和服务于主体最优化。

2. 和谐统一，力求人生、社会与环境最大价值效益

主体最优化与客体最优化，既相互区别，又相互联系，二者本质上构成和谐统一体。和谐统一，力求人生、社会与环境最大价值效益，指

---

① 北京大学哲学系外国哲学史教研室编译：《西方哲学原著选读》上卷，商务印书馆 1981 年版，第 54 页。

的是尽可能地创造条件，使二者高度和谐一致，努力求取主体最优化与客体最优化，达到人生、社会与环境最大价值效益。它规定，运用多种有利条件和最正确科学的方式，充分协调主体最优化与客体最优化之间的关系，使之形成"1+1>2"的系统功能，实现人生、社会与环境价值效益最大化。

二、认识与实践的最优化

主体与客体的最优化，很大程度取决于认识与实践的最优化。认识与实践作为主体与客体的互动形式，不仅有正确与错误的性质之分，而且有正确与错误的程度之别；二者可以大致分为最优、较优、一般、较劣、最劣五种类型。如果说，认识与实践的正确与错误性质决定人的活动的成功与失败；那么，认识与实践的正确与错误程度，则造就人的活动的成败得失之多少。认识与实践的最优化，可谓主体与客体的最优化的至关重要内容。它大致由认识与实践及其最优化的属性特点、认识与实践的最优化原则、认识与实践的最优化方法三项内容构成。

（一）认识与实践及其最优化的属性特点

认识，是人们认知和识别世界的思维活动，是人脑的机能和主体对客体的能动反映与延展，是意识的基本形式。它起源于无机界的相互作用、低等生物的刺激感应，乃至高等动物的生理心理感觉，来自于人的自然实践、社会实践、科学实践、文化实践及其积淀和发展需要。对此，鲁迅先生作出过精辟论述。他说："天才们无论怎样说大话，归根结底，还是不能凭空创造。描神画鬼，毫无对证，本可以专靠了神思，所谓'天马行空'似的挥写了，然而他们写出来的，也不过是三只眼，长颈子，就是在常见的人体上，增加了眼睛一只，增长了颈子二三尺而已。"[1] 认识

---

[1] 《鲁迅全集》第6卷，人民文学出版社1981年版，第219页。

主要由感性认识、理性认识和直觉、灵感、顿悟构成。感性认识，即通过感觉器官感应察觉所形成的认识。它包括感觉、知觉、表象三要素，是认识的初级阶段。理性认识，是建立在感性认识基础之上的概括化、抽象化、理论化的认识。它由概念、判断、推理、假说、证明构成，是认识的高级阶段。直觉、灵感、顿悟，则是感性认识与理性认识的量变积累所造成的质变飞跃。它既有"为伊消得人憔悴""衣带渐宽终不悔""踏破铁鞋无觅处""山重水复疑无路"的痛苦磨炼，欲弃不忍、欲罢不能、欲进无方，"剪不断，理还乱"的矛盾纠结，又有"蓦然回首，那人却在灯火阑珊处""得来全不费工夫""柳暗花明又一村"的神奇意外惊喜；既有"此中有真意，欲辨已忘言"的模糊朦胧，"此曲只应天上有，人间能得几回闻"的稀奇奥妙，又有文思泉涌、酣畅淋漓、爽快尽致的倾诉表达。认识从其他角度还可以划分为正确认识、错误认识，无意认识、有意认识，具体认识、抽象认识，表面认识、本质认识，简单认识、复杂认识，逻辑认识、辩证认识、系统认识等。认识活动，是主客体的互动过程。认识通过中介将主体与客体连接为一体。认识的中介，即认识主体在认识客体时所运用的工具、手段、方式、方法等。认识的内在机制，是信息选择、建构与感性具体、抽象规定，思维具体和理性因素、非理性因素、创新因素的有机结合。我国古代辩证法大师老子有句颇耐人寻味的名言："知不知上，不知知病，是以圣人不病，以其病病，是以不病。"[1] 意思是认识不知者为优点，不认识当认识者为缺点；圣人没缺点，是因为他能够克服其缺点。发生认识论创始人瑞士当代著名心理学家皮亚杰，不仅认为"认识起因于主客体之间的相互作用"[2]，而且科学揭示了儿童认识发生是由自我为中心的混沌主客体，逐步向周围发散、扩展、分化为明确的主客体，由儿童可操作性活动，

---

[1]　《老子·道德经》第七十一章。

[2]　［瑞士］皮亚杰著：《发生认识论原理》，王宪钿等译，商务印书馆 1981 年版，第 21 页。

内化为主体认知图式和吸收、再造与整合、重建外部刺激信息的多重互动建构。①

实践，则是人们改造和创造世界的客观活动。这种客观活动，既包括实物生产、交换、消费、使用的物质活动，又包括科技发明、文化创造、文明建树的精神活动。实践不仅是认识的源泉、动力和检验认识真理性的根本标准、现实尺度和一定目的，以及连接主体与客体的中介和人类生产、生活与交往的基本形式，社会发展的推动力量，而且它反映着人类社会生产、生活与交往的真谛，是人类合目的性与合规律性、选择性与创造性的有机统一。正是在这个意义，马克思创造性地提出"全部社会生活在本质上是实践的"；"哲学家们只是用不同的方式解释世界，问题在于改变世界"。② 然而，人们不会也不应为实践而实践，实践的目的可以说无一不是为了正确认识或改造世界，尤其是创造世界造福于人类自身。实践像认识一样，也需要检验和评价。检验和评价实践的标准，无疑在于它是否具有人生、社会与环境价值效益，以及人生、社会与环境价值效益的多少，特别是其投入、消耗的成本是否最小，价值效益是否最大。实践的最优化，主要由实践主体的最优化和实践方式、方法的最优化决定。毛泽东曾将少年和成人的一般认识和实践活动的关系概括为"实践、认识、再实践、再认识"，"循环往复"，不断上升，"以至无穷"。③ 认识与实践的深化和提高，是由发生到发展，由无意到有意，由感性到理性，由简单到复杂，由错误到正确，由初级到高级，由直觉、灵感、顿悟到创造奇迹，不断上升前进的优化和最优化过程。

认识与实践的最优化，在于追求认识与实践理论、原则与方法的最正确科学化，以及人生、社会与环境价值效益的最大化。

---

① ［瑞士］皮亚杰著：《发生认识论原理》，王宪钿等译，商务印书馆1981年版，第23～26页。
② 《马克思恩格斯选集》第1卷，人民出版社2012年版，第135、136页。
③ 《毛泽东选集》第1卷，人民出版社1991年版，第296、297页。

（二）认识与实践的最优化原则

认识与实践的最优化原则，指的是基于认识与实践及其最优化的属性特点，按照相应需要和有关规定，使认识与实践最正确科学化、价值效益最大化的准则。它主要涉及两项原则。

1. 高度知解世界，大力投身实践，造福人类社会

高度知解世界、大力投身实践、造福人类社会，即立足现实、背靠历史、面向未来、放眼世界，高度认知和科学解释世界，大力投身社会实践，最大限度地造福于人类社会。

"盈天地之间者，唯万物。"[1] 现代哲学、人文社会科学、自然科学，作为当今世界最先进的科学，表明人类所面对的世界既不是上帝创造的，也不是偶然生成不可测度的，而是一个时空无限、形态繁多、相互联系、永恒运动、不断发展、持续优化，并且可以认识、改造、创造的多元多维物质统一体。世界的本源是物质。物质是不依赖于精神而存在，可以被人们的感觉所感知，并且能够为人们的实践在一定程度所检验、证实和改造、创造的客观实在。精神则是"物质的最高的精华"[2]，是人脑的机能和客观存在的主观反映，以及相应的概念、判断、推理、假说、证明形态。物质第一性，精神第二性；物质决定精神，精神反映物质并对物质具有反作用。迄今，人类发现的物质元素有 109 种（一说基本粒子有 300 多种）。其中，金属元素约占 75%，其他元素约占 25%。今后，新的元素还将不时被发现，人造元素也将源源不断地问世。

物质世界，大致分为宏观、中观、微观世界三个层次和自在、人化、人造世界三个组成部分。宏观世界，主要涉及天文视域中的和可以想象出来的整个宇宙，包括星系、星云、恒星、行星、无限时间和无限

---

① 《周易·续卦》。
② 《马克思恩格斯选集》第 3 卷，人民出版社 2012 年版，第 864 页。

空间等；中观世界，主要包括肉眼能够观测到的银河系、太阳系、地球、月亮、星星、植物世界、动物世界、人类社会等；微观世界，主要涉及借助显微镜才能观测到的分子、原子、原子核、电子、各种场、微生物等。物质形态有固态、液态、气态、等离子态（占99.9%以上）、超固态、真空态、反物质态7种形态。有的物质（主要指暗物质）密度极高、引力极强，每立方厘米可达数亿吨甚至无数亿吨重量。以这种物质构成的宇宙黑洞，能够把近距离的天体和光物质吸入其中，变为微小颗粒。①"宇宙大爆炸理论"认为，人类可观测到的有限宇宙，即起源于密度极高、质量极大、引力极强、体积极小的"奇点"暗物质的一次大爆炸。有的物质密度极低、引力极小，每平方米仅有几个甚至更少的原子，它们随时都可能自由外移。② 运动是物质的根本属性，是宇宙间一切事物及其现象和过程的变化形式；它反映着物体在每一瞬间既是它自身，又不是它自身，既在同一个地方，又不在同一个地方，这种矛盾的连续产生和同时解决的辩证关系，表征着作用力等于并大于反作用力的变化过程。静止是运动的相对停止状态和量度形式，以及作用力既等于又小于反作用力的内在属性。运动是无条件的、永恒的、绝对的，静止是有条件的、暂时的、相对的，"静者静动，非不动也"③。变化是运动的表现形式。发展则是上升性、前进性的运动变化。它反映着运动变化的本质特征及其总趋势和永恒性。事物运动变化和发展的根本动力，源于物质不灭和能量守恒与转化定律及事物的矛盾性。其直接发展动力及其表现形式，是事物合理要素的增强，结构、环境的优化。④时间则是事物产生、存续和发展变化的先后顺序性、间隔性、持续性、

---

① 唐士志等编：《哲学的自然科学例证》，吉林人民出版社1981年版，第36、37页。

② 现代宇宙科学表明，无限庞大的宇宙中不仅有无数多个小宇宙，而且有无数多个正在爆炸着的天体，以及无数多个由恒星变暗、收缩和俘获来的外界物质形成的宇宙黑洞——奇点暗物质。当宇宙黑洞能量聚集到一定程度，又会再度发生大爆炸。整个宇宙天体，就是这样，像一簇簇持久而又不断绽放、收缩、再绽放的硕大无比的礼花，由爆炸到收缩，再到新的爆炸，不断重组演化，螺旋式上升、波浪式前进。

③ （清）王夫之：《思问录》。

④ 这种观点，至少适用于人类所处的"大爆炸小宇宙"，与小宇宙的膨胀性相符合。

久暂性，它具有一去不复返的一维性特点。空间则是事物的广延性、伸张性，它含有长、宽、高三维性属性。时间和空间在一定条件下相互转化。爱因斯坦的相对论表明：时间和空间不仅在引力场作用下会弯曲，而且运动着的时钟可以变慢，运动着的尺子能够变短。科学家研究发现，U 介子的寿命只有 100 万分之一秒，但当它以光速飞行时，却能够提高寿命 200 多倍。1971 年 9 月，为验证爱因斯坦的相对论提出的时空转化这一被视为科学尤物的神奇预言，美国科学家把两台原子钟放在两架喷气式飞机上，一架沿地球赤道从西向东，一架沿地球赤道由东往西，在万米高空绕地球飞行一周。返回地面后，结果与相对静止的地面的 1 台原子钟相比较，除去地球引力场产生的时钟变慢时间，向东飞行飞机上的原子钟慢了 59 毫微秒，向西飞行飞机上的原子钟快了 270 毫秒，与爱因斯坦的预言相吻合。[①] 科学家据此设想，当运动等于光速，达到每秒 30 万千米时，时间可以停止、凝固；超过光速，则能够时光倒流。如果人类乘坐在等于或超过光速的宇宙飞船上飞行，则可以青春永驻或返老还童。现代突飞猛进的科学技术，已让人类能够观察到 138 亿年的时间，200 多亿光年（一说 465 亿光年）的空间，借助计算机可以算出 10^{-43} 秒时间（普朗克时间）；借助电子显微镜可以观测到 10^{-17} 厘米的空间，可制造 10^{-14} 帕累托真空，4 亿℃的高温和 3×10^{-8} K 绝对温度。[②] 人类居住的地球作为太阳系的重要成员，其质量为 598 亿亿吨，表面积为 51100 万平方千米。其中，海洋占 70.8%，山川、平原、森林、陆地占 29.2%。已知的植物 30 多万种，动物 150 多万种，而实际存在的二者均超过 1000 万种。

　　自在世界，又称第一自然界、纯粹自然界，是没有打上人类实践活动印记的自然界。它在人类出现以前，就天然地存在着。如太阳系乃至银河系之外的世界，地球上原封未动的区域等。人化世界，又称第一人工自然或曰第一人造自然。它是人类认识和实践活动对象化的自然界。

①　唐士志等编：《哲学的自然科学例证》，吉林人民出版社 1981 年版，第 76、77、78 页。
②　张华夏、叶侨健编著：《现代自然哲学与科学哲学》，中山大学出版社 1996 年版，第 178、210 页。

马克思把这一世界视为人膨胀化的机体，称为"人的无机的身体""人的现实的自然界""人本学的自然界"；① 认为"自然界的属人的本质只有对社会的人来说才是存在着的"，"在社会中，自然界才表现为它自己的属人的存在的基础"。② 人类已开发利用和正在开发利用的山林、土地、河流、矿藏等，均属于人化世界。人造世界，是客观世界原本没有的人为创造的世界。它依赖于人类社会的存在而存在、发展而发展。人类社会组织、科学文化艺术、火箭、卫星、航天飞机、空间站、轮船、车辆、机器、设备等人造物体，均属人造世界。其中，机器、设备等，可看作人的延伸器官。人类作为由猿进化而来的能思维、会说话、能最大限度地制造和使用工具进行劳动创造的造福于自身的最高级动物，其本质在于秉承自身最崇高的历史使命，最大限度地优化自身，创造自身，实现自我，推动社会向前发展。人类主要有黑、白、黄、棕四大人种；先进、一般、落后三大类别。社会作为自然界的最高级组织形态——人类利益集合体，是自然界的社会化。它主要由人口、资源、环境，生产力、生产关系，经济基础、上层建筑，社会意识、社会实践，生活方式、交往方式等构成。

世界不仅存在着物质多样性统一规律、普遍联系永恒发展规律、有限无限规律、能量守恒转化规律、对立统一规律、量变质变规律、肯定否定规律（螺旋式上升、波浪式前进规律），而且存在着要素结构规律、系统功能规律、耗散结构规律、自组织规律、协同规律、破损突变规律、控制反馈规律、层级递进规律，人生优化规律、社会发展规律，思维演进规律、语言交流规律、行为活动规律③，以及环境友好规律或曰生态和谐规律等。人类认识与实践的历史，本质上是一部不断知解世界的物质特

---

① 《马克思恩格斯文集》第1卷，人民出版社2009年版，第161、193页。
② 马克思：《1844年经济学哲学手稿》，人民出版社1979年版，第75页。
③ 详见马克思主义理论研究和建设重点工程教材编写组编：《马克思主义哲学》，高等教育出版社、人民出版社2009年版，第三章世界的物质性，第五章联系与发展，第六章联系与发展的基本规律，第七章社会历史运动的规律性，第八章社会基本矛盾运动及其规律，第九章认识活动及其基本规律。

点、结构形式、功能作用，以及来龙去脉、相互关系规律，通过大力实践，最正确科学地改造世界、创造世界，最大限度地造福于人类社会的历史。

高度知解世界、大力投身实践、造福人类社会要求，始终站在历史的制高点，面向世界、面向未来、面向最优化，依据现代哲学、人文社会科学、自然科学所提供的当今世界最先进的相关科学成果，最正确科学地认知和解释世界，形成最正确科学的当代世界乃至未来世界意识，从而最正确科学地指导实践活动，最高质量效益地服务于人类社会存续发展的诉求。

2. 科学发现真理与价值、优美，力求真、善、美的和谐统一

多样性统一的世界，并非所有事物都无条件地具有真理与价值、优美的属性；即便是真、善、美，也未必一概和谐统一。而认识和改造世界、创造世界的根本任务，就在于科学发现真理与价值、优美，力求真、善、美的和谐统一。科学发现真理与价值、优美，力求真、善、美的和谐统一，指的是运用最正确科学的方式，发现真理与价值、优美，通过开展相应活动，尽可能地求得真、善、美的和谐一致。

所谓真理，指的是与谬误相对立的主观同客观相符合的哲学范畴，是人们对事物及其规律的正确认识。真理的内容是客观的，形式是主观的。真理属于真实，但又不同于真实。真实的内容和形式都是客观存在，但有些客观存在如天、地、人却不是真理。谬误则是与真理相对立的主观同客观相违背的认识范畴，是人们对事物及其规律的错误认识。真理与谬误相比较而存在，相斗争而发展。谬误在认识上是虚假的，但虚假的却不一定是谬误，如镜中花、水中月、魔术表演等。真理既具有绝对性，又具有相对性。它在一定时间、地点和条件下是确定的，不可推翻的；离开一定时间、地点和条件便失去原有的真理意义。对此，列宁有一句名言："只要再多走一小步，看来像是朝同一方向多走了一小步，真理就会变成谬误。"[1] 同样，真理只要少走一小步，即使方向不

---

[1] 《列宁全集》第 39 卷，人民出版社 1986 年版，第 82 页。

变，也依然为谬误。前者为过度之谬误，后者属不及之谬误。反过来，当过度与不及谬误得到纠正，它便会转化为真理。伟人之所以伟大，拥有超乎寻常的真理，很大程度就在于，他们善于追求、探索、发现、预见和坚持、运用、发展真理，能够尽可能地不犯低级错误，不犯常识性错误，不犯不该犯的错误，不犯"战略性""颠覆性"错误，少犯难以避免的探索性错误和高级错误，并且能够随时发现错误，随时纠正错误；庸人和常人之所以渺小或一般，拥有很少或拥有一般的真理，很大程度就在于，他们不善于追求、探索、发现、预见和坚持、运用、发展真理，经常犯任何类型的错误，且不能够随时发现和纠正错误。人的认识及其对象化事物在不断发展变化，真理本身是一个历史发展过程。逻辑推理和科学证明，是推进真理发展的重要力量和检验真理的重要尺度。需要指出的是，作为检验真理的实践标准不是一成不变的。"实践标准实质上决不能完全地证实或驳倒人类的任何表象。这个标准也是这样的'不确定'，以便不让人的知识变成'绝对'；同时它又是这样的确定，以便同唯心主义和不可知论的一切变种进行无情的斗争。"① 逻辑推论和科学证明也会发生变化，也是"不确定"与"确定"的辩证统一。同时，实践检验与逻辑推理和科学证明各有优长，相互补充。在一定意义，"用头走不通的路，用脚能够走得通"；"用脚走不通的路，用头可以走得通"。（斯拉夫格言）实践检验，具有逻辑推理和科学证明所没有的"普遍性""直接现实性"的优点②，"凡是把理论引向神秘主义的神秘东西，都能在人的实践中以及对这种实践的理解中得到合理的解决"。③ 逻辑推理和科学证明，具有实践所不及的优势，实践解决不了的高难度问题，逻辑推理和科学证明能够大显身手，有效解决。实践与逻辑推理和科学证明不能独立解决的问题，可以通过几者相互结合得到解决。实践与逻辑推理和科学证明，都应服从、服务和统一于人

① 《列宁选集》第 2 卷，人民出版社 2012 年版，第 103 页。
② 《列宁全集》第 55 卷，人民出版社 1990 年版，第 183 页。
③ 《马克思恩格斯文集》第 1 卷，人民出版社 2009 年版，第 501 页。

类利益的最大化，并以此为标准接受其检验、修正、补充、发展和完善。

价值，体现的是主客体之间的效用关系。它是客体对主体的积极有用性。价值，按照不同的标准，可以分为内在价值、外显价值，应有价值、实有价值，历史价值、现实价值、未来价值，以及自我价值、社会价值，个人价值、集体价值，人类价值、环境价值，经济价值、政治价值、文化价值、生态价值、审美价值，正价值、负价值等。这些价值类型，既相互区分，又相互规定。作为一般意义而不是经济学意义的价值规律，指的是价值的本质联系及其必然趋势。它主要由三大基本规律、七项特殊规律构成。三大基本规律，即多元统一规律，价格波动规律，前后一体化规律。七项特殊规律，则分别指目标价值与道路价值相统一规律，纵向价值与横向价值相结合规律，要素价值与结构价值相协调规律，功能价值与系统价值相贯通规律，过程价值与调控价值相配合规律，理论价值与实践价值相联系规律，整体价值与环境价值相契合规律。价值基本规律决定和制约价值特殊规律，价值特殊规律反映并反作用于价值基本规律。

优美，是美学的重要范畴。它是人类利益的对象化，反映人类的美好感受、领悟、理想、愿望和诉求。优美，从不同角度可以划分为自然美、形体美、人生美、社会美、文化美、艺术美，心灵美、语言美、行为美、环境美，内在美、外在美，实体美、符号美、象征美、联想美、引申美，以及清纯、阳光、靓丽的单纯美，人面桃花相映红、梦幻曼妙、琳琅满目不胜收的组合美，恬静惬意、吉庆祥和、玲珑剔透、精致入微的静态美，威武雄壮、风起云涌、波澜壮阔、变幻无穷的动态美等。各类优美形态，彼此既相互分异，又相互贯通。由于审美主体观念、评价标准和客观对象、环境条件的差别，不同的人物、民族、区域、部门、行业、时代、境遇，有不同的审美标准。但所有审美标准无一不是以其利益的对象化、最大化为转移。人生、社会与环境优美的实质在于各美其美，美人之美，美物之美，美美与共，美轮美奂，美不胜收。

真理与价值、优美，三位一体。一方面，真理与价值、优美各有各的规定性，彼此不能混淆；凡真理都有一定的价值，都表现出一定的优美属性；但是，具有价值和优美属性的却不一定是真理。月亮围绕地球转，地球围绕太阳转，人类围绕利益转的理论，是真理与价值、优美的和谐统一；然而，拥有一定价值与优美属性的蓝天、丽日、白云、清风、明月、星空，大海、莽原、绿水、青山，虫、鱼、花、鸟，衣、食、住、行、用，却不是真理。另一方面，真理是人类认识和实践的理论依据，价值是人类认识和实践的主要目标，优美则是人类认识和实践的最高境界；真理为价值与优美服务，价值依赖真理支持并为优美提供前提保障，优美则是价值和真理的一定升华。真理要求人们按照世界的本来面目认识和改造世界、创造世界造福人类社会；价值支配人们根据人类的需要认识和改造世界、创造世界造福人类社会；优美则驱使人们依据世界之美和人类求美需求认识和改造世界、创造世界造福人类社会。科学从属于真理，必须合乎真理的要求；但是，科学却是一把"双刃剑"，它只有在价值之善统领下，才能彰显优美风采。价值与优美本身具有无可争议的善性，善本身即是有利于人类社会的价值与优美。正是在这个意义上，康德指出，人类感到最"崇高与神圣"、最值得"虔敬与信仰"的"就是头上的星空和心中的道德律"。[①] 爱因斯坦强调："光靠科学技术，不能把人类带向幸福与高尚的生活。人类有理由将崇高的道德准则发现置于客观真理的发现之上。"[②] 也正因为如此，可以说真理诚可贵，价值价更高，为了优美故，二者皆可抛。人们为发现、捍卫、运用和发展真理而斗争，更应当为发现、获取和创造价值尤其是优美而奋斗。

科学发现真理与价值、优美，力求真、善、美的和谐统一规定，一

[①] 许汝罗、王永亮主编：《思想道德修养与法律基础》（学生辅学读本），高等教育出版社 2006 年版，第 103 页。

[②] 同上书，第 13 页。

方面，尽可能地通过报刊图书资料、影视广播、网络信息，以及各种社会传媒，获得和传播真理与价值、优美，通过观察、实验、调查问卷、访谈求教、宣传教育活动，发现和发展真理与价值、优美。另一方面，全身心投入各种各样的有益于人类的认识和实践，从中最大限度地发现、预见真理与价值、优美，捍卫真理与价值、优美。再一方面，通过反思、批判、推论、预测和生产、生活与交往活动完善真理，创造价值与优美。坚决反对和批判假、恶、丑（善意的谎言、行为，合乎逻辑的艺术创作、虚构除外；因为它们属于言行之美或艺术之美），彻底清除混淆是非、颠倒黑白，以及"谣言千遍成真理""有用即真理""价值中立论""跟着感觉走""美丑主观论""唯美主义"等错误观念和行为。切实依据科学重在求真、道德重在求善、艺术重在求美的人类文明宗旨，大力倡导科学、道德、艺术的统一，最大限度地促使真理与价值、优美的最高之真与崇高之善、最优之美相互融合，相互协调，相互一致，力争获得最大量的真理与价值、优美效益。

（三）认识与实践的最优化方法

认识与实践的最优化方法，是遵循认识与实践的最优化原则，按照具体需要和实际情况，获取认识与实践的最大价值效益的方法。它主要有两种构成类型。

1. 认识与实践尽可能地相结合

认识与实践活动，本质上是主体客体化与客体主体化的互动过程。认识与实践尽可能地相结合，即运用最正确科学的方式，通过主体客体化与客体主体化，使认识与实践最大限度地相联系。它要求，一方面，将感性认识、理性认识特别是直觉、灵感、顿悟与实践，最大限度地结合起来。这种结合，指的是把感性认识、理性认识特别是直觉、灵感、顿悟与实践尽可能地联系在一起，使其产生最佳认识和最大实践价值效益。德国现代科学家海森堡在描述其创立量子力学矩阵理论的认识与实践活动时，曾深情地写道："早晨三点钟，最后计算结果出现在我的面前……最初一瞬间，我非常惊慌。我感到，通过原子现象的表面，窥见到了一个异常美丽的内部。现在必须探明自然界这样慷慨地展示在我面前的数字构造这个宝藏。想到这里，我几乎眩晕了。"① 海森堡此时的神奇感悟，便是其感性认识、理性认识特别是直觉、灵感、顿悟与科学研究的实践相结合的最理想化产物。另一方面，力求逻辑认识、辩证认识、系统认识与实践，最大限度地相一致。逻辑认识，是根据逻辑学（形式逻辑学、普通逻辑学）的概念、判断、推理、假说、证明等，对事物的正确科学的格式化、定理化认识。辩证认识，是按照唯物辩证法的联系的、全面的、发展的观点，尤其是对立统一规律、量变质变规律、否定之否定规律，以及"两点论和重点论"相结合的规定，对事物所进行的正确科学的哲学方法论认识。系统认识，是按照系统论的观点，建立起来的最正确科学的整体认识。系统认识，主要分为系统目标认识、系统要素认识、系统结构认识、系统功能认识、系统环境认识、系统过程认识。它在认识的方法中举足轻重，发挥着其他方法无以取代的独特整体功能。逻辑认识、辩证认识、系统认识与实践最大限度地相一致，就是将三类认识在彼此相互配合、取长补短的同时，尽可能地与相应实践结合起来，从而使之各自和协同发挥最大认识和实践价值效能。

2. 理论指导实践与实践第一的观点最大限度地相统一

理论取决于实践，而又指导实践、提升实践；实践产生理论、升华理论、检验理论，而又构成理论的一定目的。理论指导实践与实践第一的观点最大限度地相统一，指的是基于理论与实践的内在关系，通过主体客体化与客体主体化，尽可能地用最正确科学的理论指导实践，以实践作为第一性，为理论提供源泉、动力、检验标准和一定目的。它规定，一方面，牢牢坚持理论指导实践的原则，充分认识理论特别是最正确科学的理论本身对实践经验的高度概括性，以及在某些方面和一定程

---

① 周昌忠编译：《创造心理学》，中国青年出版社1983年版，第192页。

度对实践的升华和对未来事物的超前认知功能；充分认识理论在一定意义具有高于实践的特性，为实践指明目标、方向、路径，提供有效手段，增强实践绩效；尽可能多地掌握和运用各种形式的最正确科学理论，尤其是高、精、尖、新的最正确科学理论，指导实践活动，全面防止实践的盲目性、误区性、偏差性、低效性、徒劳性、负效益，确保实践成为最正确科学高效的改造世界、创造世界造福人类的活动。另一方面，始终坚持实践第一的观点，在实践中不断检验、修正、深化、补充、完善和发展理论；高度明确实践对于理论的源泉性、动力性和检验真理的标准性、一定目的性；坚持立足现实，实事求是，一切从实际出发，努力向着最佳目标、沿着最优道路、以最佳方式持续不断地前进，让理论不断接受实践的检验，在实践中不断得以发展、升华和趋向最优化；在认识和改造世界、创造世界造福于人类的进程中，始终不渝地把实践放在第一位，特别是当发现理论与实践不相符合时，在排除实践假象、失误、局限性尤其是经验主义的片面性，确认实践正确科学的基础上，毫不犹豫地修正理论，服从实践的要求，为现实需要服务，为实践发展提供强大精神动力。

第三章　最优学的基本理论与
　　　　通用原则

最优学的基本理论与通用原则，是对最优学的根本关注：主体与客体、认识与实践的最优化，在思想意识层面的展开。它不仅同最优学本体论，以及最优学的根本关注：主体与客体、认识与实践的最优化一道，构成最优学必不可少而又坚实可靠的具有决定意义的理论与原则体系，而且属最优学的广义方法论形态。

一、最优学的基本理论

"理论"一词，在我国，最早见于晋代学者常璩《华阳国志·后贤志·李宓》中的"著述理论"记述，意为述理立论。在西方，英语中的"理论"（Theory）概念，意为理性论题、论辩、论述。理论的科学含义，可概括为理性辨析推论，通常由概念、判断、推理、假说、证明构成。理论是人类物质文明、精神文明、管理文明和整个社会文明的产物，又是人类文明的重要组成部分。它来源于人类的生产、生活与交往实践，在实践中孕育、产生、检验、确认、修正、补充、发展和完善，反过来又指导、引领和影响人类的生产、生活与交往实践。理论堪称人类区别于其他动物的重要标志和人类活动的灵魂、人类精神世界的支柱。它既是人类对历史的反思、加工、提炼，又是人类对现实的分析、概括、抽象和对未来的憧憬向往及其合乎逻辑的预期。恩格斯曾指出："一个民族要想站在科学的最高峰，就一刻也不能没有理论思维"；因为"没有理论思维，的确无法使自然界中的两件事实联系起来，或者洞察二者之间的既有的联系"。① 理论对于人类进步、社会发展与环境优化，具有极为重要的意义。最优学的基本理论，即最优学赖以建立的基础性根本性最优化理论。它主要包括最佳目标设计、确立与修正理论，最优路线规划、实践与调控理论，最良环境营造理论三个部分。

（一）最佳目标设计、确立与修正理论

最佳目标设计、确立与修正理论，即建立在最优观念心态取向基础之上的，引领和规范最优化的重要理论。目标是人生与社会发展的一定目的与界标，是人生与社会一定理想的萃取、聚集与对象化形态。我国明代哲学家王守仁说过："志不立，天下无可成之事……志不立，如无舵之舟，无衔之马，漂荡奔逸，终亦何所底乎！"② 清代学者金缨强调："志之所趋，无远弗届，穷山距海，不能限也；志之所向，无坚不入，锐兵精甲，不能御也。"③ 恩格斯指出："人们总是通过每一个人追求他自己的、自觉预期的目的来创造他们的历史"，其实，"历史"不过是"按不同方向活动的愿望及其对外部世界的各种各样作用的合力"创造的；"就单个人来说，他的行动的一切动力，都一定要通过他的头脑，一定要转变为他的意志的动机，才能使他行动起来"。④ 没有目标，人生与社会的一切活动，都会变为盲目之举，成为不可思议的行为。目标明确与否、好坏优劣，对于人生与社会至关重要。美国哈佛大学对一届应届毕业生的人生目标调查发现，只有3%的人有清晰和长远的目标；10%的人有清晰但比较短期的目标；60%的人目标模糊；27%的人没有

---

① 《马克思恩格斯选集》第3卷，人民出版社2012年版，第875、890页。
② 《王阳明全集》卷二十六。
③ （清）金缨：《格言联璧·学问》。
④ 《马克思恩格斯文集》第4卷，人民出版社2009年版，第302、306页。

目标。结果 25 年后，原 3% 的有清晰和长远目标者，均生活在社会的最上层，成为社会的精英、名流、部门领袖、行业巨头；10% 的有清晰但比较短期目标者，大都生活在社会的中上层；60% 的目标模糊者，生活一般化，居于社会的中下层；27% 的没有目标者，生活最糟糕，埋怨生不逢时，社会"不给他们机会"。① 社会发展也不例外。正反两方面的目标例证，不能不引起高度重视。切不可"不知何处是前程，合眼腾腾信马行"②，亦不可动摇不定，常立志而常无志；而应当咬定目标不放松，任尔东南西北风。最佳目标，即按照最优化的取向要求、基本方略、实质要义、核心精髓、目的归宿，运用最优设计、确立与修正理论所形成的最理想化目标。

最佳目标设计、确立与修正理论，主要由三个方面组成。

1. 最佳目标设计理论

最佳目标设计理论，指的是最佳目标的最正确科学的设置计划理论。它主要有五项基本规则。

（1）选择精当，富于创造

最佳目标，既有确定的可资借鉴选择的目标，也有一项空白需要填补创建的目标。德国著名哲学家叔本华曾深刻指出："人工选择专求有利于人类自己，自然选择则求有利于生物本身。"③ 选择精当，富于创造，指的是既能够在现有一系列目标中，通过严格分析鉴别，最精确恰当地选择出所需要的最佳目标；又能够在没有确定的可资借鉴选择的最佳目标情况下，开拓创新，创造性地设计出新型最佳目标。

选择精当，富于创造要求，根据现有研究成果，结合人类千百万年来的宝贵经验和一定需要，最精准适当、颇具创造性地选择和创造最佳目标。具体说来，须按照十种方式操作。

① 金泉编著：《心态决定命运》，海潮出版社 2006 年版，第 341、302、303 页。
② （唐）罗隐：《途中寄怀》。
③ 金明华主编：《世界名言大词典》，长春出版社 1991 年版，第 16~17 页。

　　一是从现实需要中选择和创造最佳目标；

　　二是从历史规律、发展趋势、概率统计、未来预测中选择和创造最佳目标；

　　三是从古今中外人生与社会的成败得失中选择和创造最佳目标；

　　四是从司空见惯被人忽视的领域中选择和创造最佳目标；

　　五是从偶发机遇中选择和创造最佳目标；

　　六是从自身和其他人与社会的经验教训中选择和创造最佳目标；

　　七是从实践探索中选择和创造最佳目标；

　　八是从交叉、边缘、新兴领域及其空白区选择和创造最佳目标；

　　九是从良师益友和友好国家指点迷津中选择和创造最佳目标；

　　十是从发散思维、收敛思维、嫁接思维、综合创新升华思维的逻辑推论中选择和创造最佳目标。

　　(2) 合乎客观规律，广为个人和社会需要

　　毛泽东曾指出："任何思想，如果不和客观的实际的事物相联系，如果没有客观存在的需要，如果不为人民群众所掌握，即便是最好的东西，即便是马克思列宁主义，也是不起作用的。"① 2014 年"五四"青年节，习近平总书记在北京大学师生座谈会上的讲话则强调："光阴荏苒，物换星移"，每一代人"都有自己的际遇和机缘，都要在自己所处的时代条件下谋划人生、创造历史"；"希望大家努力在实现中国梦的伟大实践中创造自己的精彩人生""在时代大潮中建功立业，成就自己

---

① 《毛泽东选集》第 4 卷，人民出版社 1991 年版，第 1515 页。

的宝贵人生"。① 客观规律，即事物的本质联系及其必然趋势。个人和社会需要，即基于个人和社会大多数人的意志与合理愿望，受一定社会规律所支配的社会诉求和愿景。它反映着时代精神，表征着历史进程的大趋势，受社会发展条件和规律的制约。合乎客观规律、广为个人和社会需要，指的是合乎事物的本质联系及其必然趋势，广泛适合于个人和社会需要，甚至达到个人和社会最高要求。它不仅符合马克思主义哲学关于人类活动必须是合目的性与合规律性的有机结合，选择性与创造性的内在统一的要求，而且是最佳目标设计的根本前提和保障。客观规律，不以人们的主观意志尤其是错误的主观意志为转移。它只能认识、利用，不可曲解、违背；否则，就会受到惩罚。历史上曾有人期望长出"三头六臂"，希冀长生不老，幻想两肋生翅、脚下生风、凌空飞翔，甚至抓住自己的头发离开地球，幻想制造出违背力学第二定律的"永动机"，早期资本主义社会一下子成为高度发达的"理想国"，"一穷二白"的落后国家摇身一变成为世界超级大国等，其主观愿望虽好，但却因违背客观规律而贻笑世人。个人需要是社会需要的组成元素和现实基础，社会需要则是个人需要的有机结合和强力保障。众怒难犯，群望无敌，社会需要至上，不可违逆。个人需要和社会需要的内在关系，以及后者对前者在质量、数量、能量上的优势性和人类最大价值效益取向，决定了二者必须尽可能地相统一，并且当彼此发生矛盾，个人需要应当服从社会需要。大凡卓有建树的智者才俊、开明社会，无不高度重视合乎客观规律、广为个人和社会需要，无不自觉将个人需要、社会需要与客观规律融为一体，并且让个人需要服从社会需要与客观规律，让社会需要服从客观规律。

合乎客观规律、广为个人和社会需要规定，最佳目标设计，一方面，必须认清客观规律，把握其特点，顺应客观规律，充分利用客观规律所提供的有利条件，特别是其可能和许可的最高限度，力求设计出合

① 《习近平谈治国理政》第1卷，外文出版社2018年版，第167、175、176、174页。

乎客观规律、具有实现可能、处在上界极限上的人生与社会目标。另一方面，尽可能地设计出最广泛迫切的个人和社会需要的宏大目标、急需目标，让个人需要服从社会需要，力争为人类发展、社会进步做出最大贡献，成为时势英雄、时代精英、社会楷模。

（3）尽可能的远大而又切实可行

不畏浮云遮望眼，只缘身在最高层；脚踏实地勇奋进，前程通天最光明。

目标尽可能的远大而又切实可行，指的是目标既最大限度的高远宏大，又切合实际，行之有效。它主张，无论人生目标还是社会目标的设计，不仅应当尽一切可能地高远宏大，而且必须切合实际情况，行之有效，收效显著。美国加利福尼亚大学专家做过这样一项实验：他们把6只猴子分别关进3个房间，每间2只。第1间房子食物全部放在地上；第2间房子食物分别挂在两猴相助、跳一跳才能够得着的空中；第3间房子食物悬挂在天花板上，猴子协作跳跃也够不着。1周后，实验人员打开房间发现：第1间房子的猴子因争夺食物一死一伤；第2间房子的猴子因协作互利，各尽所能，各得其所，相安无事；第3间房子的猴子因食物位置过高，协作跳跃也无法得到而活活饿死。① 对于猴子而言，最佳生活目标既不是唾手可得，也不是遥不可及的目标，而是跳一跳才能够得着的目标！人类虽非猴子，但却源于猴类。按照低级决定高级，高级反映并反作用于低级，"适用于自然界的，也适用于社会"②，"低等动物身上表露的高等动物的征兆，只有在高等动物本身已被认识之后才能理解"，在"猴体"中可以找到打开"人体"某些奥秘的"钥匙"的辩证唯物主义观点③，人生与社会最佳目标的设计，势必与猴子的上述情形有惊人的相似之处。

目标尽可能的远大而又切实可行，之所以成为最佳目标设计的重要

---

① 朱彤编著：《情商决定成败》，京华出版社2006年版，第55、56页。
② 《马克思恩格斯选集》第4卷，人民出版社2012年版，第192页。
③ 《马克思恩格斯选集》第2卷，人民出版社2012年版，第705页。

条件，不仅基于致其远者能够履其近、"登泰山而览群岳，则冈峦之本末可知"①、"得其大者可以兼其小"② 和远近大小各不同的客观规律，而且更主要的是由其他三个方面的因素造成。

其一，人生与社会的潜能极大，而潜能的充分发挥离不开远大目标的激励。

人贵有志，志贵高远；无论人生还是社会目标贵在远大。古今中外"无冥冥之志者，无昭昭之明；无惛惛之事者，无赫赫之功"③，"志不强者智不达，言不信者行不果"④。压力与动力相对等，人生与社会的业绩大小，与其目标设计的高低成正比。对此，英国现代作家哈奇森在《对我们审美观和道德观起源的探索》一书中指出："智慧意味着以最佳方式追求最高的目标。"法国现代著名科学家巴斯德说过："工作随着志向走，成功随着工作来，这是一定的规律。"⑤ 苏联著名文学家高尔基强调："一个人追求的目标越高，他的才力就发展得越快，对社会就越有益；我确信这也是一个真理。这个真理是由我的全部生活经验，即是由我观察、阅读、比较和深思熟虑过的一切确定下来的。"⑥ 巨人们乃至发达社会富有生机和活力的崇高目标，不仅成就了自己的千秋伟业，而且永远激励人生与社会勇往直前！

正是基于这样的现实，习近平总书记号召广大青年要"立大志、明大德、成大才、担大任"，"追求一流"⑦，我国现代著名学者于右任主张"计利当计天下利，求名应求万世名"⑧；人们认定不想当冠军的运动员，不是最好的运动员；不想当元帅的士兵，不是最好的士兵；不想成名成家的学子，不是最好的学子；不愿最发达的社会，不是最好的

① （唐）王勃：《八卦大演论》。
② （宋）欧阳修：《易或问》。
③ 《荀子·劝学》。
④ 《墨子·修身》。
⑤ 肖兰、丁成军编：《人才谈成才》，中国青年出版社1986年版，第36页。
⑥ 高尔基著：《论文学》，人民文学出版社1978年版，第340页。
⑦ 习近平：《在清华大学视察时的讲话》，新华社北京2021年4月19日电。
⑧ 《习近平谈治国理政》第1卷，外文出版社2018年版，第295页注释。

社会。

其二，由于事物发展的下向引力、前向阻力和人们习惯上的"眼高手低"，远大目标往往高定低就。

理想与现实、理论与实践的差异和事物变化的惯性所致，人们在看待事物、处理问题时，虽然偶有大喜过望、出乎意料的成功奇迹，但这类奇迹总是少之又少、微乎其微；大多数情况却是希望大于事实，目标高于实际。投掷、射击的高击低中是如此，为人处事、社会进步亦往往这样。也正因为如此，芸芸众生才拥有"生年不满百，常怀千岁忧"①的激越豪情、远大胸怀，宋代文学家、思想家苏轼才提出"犯其至难而图其至远"②的人生与社会主张，习近平总书记才提出"向最难处攻坚，追求最远大的目标"的国家治理体系和治理能力现代化的目标任务③；而成功学的金定律则强调：尽人事而任自然，有些事"虽不能至，然心向往之"④，甚至必要时为了探求真理、捍卫真理，弘扬正义、释放正能量"知其不可而为之"⑤。不言而喻，这才是最佳目标的最优定位准则和最好的为人处世、治国理政态度与方法。

正所谓：

> 矫枉须过正，高定常低就⑥；求其上上，而得其上；
> 取法乎上，仅得乎中；取法乎中，仅得其下；
> 求其下者，而得其下下。⑦

其三，远大目标的实现，需要一系列切实可行的近小目标的支持。

---

① 《古诗十九首》。
② （宋）苏轼：《思治论》。
③ 《习近平谈治国理政》第 3 卷，外文出版社 2020 年版，第 127 页。
④ 《史记·孔子世家》。
⑤ 《论语·宪问》。
⑥ （明）张居正：《张太岳集·陈六事疏》。
⑦ （唐）唐太宗：《帝范后续》等。

目标尽可能的远大，并不是不顾实际，不管有无实现可能和可能大小的随心所欲的妄想、狂想、空想，而是顺应一定客观规律、具有实现可能，切合实际，能够付诸行动、收到实效的科学设想。同时，远大目标是由一系列相同或不同层次的切实可行的近小目标组成的；量变能够引起质变，一系列切实可行的近小目标能够积累升华成为远大目标。远大目标必须分解为一系列切实可行的近小目标，才能逐步实现。对此，苏联著名科学家科恩，在其《自我论》中精辟地指出："不论人的可能性的客观范围有多大，他实际上只能做他敢做和会做的事，而没有本领的勇气和没有勇气的本领一样，都是无效果的。"诺贝尔生理学及医学奖获得者马斯·亨特·摩尔根，谈到近小目标时说道："目标不妨设得近点。近了，就有百发百中的把握。目标中的，志必大成。"① 相关研究和经验表明，目标实现概率与目标激励力成正比，与目标期望值和实现难度成反比。

目标实现概率=目标激励力/目标期望值和实现难度。

因而，最先实现的目标，必定不是远大目标，而是实现概率最大的一系列切实可行的近小目标；而后实现的目标，才是远大目标。远大目标的实现，以一系列切实可行的近小目标的实现为基础、作保障；一系列切实可行的近小目标的实现，以远大目标的实现为引领、作目的。

远大目标与一系列切实可行的近小目标的这种内在机制要求，最佳目标设计必须既尽可能的远大，富有激励力、诱惑力、感召力、先进性、前瞻性、创造性、挑战性，又切实可行，合乎实际，期望值和实现难度不宜过高。我们绝不应孤立地、笼统地倡导目标"尽可能的远大"，因为那样难免在某些方面陷入不切实际的幻想；也不应片面地、一般地倡导目标"切实可行"，因为那样极易导致浪费资源、得不偿失。我们所倡导的应是目标"切实可行"基础上的"尽可能的远大"和目标"尽可能的远大"前提下的"切实可行"。这种"尽可能的远大

---

① 王通讯著：《人才学通论》，中国社会科学出版社 2001 年版，第 298 页。

而又切实可行"的目标，一方面，只能是宏观上、总体上、长期性、战略性的尽可能的远大目标，微观上、部分上、短期性、战术性的一系列切实可行的近小目标；另一方面，只能是一系列通过最大限度的努力可以实现，而又随着主客观条件的变化不断升华拓展的目标，亦即人们通常所说的各种各样的"跳一跳才能够得着"的高低相连、前后相继而又级级提升、步步前进的目标。

（4）扬长避短，最能发挥自身优势

任何事物都具有不可替代的特殊性，都各有自己的长优短劣。如同战国时代的文人屈原所说："尺有所短，寸有所长；物有所不足，智有所不明；数有所不逮，神有所不通。"① 亦如列宁所言：事物的"缺点多半是同……优点相联系"②。细微病菌胜大象，千里之堤溃蚁穴；整个世界是多样性的统一体。事物共性皆有之，在很大程度只有特长优势完全属于自己，并且最宝贵、"最管用"，事物往往并不因其高级而独霸世界，也不因其低级而全部退出历史舞台；而是因其扬长避短、最能发挥自身优势而立身于世界，最"适合自己的才是最好的"③。扬短避长、舍优取劣，不能发挥自身优势，则天下无可成之事；扬长避短、舍劣取优，最能发挥自身优势，则世间皆可成之功。

清代诗人顾嗣协《杂兴》一诗写得好：

骏马能历险，犁田不如牛；坚车能载重，渡河不如舟。舍长以就短，智者难为谋；生材贵适用，慎勿多苛求。

孟子曾提出"有不为也，然后可以有所为"④ 的为人处事著名论断。爱因斯坦告诫人们："每一个领域都能吞噬短暂的一生"，必须学

---

① （战国）屈原：《楚辞·卜居》。
② 《列宁选集》第4卷，人民出版社2012年版，第442页。
③ 习近平：《在中国共产党与世界政党领导人峰会上的主旨演讲》，新华社北京2021年7月6日电。
④ 《孟子·离娄下》。

会识别与正确选择，"把其他许多东西撇开不管"。① 扬长避短、最能发挥自身优势，指的是发扬自身优长，避免自身劣短，充分彰显自身特色优越性。它强调，在目标尽可能的远大而又切实可行的前提下，明确自身长短优劣，全面发扬自身的长处，避免自身的短处，充分发挥自身的优势力量，防止劣势不足，力求投入、消耗最少情况下的目标价值效益最大化。所有欲成就个人事业者，各种独具特色的文明民族或富强国家、发达社会，都应对此坚定不移地加以奉行。如性格内向者多致力科学研究，性格外向者侧重从事文艺、社交等；地广人稀的草原之国蒙古国应重点发展畜牧业，自然资源相对匮乏而又人口密集的国家日本、新加坡应大力发展高科技和加工业，地大物博人口众多的我国应致力具体对待、多业并举、全面发展等。切实做到个人与社会充分发挥和全方位彰显自身的特长优势，以特长优势领先于人类世界，赢得美好未来。

（5）高度健全，充分合理

人生与社会需要的丰富多样性，决定了最佳目标及其设计的多元多维特点。高度健全、充分合理，即所设计的最佳目标在力所能及的情况下，最大限度地健康全面、恰当协调、合乎逻辑情理。它倡导，最佳目标设计所涉及的各种各样的目标，以及所包含的各级各类远近高低、主次轻重、难易缓急、大小多少元素，既完美无缺，与人的全面自由发展和社会全方位进步愿景相一致，又有条不紊、相互支持，彼此构成高度有机整体，产生最佳个体效益、结构效益、系统效益、规模效益。这是最佳目标设计的重中之重，也是最富有价值效益的优中之优。

2. 最佳目标确立理论

最佳目标确立理论，是按照最佳目标取向，根据其最优确立需要，对最佳目标所作的最正确科学的确定与树立理论。最佳目标设计，作为理想模型建构或纸质文本制作，并不必然保证最佳目标的确立；最佳目标设计完成之后，有待于对其予以最佳确立，进而才能通过最佳目标修

---

① 《爱因斯坦文集》第 1 卷，许良英等编译，科学出版社 1976 年版，第 7、8 页。

正，付诸最优路线的规划、实践与调控。最佳目标确立理论，即最佳目标的最正确科学的确定与树立理论。其要义在于将设计出来的最佳目标，正确科学而又牢固地树立起来。它大致由两项方略构成。

（1）定位准确，坚定不移

位变可以引起质变，定位能够影响功能。最佳目标定位准确与否，直接关系到最佳目标能否牢固确立。定位准确，坚定不移，即最佳目标设计完成之后，必须定位于最恰当精准确切的时间、空间位置，保持相对稳定。不然，如果时间超前或滞后，空间错位、越位、不到位，定位摇摆不定，最佳目标就会发生劣化变异，变为非佳目标，甚至最劣目标。定位准确、坚定不移要求，最佳目标的确立，不仅必须恰如其分地安置在应有的时空位置，做到时间定位、空间定位正确无误，既不超前，也不滞后，既不错位、越位，也不不到位；而且应保持定力，一以贯之，除非发生劣变或不合时宜或其他变故危险，决不予以改变，一直坚持到底。

（2）化整积零，层级递进

化整积零，层级递进，指的是化整为零、积零为整，层层递升、级级跃进。它规定，一方面，将整体目标通过解构分析变为若干不同种类、不同向位、不同层次的零散小目标，然后予以各个突破，逐一实现；将各个不同种类、不同层次、不同向位的零散小目标，通过优化组合整合为一个整体大目标，使之发挥出大于各零散小目标功能之和的系统效能。另一方面，按照各目标之间的主次轻重、难易缓急，层层上升、级级挺进，从而最快速高效而又有条不紊、循序渐进地实现远大目标。这样，不仅可以化大为小、变难为易，提供一系列上升前进台阶，减少目标实现难度，提高目标实现概率，层层登高，级级前进，逐层逐级而又卓有成效地达到远大目标；而且能够增强实现目标的信心和决心，便于积累经验、吸取教训，有利于发扬成绩、攻坚克难、再接再厉、乘势而上。见图3-1。

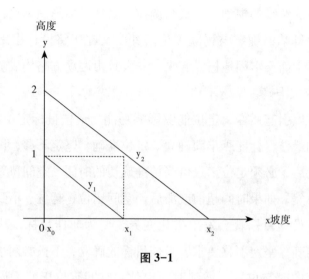

图 3-1

3. 最佳目标修正理论

最佳目标的主观人为性和客观规定性及其变化性，决定了其修正的不可避免性。最佳目标修正理论，即根据主体需要，按照最佳目标的本质要求和内外条件的变化，对既定最佳目标出现的缺点不足和偏差失误，予以及时适当的修改矫正的理论。它主要涉及两项内容。

（1）随机调优，牢牢把握最佳

《周易》写道："知至至之，可与几也。"① 意思是，知道当行则行，见机行事，可谓善抓机遇。察机宜早不宜晚，用机宜速不宜迟。最佳目标，不仅是横向联系相对稳定的整体，而且是纵向联系时常变化的动态群体。它不仅受内在因素的制约，而且受外部条件的影响。最佳目标的内在因素在变，外部条件在变，人们对最佳目标的设计、确立方式亦会不断改进；最佳目标不可能一成不变。对此，俄国现代哲学家普列汉诺夫从"社会智慧"目标变迁角度指出："当一定的社会局势在其精神代表人物面前提出某种任务的时候，那么这些任务在杰出人物尚未把它们解决以前是始终引起杰出人物注意的，而当他们一旦解决这种任

①《周易·乾文言》。

务，他们的注意力就会转到别的对象上去。当一个杰出人物 A 已把任务 X 解决时，从而他就把杰出人物 B 的注意力引开这个已经解决的任务而转向另一个任务，即任务 Y……社会智慧发展的线索依然是会完整无缺的。"[①] 因而，对最佳目标必须审时度势、以变应变，坚持随机调优、牢牢把握最佳。随机调优、牢牢把握最佳，即根据内在因素与外部条件的变化和最佳目标的动态发展完善诉求，随时调整优化目标，牢牢掌控最佳目标。它要求，在最佳目标确立之后，既任凭风浪起，稳坐钓鱼船，保持高度目标定力，又跟踪监测，随时发现问题，随时解决问题，随时出现误差，随时修正误差，并且根据新情况、新变化、新特点、新需求，随时升华、推进既定最佳目标，使之永葆青春，充满生机活力，万变不离"最佳"，时时保持最佳状态，处处立于不败之地，不断迈向新高端。

（2）多措并举，总体收效最大

多措并举，总体收效最大，指的是修正最佳目标误差多管齐下，各种方式协同运用，优势互补，达到整体最大收益。它规定，面对目标较大误差或目标较多误差，一方面，区别其特点，随机调优，分清最佳目标误差的类型、属性、特点、成因、修正方式及其相互关系，予以随时随地调整优化。另一方面，对监测发现的最佳目标误差，尤其是重点最佳目标误差、易变最佳目标误差、其他分项最佳目标误差和整体最佳目标误差等，随时随地予以正确科学修正，使之达到全面、全程、全方位最优化境界，收到最佳修正效果。

（二）最优路线规划、实践与调控理论

最佳目标的设计、确立与修正，为最佳目标的实现提供了必不可少的前提；但是，它却不能保证最佳目标的必然实现。最佳目标的实现，离不开最优路线规划、实践与调控。没有最优路线规划、实践与调控，

---

① 王通讯著：《人才学通论》，中国社会科学出版社 2001 年版，第 284、285 页。

不可能实现最佳目标。诚如弗兰西斯·培根所说："跛足而不迷路者，能赶过虽健步如飞但却误入歧途的人。"[1] 按照美国当代著名数学家 R. 贝尔曼（R. Bellman）提出并得以确认的"一个最优策略应具备如下性质，即无论初始状态和初始决策如何，对于作为这一初始决策的结果产生的状态，以后的决策序列必须构成最优策略"的最优化原理[2]，所谓最优路线，就是从既定现实起点到最佳目标的人力、物力、财力、时间投入、消耗最少，价值效益最大的路线。最优路线规划、实践与调控理论，即最优路线规范筹划、科学践行与调节控制的最优化理论。

1. 最优路线规划理论

最优路线规划理论，即最正确科学地规划最优路线的理论。它主要涉及五项基本规则。

（1）以现实基础为起点，以最佳目标为导向

马克思主义认为："人们自己创造自己的历史，但是他们并不是随心所欲地创造，并不是在他们自己选定的条件下创造，而是在直接碰到的、既定的、从过去承继下来的条件下创造"[3]，"在十分确定的前提和条件下创造的"。[4] 以现实基础为起点，即以既定现有实际状况为出发点，规划最优路线。它要求，立足既定现实基础起点，运用最正确科学的方式，向着最佳目标勇猛进发。

以最佳目标为导向，指的是以最佳目标为最优路线规划的指导方向，对最优路线进行最正确科学的规划。它规定，按照最优路线的相关要求，通过尽可能的正确科学规划，确保最优路线既立足现实基础，又稳步便捷地达到最佳目标。以最佳目标为导向，胜过一切偏离最佳目标的路线规划努力。对此，英国现代著名历史学家汤因比，结合创造性人物的创新特点，在其世界名著《历史研究》中申明："我们研究了创造

---

① 关士绪著：《科学认识的方法论》，黑龙江人民出版社 1984 年版，第 2 页。
② 李文林编著：《数学史概论》，高等教育出版社 2002 年版，第 322 页。
③ 《马克思恩格斯文集》第 2 卷，人民出版社 2009 年版，第 470、471 页。
④ 《马克思恩格斯文集》第 10 卷，人民出版社 2009 年版，第 592 页。

性的人物所采取的道路，他们所走的神秘化的途径乃是他们精神上的最高水平。我们发现他们首先是离开了行为进入了狂想的境界，然后又从狂想的境界中走出来，达到了一种新的和更高的行为水平。"① 由于人是社会的主体，创造性的社会所采取的道路无疑与创造性的个人大同小异。鉴于事物发展的螺旋式上升、波浪式前进的规律性特点，以最佳目标为导向，自然是就最优路线的总体趋向而言的，它不排除某些路段一定程度的曲折迂回所造成的上下左右前后暂时偏向、波动摇摆；相反，而是必然以此为形式、作条件实现的。只是这种偏向、波动摇摆，属迫不得已，是通过以屈求伸方式，更切实有效地达到最佳目标。

（2）以最少投入、消耗为前提，以最小阻力风险为保障

以最少投入、消耗为前提，即在获得相对最大价值效益或同样价值效益背景下，以最少的人力、物力、财力、时间投入、消耗为最优路线规划先决条件。对此，美国当代著名哲学家约翰·罗尔斯（John Rawis）强调："如果目标已经既定，一个人就应以最少损耗的手段，来达到该目标；或者，如果手段已经既定，一个人就应在最充分可能的范围内实现这一目标。"② 一个社会也应这样。以最少投入、消耗为前提主张，一方面，充分认识人力、物力、财力、时间最少投入、消耗的各自属性特点，最正确科学地处理好四者之间的相互关系，不仅使人力、物力、财力、时间各自的投入、消耗最少，而且通过尽可能地优化四者之间的相互关系，使人力、物力、财力、时间总体投入、消耗最少。另一方面，最少投入、消耗，必须与最优路线的其他规则相匹配，与价值效益最大相统一。

以最小阻力风险为保障，指的是最优路线规划在阻力风险不可避免的情况下，所获得的最大价值效益或同样价值效益，必须以最小阻力风险损失为保证。最小阻力风险同最少投入、消耗一样，也是相对的不确

---

① 金明华主编：《世界名言大词典》，长春出版社1991年版，第434页。
② 万俊人著：《现代西方伦理学史》下卷，北京大学出版社1992年版，第713页。

定的。实际上，价值效益往往与阻力风险成正比。越是最优路线，往往越充满阻力风险。对此，我国北宋思想家王安石以游褒禅山作比精辟地写道："夫夷以近，则游者众；险以远，则至者少。而世之奇伟、瑰怪、非常之观，常在于险远，而人之所罕至焉。"① 中共早期领导人李大钊认为："绝美的风景，多在奇险的山川。绝壮的音乐，多是悲凉的韵调。高尚的生活，常在壮烈的牺牲之中。"② 美国现代著名企业家菲利普·凯德威强调："风险与效益通常是并存的，探索、实验、冒险和创新都隐含着风险。这也正是人类发展臻于成功境界的首要推动力。整个社会体系也是如此，为求得进步，它也必须勇于尝试、承担风险。"日本当代著名管理学家士光敏夫认为，"风险和利益的大小是成正比的……从这个意义上说，有风险才有利益。可以说，利益就是对人们所承担的风险的相应补偿"。③ 当今世界，各种攻略举措和人身保险、财产保险、经营保险等社会保险业的方兴未艾，在一定方面亦印证了阻力风险与利益之间不可分割的内在联系。以最小阻力风险为保障强调，最小阻力风险只能是最少投入、消耗，最大价值效益下的相对最小阻力风险，并且是在严格损益计算和科学取舍基础上通过化险为夷、化害为利，辅助一定攻略举措保险努力后的最小阻力风险。

（3）以最短行动路线为途径，以最高发展速度为准则

以最短行动路线为途径，即以既定现实起点与最佳目标之间的可行性最短连线为最优路线规划途径。最短行动路线具有明显相对性，它必须以最优路线规划理论的其他相关规则为支持。离开这些规则，即使是空间距离最短的行动路线，也不属于最优路线意义的"最短行动路线"。反之，只要合乎这些规则，即使是空间距离较长的行动路线，也不失为最优路线所要求的"最短行动路线"。本来，理想中的最优路线，越直越短越平夷越合乎要求，但这却未必合乎现实逻辑。事实上，

---

① （宋）王安石：《游褒禅山记》。
② 《李大钊选集》，人民出版社1959年版，第247页。
③ 汪中华、汪耀华编：《当代管理箴言》，上海人民出版社1988年版，第156、157页。

最优路线往往不是最直最短最平夷的，而是迂回曲折、坎坷不平的。这是由事物发展的螺旋式上升、波浪式前进的否定之否定规律和其他内外因素共同造成的。然而，这种具有多种联系规则的相对"最短行动路线"，毕竟是客观存在的。如同英国著名军事战略家哈特·利德尔在其《战略论》一书中所说："在战略上，最漫长的迂回道路，常常又是达到目的的最短途径。"[①] 有人对人类历史上发生的重大战役做出过统计，结果发现有 2/3 的胜利不是来自直接的正面进攻，而是以侧面迂回的形式获得的；因为正面防御往往较侧面严密。各种爬山路径，亦多为曲折迂回路径。以最短行动路线为途径的实质，只能是合乎其他相关规则的特定最短行动路线。以最短行动路线为途径要求，既防止不切实际的"捷径"盲动、欲速不达行为，又防止不必要的偏向离线、资源浪费、能量空耗徒劳之举。

以最高发展速度为准则，指的是最优路线规划，必须在价值效益相对最大或同样价值效益前提下以最快发展速度为标准规则。我国古代，"志士惜年，贤人惜日，圣人惜时"[②]；而今信息社会，知识爆炸、科技腾飞、社会发展日新月异，各种竞争日趋激烈，在一定意义人人争分夺秒，个个奋勇争先。美国著名未来学家阿尔泰尔·托夫勒尖锐地指出："所有国家都面临着一个无法回避的规则——最快速者得生存。"[③] 不仅如此，而且最快速者得发展。以往，人们总认为市场经济是"大鱼吃小鱼"；现在则不然，不仅大鱼吃小鱼，而且集群小鱼吃大鱼，智鱼吃傻鱼，快鱼吃慢鱼。事物特别是同类事物的强弱总是相对的，而造成这种现象的主要原因在于其发展速度的快慢差异。开放世界、市场经济、竞争社会，时间就是效益，速度就是胜利。对于最高发展速度，尽管学术界和管理阶层众说纷纭，但最优路线所赋予它的含义却十分明确。它既不是保守主义者惯用的纵向对比的所谓最高发展速度，也不是激进主

---

① 　金明华主编：《世界名言大词典》，长春出版社 1991 年版，第 836 页。

② 　（清）魏源：《默觚·学篇三》。

③ 　邹东涛、崔全宏著：《十字路口上的中国》，兰州大学出版社 1992 年版，扉页引语。

义者奉行的横向对比的所谓最高发展速度，更不是盲目单方或多方冒进、急功近利、累及其他方面、阻碍全面协调可持续发展的畸形最高发展速度，而是反求诸己，立足现实，面向世界，面向未来，面向现代化，面向最优化，在内外条件许可的限度内，尽可能地充分发展、发挥现有内外潜力，最大限度地争取、创造和利用各种有利条件，理应达到的总体投入消耗最少、价值效益最大的"最高发展速度"，或曰好中最快、快中最好、最好最快的"最高发展速度"。显而易见，那些内外潜力得不到充分发展、发挥，各种有利条件得不到充分争取、创造和利用，只能相对于以往和其他部分可比事物、相对于自身因素的其他方面有所发展的速度，即使是突飞猛进的速度，亦不是最优路线所要求的"最高发展速度"。与此不同，那些全方位符合最优路线要求的发展速度，即使较慢，也不失为最优路线意义的"最高发展速度"。以最高发展速度为准则规定，最优路线所求取的"最高发展速度"，只能是多种因素交互作用、相互配合利用条件下的"最高发展速度"。

（4）以突出主线、全面协调为要义，以最大价值效益为宗旨

最优路线，是一个高度复杂的动态网络系统。以突出主线、全面协调为要义，指的是在分清最优路线不同情况区别对待的基础上，以尽可能地处理好主线与次线之间的关系，突出主线、兼顾次线、全面安排、协调一致为重要取向。它主张，一方面，分清形形色色不同功用的最优路线；然后，根据其各自不同情况，一一予以相应的最正确科学的区别对待，使之充分发挥各自的最大价值效益。做到长路长计划、短路短安排，高路高定位、低路低规划，直宽路线高速度、曲窄路线缓慢行，单线单要求、复线复规定，并列路线不相悖、交叉路线不冲突、立体网络路线不紊乱，坦夷疏阔路线勇向前、险坎拥挤路线多谨慎。另一方面，遵循先主后次、先易后难、先急后缓准则；以开拓创新为己任，顺应最优路线发展大趋势，使之各就各位、各尽其用、相辅相成、相互支持。力求既突出利用最优主线，充分发挥最优次线的效用，又从系统整体出发，对各种不同形式的最优路线之间的相互关系，以及与环境之间的相

互关系，予以最正确科学的系统安排，从而使之不仅四通八达、各显神通、各尽其用，而且达到结构关系最大限度的协调统一，获得向位结构全面、全程、全方位最大价值效益。

以最大价值效益为宗旨，指的是最优路线的一切规划形态，必须以最大价值效益为主旨。它强调，最优路线规划的其他各项基本规则，都必须以价值效益最大为核心、作主导，紧紧围绕获取最大价值效益展开，一切为了实现最大价值效益。

（5）以制订详细方案为依托，以建立科学模型为考据

以制订详细方案为依托，即以制订最优路线的详尽细致方案为依据和平台。它倡导，运用现代科学方法尤其是管理科学、运筹学、系统论、未来学最优化方法，制订出详尽细致周密科学而又高瞻远瞩、行之有效的最优方案。

以建立科学模型为考据，即对于较为复杂繁难的路线通过多种最正确科学的方式，建立起具有一定前瞻性，超越梦想、引领未来的最优路线规划模型，并以此作为最优路线的考量依据。它要求，根据实现最佳目标的需要和内外条件许可的限度，制订出最优路线的详细蓝图，标明其各种不同形式最优路线的特点及其相互关系，特别是主次关系、复杂关系、微妙关系、辩证关系、动态关系、系统关系等；从而建立起相应的科学文本模型，甚至数理模型、电子模型、三维仿真模拟实验模型，标明其具体方位、起点、历程、终点、状况、环境，尤其是长短高低、直曲宽窄、单线复线、并列交叉、立体网络、坦坎险夷、拥挤疏阔、主次先后、难易缓急、变化趋势、系统特点，以及各自的具体人力、物力、财力、时间投入、消耗，价值效益数据指标和具体措施、注意事项、刚性要求、弹性规定、应急方案，乃至检查、评价标准等；让人一目了然，成竹在胸，受益至深。

以现实基础为起点、以最佳目标为导向，以最少投入消耗为前提、以最小阻力风险为保障，以最短行动路线为途径、以最高发展速度为准则，以突出主线全面协调为要义、以最大价值效益为宗旨，以制订详细

方案为依托、以建立科学模型为考据，五者相辅相成，但当彼此发生矛盾时，必须服从和服务于最大价值效益需要。这是由最大价值效益的核心、目的性所决定的。

2. 最优路线实践理论

马克思主义认为，人与社会的生产、生活与交往，不仅"在本质上是实践的"①，而且是人为主动性与被动性的自然历史过程和不断趋向最优化的永续发展过程。德国 19 世纪哲学家费尔巴哈认为："人是人的作品，是文化、历史的产物。"② 法国当代哲学家萨特则提出："人是他的产物的产物。"③ 社会的生产、生活与交往，本质上也是由人的实践创造的。最优路线规划完成之后，随之而来的便是如何进行相应的实践，以实现最佳目标。最优路线实践理论，即通过最优路线实践，从而最有效地实现最佳目标的理论。

最优路线实践理论，亦主要涉及五项基本规则。

（1）瞄准最佳目标，努力践行最优路线

道不行不至，路不走不通；没有比脚更长的路，没有比人更高的山。事在人为，无论什么事不为不成。在一定意义上，虽然人算有涯，天算无限，人算不如天算；但是，天算却不如苦干，苦干却不如巧干，在人算、天算的前提下，苦干加巧干，往往胜过人算加天算。路线特别是最优路线，作为人与社会生产、生活与交往的主干道，必须付诸最优实践，才能确保其尽可能地稳健、便捷、快速、高效地达到最佳目标。瞄准最佳目标、努力践行最优路线，其实质在于运用最优路线实践方略，践行最优路线，脚踏实地，量力而行，最稳健、最便捷、最快速、最高效地实现最佳目标。它要求，立足现实，从实际出发，始终追随最佳目标，尽力而为，一直行进在最优路线上。由于最优路线的高度复杂性，在瞄准最佳目标、努力践行最优路线时，既需扎扎实实、稳步前

---

① 《马克思恩格斯文集》第 1 卷，人民出版社 2009 年版，第 501 页。

② ［德］费尔巴哈：《说明我的哲学思想发展过程的片断》。

③ ［法］萨特著：《辩证理性批判》，林骧华等译，安徽文艺出版社 1998 年版。

行，又要随最佳目标的改变而改变，因最优路线的变更而变更，更需飞跃式上升、跨越式前进，确保实践价值效益最大化。

（2）逐级上升，循序前进

逐级上升，循序前进，指的是将复杂多样的路线群体，按照其相应最优化的不同实践特点和要求，使其形成逐级升高、循序前行的动态开放系统和相互支持的有机整体，从而发挥最大实践价值效能。它规定，在分清各种不同形式最优路线的基础上，通常按照先低后高、先近后远、先主后次、先易后难、先急后缓，以及可同时的不异时、能并行交叉的不单行分离的时空次序，逐一排列定序，逐级上升，逐步前进。

（3）机动灵活，因情制宜

最优路线的复杂多变，要求实践必须机动灵活、因情制宜。"肯取势者可为人先，能谋势者必有所成。"① 机动灵活、因情制宜，即立足业已规划确定的最优路线，根据路线情况和自己的现有实力条件，运用最正确科学的方式，扎实稳健而又见机而行、伺机而动、因情调优，机动灵活地向着最佳目标行进。它主张，根据内外现有情形条件，既一步一个脚印勇猛顽强地行进，又因势利导，灵活制宜，具体情况具体对待，最有效地奔向最佳目标。具体说来，在直道坦途和可快速行进的路线全速行驶，在曲折迂回、艰险迭出的路段和交叉路口准确辨向，慎行慢驶；在立体路线循规交错行进；在阳关大道飞速奔驰；在风雨如晦、电闪雷鸣、坎坷险峻之路格外小心，徐徐上升，稳步前进；在突然无路之处韬光养晦，以屈求伸，变难为易，化险为夷，乃至开拓创新，闯出一条新路，疾速飞升前进。

（4）力求相辅相成，全面推进

力求相辅相成，全面推进，指的是从全局着眼，系统践行最优路线，使各种不同形式的最优路线及其实践活动相互支持，协调一致，系统演进。它强调，在最优路线实践过程中，严格按照其规划要求，结合

---

① 《习近平谈治国理政》第 1 卷，外文出版社 2018 年版，第 230 页。

其实际特点，根据其实践投入、消耗最少、价值效益最大需要，力求有条不紊，知难而上，迎难而进，逢山开路，遇水架桥，天堑变通途，发挥整体最大实践价值效能，达到整体最佳实践效果；当最优路线彼此发生矛盾冲突，则一切以整体实践投入、消耗最少，价值效益最大为转移。

（5）艰苦奋斗，志在必胜

"功崇惟志，业广惟勤"① "行百里者，半于九十"②。人生与社会事业越伟大、"目标"越"接近"实现，越往往需要"加倍"艰苦奋斗，更加提振志在必胜信心。③ 最优路线实践活动本身离不开实践者的艰苦奋斗和志在必胜坚定信念。艰苦奋斗，志在必胜，即不辞劳苦，全力奋进，坚定必胜信心，不忘初心，牢记使命，善作善成，善始善终，不获全胜决不罢休。艰苦奋斗、志在必胜倡导，通过高度明确和运用最优路线实践方略，全力以赴，攻坚克难，奋发图强，勇于斗争，敢于胜利。此类典型事例，数不胜数。我国上古氏族首领大禹治水历尽艰辛，"股无胈，胫无毛，手足胼胝，面目黧黑"，"八年于外，三过其门而不入"；④ 周公姬旦勤政为民，"一沐三捉发，一饭三吐哺，起而待士，犹恐失天下贤人"⑤，留下"周公吐哺，天下归心"的千古佳话；春秋时期宋国大夫三朝元老孔子七世祖正考父不仅"一命而偻，再命而伛，三命而俯"，"循墙而走"，谦恭有加，而且煮粥"以糊余口"，粗茶淡饭，衣食简朴，夙夜在公，鞠躬尽瘁，政绩卓著，成为世代传颂的清官廉吏；孔子研究《周易》韦编三绝，成为世界文化名人；明代兵匠万户，为实现人类飞天梦想，置之生死于度外，乘坐在自制的捆绑有47枚火箭的龙形座椅上，点火升空，以身殉职；18岁的毛泽东离别湖南韶山到长沙第一师范学校读书时立下"男儿立志出乡关，学不成名誓

---

① 《尚书·周书》。
② 《战国策·秦策五》。
③ 《习近平谈治国理政》第1卷，外文出版社2018年版，第167页。
④ 《史记·李斯列传》，《孟子·滕文公上》。
⑤ 《史记·鲁周公世家》。

不还；埋骨何须桑梓地，人生无处不青山"的铮铮誓言，进而成为中国人民的伟大领袖；意大利15世纪探险家哥伦布，历经千难万险，痴心不改，发现新大陆；瑞典19世纪化学家诺贝尔，献身科学事业，终身不娶，倾其所有设立诺贝尔奖，成为"欧洲最富有的流浪汉"、最高尚的科学家。各种"因果相报""天道酬勤""人道尚干""有为才能有位，有位更能有为""有付出才能有回报""改变的是世界、容颜，不变的是个人初心""精诚所至，金石为开"的坚强信念，尤其是在特定情况下"只有不怕死的人才配活下来，才能活得最好"的坚强信念，各类精英团队的"来是有缘人，去是天下客""聚是一团火，散是满天星"的豪情壮志，以及与自然灾害抗衡的不屈不挠、"战天斗地"精神，与艰难困苦和邪恶势力作斗争的"流汗流血不流泪，再苦再累不后退"，一不怕苦、二不怕死、三必须活着、四一定成功的感天动地英雄壮举，社会经济、政治、文化、民生、生态文明各项事业的巨大变革、繁荣发展，特别是新中国屡遭挫折，风雨兼程，"为中国人民谋幸福、为中华民族谋复兴"的不改初心、不变使命，短短70多年把一个贫穷落后的国家变为初步繁荣昌盛的强国，无一不值得最优路线实践者效法。

3. 最优路线调控理论

"世异则事异，事异则备变。"① 由于最优路线规划、实践的主体与客体以及方略法术经常发生这样那样的变化，因而，要达到万变不离最优，必须对最优路线进行及时相应调控。最优路线调控，即按照既定最佳目标和最优路线规划、实践及其主体与客体、方略法术出现的新情况、新问题、新特点、新变化、新需要，对原有最优路线作出及时相应的最佳调整控制。

最优路线调控理论要求，努力完成两项任务。

（1）依据实践反馈，及时科学调整

实践，本质上是一种人为的探索创造性活动。它以实现最佳目标为

---

① 《商君书·更法》。

引领，以实践者为主体，以实践最优对象为客体，以实践最佳方略法术为手段，以实践活动本身为中介，以人生与社会的相应价值效益有无、高低和最大化为检验与评价自身的标准。由于实践活动绩效的差异，所反馈的信息有真伪和好坏，因而，需要对负面的实践活动进行及时科学修正。依据实践反馈，及时科学调整，即依据实践信息反馈，对实践的不足和失误采取最优化方式，及时作出相应的最正确科学的调整优化。它要求，按照实践最少投入消耗、最大价值效益的核心精髓，对正在实践的最优路线出现的不足与失误，进行及时迅速的最正确科学的调整，使之呈现最理想化状态，收到最佳调控价值效果。

（2）线随点移，路线服从最佳目标

线是由点组成的，点的变动必然引起线的变化。最优路线本身，作为一定的现实基础与最佳目标之间的连线，其起点的改变特别是最佳目标的改变，必然导致最优路线的变更；在一定条件下，即使最佳目标不变，原有最优路线有时也需要做出这样那样的调整。线随点移，路线服从最佳目标，指的是最优路线的变化，必须随着最优化的新诉求尤其是最佳目标的改变而作出相应调整，使最优路线服从于最优化的新诉求特别是最佳目标变化的新需要。它规定，最优路线调控必须密切结合各种相关情况变化，紧紧追踪最佳目标，高度把握其变化动向特点，"以变应变"，及时调整和进一步优化最优路线，确保实现人生与社会最大价值效益。

（三）最良环境营造理论

马克思指出："环境的改变和人的活动或自我改变的一致，只能被看作是并合理地理解为革命的实践。"① 英国 19 世纪文化社会学家马修·阿德诺认为，在现实世界，人们"能否提炼出最优秀的自我，能否让理想人性的内在力量占绝对优势，在很大程度上决定于周围的环境

---

① 《马克思恩格斯文集》第 1 卷，人民出版社 2009 年版，第 500 页。

是否适宜，是否有助于引发其成长和发展"；"假如形式不适宜又是何以至此，并想出最为有效的办法来进行补救，这些问题就变得极其重要了"。① 美国当代经济伦理学家艾伦·杜宁强调："最有意义的最令人兴奋的生活活动常常也是环境美德的典范。"② 人与环境的关系如此，社会与环境的关系亦是这样。最佳目标的设计、确立与修正，最优路线的规划、实践与调控，都是在一定环境条件下进行的。环境的好坏优劣，对于最佳目标的设计、确立与修正，最优路线的规划、实践与调控，具有直接和间接的重要影响。无法设想，在恶劣环境条件下最佳目标的设计、确立与修正，最优路线的规划、实践与调控能够顺利实现。确保最佳目标的设计、确立与修正，最优路线的规划、实践与调控得以成功实现，必须既确立世界和谐理念，确认这个世界不仅属于人类，而且属于一切生命和非生命体，是所有成员的共同家园，坚持与自然环境相和谐的宏观环境取向，又营造出有利于人类自身生存与发展的最良中观环境、微观环境。最良环境营造，无疑是对最优良环境的营建创造，或曰营建创造最优良环境。最良环境营造理论，本质上是一种以最优良的方式营建创造良好环境的理论。它倡导，必须完成两项基本任务。

1. 全面改造社会环境

社会环境，就其狭义而言，指的是环绕主体人的社会条件。它大致包括经济环境、政治环境、文化环境。经济环境，主要涉及生产力、生产关系、产品流通消费、金融证券保险制度、市场监管引导、经济结构优化、经济风险防范与化解、经济危机控制与消除、经济走势预测等。政治环境，主要包括国体、政体、党派团体、人权、民主、自由、平等、法治等因素。文化环境，主要涵及教育、科技、文学、艺术、新闻、出版、大众传媒、卫生、体育、社会风尚等人文相关条件。

全面改造社会环境，指的是全方位改造社会各个方面的条件。它要

---

① ［英］马修·阿德诺著：《文化与无政府状态》，韩敏中译，生活·读书·新知三联书店2002年版，第85页。

② 章海山、张建如编著：《伦理学引论》，高等教育出版社1999年版，第230页。

求，尽最大努力地消除现有社会环境弊端，力求营建和创造出经济繁荣、政治清明、文化昌盛的最佳社会条件，确保人生与社会各项事业朝着最佳目标、沿着最优路线、运用最佳实践方略，获得最大人生与社会价值效益。

2. 充分优化自然环境

自然环境，即环绕人与社会的自然物质条件尤其是生态条件。它主要包括天然自然环境、人工自然环境、人造自然环境。自然环境特别是生态条件或曰生态环境，堪称人类赖以生存、发展的最重要的保障和第一富源。马克思主义创始人认为："我们连同我们的肉、血和头脑都是属于自然界和存在于自然之中的"①；"劳动不是一切财富的源泉。自然界同劳动一样也是使用价值（而物质财富就是由使用价值构成的！）的源泉"②，"劳动和自然界在一起才是一切财富的源泉"③，"不论财富的社会的形式如何，使用价值总是构成财富的……内容"④。实际上，商品"表现为一种使用价值同另一种使用价值相交换"的使用价值⑤。自然环境是制约最佳目标实现、最优路线践行的外部客观因素。蓝天丽日、清风明月、闪闪繁星、绿水青山、鸟语花香、农林牧副渔全面发展的优美宜居自然环境，无疑是最佳目标实现、最优路线践行的有利条件和基本要求，应当奋力实现；而黑云遮天、烟雾蔽日、空气污浊、水体污染、资源滥用、生态破坏、农林牧副渔萧条的自然环境，无疑是阻碍人生与社会最佳目标实现、最优路线践行的负面因素，应当大力清除。

充分优化自然环境，即最大限度地优化与人生、社会相关的一切自然环境尤其是生态环境。它规定，一方面，牢固树立人不是自然界的唯一物种，自然界不仅属于人类，而且属于其所有成员的观点。打破人类对自然界的弱肉强食丛林法则，消除人类对自然界的过分奴役征服、野

① 《马克思恩格斯文集》第9卷，人民出版社2009年版，第560页。
② 《马克思恩格斯文集》第3卷，人民出版社2009年版，第428页。
③ 《马克思恩格斯文集》第9卷，人民出版社2009年版，第550页。
④ 《马克思恩格斯文集》第5卷，人民出版社2009年版，第49页。
⑤ 同上。

蛮掠夺。树立尊重自然、敬畏自然、感恩自然、关爱自然、保护自然、建设自然、美化自然的文明意识。维护生物多样性，营造和谐友好、共存共生的生态环境。牢固确立"既要金山银山，又要绿水青山"的现代"环保"理念和"宁肯伤筋动骨，也要脱胎换骨"的环境优化治理信心和决心。进一步加大政府和社会监管惩治力度，大力清除环境污染。全面实施保护性开发、高效利用战略工程；防止资源滥开滥用、生态破坏。大力实施"河长制"等"管长制"基础上的各种"水长制"工程，以及"空长制"（阳光、空气、空间管控负责制）"声长制"（噪声管控负责制）"山长制""林长制""草长制"（草原、草地管控负责制）"地长制""矿长制""洁长制"（环卫清洁管控负责制）"绿长制"（环境绿化、食品药品安全绿色管控负责制）"美长制"（环境美化管控负责制）工程，尽可能减少农药、化肥、发射装置、塑料制品、各种垃圾污染。对违法违纪者，特别是主要责任人、地方保护主义者，依法依规从重从快严肃问责、追责，严厉处罚。另一方面，坚持源头治理、源流管控。大力发展绿色环保、清洁安全、高效实用的太阳能、风能、氢能、水电能新能源，以及绿色环保、清洁安全、高效实用的新材料。坚决杜绝高耗能、高污染企业上马。大力开展封山育林、退耕还林、植树造林、退牧还草、种花植草和退耕还湖、退田还海，保护开发湿地。大力推广蓝色海洋经济、绿色无公害生态农业，发展节能、降耗、减排、低碳、循环经济。严格近海和内陆水系休渔制度，建设蓄水海绵城市。高度美化自然环境，营造最适合人类生产、生活与交往的优美自然环境尤其是生态宜居优美自然环境。

二、最优学的通用原则

"原则"的"原"字，在我国最早出自《左传·昭公九年》中的"木水之有本原"一语；有根本、源出之意。"则"字，最早见于《诗经·大雅·烝民》中的"天生烝民，有物有则"一语；意为物性规则。

"原则"二字合为一词，含义为原本性基础性规则。英语中的"原则"（Principle）一词，与汉语含义大致相同。它是人们认识和实践活动信守的基本准则。原则来自认识与实践，又规范和指导认识与实践，接受认识的推进与实践的检验，在认识与实践中发展。原则必须坚持，但又需要同变化着的具体情况相适应的灵活性相结合。最优学的通用原则，是建立在最优学的基本理论基础之上的，按照相应需要和有关属性规定，惯常通行、普遍适用的最优化原则。它是最优学基本理论的一般展开，在最优学体系中居于举足轻重的地位。最优学的通用原则，大致有三项。

（一）人本物用、突出重点、全面安排原则

人是认识世界、改造世界、创造世界造福自身的主体；天地之间人为贵，万物之中人最灵。而"人非天地不生，天地非人不灵；三才同体，相须而成"①。人类要实现自身最高质量的生存、最大限度的发展，必须"善假于物"②，以人事物理为用，尽人事而顺天理，并且突出重点、全面安排，力求科学发展、最优发展。

人本物用，即一切认识和实践活动，必须以人为根本、作核心、为目标，一切从人出发，尊重人、关心人、爱护人、帮助人、为了人，一切以人为目的，以其他事物为辅助，作为使用条件。我国先秦时期的人本思想③，"民为贵，社稷次之，君为轻""天时不如地利，地利不如人和"理念④；荀子在其《天论》中主张的"制天命而用之"学说；唐代思想家陆贽提出的"以人为本，以财为末。人安则财赡，本固则邦宁"观点，刘禹锡提出的"人能胜乎天"论断，清代学者王夫之提出

---

① （晋）何承天：《达性论》。
② 《荀子·劝学》。
③ 《管子·霸言》。
④ 《孟子·尽心下、公孙丑下》。

的"自然者天地，主持者人；人者天地之心"理论；① 古希腊哲学家提出的人类中心主义、人为万物"尺度"观念②，西方文艺复兴以来的人文主义思潮；马克思主义关于"人的根本就是人本身"③"人皆先爱其身"④"人们为自己建造新世界"⑤ 的论述等，都是人本物用思想的经典表述。应当高度理解，铭记不忘。

突出重点、全面安排，指的是在最正确科学地系统认识和规划人生、社会与环境内部要素及其相互关系的过程中，突出中心、兼顾一般，实现人与社会全面发展，与环境友好和谐。对于后者，古今中外一些有识之士、重要文献，曾给予高度关注。早在两千多年以前，孔子就主张"钓而不纲，弋不射宿"⑥。《礼记》则倡导春种、夏长、秋收、冬藏，生产遵时节；"孟春之月"不渔猎，"祀山林川泽牺牲毋用牝"，"毋覆巢，毋杀孩虫、胎、夭、飞鸟，毋麛，毋卵"，让其休养生息；"禁止伐木"，让其繁茂生长。⑦ 孟子则提出："不违农时，谷不可胜食也；数罟不入洿池，鱼鳖不可胜食也；斧斤以时入山林，材木不可胜用也。"⑧ 晋代学者嵇康甚至萌发出尽人事而任自然，"任自然以托身，并天地而不朽"的大胆设想⑨。马克思主义创始人则强调：人创造环境，同样环境也创造人；"一旦人已经存在，人，作为人类历史的经常前提，也是人类历史的经常的产物和结果"⑩；人不仅是社会存在物，而且是自然存在物，属于自然界，受自然环境的影响和制约。恩格斯告诫

---

① 分别见（唐）陆贽：《均节赋税恤百姓第一条》；（唐）刘禹锡：《天论中》；（清）王夫之：《周易外卷》卷二。

② 古希腊德尔斐神庙撰文，见全增嘏主编：《西方哲学史》上册，上海人民出版社1983年版，第113页。

③ 《马克思恩格斯文集》第1卷，人民出版社2009年版，第11页。

④ 《马克思恩格斯全集》第5卷，人民出版社1958年版，第270页。

⑤ 《马克思恩格斯选集》第1卷，人民出版社1972年版，第171页。

⑥ 《论语·述而》。

⑦ 《礼记·月令》。

⑧ 《孟子·梁惠王上》。

⑨ （晋）嵇康：《答难养生论》。

⑩ 《马克思恩格斯全集》第26卷第3册，人民出版社1974年版，第545页。

人们："我们不要过分陶醉于我们人类对自然界的胜利。对于每一次这样的胜利，自然界都对我们进行报复。每一次胜利，起初确实取得了我们预期的结果，但是往后和再往后却发生完全不同的、出乎预料的影响，常常把最初的结果又消除了。美索不达米亚、希腊、小亚细亚以及其他各地的居民，为了得到耕地，毁灭了森林，但是他们做梦也想不到，这些地方今天竟因此而成为不毛之地，因为他们使这些地方失去了森林，也就失去了水分的积聚中心和贮藏库。阿尔卑斯山的意大利人，当他们在山南坡把那些在山北坡得到精心保护的枞树林砍光用尽时，没有预料到，这样一来，他们就把本地区的高山畜牧业的根基毁掉了；他们更没有预料到，他们这样做，竟使山泉在一年中的大部分时间内枯竭了，同时在雨季又使更加凶猛的洪水倾泻到平原上"；"经过长期的、往往是痛苦的经验"，人们"渐渐学会了认清……生产活动在社会方面的、间接的、较远的影响，从而有可能去控制和调节这些影响"。① 对此，必须深刻领悟，大力吸取教训。

人本物用、突出重点、全面安排原则，即以人为本、以物为用、突出紧迫和重要任务、全面兼顾原则。它要求，在任何情况下，都必须恪守人本物用、突出重点、全面安排宗旨，最正确科学地系统认识和规划人生、社会与环境内部要素及其相互之间的关系，尽可能地与周围的社会环境、自然环境友好相处，而不是以邻为壑，与环境为敌，以牺牲环境为发展代价，对环境疯狂掠夺，大肆破坏。

20世纪中叶，环境问题已演变成为全球性问题。1972年6月，联合国在瑞典斯德哥尔摩召开人类环境会议，响亮地提出"只有一个地球"的口号，并通过第一部《人类环境宣言》。《宣言》写道："人类业已到了必须全世界一致行动，共同对环境问题采取更审慎处理的历史转折点。"2013年，我国在贵阳举办了盛况空前的"国际生态论坛"。2014年、2015年、2021年，联合国分别在秘鲁首都利马、法国首都巴

① 《马克思恩格斯文集》第9卷，人民出版社2009年版，第559、560、561页。

黎、英国格拉斯哥召开"全球气候变化大会"。2015 年 9 月 15 日至 10 月 1 日，联合国在总部美国纽约召开大会并通过《2030 年可持续发展议程》。2020 年 9 月 15 日至 10 月初，联合国以云会议形式召开"生物多样性峰会"，倡议世界各国在联合国《2030 年可持续发展议程》基础上，坚持生态文明和多边主义，保持绿色发展，秉持人类命运共同体理念，为加强生物多样性保护和推进全球环境治理，贡献出更大力量。不仅如此，2021 年 10 月 11 日至 15 日，联合国《生物多样性公约》第十五次缔约方大会（COP15）在我国昆明举行，对生物多样性问题进行更为广泛深入的讨论，进一步达成共识和相关承诺协议。全世界许多国家和地区把节能、降耗、减排，发展低碳经济、循环经济、绿色环保产业，作为经济社会发展的保障和引擎。我国政府则在践行以人为本、以人民为中心、统筹兼顾，建设资源节约型、环境友好型社会，实现人的全面发展和经济社会全面协调可持续又好又快地科学发展的基础上，提出并进一步践行"创新、协调、绿色、开放、共享"的发展新理念，不仅将生态文明建设与经济建设、政治建设、文化建设、社会建设相提并论，而且更加广泛深入地开展国际生态文明建设合作。所有这些，无疑都是对人本物用、突出重点、全面安排原则的贯彻落实，都具有相当重要的理论与现实意义。但是，由于个体利益的驱动和地方保护主义、国家单边主义作祟，环境污染、生态破坏现象至今仍未得到全面遏制。人本物用、突出重点、全面安排原则，在经济建设、政治建设、文化建设、社会建设、生态文明建设的整个历史进程中，应牢牢坚持，最大限度地为人类社会可持续发展不断作出新的努力和更大贡献。

（二）整体投入消耗最少、价值效益最大原则

整体投入消耗最少、价值效益最大，既是最优化的核心和精髓，又具有丰富的内涵特点。一方面，根据系统论观点，不仅目标的整体投入消耗最少、价值效益最大，未必是路线的整体投入消耗最少、价值效益最大，路线的整体投入消耗最少、价值效益最大，不一定是实践的整体

投入消耗最少、价值效益最大；而且要素的整体投入消耗最少、价值效益最大，未必是结构的整体投入消耗最少、价值效益最大，结构的整体投入消耗最少、价值效益最大，不一定是要素、系统和环境的整体投入消耗最少、价值效益最大，以往的整体投入消耗最少、价值效益最大，未必为现实和未来的整体投入消耗最少、价值效益最大，现实的整体投入消耗最少、价值效益最大，未必为未来的整体投入消耗最少、价值效益最大。另一方面，整体投入消耗最少与价值效益最大，二者相互规定，相互制约。不仅整体投入消耗最少与整体价值效益最大，在一定时间、地点、条件下能够呈正比，而且在一定时间、地点、条件下可以呈反比。

整体投入消耗最少、价值效益最大原则，即整体投入消耗的人力、物力、财力、时间相对或绝对最少，获得的人生与社会整体价值效益相对或绝对最大准则。它堪称最优学的至关重要原则。它规定，在人与社会生产、生活与交往过程中，既使各项事业、各个组成部分投入消耗的人力、物力、财力、时间相对或绝对最少，获得的价值效益相对或绝对最大，又总揽全局、突出重心、优化结构、动态开放，不断变革创新，力求整体全方位投入消耗最少，系统价值效益最大。

（三）人生、社会与环境最优化三位一体原则

人生最优化，从根本上讲，是人的生存和发展的最优化。它主要包括人生最优化的参照系统与观念心态取向，人生目标的最佳设计、确立与修正，人生道路的最优规划、实践与调控，人生纵向发展的最佳设计建构，人生横向交际的最佳设计建构，人生学习、记忆与思维的最优化，人生形象、语言、行为与情景效应对策的最优化，人生职位、事业与创新的最优规划建构，人生机遇的最优对策与人生成才的最优规划建构，人生环境的最优对策营造与人生生活方式的最优化，人生整体的最优化及其美好未来十一个部分。社会最优化，即关于社会设计、规划、建构、调控、发展的最优化。它大致包括社会最优化的参照系统，社会

最优化的基本规律、主要范畴、通用原则与一般方法，社会目标、模式的最佳设计、确立与修正，社会道路的最优规划、实践与调控，社会基本要素与组织形态的最佳建构，社会经济、政治、文化、民生与生态文明建设的最优化，社会生产、生活与交往方式的最优化，社会人力资源的最优开发与利用，社会物力资源与其他资源的最优开发与利用，社会动力系统及其运行机制的最优调控，社会决策、管理、改革、开放与创新的最优化，社会整体的最优化十二项内容。环境最优化，是关于环境治理和建设美化的最优化。它大致由环境目标的最优化、环境要素的最优化、环境结构布局的最优化、环境功能的最优化、环境开发与利用的最优化、环境营造的最优化、环境保护的最优化、环境发展的最优化、环境系统整体的最优化九个方面组成。

人生、社会与环境最优化三位一体原则，指的是人生、社会与环境最优化三者有机统一在一起，彼此相互推动促进准则。它可谓最优化的全方位拓展和升华。它主张，高举爱己及人、爱人及物、天人合一、人天一体旗帜，以人生最优化为核心，以社会最优化为主体，以环境最优化为保障，形成三位一体、主次分明、相互促进的宏观最优化大系统，共同推动最优化各项事业尽可能全面协调可持续又好又快地健康发展，不断开创新境界。

第四章　最优学的一般方法、主要方法、简易方法与高级方法

　　"方法"一词，在我国最早见于《墨子》。《墨子·天志中》记曰："中吾矩者，谓之方；不中吾矩者，谓之不方。是以方与不方，皆可得而知之。此其故何？其方法明也。"其中的方法一词，即有方略法术之意。英语中的方法 Mathod，指方式、手段、途径等，与汉语中的方法一词含义基本相同。"工欲善其事，必先利其器。"① 方法之于人类至关重要。我国古代先哲认为"授人以鱼，不如授人以渔"。俄国现代著名科学家巴甫洛夫指出："科学是随着研究方法所获得的成就而前进的"，"方法是最主要和最基本的东西"，"方法掌握着研究的命运"，"研究方法每前进一步，我们就更提高一步，随之在我们面前也就开拓了一个充满着种种新鲜事物的更辽阔的远景"；"有了良好的方法，即使是没有多大才干的人也能做出许多成就。如果方法不好，即使是有天才的人也将一事无成"；"因此，我们头等重要的任务乃是制定研究方法"。② 法国 19 世纪天文学家拉普拉斯强调："认识一位天才的研究方法，对于科学的进步甚至对于他本人的荣誉，并不比发现本身更少用处。科学研究的方法，经常是极富兴趣的部分。"③ 英国当代哲学家罗素甚至认为"在

---

① 孔子语：《论语·卫灵公》。
② 《巴甫洛夫全集》第 5 卷，孙华等译，人民卫生出版社 1959 年版，第 16、17、18 页。
③ ［法］拉普拉斯著：《宇宙体系论》，李珩译，上海译文出版社 1978 年版，第 445 页。

科学事业中，真正的天才是那些发明新的研究方法的人"。① 最优学的一般方法、主要方法、简易方法与高级方法，堪称所有方法中最正确科学、最富有神奇魅力的系列方法。它是按照最优学的通用原则，结合具体需要和实际情况，广泛适用的最优化方略法术；是对最优学的通用原则，在方法论层面的具体化阐释、丰富和升华。它与最优学的基本理论尤其是通用原则，同属于最优学方法论必不可少的构成部分。

一、最优学的一般方法

最优学的一般方法，即最优学的普遍适用方法。它可以用来解决生产、生活和学习、工作中最常见的最优化问题。它大致有六类十二种。

（一）定性最优化与定量最优化相结合方法

事物都是质和量的统一；对事物仅仅进行定性研究或单单予以定量分析，都不可能反映事物的全貌，都不能正确科学地对待事物，都不可避免地带有形而上学的片面性缺陷。只有将二者有机结合起来，才能达到最佳目的。定性最优化与定量最优化及其相互关系，也是如此。

定性最优化，即确定事物属性特点的最优化。定量最优化，指的是描述事物产生、存续和发展变化程度、幅度、范围、规模、向位、序度、关节点、过程等数量特点的最优化。二者各有优缺点。定性最优化的优点，在于其宏观概括性、把关定向性、总揽全局性、机动灵活性、易于掌控性、便于操作性、成本较低性、普通适用性。对此，恩格斯强调，认识事物"不能仅仅从量上，而且还必须从质上去理解"②。他认为，至少到 19 世纪末"数学在固体力学中才是绝对的，在气体力学中是近似的，在液体力学中已经比较困难了——在物理学中多半是尝试性

---

① ［英］罗素：《在自由主义教育中科学的地位》，参见金明华主编：《世界名言大词典》，长春出版社 1991 年版，第 742 页。
② 《马克思恩格斯选集》第 3 卷，人民出版社 2012 年版，第 862 页。

的和相对的——在化学中是具有最简单本性的简单一次方程——在生物学中等于零";① 单靠数学"演算"就能确定一个论断为真理的事,"这种情形几乎从来没有,或者只是在非常简单的运算中才有"。② 美国当代数学家鲍勃·菲费尔认为,对"可能性极大而又合理的事情,决不(应)花时间将其量化","教授们用满满的三大黑板(演算)来证实一个直觉上显而易见的问题",近乎迂腐,大可不必;因为成本过高,得不偿失的"量化"本身,就是一种非优化的不明智之举,在现实世界中,"大多数关键的变数只能通过经验和直觉来判断、评估,而不是什么量化","近似的正确好于精确的错误"。③ (不仅如此,"近似的正确"还往往好于对复杂多样性事物简单固化概括抽象出来的所谓"精确"的定量描述——引者注)西方当代学者 J. 温尼尔则认为,"即使能够对事物进行测量,用数量方法表示它,认识还是不完备的,是难以令人满意的"④。定性最优化的缺点,在于其笼统模糊性、缺乏具体性、不够精确性、弹性过大性、主观随意性、难以高度奏效性。定量最优化的优缺点与定性最优化的优缺点,恰恰相反。定量最优化的优点,是规定精确性、具体可靠性、细致入微性、切实可行性、功效显著性。柏拉图认为"数学是一切知识中的最高形式"⑤。意大利 15 世纪科学家、工程师、艺术大师达·芬奇指出:"人类的任何探讨,如果不是通过数学的证明进行的,就不能说是真正的科学。"⑥ 马克思认为,"一种科学只有当它达到了能够运用数学时,才算真正发展了"⑦。西方当代科学家 L. 开尔文指出:"如果不能对事物进行测量,用数量方法表示

---

① 恩格斯:《自然辩证法》,人民出版社 1981 年版,第 172 页。
② 《马克思恩格斯全集》第 20 卷,人民出版社 1971 年版,第 661~662 页。
③ 中国人民大学复印报刊资料《管理科学》2004 年第 11 期,第 46 页。
④ 孙小礼主编:《科学方法中的十大关系》,学林出版社 2004 年版,第 113 页。
⑤ 百度汉语:《柏拉图名言警句 50 句》。
⑥ 北京大学哲学系外国哲学史教研室编译:《西方哲学原著选读》上卷,商务印书馆 1981 年版,第 310、311 页。
⑦ [法]拉法格著:《回忆马克思恩格斯》,人民出版社 1973 年版,第 7 页。

它，那么认识是不完备的，是难以令人满意的。"① 定量最优化的缺点，是对不能量化的问题无能为力，对难以量化的问题收效甚微，对代价过高量化的问题得不偿失，对无须量化的问题多此一举。我国当代著名数学家王梓坤院士则认为，定性最优化与定量最优化各具特色，定性最优化是定量最优化的前提和方向，定量最优化是定性最优化的具体和展开；"定性决定一个（事物）塑像的身段轮廓，而定量则规定（一个事物）塑像身段各部分的尺寸"，"二者是互相补充的"。② 定性最优化无能为力之时，往往正是定量最优化大显身手之机；定量最优化一筹莫展之处，常常正是定性最优化长驱直入之地，彼此缺一不可。

定性最优化与定量最优化相结合方法，是将定性最优化与定量最优化以最佳方式结合在一起，使之尽可能优势互补的方法。它要求，按照定性最优化与定量最优化的内在特点，将二者有机联结整合起来，使之取长补短，相得益彰。具体说来，一方面，根据实际情况需要，将定性最优化的优点充分发挥出来，从而全面克服定量最优化的缺点；另一方面，按照实际情况特点，将定量最优化的优点充分利用起来，从而彻底消除定性最优化的缺点，力求二者形成最优化最大合力。

（二）简单最优化与复杂最优化相一致方法

简单最优化，是相对于复杂最优化而言的最优化，是复杂最优化的组成部分。复杂最优化，是相对于简单最优化来说的最优化，是简单最优化的集合体。二者相互交融，协调一致。《周易》曾提出"易则易知，简则易从"，"易从则有功"。③ 容纳万事万物、内涵无限丰富多样的宇宙，可以概括为"世界"二字；最复杂的道理，能够通过最简单的

---

① 孙小礼主编：《科学方法中的十大关系》，学林出版社 2004 年版，第 113 页。
② 王梓坤著：《莺啼梦晓——科学方法与成才之路》，上海教育出版社 2004 年版，第 124 页。
③ 《周易·系辞上》。

方式表达出来。恩格斯认为："一切历史现象都可以用最简单的方法来说明。"① 英国科学哲学家贝弗里奇研究发现，"最有成就"的人"能把问题化为最简单的要素，然后用最直接的方法找出答案"。② 著名科学家爱因斯坦则指出："科学的目的，一方面是尽可能完备地理解全部感觉经验之间的（复杂）关系；另一方面是通过最少个数的原始概念和原始关系的使用来达到这个目的（在世界图像中尽可能地寻求逻辑的统一，即逻辑元素最少）"，使之"越简单越好，而不是比较简单"。③ 爱因斯坦提出的著名质量公式亦即质量与能量的关系式 $E = mc^2$，就极其简单优美。其中 E 表示能量，m 代表质量，c 表示光速常量。2016 年 11 月 17 日曲阜尼山世界文明论坛，由联合国教科文组织、中国、美国、俄罗斯、英国、法国、德国、意大利、奥地利、日本、韩国、泰国、印度、蒙古国等 20 多个世界主要国际组织和国家与地区通过的《人类简约生活宣言》，则从简约方面以 377 个字的简短表述，不仅凝练出与简单几乎为同义语的简约的意蕴特点及其重大意义，而且向全人类发出"我们信奉大道至简""简约治理"，"我们拒绝浪费""拒绝奢侈""拒绝多余""拒绝空耗"，"我们倡导简而美""简而文""简而朴""简而谐的生活"，受到广泛关注、热烈回应。简单，易知易受易行，但却往往收效不高；复杂，难知难受难行，但却常常收效较大。简单是复杂的元素，复杂由简单构成。简单与复杂，相互支持。美籍华裔诺贝尔奖获得者杨振宁教授在清华大学 90 周年校庆报告中说道："简单是美的，复杂也是美的。"④ 美不美，关键不在于简单还是复杂，而在于其是否恰切妥当。在最优化理论、原则与方法规定中，无论恰如其分的简单，还是恰到好处的复杂，都不失为最优化意义的"简单"与

① 《马克思恩格斯选集》第 3 卷，人民出版社 2012 年版，第 723 页。
② ［英］贝弗里奇著：《科学研究的艺术》，陈捷译，科学出版社 1979 年版，第 12、13 页。
③ 《爱因斯坦文集》第 1 卷，许良英等译，商务印书馆 1976 年版，第 344 页；［英］诺斯古德·帕金森等著：《不可不知的管理定律》，苏伟伦、苏建军编译，中国商业出版社 2004 年版，第 196 页。
④ 引自孙小礼主编：《科学方法中的十大关系》，学林出版社 2004 年版，第 185 页。

"复杂"。简单最优化所要求的"简单"，只能是简化单纯而又不失其意，且又不能再简单的"简单"；复杂最优化所强调的"复杂"，只能是复合繁杂而又不致多余，且又不可再复杂的"复杂"。这种简单与复杂，实际上是最大限度的简单与最小限度的复杂的统一。在这个意义上可以说，把本应简单的问题变复杂了是"无知"，把本该复杂的问题化简单了是"无能"；把不应简单的问题变复杂了是"睿智"，把不必复杂的问题化简单了是"聪明"。

简单最优化与复杂最优化相一致方法，即把简单最优化与复杂最优化以最佳方式统一在一起，使之相辅相成的方法。它规定，根据简单最优化与复杂最优化的区别与联系，将二者有机结合起来。一方面，使应简单的对象尽可能地简单，力求简单而不失其意，且又不能再简单；另一方面，使该复杂的对象最低限度地复杂，做到复杂而不致多余，且又不可再复杂；切实防止把本应简单的问题复杂化和把本该复杂的问题简单化。

（三）要素最优化与结构最优化相统一方法

要素最优化，指的是系统构成元素的最优化。它由各种各样不同特点的元素构成，决定着系统最优功能或曰系统正能量的有无和大小。没有要素最优化，就没有系统功能最优化。一座宏伟高大、富丽堂皇、极其优美的建筑，必须由其一系列的相应最佳要素构成；否则，它就不成其为它自身。结构最优化，是要素构成方式的最优化，其实质是要素之间关系最大限度的协调有序化。结构最优化像要素最优化一样，亦决定着系统最佳功能的有无和大小。没有结构最优化，同样也没有系统功能最优化。不能想象，结构混乱无序的言辞会成为脍炙人口的优美诗篇。无论要素最优化，还是结构最优化，都是系统功能最优化的必要条件，二者缺一不可。现代系统论认为，系统功能由要素功能和结构功能组成。系统功能大致分为元功能、本功能、构功能三个组成部分。元功能，即单元要素在孤立状态下所具有的功能；本功能，是元功能机械相

加之和，亦即各孤立要素功能之和；构功能，即结构功能。结构与功能
关系的组合形态，有同构同功、同构异功、异构异功、异构同功几种类
型。系统功能，则是本功能和构功能之和。构功能与系统功能的关系同
部分最优化与整体最优化的关系基本一样，当构功能大于"0"时，系
统功能就大于各孤立要素功能之和；当构功能等于"0"时，系统功能
就等于各孤立要素功能之和；当构功能小于"0"时，系统功能就小于
各孤立要素功能之和。①

要素最优化与结构最优化相统一方法，是将要素最优化与结构最优
化最合乎逻辑地结合在一起，使之发挥最大关系价值效益的方法。它主
张，按照要素最优化与结构最优化的关系特点及其价值效益最大化要
求，使要素最优化与结构最优化的关系达到最大限度的协调统一，发挥
出最大价值效益。

（四）系统最优化与环境最优化相协调方法

系统最优化，指的是由两个或两个以上要素，以最佳结构形式构成
的有机整体的最优化。它由要素最优化、结构最优化组成。系统最优化
的实质，在于系统功能价值效益最大化。环境最优化，是环绕要素、结
构特别是系统整体的外部因素的最优化。它从不同的角度可以分为人生
环境的最优化、社会环境的最优化、自然环境的最优化，以及经济环境
的最优化、政治环境的最优化、文化环境的最优化、生态环境的最优化
等。它是系统最优化赖以形成、存续和发展的必不可少的最佳外部条
件。系统最优化与环境最优化既具有内因"根据"与外因"条件"关
系，又具有相互控制、反馈、修正的互动转化特点。系统最优化通过自
身的开放和有选择的与环境的物质交换、能量信息交流，同环境最优化
相贯通；环境最优化则通过本身的内在要求，以及系统自身的开放和有
选择的物质交换、能量信息交流，同系统最优化相通融，从而能够形成

---

① 参见本书第一章三（三）部分最优化与整体最优化。

更高层次、更大规模的系统最优化形态，置身更广阔的环境最优化空间。马克思主义哲学关于事物普遍联系、相互转化、永恒发展的观点，现代系统论创始人美籍奥地利科学家贝塔朗菲的"一般系统论"理论，所蕴含的最优化理念，同系统最优化与环境最优化一脉相承。

系统最优化与环境最优化相协调方法，是将系统最优化与环境最优化以最佳方式统一起来，使之尽可能地相互协调的方法。它要求，依据系统最优化与环境最优化的关系特点，将二者最大限度地协同调适化。具体说来，须致力完成两项任务：一是在系统要素、结构、功能最优化的前提下，使系统整体尽可能地适应环境要求；二是在环境充分优化的基础上，使环境最大限度地有利于系统的存续发展和整体最优化，使二者关系相互契合，内外充分友好和谐。

（五）现实最优化与可能最优化相贯通方法

现实最优化，即现存实在最优化。它由历史最优化发展而来，孕育着可能最优化，又向着未来最优化发展而去。可能最优化，是可能实现的最优化。它植根于历史最优化，置身于现实最优化，又预示着现实最优化发展变化的总趋势，反映着未来最优化的萌芽、雏形，预示着未来最优化的实现程度、概率大小。现实最优化与可能最优化相互渗透，相互连接，相互规定，在一定条件下相互转化。二者作为最优化体系中的组成部分，不仅受到其内在规律的支配，而且离不开外部相关条件的支持。

现实最优化与可能最优化相贯通方法，即将现实最优化与可能最优化以最佳方式相连接，使之相互贯通的方法。它规定，在正确认识和掌握现实最优化与可能最优化特点的基础上，高度关注和致力四项任务。其一，分清好坏截然相反的两种可能，既向最好可能努力，力争可能最优化，又向最坏可能预防，防止可能最劣化；千方百计创造条件，竭尽全力将可能最优化扩大，使之最大限度地变为现实最优化，把可能最劣化消灭在萌芽之中，减少到最低限度，使之化为乌有。其二，严格区分现实可能最优化与抽象可能最优化。现实可能最优化，是在既定条件下能够变为现实的可能性最优化；抽象可能最优化，是在现实基础上不能够实现，将来具备充分条件才能够变为现实的可能性最优化。事物普遍联系，"世界上什么事情都是'可能的'"①；人世间不存在永远不可能、永远不能够变为现实的最优化。对此，必须防止盲目冒进和消极等待两种错误倾向。对于现实可能最优化，应积极创造条件，使之尽快转化为现实最优化；对于抽象可能最优化，应想方设法首先使之变为现实可能最优化，然后使之及时成为现实最优化。其三，区分现实可能最优化的可能性大小，力求按其主次轻重、难易缓急特点，突出重点、难点、急需，兼顾一般，全面安排，将其分类、分期、分批有条不紊、正确科学地变为现实最优化。其四，充分认识到，从现实最优化到可能最优化，再到新的现实最优化乃至未来最优化，不仅是一个合目的性的主观人为选择创造与合规律性的客观实在交互作用的自然历史过程，而且是一个螺旋式上升、波浪式前进永无止境的过程。因而，在制定决策、实施方案的过程中，既要立足现实，背靠历史，"以现实的东西而不是以可能的东西为依据"②，又要"面向现代化，面向世界，面向未来"③，瞄准可能性最优化，还要致力抽象可能最优化，力求最大限度地将抽象可能最优化不断变为现实可能最优化，进而实现现实最优化乃至未来最优化。

（六）理论最优化与实践最优化一体化方法

理论是人类文明的重要标志；理论水平与人类文明程度呈正比。理论最优化，即理性论断形态的最优化。它要求，在力所能及的范围内，最大限度地达到理论质量、数量的最优化。实践最优化，指的是将一定理论最优化付诸改造和创造世界造福人类自身活动的最优化。它规定，

① 《列宁全集》第 47 卷，人民出版社 1990 年版，第 493 页。
② 同上。
③ 《邓小平文选》第 2 卷，人民出版社 1994 年版，第 35 页。

通过充分努力，尽可能地实现实践方式的最优化，实践深度、广度、绩效的最大化。理论最优化源于实践最优化，而又在某些方面高于实践最优化，指导实践最优化；实践最优化孕育、催生理论最优化，而又接受理论最优化的指导，检验理论最优化，推进理论最优化。理论最优化的直接目的在于应用于实践最优化，实践最优化的最终目标在于最大限度地造福人类社会，实现人生、社会与环境价值效益最大化。

理论最优化与实践最优化一体化方法，是将理论最优化与实践最优化以最佳方式紧密结合起来，形成一体化互动系统，从而发挥最大价值效益的方法。它主张，根据理论最优化与实践最优化的共性与特点，使之相互配合，优势互补，形成合力。一方面，用理论最优化指导实践最优化不断发展，让实践最优化为理论最优化提供应有的动力支持；另一方面，坚持实践第一的观点，让理论最优化接受实践最优化的检验，并以实践最优化为理论最优化的一定目的，形成从理论最优化到实践最优化，再到新的理论最优化，循环往复，螺旋式上升，波浪式前进，以至无穷的一体化永恒互动，发挥出人生、社会与环境理论和实践最大价值效益。

二、最优学的主要方法

最优学的主要方法，是最优学的重要方法。它主要用于解决生产、生活和学习、工作中的主要最优化问题，大致有六种类型。

（一）相对少耗等益型最优化方法

相对少耗等益型最优化方法，即以总体相对最少的人力、物力、财力、时间投入、消耗，获得等量的人生、社会与环境价值效益的方法。这一方法，反映的是投入、消耗与价值效益之间的一定异因同果关系。

该方法可用公式表示为：

$$\min \sum_{t=1}^{n} p_i x_i = f(x)$$

$s.t. \quad u_i(x_i) = a_i, \ i = 1, \cdots, n$

其中，$f(x)$ 指的是相等价值效益条件下，相对最少投入、消耗（相对最少人力、物力、财力、时间投入、消耗，下同从略）目标；$x = (x_1, x_2, \cdots, x_n)^T$（下同从略）；$f(x)$ 为相等价值效益条件下的相对最少投入、消耗函数；Σ 为 n 个元素加和符号（下同从略）；$p_i, i = 1, \cdots, n$ 表示与相对最少投入、消耗各分量相对应的权重系数（下同从略）；$x_i, i = 1, \cdots, n$ 表示相对最少投入、消耗数量（下同从略）；

$s.t.$ 指需要满足的相关约束条件（下同从略）；$u_i(x_i), i = 1, \cdots, n$ 表示第 i 种相对最少投入、消耗获得的相等价值效益；$a_i, i = 1, \cdots, n$ 为相应常数水平。

例如，大学生甲、乙二人在其他条件相同的情况下，若甲比乙所投入、消耗的精力、时间少，而甲、乙二人的考试成绩都是 100 分，那么，甲所使用的方法相对于乙，就是相对少耗等益型最优化方法。

相对少耗等益型最优化方法要求，在不能以总体绝对最少的人力、物力、财力、时间投入、消耗获得等量的人生、社会与环境价值效益情况下，至少保证以总体相对最少的人力、物力、财力、时间投入、消耗，获得等量的人生、社会与环境价值效益。

（二）等耗相对大益型最优化方法

等耗相对大益型最优化方法，是以等量的人力、物力、财力、时间投入、消耗，获得总体相对最大的人生、社会与环境价值效益的方法。该方法与相对少耗等益型最优化方法方向恰恰相反，是其逆推式或曰翻版。它展示的是投入、消耗与价值效益之间的一定同因异果关系。

这一方法可用公式表示为：

$$\max \sum_{t=1}^{n} u_i x_i = g(x)$$

$s.t. \quad p_i x_i = b_i, \ i = 1, \cdots, n$

其中，$g(x)$ 指相等投入、消耗条件下的相对最大价值效益目标；$g(x)$ 为总价值效益函数；$u_i(x_i)$，$i = 1, \cdots, n$ 表示第 i 种相等投入、消耗获得的相对最大价值效益；b_i，$i = 1, \cdots, n$ 为相应常数水平。

例如，投资者甲、乙二人，投入、消耗量值相等，在其他条件相同的情况下，乙相对于甲获得的总体价值效益最大；那么，乙所使用的方法相对于甲，即是等耗相对大益型最优化方法。

等耗相对大益型最优化方法规定，在不能以较少量的人力、物力、财力、时间投入、消耗获得总体绝对最大的人生、社会与环境价值效益情况下，至少确保以等量的人力、物力、财力、时间投入、消耗获得总体相对最大的人生、社会与环境价值效益。

（三）绝对少耗大益型最优化方法

绝对少耗大益型最优化方法，即以绝对最少的人力、物力、财力、时间投入、消耗，获得总体绝对最大的人生、社会与环境价值效益的方法。这一方法，是对相对少耗等益型最优化方法、等耗相对大益型最优化方法的进一步拓展。它表明，最优化无限发展的可能性、必然趋势和无条件性，以及思维的至上性、行为的无穷丰富多样性。显然，这是最优化的理论假设和理想化方法。它虽然在一定条件下可望而不可即，但却是不容忽视的客观存在。

该方法可用公式表示为：

$$\max \sum_{i=1}^{n} \left[u_i(x_i) - p_i x_i \right] = h(x)$$
$$s.t. \quad x_i \geqslant 0, \ i = 1, \cdots, n$$

其中，$h(x)$ 指的是绝对最少投入、消耗条件下的绝对最大价值效益目标；$h(x)$ 为绝对最大价值效益函数；p_i，$i = 1, \cdots, n$ 表示与绝对最少投入、消耗各分量相对应的权重系数绝对最少。

例如，某企业或政府组织，由于特有的世界垄断权力，可在全球范围内以总体绝对最少的投入、消耗，获得总体绝对最大、一本万利，乃至上不封顶、下可保底的绝对最大价值效益；那么，该企业或政府组织所运用的方法，就是绝对少耗大益型最优化方法。

绝对少耗大益型最优化方法主张，在条件允许的情况下，保证以总体绝对最少的投入、消耗，获得总体绝对最大的人生、社会与环境价值效益。

（四）理想化少耗大益型最优化方法

理想化少耗大益型最优化方法，是在现有和理想化应有条件许可的限度内，以总体相对或绝对最少的人力、物力、财力、时间投入、消耗，获得总体相对或绝对最大的人生、社会与环境价值效益的方法。该方法不言而喻，是对相对少耗等益型最优化方法、等耗相对大益型最优化方法、绝对少耗大益型最优化方法的组合。它既具有相对少耗等益型最优化方法、等耗相对大益型最优化方法的投入、消耗最少，价值效益最大的相对最优化属性，又蕴含绝对少耗大益型最优化方法的投入、消耗最少，价值效益最大的绝对最优化特点。它是三者属性特点的统一。

这一方法可用公式表示为：

$$\max \sum_{t=1}^{n} \left[u_i(x_i) - p_i x_i \right] = h(x)$$
$$s.t. \quad 0 \leqslant x_i \leqslant c_i, \ i = 1, \cdots, n$$

其中，$h(x)$ 指理想化最少投入、消耗条件下的最大价值效益目标；$h(x)$ 为理想化最大价值效益函数；x_i，$i = 1, \cdots, n$ 表示理想化最少投入、消耗数量；c_i，$i = 1, \cdots, n$ 为第 i 种理想化最少投入、消耗的限度水平。

例如，某单位，由于其特定的社会地位和经营管理方法，可在现有和理想化应有条件许可的限度内，以总体相对或绝对最少的投入、消耗，获得总体相对或绝对最大的价值效益。其所运用的方法，即是理想化少耗大益型最优化方法。

理想化少耗大益型最优化方法要求，尽可能作出积极努力，确保在现有和理想化应有条件许可的限度内，以总体相对或绝对最少的人力、物力、财力、时间投入、消耗，获得总体相对或绝对最大的人生、社会与环境价值效益。

（五）创造性少耗大益型最优化方法

创造性少耗大益型最优化方法，即在没有条件最大限度地创造条件的情况下，以总体相对或绝对最少的人力、物力、财力、时间投入、消耗，获得总体相对或绝对最大的人生、社会与环境价值效益的方法。这一方法，是对理想化少耗大益型最优化方法的高度升华。它充分体现了人类对相对最优化与绝对最优化方法的主体能动性、积极创造性。

该方法可用公式表示为：

$$\max \sum_{t=1}^{n} \left[u_i(x_i + y_i) - p_i(x_i + y_i) \right] = k(x)$$
$$s.t. \quad 0 \leq x_i \leq d_i, \ i = 1, \cdots, n$$
$$y_i \geq e_i \geq 0, \ i = 1, \cdots, n$$

其中，$k(x)$ 指创造性最少投入、消耗条件下的最大价值效益目标；$k(x)$ 为创造性最大价值效益函数；x_i，$i = 1, \cdots, n$ 表示创造性最少投入、消耗数量；y_i，$i = 1, \cdots, n$ 表示第 i 种额外创造性最少投入、消耗的数量；d_i，$i = 1, \cdots, n$ 为第 i 种创造性应有最少投入、消耗的水平；e_i，$i = 1, \cdots, n$ 为第 i 种创造性最少投入、消耗的额外应有最大价值效益创造水平。

例如，20 世纪 60 年代初，大庆石油会战，铁人王进喜提出并践行的"有条件要上，没有条件创造条件也要上"、誓死拿下大油田的"战天斗地"不屈不挠斗争精神，就属于在没有条件最大限度地创造条件的情况下，以总体相对或绝对最少的投入、消耗，获得总体相对或绝对最大价值效益的创造性少耗大益型最优化方法。

创造性少耗大益型最优化方法规定，全力以赴，确保在没有条件最大限度地创造条件的情况下，以总体相对或绝对最少的人力、物力、财力、时间投入、消耗，获得总体相对或绝对最大的人生、社会与环境价值效益。

（六）系统化少耗大益型最优化方法

系统化少耗大益型最优化方法，是在力求目标、要素、结构、功能、环境、过程价值效益最大化的基础上，通过最佳系统整合，以总体相对或绝对最少的人力、物力、财力、时间投入、消耗，获得总体相对或绝对最大的人生、社会与环境价值效益的方法。该方法，无疑是上述所有最优化方法形态的最高形式。它体现了最优化方法的系统全面综合性，反映着最优化至高无上的发展诉求，属难度最大、功效最高的最优化方法。

这一方法可用公式表示为：

$$\max \sum_{t=1}^{n} \left[u_i(x_i) - p_i x_i \right] = h(x)$$

$$s.t. \quad \lim_{x_i \to 0} u_i = +\infty , \; i = 1, \cdots, n$$

其中，$h(x)$ 指系统化最大价值效益目标；$h(x)$ 为系统化最大价值效益函数；x_i, $i = 1, \cdots, n$ 表示系统化第 i 种最少投入、消耗数量；$u_i(x_i)$, $i = 1, \cdots, n$ 表示第 i 种系统化最少投入、消耗产生的系统化最大价值效益。

例如，受物质不灭和能量守恒与转化定律，以及宇宙时空无限性、事物存在和发展的无穷多样性的支配和影响，人生最优化、社会最优化与环境最优化，都不同程度地具有系统化少耗大益型最优化方法特性、可能和趋势。

系统化少耗大益型最优化方法主张，不遗余力，确保在力求目标、要素、结构、功能、环境、过程价值效益最大化的基础上，借助最佳系统整合，以总体相对或绝对最少的人力、物力、财力、时间投入、消耗，获得相对或绝对系统化的最大人生、社会与环境价值效益。

六种不同层次方面的最优学的主要方法，所涉及的"总体"，既包括相对或绝对各自最少的人力、物力、财力、时间投入、消耗之和构成的总体，又包括相对或绝对大小不等、此消彼长的人力、物力、财力、时间投入、消耗通约换算相加后构成的总体；既包含相对或绝对各自最大的人生、社会与环境价值效益总体，又包含相对或绝对彼此多少不一、增减不等通约换算后的最大人生、社会与环境价值效益总体。不仅如此，六者既相互独立，又相互支持，层层递升，级级跃进。六种不同层次方面的最优学的主要方法，必须坚持一切从实际出发，具体事物具体分析，具体情况具体对待；根据需要，既可单独运用，也可多管齐下，必要时甚至可全面交叉、系统并用。

三、最优学的简易方法

最优学的简易方法，即最优学的简便易行的方法。它适用于解决生产、生活和学习、工作中的初级最优化问题，无须高深的科学知识和复杂繁难的计算即可熟练掌握和高效运用；具有经验性、直观性、速效性、普适性特点。它大致有十种类型。

（一）时间排序的最优化方法

人事有代谢，往来成古今。宋代哲学家程颐曾说过："事有大小，有先后，察其中忽其大，先其所后，后其所先，皆不可以适治。"[①] 时间排序的最优化方法，是按照最少投入消耗、最大价值效益取向，将最优化对象所需时间长短、同时异时（先后）总体排序安排的方法。其目的在于，依据事物的主次轻重、难易缓急，充分利用现有时间资源，最大限度地消除窝工、停工，尤其是不必要的异时作业，不应有的时间浪费低效率现象，力争时间长短分配最大限度地合理化，尽可能地并行交叉开展工作，同时异时（先后）排序最大限度地科学化，总体时间

---

① （宋）程颐：《论王霸札子》。

投入、消耗最少，价值效益最大。它主要包括两种形式。

1. 单因素时间排序的最优化方法

单因素时间排序的最优化方法，即对单一元素时间进行最优排序的方法。

例如：一个热水龙头，甲、乙两个提水人同时到达。甲提一个水桶，乙提一个暖水瓶。水桶可以 2 分钟灌满，暖水瓶可以 1 分钟灌满。问：先让谁灌水最节省时间？表面上，无论先让谁灌水，灌满两个容器的时间都是相等的，都需要用 3 分钟：即 2+1=3（分钟），1+2=3（分钟），无最节省时间可言，无时间排序最优化方法可循；而实际却不然。由于二人同时到达，且只有一个热水龙头，势必有陪等时间包含其中。若把这一因素计入，便可出现时间排序非优与最优方案。如果让提水桶的先灌，提暖水瓶的后灌，则甲、乙二人灌水加陪等时间共用 2+2+1=5（分钟）；即甲用 2 分钟灌满自己的水桶，乙陪等 2 分钟，然后乙用 1 分钟灌满自己的暖水瓶。如果倒过来，让提暖水瓶的先灌，提水桶的后灌，则甲、乙二人灌水加陪等时间共用 1+1+2=4（分钟）；即乙用 1 分钟灌满自己的暖水瓶，甲陪等 1 分钟，然后甲用 2 分钟灌满自己的水桶。显然，乙先灌、甲后灌的方法，是时间排序的最优化方法。（农村排队等水灌溉，各种排队办事管理服务等也是如此）见表 4-1。

表 4-1　甲、乙先后灌水和陪等时间方案

灌水先后顺序	先灌水与陪等时间	后灌水时间	共用时间及方案评价
甲、乙	2，2	0，1	5（非优方案）
乙、甲	1，1	0，2	4（最优方案）

单因素时间排序的最优化方法要求，在通常时间排序情况下，占用时间越少的，越应依次排在前面；占用时间越多的，越应依次排在后面。但必须注意，在特殊情况下，如果排序者的单位时间价值效益不同，有的有急事、要事需要办理，或身居要职，或作用较大，有的

却不然；那么，基于总体价值效益最大化的至上性，即便占用时间较长的排在占用时间较短的之前，也符合总体时间排序的最优化方法要求。

2. 多因素时间排序的最优化方法

多因素时间排序的最优化方法，又称时间最优统筹法。它指的是对多个时间元素予以最正确科学排序的方法。

例如，某学者早晨起来，既需要整床叠被、洗脸刷牙、打扫卫生10分钟，又需要烧水做饭10分钟、吃饭刷碗10分钟，还需要听外语30分钟。那么，其时间排序的最优化方法则是：（1）起床后先打开手机或电脑听外语（30分钟）；（2）同时整床叠被、洗脸刷牙、打扫卫生（10分钟）；（3）紧接着烧水做饭（10分钟）；（4）最后吃饭、刷碗（10分钟）。这样共用30分钟即可。不然，如果打乱顺序，采取非同时并行交叉安排，即使不间断地连续进行，也需要用60分钟时间。

依据运筹学的方法，多因素时间排序的最优化方法，其基本规程和要求为：（1）先找出必不可少的占用最长时间主线；（2）明确可同时并行交叉占用较短时间的系列次线；（3）确定各线最早开始时间、最晚开始时间及其弹性时间；（4）可同时进行的尽可能同时进行，能并行交叉进行的并行交叉进行；（5）按照统筹图规定，建立占用时间总体最短的统筹图。建立统筹图的规则是：第一，在明确时间主次线的前提下，将各项任务时间编号画线构图；第二，两个顶点之间不能有两条或两条以上的路线，且各条路线不能有回环反复；第三，虚工序不占用时间，但必须可同时进行并行交叉作业；第四，总开始头绪两个或两个以上者，可以把它们合并为一个顶点；第五，图中各顶点所编起点号码，按照任务时间先后排序；第六，计算出各时间路线的最早、最迟弹性开始时间和主线关键最短时间路线。见图4-1。如果参数较多，则可借助电子计算机计算排序。

多因素时间排序的最优化方法要求，根据所需时间长短和同时异时

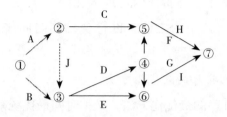

图 4-1　多因素时间排序的最优化方法图

特点，牢牢掌控主线、兼顾次线，做到可同时的不异时、能并行交叉的不单行独立，最正确科学地安排利用时间，使其总体投入、消耗时间最少，创造价值效益最大。

（二）空间排序的最优化方法

空间排序的最优化方法，指的是按照最优化要求，根据相应空间方位、面积、体积、容积、结构、层次、次序属性特点，将最优化对象进行最合理恰当排序的方法。其目的在于，按照最优化对象自身的特点及所需方位、面积、体积、容积、结构、层次、次序属性特点，使所用空间方位最优，面积、体积、容量最大，结构、层次、次序最佳。

例1：有一个大小一定的大口瓶子，需要把石子、沙子、水放满。要求石子放得最多，沙子放得较少，水放得最少，且三者必须分别一次性放满，不得溢出瓶外造成浪费。问：如何安排三者，才能使其空间排序达到最优化？显然，这种空间排序的最优化方法只有一个：即先把石子放满瓶子；再把沙子放满瓶子，填充石子空间；最后把水放满瓶子，填充瓶内石子、沙子之间的所有空隙。无论先放石子、再放水、后放沙子，还是先放沙子、再放石子、后放水，或是先放沙子、再放水、后放石子，以及先放水、再放石子、后放沙子和先放水、再放沙子、后放石子，都不是空间排序的最优化方法。见表4-2。

表4-2 瓶子中石子、沙子、水空间排序方法图

方案类型	结 果
先放石子，再放沙子，后放水	最优
先放石子，再放水，后放沙子	水浪费，一般
先放沙子，再放石子，后放水	石子较少，一般
先放沙子，再放水，后放石子	石子较少，水浪费，较劣
先放水，再放石子，后放沙子	石子、沙子较少，水最浪费，最劣
先放水，再放沙子，后放石子	石子、沙子较少，水最浪费，最劣

例2：有两个分别可容纳5斤与6斤水的空水桶，问：怎样才能最正确科学地利用二者，以最少的次数在盛满水的足够大的水缸中灌出3斤水？显然，其空间排序的最优化方法是：（1）先用5斤桶灌满水倒入6斤桶内；（2）再用5斤桶灌满水倒入6斤桶内，5斤桶内剩4斤水；（3）将6斤桶内的水倒掉，把5斤桶内的4斤水倒入6斤桶内；（4）然后用5斤桶灌满水，灌入已有4斤水的6斤桶内，5斤桶中所剩的水即为3斤水。

例3：某家庭需要用一个一次只能容纳两个大饼的铁锅烙3个大饼，且每个大饼烙熟一面需要5分钟。问：怎样才能用最少的时间烙熟3个大饼？无疑，其空间排序的最优化方法为，先同时用5分钟烙熟两个大饼的一面。然后，将其熟面对合（可充分利用锅内热量），且放进另一个大饼。5分钟后，取出烙好两面的1个大饼，且翻过另外两个。再用5分钟，即可烙熟所剩两个大饼。这样，烙熟3个大饼共用15分钟，所用时间最少，而不是通常的20分钟或更多时间。

古代数学中的"背包问题"，其他所有方位、面积、体积、容积、结构、层次、次序最优化问题，诸如场地选址的地点、大小、形状，箱容、房容、库容，车辆、舰船装载，在一定水平面积的土地上通过垫地、凸起、深挖、层级建设等最大限度地扩大使用面积，飞机、宇宙飞船、航天飞机、空间站的物容设计建造等，亦存在类似空间排序的最优

化问题。①

空间排序的最优化方法规定，针对最优化对象空间方位、面积、体积、容积、结构、层次、次序属性特点，运用相应最优化方法，最充分合理地安排空间，使其方位最优，占用面积、体积最小，空间容积最大，结构、层次、次序最佳，存取使用最便利，可利用空间价值效益最大化。

（三）时空综合排序的最优化方法

时空综合排序的最优化方法，是根据时间空间各自特点及其转换定律，按照最大限度地节时、节空、节能、高效需要，进行时间、空间统筹规划、综合安排的方法。这一方法的最大特点是，不浪费任何时间、空间，不重复或迫不得已最少重复运动路线，力求耗时最少、方位最佳、路径最短、空间占用最小、容量最大，结构、层次、次序排列最佳，价值效益最大。

例1：某战争年代，一位侦察员到敌占区侦察，需要经过一座大桥。大桥的中间有敌方卫兵把守，侦察员最快 7 分钟才能通过这座大桥，而卫兵每 5 分钟从岗楼出来一次观察，一旦发现桥上有人，即喝令其原道返回。问：侦察员怎样才能利用时空综合排序最优化方法，顺利通过这座大桥？其时空综合排序的最优化方法无疑为，侦察员先向前走近 5 分钟时即转身往回走，待卫兵发现令其"返回"时，便可将计就计，顺水推舟，转身顺利通过大桥。

例2：当今新农村建设，有甲、乙、丙三个村庄，须分别修、架、铺连接三个村庄的直角弯道路、电线、管道。问：如何按规定修道路、架电线、铺管道路线才能达到最短，成本最低，且受益人数最多？其时空综合排序的最优化方法，显然只能是"中连中"形成三位一体模式。

---

① 其中，较为复杂的问题，需要依靠繁难的最优化方法甚至借助计算机编程计算才能解决。

见图4-2。

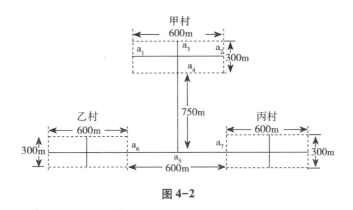

图 4-2

甲、乙、丙三村修道路、架电线、铺管道，均按此图修、架、铺4050米。如此，才能达到路线最短，成本最低，且受益人数最多。

即：

$(a_1a_2+a_3a_4) \times 3+a_4a_5+a_6a_7$

$=（600+300）\times 3+750+600=4050（m）$

其余方法，均不合题意。

四个村（或四个居民区）及其以上类似情形的最优规划，可以此类推。

现代新农村院落和城市楼房居家，若忽略通风采光不计，则以单体正方形为最佳；渔猎游牧民族的住房，则以柱锥低矮型为最佳。二者不仅最大限度地符合各自的生活特点，最具各自使用价值效益，而且农村和城市人口分别在最实用的方形建筑物居住，渔猎游牧民族在柱锥低矮型房居住，所投入、消耗的人力、物力、财力、时间最少，围成的实用面积、体积、容积最大，抵御风沙能力最强，最坚固耐用。数学的线性规划、非线性规划，几何学的中心点、中位线、交叉点、最佳区域、排列组合优化、图论，特别是"七桥问题""一笔画法""迷宫快出法""货郎担问题""邮路问题""旅行路线"，以及排队服务问题，所有道路、线路、管道、航线的设计、施工、调度、储运、物流、物业管理、经营，公共服务设施建造，城乡规划，国家乃至世界建设布局等，所涉及的方位、大小"最值"问题，亦都属于时空综合排序的最优化问题，都可以运用时空综合排序的最优化方法解决。

时空综合排序的最优化方法主张，结合时空综合排序特点，运用相应最优化方法，最正确科学地安排使用时间、空间，使其总体投入、消耗最少，时间、方位、路径、空间、容量、结构、层次、次序最佳，价值效益最大。

（四）黄金分割比例的最优化方法

黄金分割比例的最优化方法，是古希腊著名数学家、哲学家毕达哥拉斯首先发现并提出的，而后由人们进一步发展完善的至关重要的方法。这种方法，由平分法演变而来。其经典表达式为：在同一个数列或同一条线段中，小数比大数长度等于大数比总数长度。

即：$\dfrac{b}{a} = \dfrac{a}{a+b} \approx 0.618$

通常，这样的分割比例最引人瞩目，视觉效果最好，使用价值效益最大。黄金分割比例最优化方法，不仅大量应用于建筑、绘画、雕塑、音乐、舞蹈、写作，而且广泛应用于理想材料配置比例的最佳实验。它可以用最少的实验次数，获得最满意的实验效果。科学研究表明，一个长方形或正方形平面内共有上下左右 4 个黄金分割点，4 条黄金分割线；一个 n 面立体图形通常则有 $4n$ 个黄金分割点，$4n$ 条黄金分割线；一个圆形体和类圆体，则有无数多个黄金分割点，无数多条黄金分割线。这自然与圆形体最富有最优化的特质意蕴一脉相承。0.618 法，即黄金分割比例的最优化方法的近似方法。

黄金分割比例的最优化方法要求，根据审美需要和最佳配置比例、最少实验次数要求，将其最广泛地应用于相应领域，力求相应对象方位最优，结构、层次、次序最美，配置比例最佳，实验次数最少，价值效益最大。

(五) 投资向量比重的最优化方法

投资向量比重的最优化方法，是根据拥有的人力、物力、财力、时间资源种类及其数量、质量，为获得最大投资收益，而确定各种资源投向、投量比重的方法。投资向量比重的最优化方法，对于投资收益举足轻重。社会上广为流传，被人奉为至宝的"吃不穷，喝不穷，盘算不到就受穷"，"大材大用，小材小用，歪才正用，怪才、奇才妙用"，"好钢用在刀刃上"，"物超所值"，甚至"废物利用，变废为宝"等宜用则用、变小用为大用、化大用为更大用，用当其时、用当其所，乃至变无用为有用、无所不用其极的至理名言，讲的即是这样的最优化义理。在现实生产、生活和学习、工作中，人们常常以为投资向量比重无关紧要，同样等量的人力、物力、财力、时间资源投在不同的对象，其价值效益相同。而实则不然，甚至有天渊之别。

例如，同样的金子，做农作物肥料分文不值，甚至有害于农作物，但做首饰却可以价值百万元。

再如，1元钱对于一般人，通常只是一碗饭的钱，对于百万富翁，价值不过1支烟或1杯低档酒钱，而对于饿得奄奄一息、行将倒毙的人，却可以是买1碗饭充饥的救命钱。

=一般的等价物

=1支烟

即：1元钱=1杯低档酒

=饿得奄奄一息人的1条命！

……

这类"以一当十"的方法，就属于投资向量比重的最优化方法。这也正是一些市场化国家人力资源、物力资源、财力资源、时间资源优化配置，强化基础投入、尖端投入、创新投入、人道救助、危机救援、建立社会保障体系，以及完善市场调节和国家宏观调控的根本缘由所在。

投资向量比重的最优化方法规定，按照现有人力、物力、财力、时间投资需求，运用最佳方法，确定投资方式、数量比重，力求使其各自和整体充分发挥积极效能，获得投资向量比重最大价值效益。

（六）边际、规模效益的最优化方法

边际效益的最优化方法，指的是使投入与产出效益达到边界，若再增加投入，则产出效益为零或负数的边界区间内总体效益最大化的方法。它实际上是求取起点和终点效益为零的抛物线界域价值效益最大化方法。

例如：某厂家在计划期内，需要生产甲、乙两种产品。已知生产单位产品所需要的设备台时和 A、B 两种原材料的消耗，见表 4-3。

表 4-3

生产资料	甲	乙	功效
设备台时	1	2	8 小时
原材料 A	4	0	16kg
原材料 B	0	4	12kg

该厂每生产 1 件甲产品可获利 2 万元，每生产 1 件乙产品可获利 3 万元。问：如何安排生产，才能在现有条件下获利最多？

设：生产 x 件甲产品，生产 y 件乙产品，整体获利最多。z 表示利润。

据题意：

$x + 2y \leqslant 8$

$4x \leqslant 16$ 1. $\begin{cases} x \leqslant 4 \\ y \leqslant 2 \end{cases}$ 成立。

$4y \leqslant 12$

$x, y \geqslant 0$ 2. $\begin{cases} x \leqslant 2 \\ y \leqslant 3 \end{cases}$ 不合题意，舍去。

maxz = 2x + 3y

最大获利：maxz = 2x + 3y = 14（万元）

这种能同时满足所有约束条件获利最多的方法，即为该项生产经营边际效益的最优化方法。

规模效益的最优化方法，是通过若干边际效益，使规模收益达到最大值的方法。规模效益的最优化方法，分有限规模效益的最优化方法与无限规模效益的最优化方法两种类型。现实生产、生活和学习、工作中，最常见的是有限规模效益的最优化方法。

有限规模效益的最优化方法，是使对象达到一定规模其收益达到最大值，如果继续扩大规模则效益不再增长，甚至开始下降的方法。它分为正规模效益和负规模效益两种不同类型。

例如：若用 4 个长度单位的墙围成一个正方形院落，则该院落只能有 1 平方单位的面积；而用增加 1 倍的 8 个长度单位的墙，围成 1 个正方形院落，则该院落的面积增加不是 1 倍而是 3 倍，达到 4 平方单位。其中，多增加的 2 倍，即为其正规模效益。由于土地资源有限，它在一定范围内将一直按 1∶4 的比例增加下去。见图 4-3。但是，如果将大小一定的 1 平方米正方形土地用来栽树，株距为 1 米，则最多可栽 4 棵，而就地增加 1 倍的 2 平方米的正方形土地栽树，株距为 1 米，则栽树数量却不是增加 1 倍达到 8 棵，而是下降到增加 0.5 倍仅增加 2 棵，达到 6 棵，表现出负规模效益。见图 4-4。

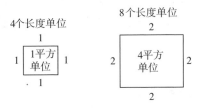

图 4-3

规模效益的最优化方法所追求的，当然是正规模效益的最大化，而不是任何形式的负规模效益。

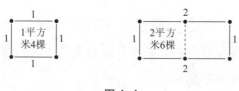

图 4-4

无限规模效益的最优化方法，即无约束条件的规模效益最大化方法。它在有限生产、生活和学习、工作条件下是不存在的，只有理论假设意义。

由此可见，那种能就地扩大规模而执意舍近求远、舍本逐末的异地办学、办厂、办企业之举，不仅造成重复投资、重复建设、劳民伤财，人力难以共用、资源不能共享，人力、物力、财力、时间重度浪费，安全缺乏应有保障，单位组织机体分裂肢解，丧失有机整体性，而且会大量失去应有的边际、规模效益，与整合资源、单位强强联合的大趋势和复合型人才培养任用、"实现效益最大化和效率最优化"的最优发展总体要求背道而驰；那种因要素结构比例失调或外部环境不允许，应控制规模而不控制规模的恶性膨胀负规模效益，与以人为本、统筹兼顾，建设资源节约型、环境友好型社会，实现全面、协调、可持续又好又快地发展的科学发展观格格不入。

边际、规模效益的最优化方法主张，根据生产、生活和学习、工作边际效益、规模效益各自不同的特点，按照最佳方式，一方面，通过适度扩大规模，使边际效益、规模效益达到最大值。另一方面，通过优化结构，适度控制规模，尽可能防止结构失调、边际效益下降和负规模效益出现，确保系统整体最大价值效益不致减少。

（七）开支消费的最优化方法

开支消费的最优化方法，是力求量入为出，开支消费数量相对最少，价值效益相对最大的方法。这种方法具有很强的适用性。开支消费的最优化方法，大致分为 3 种形式。

1. 一定开支、充分消费的最优化方法

一定开支、充分消费的最优化方法，即以一定数量的开支获得充分消费最大价值效益的方法。

例如：某矿泉水专卖店贴出广告，买 1 瓶矿泉水 1 元，2 个矿泉水空瓶可换 1 瓶矿泉水。A 现有 2 元钱，需要买矿泉水喝。问：怎样才能买到最多的矿泉水？显然，这种一定开支、充分消费的最优化方法，是先买 2 瓶矿泉水喝；然后，用剩下的两个矿泉水空瓶换 1 瓶矿泉水喝；最后，赊 1 瓶矿泉水喝，喝完后将剩下的两个空瓶补偿赊欠的 1 瓶矿泉水。如此，可最多喝到 4 瓶矿泉水（先赊 4 瓶喝，后付 2 元钱和还回 4 个空瓶，也可达到同样的目的）。

2. 开支消费匹配的最优化方法

开支消费匹配的最优化方法，即以同样的开支消费获得最大价值效益的方法。

例如：B 开支消费者需要进餐，身上只有 2 元钱。而面前仅有鸡蛋、苹果 2 种食物可买，且 1 元钱只能买 1 个鸡蛋或 1 个苹果。问：B 怎样购买该食物进餐，才能获得最大价值效益，亦即吸收最多营养成分？按照营养成分全面和同样营养成分吸收所呈现的递减规律（1，0.9，0.8，0.7，…，n），B 买 2 个鸡蛋或 2 个苹果进餐，不仅营养成分单一，而且只能吸收 1.9 个单位的营养成分，而分别买 1 个鸡蛋和 1 个苹果进餐，则不仅营养成分全面，而且可吸收 2 个单位的营养成分。根据这样的科学考量，无疑后种方法为开支消费匹配的最优化方法。

至于开支消费与存储比例配置的最优化方法，则通常是达到或接近黄金分割比例的方法，即 0.618 : 0.382 的方法。

3. 开支消费替代的最优化方法

开支消费替代的最优化方法，即以同样开支消费，通过价值替代从而获得最大价值效益的方法。

例如：据有关专家介绍，用近质等量的使用价值，如用枸杞、桂圆替代冬虫夏草，鸡蛋、牛奶替代海参，山药、牛肉、鸡肉替代鲍鱼，猪蹄、猪皮、肉冻替代鱼翅，银耳、木耳替代燕窝，可节省99%以上的开支；用近质等量的一般产品替代名牌产品可节约70%以上的开支。随季节买新鲜瓜果蔬菜，与反季节买新鲜瓜果蔬菜，产地购物与异地购物，批量购物与零售购物，网络购物与商店购物，前后相比可节约30%～80%的开支。这种开支消费的方法，即为开支消费替代的最优化方法。

开支消费的最优化方法要求，根据现有开支能力和消费需求，最正确科学地安排开支消费对象、开支消费总量及其构成比例，力求开支消费对象最合理、开支消费总量相对最小、开支消费构成比例达到最佳、总体价值效益达到最大化。

（八）决策对策的最优化方法

决策对策的最优化方法，又称博弈论的最优化方法。它指的是在人与人、人与物的关系中，通过最佳决策对策，以最少的人力、物力、财力、时间投入、消耗，获得最大价值效益的方法。这种方法，应用范围十分广泛，具有神奇的理想效果。

1. 转危为安决策对策的最优化方法

转危为安决策对策的最优化方法，即在危急关头机智化险为夷的最正确科学的决策对策方法。

例如，战国时代，齐国为与燕国保持和平友好，派了一位名叫张丑的人质到燕国。后来，由于两国关系突然紧张，燕国想把张丑杀掉。

张丑名丑人不丑，不仅智商高，而且心灵美。他闻讯而逃，不料被燕人抓获。当燕人试图把他交给燕王领赏时，张丑灵机一动仰天大笑道："且慢，如果你们还想活命就赶快放我回国。"燕人大惑不解，质问张丑："你死到临头为何还敢出此狂言？"张丑煞有介事地说道："你们知道国王为什么抓我吗？那是因为我有财宝。如果你们执意把我交给燕王，我会一口咬定财宝全被你们私吞。那时，国王会因你们贪赃枉法而杀掉你们！"燕人听后大惊失色，为保全性命立即将张丑释放，张丑得以死里逃生。张丑所使用的方法，即为转危为安决策对策的最优化方法。

2. 官司诉讼决策对策的最优化方法

官司诉讼决策对策的最优化方法，即面对官司诉讼所采取的最正确科学的决策对策方法。

例如，古希腊著名哲人毕达哥拉斯，为了照顾贫困生和展示自己的教学效果如何至高无上，郑重承诺：跟他学习的学生毕业后，如果第一次打官司胜诉须交学费；反之，可以不交学费。结果有一位品行刁钻的学生毕业后发难："老师，我跟你打官司，我胜诉了不给你学费，败诉了也不给你学费。因为如果我胜诉，胜诉方不应给败诉方钱；如果我败诉，您承诺第一次打官司败诉可以不交学费。"问：毕达哥拉斯怎样才能运用决策对策的最优化方法驳倒这位学生的无理取闹，并获得最大收益？不言而喻，老师对付这位学生的官司诉讼决策对策的最优化方法是这样的回答："你跟我打官司，无论胜败都须给我钱。如果你胜诉，你须给我学费，我给你败诉费。如果你败诉，你须给我败诉费，你可以不给我学费。学费与官司费不是同一个概念，不应混为一谈。当然，学费少于败诉费我会让你败诉，学费多于败诉费我会让你胜诉，二者相等则得失相同胜败无所谓。"那位学生在智者面前，不得不低头认输。

3. 迫其就范决策对策的最优化方法

迫其就范决策对策的最优化方法，即按照自身意愿，迫使对方就范的最正确科学的决策对策方法。

例如，1950年，美国兰德公司的梅里尔·弗勒德（Merrill Flood）和梅尔文·德雷希尔（Melvin Dresher），根据古希腊一则"囚徒困境"的故事，首先提出有的博弈个体最优策略与群体最优策略相互矛盾的问题；后来由顾问艾伯特·塔克（Albert Tucker）发展性地以"囚徒困境"方式给予阐述，并命名为"囚徒困境"案例。案例讲的是，警察局抓到甲、乙两个犯罪嫌疑人，由于当时他们并没有作案，二人矢口否认犯罪事实。于是，警察局制定出一个二人争相坦白的最佳策略。警察局将二人关押在彼此不能串供的两个房间里，并对二人说，如果两人都不坦白，则各判刑1年；如果一个人不坦白而另一个人坦白，则坦白者因将功赎罪而免于起诉，可被释放，不坦白者则判刑8年；如果两人都坦白，则各判刑5年。见图4-5。警察局所制订和运用的方法，即为迫其就范决策对策的最优化方法。

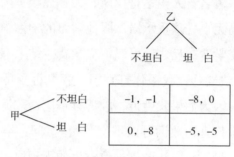

（负数表示判刑年限，零表示免刑释放）

图4-5

　　该矩阵图中，本来二人都不坦白（-1，-1）对策，总损失最小，总收益最大；一个坦白一个不坦白（0，-8）或（-8，0）对策，总损失一般，总收益一般；两个人都坦白（-5，-5）对策，总损失最大，总收益最小。然而，由于二囚徒互不信任，拒不合作，自私自利，唯恐对方率先坦白，自己陷入被动吃大亏；于是，在个人损失最小化、利益最大化取向下，各自选取了主观上对自己最有利，而客观上对自己一般化，并且总体上二人损失最大化的（-5，-5）对策，即彼此背叛、相互坦白对策。这不仅正中警察局下怀，而且说明个体要素价值效益最大化与整体系统价值效益最大化之间，有时相互矛盾；双方失去诚信，拒不合作，都会付出相应较大代价。

　　为了进一步验证通常情况下"囚徒困境"案例所蕴含的普遍决策对策意义，美国科学院院士、密执安大学的罗伯特·阿克塞尔罗德教授，邀请本国、加拿大、英国、挪威、瑞士和新西兰6个国家的决策对策专家和计算机专家编制出62个决策对策程序，动用几十台计算机，进行了数百万次的决策对策较量。结果是，开始互不合作，中间部分合作，后来大量趋向合作。组织者发现，无原则的隐忍退让者损失最大，收益最小。这让人很容易想起圣经旧约中"有人打你的这边脸颊，你便使那边脸颊也由他打；有人夺你的外衣，你便不阻止他夺你的内衣"的教义[①]，是何等的不明智；失信于人，一味自私自利者和心胸狭窄一次受骗吃亏再也不与其合作者损失一般，收益相对一般；坚持目的至上、最大价值效益领先、原则性与灵活性相结合，既适当以牙还牙、以眼还眼，又相对诚实守信、宽宏大量、不因对方一时失信背叛自己而再也不与其合作者，损失最小，收益相对最大。[②]

4. 猜测决策对策的最优化方法

猜测决策对策的最优化方法，即猜测决策对策的最正确科学的方法。

例如，有3红2绿5顶帽子，其中，3顶要分别戴在按高、中、矮排纵队，面向同一方向，且因固定装置不能转头的3个人头上。每个人都看不到自己头上所戴的帽子，但高个子却能看到前面2个人所戴的帽子，中个子能看到前面矮个子所戴的帽子，矮个子谁戴的帽子都看不到。主持人让3个被试者通过猜测决策对策，说明自己头上所戴的是何种颜色的帽子。结果，高个子不敢猜，中个子也不敢猜，矮个子却一举猜中。问：矮个子戴的是何种颜色的帽子？为什么？最佳答案为，矮个子戴的是红帽子；高个子之所以不敢猜，是因为他看到的前两人戴的分别是两红或一红一绿帽子，如果前两人戴的都是绿帽子，则高个子肯定会猜并猜中自己戴的是红帽子；中个子看到矮个子戴的是红帽子，如果不然，矮个子戴的是绿帽子，则中个子肯定会猜并猜中自己戴的是红帽子。矮个子根据两人都不敢猜的原因，正确推出自己所戴的是红帽子。矮个子使用的方法，便是猜测决策对策的最优化方法。

再如，有A、B、C三姐妹，其中，一位叫真真，一位叫假假，一

---

① 见《圣经·旧约》。

② 《纳什均衡对我国公共管理的启示》，中国人民大学复印报刊资料《管理科学》，2003年第8期；苏东水等著：《东方管理》，山西经济出版社2003年版，第573~576页等。

位叫真假。真真全说真话，假假全说假话，真假有时说真话有时说假话。一位寻访者问起她们各自名字时，A说B不是真真，B说我是真假，C说B是假假。问：A、B、C三姐妹谁是真真，谁是假假，谁是真假？寻访者根据A、B、C三者的特点和回答，运用猜测决策对策的最优化方法，得出的正确答案为：C是真真，B是假假，A是真假。因为：一方面，如果A是真真，A会说自己是真真，B、C都不是真真，或自己不是假假，也不是真假；如果B是真真，B会说自己是真真，A、C都不是真真，或自己不是假假，也不是真假，所以C是真真。另一方面，C（全说真话的真真）说B是假假，所以B是假假。再一方面，由于C是真真，B是假假，所以唯一剩下的A是真假，A说B不是真真同时符合她有时说真话的特点。

5. 竞争决策对策的最优化方法

竞争决策对策的最优化方法，即在各种竞争中所采用的决策对策的最正确科学的方法。

例如：某市一家房地产公司A，要进入外市与其唯一的一家房地产垄断公司B竞争，若不受B的极力阻挠，可盈利4亿元。可是B宣称，如果A进入，B将极力阻挠，使A损失2亿元。后调查核实，B若极力阻挠不仅无效，而且自己年盈利将由8亿元降至3亿元；如果B不阻挠，则B与A年盈利均可达4亿元。问：A进入还是不进入该市与B竞争损失最小，收益最大？显然，A进入该市与B竞争损失最小、收益最大。因为B不会进行得不偿失的阻挠，而会对A采取容忍态度。后来的事实，也证明如此。公司A、B采用的方法，即是竞争决策对策的最优化方法。

6. "两难"境遇决策对策的最优化方法

"两难"境遇决策对策的最优化方法，即将对方置于左右为难境地的最正确科学的决策对策方法。

例如，一位理发师向社会承诺"本人只给不给自己刮胡子的人刮胡子"；有人诘问他："你给不给自己刮胡子？"理发师所要采用的"两难"境遇决策对策的最优化方法，显然只能是"以其人之道，还治其人之身"的方式回答对方："本人既给自己刮胡子，又不给自己刮胡子；当本人作为不给自己刮胡子的人时，即以另外理发师的身份给自己刮胡子，当本人作为现实理发师时，则不给自己刮胡子。"①

再如，当一方问对方："树上 7 个（骑个）猴，地上 1 个猴，一共几个猴"时，对方所要运用的"两难"境遇决策对策的最优化方法，无疑是：针对另一方的故意谐音双关模糊用语，运用假设性选言推理方式回答另一方："要么 8 个猴，要么 2 个猴"；如果另一方进一步追问："到底几个猴?"则可进一步回答："如果树上为数字 7 的 7 个猴，地上有 1 个猴，则一共有 8 个猴；如果树上骑着 1 个猴，地上有 1 个猴，则一共有 2 个猴；并且猴数中不含孕猴腹中的小猴。"

决策对策的最优化方法，而今已从传统简单的人与人、人与物决策对策，"一次性零和"形式，发展成为现代的"正和""负和"，多人、多物，完全、不完全，交叉、混合，多项、多级、多次合作、不合作的复杂科学方法，并且得到全面推广、多元应用。决策对策的最优化方法规定，根据决策对策对象的特点，运用最优化方式，使决策对策达到最正确科学，总体成本投入消耗最小、价值效益最大。

当前，我国决策对策的最优化，需要特别注意的是对干部的民主选举，对诚信缺失、网络诈骗犯罪，对假冒伪劣商品、环境污染、生态破坏，对各种黑恶势力、黄赌毒、欺诈拐卖犯罪、邪教组织，对侵占损毁个人所有财产，对违规违纪违法贵重物品的处理，采取强有力的最佳决策对策方略。对于后者，应没收充公，而不应就地销毁，不应造成不必要的损失浪费。

---

① 我国先秦典籍《韩非子·难一》所讲的"以子之矛，陷子之盾，何如"的矛盾故事，即以其无物不穿的天下最好的"矛"穿刺无物能陷的天下最好的"盾"的问题，以及"先有鸡，还是先有蛋"的问题，也会得到相应的最合理的答案：即"以子之矛，陷子之盾"的结果通常是不确定的，它要由用力大小、所刺方位、方式方法和盾的具体情况而定；鸡和蛋既总体上交互规定、相促以进、相辅以成、同时产生，又具体地分先后出现。

（九）概率统计、机遇风险应对的最优化方法

概率统计的最优化方法，是根据事物产生、存续和发展变化的模态可能性，运用概率论、统计学知识，对其一定概率进行最正确科学的表达、预测和规划的方法。由于事物的产生、存续和发展变化，以及人们对其认识和改造在相当多的情况下模糊不清、变动不居，因而，概率统计的最优化方法便成为必要，各类事物的模糊表达、发展变化预测，以及决策对策最优化模型便应运而生。概率统计的最优化方法，主要涉及纵向概率统计的最优化方法、横向概率统计的最优化方法、纵横概率统计的最优化方法、抽象概率统计的最优化方法、具体概率统计的最优化方法、完全概率统计的最优化方法、不完全概率统计的最优化方法、调查概率统计的最优化方法、问卷概率统计的最优化方法、实验概率统计的最优化方法、预测概率统计的最优化方法及其彼此交叉运用的最优化方法等。

例如：有60个A事件、40个B事件混杂在一起，在无序状态下，随机一一出现；每出现一次，让蒙眼人猜测一次。若排除泄密作弊、侥幸乱猜等非最优化做法的影响，问：怎样才能使猜中的概率最大？

无疑，概率统计的最优化方法只能是，每次都猜A事件（比重最大事件），猜中的概率最大，可达60%。即：（60+40）×60%＝60%。而盲目乱猜猜中的概率只有52%。即：60×60%+40×40%＝52%。

再如：对于领导和先进分子的选举，通常人们总以为，只要撇开独裁专制、委任制、指定制、官定候选人制、代表制、一票否决制、举手表决制、署名表决制、当面表决制，保证公开透明，执行民主程序，排除宗派团体干扰和贿选作弊行为，采取选民自由竞选、无记名投票直接选举，就一定能选举出充分代表民意、群众威信最高的最优秀人选。其实，却未必；情况远比人们想象的复杂得多。

这是因为：第一，由于"一切事物，最先进的、最好的，最落后

的、最坏的，两头都是小的，中间最大"①，"具有优秀精神品质的是少数人，而决定历史结局的却是广大群众"②，真理不仅有时掌握在少数人手中，而且最初总是首先由少数人甚至个别人发现；加之少数精英的先进性和多数中间群众的一般性，以及少数人员的落后性矛盾反差，在实际选举过程中，常常是精英和落后人员得票最少，较好的中间群众人员得票最多。这种两头小中间大的选举结果，往往是能力中位化、水平较高化、业绩较好化的人员，而不是最优秀的人员当选。这也正是集中指导下的民主与民主基础上的集中相统一的最佳选举方式的合理性所在。民主与集中在选举投票分值方面所占的最佳比例，本来应根据黄金分割法，前者占 61.8%，后者占 38.2% 来确定；但鉴于专制传统的干扰，在乘以相应纠偏系数后，至少在我国现实条件下，以前者占 70%、后者占 30% 为最佳。

第二，由于选举程序、操作方式的多样化，除 1 个或 2 个人选外，在 3 个或 3 个以上候选人中若同时选出 1 名人选，则所选出的最高得票者，未必是充分代表民意、群众威信最高的最优秀人选。对此，诺贝尔经济学奖获得者、美国斯坦福大学教授阿罗（J. K. Arrom），1951 年曾运用文理交叉知识，尤其是数学中的"半序理论"和传递与转移关系，证明在 3 个或 3 个以上候选人中 1 次就能直接选出 1 名充分代表民意、群众威信最高的最优秀人选的"选举系统是不存在的"。③

譬如，有 120 位选举者，A、B、C 3 位候选人，在只选 1 人的情况下，3 人分别得票为 50、40、30。见表 4-4。

表 4-4

A	B	C
50	40	30

① 《邓小平文集》下卷，人民出版社 1994 年版，第 31 页。
② 《列宁全集》第 43 卷，人民出版社 1987 年版，第 92 页。
③ 盛立人等编著：《社会科学中的数学》，科学出版社 2006 年版，第 9 页。

若按最多得票者当选，则 A 会当选。但是，仔细研究会发现，由于候选人不是 1 个或 2 个，A 未必充分代表民意、未必是群众威信最高的最优秀人选。如果把候选人锁定在 A、B 中，则 B 可能得大于 50 而又小于或等于 70 的选票，即 50<B≤70；据此，则 B 会当选。同样道理，如果把候选人锁定在 A、C 中，则 C 可能得大于 50 而又小于或等于 70 的选票，即 50<C≤70，则 C 会当选。以此类推，若有比 A、B、C 更多的候选人，亦会出现类似的情况。阿罗的选举理论启示人们：在这种情况下，所选出的最多得票者，只能是概率统计可能性最大的人员，而非确定无疑的最合乎要求的人员。这表明，从 3 个或 3 个以上候选人中选举 1 人的选举结果，并非完美无缺、无懈可击。

第三，在无候选人直接选举中，如果以同样的人数比例分配不同单位选举名额，各选举 1 位领导或先进分子，且群众投票必须超过半数；那么，由于不同单位优秀人选的分布不均，有的单位优秀人选很少甚至等于"0"，有的单位优秀人选较多；前者因优秀人选很少、选票过于集中而很可能顺利产生人选，后者因优秀人选较多、票数分散却往往选不出来有关人员。这时，倘若机械硬性执行投票结果确定相关人选，显然很不公平、公正、合理。

实际上，概率统计的最优化方法所涉及的最佳选举方法是并且只能是：在撇开独裁专制、委任制、指定制、官定候选人制、代表制、一票否决制、举手表决制、署名表决制、当面表决制，保证公开透明，执行民主程序，排除宗派团体干扰和贿选作弊行为的前提下，采取参选人员考试、考核、竞选演说方式，通过公布积分排序，然后交由全体选举人，让其根据候选人的过去、现在业绩和未来承诺可能情况，在选举 1 人或 2 人时直接投票；在选举 3 人或 3 人以上时，应以一次只选 1 人的方式，或运用分值表法、排名表法（见表 4-5 分值表、表 4-6 排名表），对被选举者赋分，或按先后排名的方式排序；并且在此基础上通过领导干部意见的适当集中统一，在现实条件下，按照群众投票占 70%，领导干部投票占 30% 比例，才能选出充分代表民意、群众威信最高的最优秀人选。无论内部选举，还是外部选举，均应采取这种最优化选举方法。

当今世界，不管发达国家还是发展中国家的选举，特别是后者，都远未达到最优化选举方法的要求。这不仅与民主法制建设的历史进程缓慢有关，而且同选举方法的非最优化相联系，需要大力改进。

机遇风险应对的最优化方法，是依据概率统计最优化方法，通过机遇、风险损益计算，最大限度地发现机遇风险，最正确科学地预测机遇风险，最快速高效地抢抓机遇，规避和迎战风险，最充分地利用机遇，化危为机、化险为夷的方法。

表4-5　分值表

（n×n 行列表，最高分 **3** 分，最低分 **-3** 分，置空为 **0** 分；

最高分认同度最高，最低分认同度最低，其余类推。）

选择者＼被选择者 分值	A	B	C	D	E	n
①		3	2	1	-1	
②	3		1	1		
③	2	1		-2	3	
④	2	-1	1		4	
⑤	3	2	-1	1		
n						
合计得分	10	5	3	1	6	

表4-6　排名表

（n×n 行列表，不得置空；合计名次数最小的认同度最高，反之亦然，其余类推。）

选择者＼被选择者 排名	A	B	C	D	E	n
①	1	3	2	4	5	
②	2	3	5	1	4	
③	1	2	3	5	4	
④	3	2	5	1	4	

续表

选择者 ＼ 被选择者 排名	A	B	C	D	E	n
⑤	1	3	4	5	2	
n						
合计名次	8	13	19	16	19	

现实世界，事物川流不息，机遇和风险往往并存，挑战与效益常常同在，风险与效益大多成正比。很多事情往往是"上智不处危以侥幸，中智能因危以为功，下愚安于危以自亡"[①]。智勇双全者抢抓机遇，迎战风险；一般人坐等机遇，规避风险；愚弱者则坐失良机，被风险所牵制、压倒。机遇风险应对的最优化方法要求，一方面，最大限度地发现、预测、抢抓、利用机遇，"花开堪折只须折，莫待无花空折枝"[②]，尽可能地规避、迎战、化解风险；切不要留下唐代诗人崔护《题都城南庄》所描绘的"去年今日此门中，人面桃花相映红；人面不知何处去，桃花依旧笑春风"与大好机缘失之交臂的空怨悔恨。另一方面，对于损失概率小于50%、收益概率大于50%的"得"大于"失"机遇的风险，抢抓不放，奋力迎战，充分利用，战而胜之；对于损失概率大于50%、收益概率小于50%的得不偿失的一般机遇风险，在进行具体损益计算的基础上，酌情予以相应对待；必要时，做出一定程度的放弃与规避。但是，对于其中事关重大的机遇风险，即使拥有99%的损失概率、1%的收益可能，也应付出100%的努力利用机遇，迎战风险。尤其在防疫、防震、防火、防水、防毒、防盗、防止重大灾难事故发生问题上，鉴于生死攸关，灾难无情人有情，不怕一万就怕万一，应宁可信其有，不可信其无，为防"万一"，不惜付出"一万"代价。在治病救命、救死扶伤、危情紧急关头，基于人命关天、生死一线、死生相对、

---

① 《后汉书·吴汉传》。

② （唐）杜秋娘：《金缕衣》。

"死马不死"，即便是死马也应当活马医，有一线生还希望，也应当天大可能去争取，想尽办法，尽一切努力使之"起死回生"、化害为利，把损失降低到最小限度，把价值效益提高到最高层级。这不仅是人道主义的要义所在，而且是矫正各种错误，迎接随时可能发生良性转机的机遇风险应对的最优化方法的必然诉求。对于损失与收益相等的机遇与风险，则应进一步权衡利弊得失后予以适当处理。

概率统计、机遇风险应对的最优化方法主张，根据概率统计、机遇风险应对的特点，按照最优化方法规则，使不利概率尽可能地降低乃至化为乌有；使有利概率尽可能地提高并变为现实。力求最大限度地抢抓有利时机、大干快上，尽可能地防范风险、规避风险、化解风险、化危为机，减少不利因素，最大限度地扩大有利因素，使损失危害降至最小，价值效益达到最大，对于至关重要的有益事业，甚至明知不可为而为之，变不可能为可能，化可能为现实，创造神话奇迹。

（十）组合、辩证的最优化方法

事物要素组成的多样性和无限可分性，决定了事物组合的普遍性和必然性。组合，即两个或两个以上要素的组织结合或曰整合。组合对于事物的功能，有好坏、优劣、大小不同之分。据此，法国现代著名科学家彭家勒认为，在一定意义"创造恰恰在于不作无用的组合，而作有用的、为数极少的组合"[1]，亦即最优组合。组合的最优化方法，是根据不同组合方式所产生的事物功能好坏、优劣、大小不同，按照理想化需要，使事物产生所需最佳功能价值效益的方法。

组合的最优化方法所致力的组合形式，基本特点有三个。

其一，要素健全，扬优汰劣，立新补缺。

现代系统论认为，要素是组成系统的重要元素。系统是由两个或两个以上要素，按照一定方式组合而成的有机体。要素和结构、系统、功

---

[1] ［法］彭家勒著：《科学的价值》，李醒民译，光明日报出版社1988年版，第377页。

能普遍存在，整个世界，即是一个由无数多个不同层次的子系统组合而成的无限庞大的母系统或曰巨系统。要素堪称结构和系统、功能赖以产生、存续和发展的先决条件，没有要素就没有结构和系统、功能。结构和系统、功能的最佳组合，依赖于要素健全、扬优汰劣、立新补缺。所谓要素健全、扬优汰劣、立新补缺，指的是按照最佳组合特点，健全所需要素，发扬光大优良要素，淘汰不良要素，建立必要新要素、培优增效，填补应当填补的空缺。它力图通过最佳方式，尽可能地使现有要素健全化，使积极合理的优良要素苗壮成长、发扬光大，使消极不合理的不良要素得以淘汰消除，使新的积极合理的要素得以孕育、催生、成长、壮大，使不应有的相关要素空缺得到全面填补，使各种积极合理要素发挥最大正能量。

其二，结构合理，位序适当，比例协调。

结构、位序、比例，是事物要素的结合方式和构成形态，属于系统要素、功能的形式范畴。结构、位序、比例对于系统、要素、功能相当重要，序变可以引起质变。不同结构、位序、比例，对于同一系统、要素，可以使其产生不同的功能。世界上各种不同种类的事物，不少是由相同的元素（要素）以不同的结构、位序、比例构成的。如石墨和金刚石，都由相同的碳元素 C 构成。只是由于其结构方式不同，前者硬度一般、价值低廉，后者则坚不可摧、价值高昂。下棋双方原本棋子布局相同、势均力敌，只是由于走来走去，结构发生了变化，便决出了胜负。同样一个企业，原来连年亏损，仅仅因为更换了领导，变换了经营管理方式，优化了人、财、物、时间安排利用结构，即扭亏转盈。可见，"结构合理"多么重要。人们常说的"垃圾是放错位置的黄金，黄金是放对位置的垃圾""山巅小草高于树，山下大树低于草""牛牛有力无处使，黔驴得意鸣春风""龙陷浅滩遭虾戏，虎落平阳被犬欺""英雄无用武之地，小人得志便猖狂""胳膊长在头顶上，眼睛长在肚皮上，地地道道怪模样""不在其位，难谋其政""越俎代庖，出力徒劳"等，则道出"位序适当"关乎系统、要素、功能有无和大小的真谛。众所周知的"H_2O 即为水，H_2O_2 质变样""少儿成长按比例，从小到大一个样""头小身大四肢胖，眼大嘴小畸形状""经济过热政治暗，文化落后环境劣，社会整体不久长"，则昭示出"比例协调"的特殊意义。结构合理、位序适当、比例协调，即结构尽可能地合情合理、定位顺序尽可能地适当，各种比例最大限度地协调一致。它力求通过利用最佳方略，使系统、要素的结构最大限度地合理，系统、要素的定位排序最大限度地适当，系统、要素的比例尽可能地协调一致，从而创造出结构、位序、比例最大价值效益。

其三，系统功能最强，价值效益最大。

系统功能，是系统所具有的功效和能力。它由系统的要素功能、结构功能组成。系统功能的有无大小及其大于或等于或小于各孤立要素功能之和的状况，主要取决于系统的要素功能和结构功能的不同。正是在这个意义，人们对于系统结构的重要性常讲：组合得好的材料会成为宏伟的建筑，组合得好的音符会成为动听的乐章，组合得好的动作会成为感人的舞蹈，组合得好的团队会以一当十、所向无敌。系统功能最强、价值效益最大，即系统功能价值效益达到最高值。它力图在系统要素功能最大化的基础上，通过采取最优措施，尽可能地防止等于和小于孤立要素功能之和的有益系统"0"功能和负功能，最大限度地谋取大于孤立要素功能之和的系统正功能，使无益系统功能减少到最低限度，有益系统功能达到最高限度，实现系统价值效益最大化。充满神奇色彩的田忌与齐王赛马、商人狼羊白菜乘舟过河、名医诊病、电子邮件竞猜推理等著名案例，均成功运用了组合的最优化方法。

田忌与齐王赛马的案例讲的是，战国时代，田忌有上、中、下等赛力依次低于齐王同级而又依次高于齐王下一级马的 3 匹马，与齐王的上、中、下等 3 匹马以比跑速定输赢。两人可供选择的组合方案多达 36 种，但其中却只有 6 种组合方案可使田忌取胜[①]；而齐王则有 30 种

---

① 指表4-7中的6种画圈方案。

方案可以取胜。若按输赢概率常规比赛，田忌必败，齐王必胜。可事实却相反。田忌以自己的上等马对齐王的中等马、中等马对齐王的下等马、下等马对齐王的上等马的组合方法，3赛2胜，赢了齐王。见表4-7。该案例中田忌采用的方法，即是组合的最优化方法。

商人狼羊白菜乘舟过河案例说的是，古代有一位商人买了1只狼、1只羊和1棵白菜3种物品，需要乘一叶扁舟过河。由于舟小，1次只能乘1人和载1物。而在无人看管的情况下，狼会吃羊，羊会吃白菜。为了使羊和白菜都不受损，而又能以最少的次数连人带物全部运到河对岸。商人采取的方法是，首先将羊运抵对岸，然后返回将狼运抵对岸，并将羊运回；再次返回后，将白菜运抵对岸；最后返回，将羊运过河。见表4-8。商人采用的方法，亦为组合的最优化方法。

表4-7　田忌与齐王赛马矩阵及田忌输赢次数之和表

田忌组合 齐王组合	上中下	上下中	中上下	中下上	下中上	下上中
上中下	−3	−1	−1	−1	−1	①
上下中	−1	−3	−1	−1	①	−1
中上下	−1	①	−3	−1	−1	−1
中下上	①	−1	−1	−3	−1	−1
下中上	−1	−1	①	−1	−3	−1
下上中	−1	−1	−1	①	−1	−3

表4-8　商人与狼、羊、白菜乘舟过河的组合最优化方法表

排序 人、物 运向	商人	狼	羊	白菜	岸位
1	→ ←		→		
2	→ ←	→	←		
3	→ ←			→	对岸
4	→		→		

名医诊病案例叙述的是，名医根据 A 病表现为发烧、皮疹，外加头疼或喉痛；B 病表现为发烧或皮疹，外加头疼或喉痛；C 病至少表现为头疼、喉痛。甲不仅表现为发烧、皮疹，而且有头疼、喉痛症状；乙有发烧和头疼症状；丙有发烧、皮疹、头疼症状。根据三者病症相同和不同属性特点对应关系，通过组合的最优化方法，名医很快就诊断出甲患 C 病，因为甲最具 C 病组合对应表现；乙患 B 病组合对应表现；丙患 A 病，因为丙最具 A 病组合对应表现。本案例中名医诊病采用的方法，同样是组合的最优化方法。

电子邮件竞猜案例讲述的是，若使竞猜准确率最高，可使用组合的最优化方法。如果有人要骗取一定数量竞猜者的高度信任，达到某种不可告人的目的，可分类群发电子邮件，使若干竞猜者每次都能猜中。假定群发 3200 份邮件，其中半数为 A 对，半数为非 A 错，每次淘汰半数错猜者，则可 5 次一直使彼此互不相识的 100 人每次都能神奇猜中，而心甘情愿地付出猜中费用。见图 4-6。其他不同人数、次数的竞猜，可以此类推。电子迷局设计者采用的方法，也是组合的最优化方法。

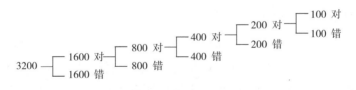

图 4-6　电子邮件竞猜案例

组合的最优化方法，不拘形式。根据不同需要，可以进行纵向最佳组合，也可以进行横向最佳组合，还可以进行纵横最佳组合；可以优优组合、锦上添花，也可以优劣组合、取长补短，还可以劣劣组合、负负得正；可以两两最佳组合、成双结对，也可以立体交叉最佳组合、全方位系统整体最优化。

辩证的最优化方法，是用联系的、全面的、发展的最优化观点和态度看待事物的方法。我国先秦思想家老子、庄子等人提出的"有无相生""物物者非物""道之为物，惟恍惟惚。惚兮恍兮，其中有象；恍兮惚兮，其中有物"，阴阳相对，五行相克相生，两极相反相成，"长短相形，高下相倾，声音相和，前后相随""反者道之动，弱者道之用""曲则全，枉则直，洼则盈，敝则新，少则多，多则惑"，"至大无外，谓之大一；至小无内，谓之小一"，"一尺之棰，日取其半，万世不竭"，无平不陂，不塞不流，美极自然，盈亏相易，"大成若缺""大盈若冲""大直若曲，大巧若拙，大辩若讷"，大音希声，大智若愚，福祸相依；① 西汉学者刘安等人提出的"泰山之高背而弗见，秋毫之末视而可察"，"凡人之论，心欲小而志欲大，智欲圆而行欲方，能欲多而事欲鲜"；② 古希腊哲学家赫拉克利特提出的人"不能两次踏进同一条河流"（因为第二次踏进时河水河床已发生变化），"不同的音调造成最美的和谐"；③ 微积分中的从无穷小量到一定常量和无穷大量，从无穷大量到一定常量和无穷小量等，都含有极其深刻辩证的最优化方法思想。与此相关联，人类社会常见的曲折道路、桥梁、非圆建筑物，一些工具、仪器、机械、设备，以及以反向思维（外围）方式用"最少的篱笆围出最大面积的园地"等，以孤立、片面、静止的形而上学观点审视，虽然不具有多少最优化意义，但联系地、全面地、发展地辩证观察，相对于其所用成本、便利、耐用等，则含有多元多维辩证的最优化方法价值效益。辩证的最优化方法表明，最优化之间、非最优化之间、最优化与非最优化之间，在一定时间、地点、条件下可以相互转化。大型最优化与小型最优化，内在最优化与外在最优化，历史最优化、现实最优化与未来最优化的关系，也不例外。

马克思主义不仅认为"辩证法，即最完备最深刻最无片面性的关于发展的学说"④，而且认为"辩证法"，"按其本质来说，它是批判的

---

① 《老子·道德经》第二章、二十一章、四十章、二十二章；《庄子·知北游篇、天下篇》等。

② （汉）刘安主编：《淮南子·主述训、说林训》。

③ 北京大学哲学系外国哲学史教研室编译：《西方哲学原著选读》上卷，商务印书馆1982年版，第23页。

④ 《列宁选集》第2卷，人民出版社2012年版，第310页。

和革命的"。① 坚持和运用唯物辩证法和科学方法论重要形态的辩证的最优化方法，必须既反对和防止孤立、片面、静止的形而上学观点，尤其是坐井观天、守株待兔、刻舟求剑、墨守成规的狭隘经验主义和坐而论道、崇尚空谈的唯理论；又要全面深入揭露和清除似是而非、模棱两可、形形色色的诡辩论，诸如我国先秦时期的诡辩论哲学家惠施提出的"天与地卑，山与泽平""日方中方睨，物方生方死""今日适越而昔日来""马有卵""卵有毛，鸡三足""矩不方，规不可以为圆""龟长于蛇""飞鸟之景未尝动""狗非犬""白狗黑"，庄子提出的"齐物论"，公孙龙提出的"白马非马"说、"离坚白石"论，② 以及古希腊诡辩家芝诺提出的"飞矢不动""阿基里斯（古希腊神话中的英雄健将）赶不上乌龟""一多相同"，克拉底鲁提出的"人连一次也不能踏进同一条河流"等，③ 努力把各种形式的与辩证的最优化方法相对立的错误观点彻底消除掉。

组合、辩证的最优化方法要求，依据事物组合、辩证的最优化特征，按照组合价值效益、辩证价值效益最大化的愿景，最大限度地使其各种构成元素以最佳结构组合起来，使所有相关事物辩证地统一在一起，产生大于各孤立要素功能之和的系统良性功能，发挥出联系的、全面的、发展的最大价值效益。

四、最优学的高级方法

最优学的高级方法，是建立在最优学的一般方法、主要方法、简易方法基础之上的高层次级别的最优化方法。它主要用于解决生产、生活

---

① 《马克思恩格斯选集》第 2 卷，人民出版社 2012 年版，第 94 页。
② 《庄子·天下篇》。
③ 见北京大学哲学系外国哲学史教研室编译：《西方哲学原著选读》上卷，商务印书馆 1981 年版，第 34~37 页；全增嘏主编：《西方哲学史》上册，上海人民出版社 1983 年版，第 75~79 页等。

和学习、工作中高难度的宏观最优化问题，通常需要具有高深科学知识才能掌握和运用。它大致涉及哲学、人文社会科学最优化相联系方法，管理科学、运筹学、系统论与未来学最优化相助力方法，人生、社会与环境最优化交互推进方法三大类型。根据本书的深入浅出、雅俗共赏特点和最优学高级方法的繁难性特征，鉴于一些内容前后多少有所涉及，且有专门著作详细介绍，这里仅就最优学的高级方法三大种类中最常见的方法予以简要讨论。

（一）哲学、人文社会科学最优化相联系方法

正确科学的哲学或曰"真正的哲学"，不仅是最一般的理论化、系统化的世界观、人生观、价值观、最优观和认识论、实践论、方法论，是关于自然界、人类社会和人类思维、行为的最一般规律的科学，而且是智慧之学，是"自己时代的精神上的精华"和"文化的活的灵魂"，"人民的最美好、最珍贵、最隐蔽的精髓都汇集在哲学思想里"；① 哲学的本质和根本任务，不仅在于最正确科学地认识世界、改造世界、创造世界，最大限度地造福于人生与社会，而且其重大使命和功能作用，在于对历史进行概括"总结""反思"批判，对现实进行改造、创造实践活动理论指导，对未来予以合理准确预测规划。它不仅具有概括总结、反思批判、认识改造、革命建设引领导向功能，而且具有深化升华、正思肯定、希望愿景、创新创造、预测未来作用。哲学最优化方法，是以辩证唯物主义和历史唯物主义为主导的古今中外最正确科学的哲学方法。它大致包括世界的物质统一性与多样性最优化认知方法，时空的无限性、联系的普遍性与特殊性最优化认知方法，运动变化发展的永恒性最优化认知方法，人与社会、自然的互动性最优化认知方法，人的由来、本质、生存与发展最优化认知方法，对立统一规律、量变质变规律、否定之否定规律最优化认知方法，内容与形式、本质与现象、原因

---

① 《马克思恩格斯全集》第 1 卷，人民出版社 1995 年版，第 220、219 页。

与结果、个别与一般、具体与抽象、必然与偶然、可能与现实最优化认知方法，以及实践的最优化方法，真理与价值、审美的最优化方法，创新特别是发现、发明、创造的最优化方法，乃至生产力与生产关系、经济基础与上层建筑的矛盾运动的最优化方法，心理学、形式逻辑、美学、道德哲学、科技哲学的最优化方法，直觉、灵感、顿悟的最优化方法，人的自由发展、全面解放与社会全方位进步的最优化方法等一系列相关最优化方法。人文社会科学的最优化方法，则主要指的是人学、文学、艺术、经济、政治、文化、教育、科技、卫生、体育、军事、外交、环保等人文社会科学领域所涉及的高难度最优化方法。

哲学、人文社会科学最优化相联系方法要求，按照人力、物力、财力、时间最少投入、消耗，最大价值效益取向，根据事物的不同特点，将最正确科学的哲学与人文社会科学相应方法有机结合起来，使之相互借鉴，取长补短，从而最有效地认识世界，改造世界，创造世界，最大限度地造福于人类自身。这是哲学、人文社会科学最优化相联系方法永恒而又常新的主题。

（二）管理科学、运筹学、系统论与未来学最优化相助力方法

管理科学的最优化方法，是运用管理学、心理学、教育学、行为科学、社会学、人际关系学、政治经济学、法律政策学和运筹学、系统工程科学等方法，以相对最少的管理成本，获得相对最大的管理价值效益的方法。它主要包括管理目标的最优化方法、管理领导的最优化方法、管理制度的最优化方法、管理计划的最优化方法、管理组织的最优化方法、管理指挥的最优化方法、管理人事的最优化方法、管理劳动的最优化方法、管理分配的最优化方法、管理沟通的最优化方法、管理协调的最优化方法、管理控制的最优化方法、管理激励的最优化方法、管理改革的最优化方法、管理创新的最优化方法，以及管理环境与整体建构的最优化方法等。

运筹学的最优化方法，作为运筹学的重要内容，是现代兴起的应用

数学方法。它属于数量最优化方法范畴。数量最优化方法，是运用数学计量方法建立数学模型，求取投入消耗最少、价值效益最大化的方法。严格来说，"运筹学"一词与其实际运用的方法名不副实。运筹学（Operational Research），本意为运用学、运算学，有运算筹划之意，并不必然地包含最优化，而其实际所研究的却均为数量最优化问题。①"运筹学"一词，就其实际研究内容，应为数量最优学所代替。现今，运筹学的最优化方法主要有目标最值（最大值、最小值）规划方法，线性最优规划方法、非线性最优规划方法，静态最优规划方法、动态最优规划方法，排队最优化方法、存储最优化方法，决策论最优化方法、对策论最优化方法，图论最优化方法，网络分析与系统工程最优化方法等。还有的学者将运筹学的最优化方法分为目标规划方法、线性规划方法、非线性规划方法、动态规划方法、组合规划方法、参数规划方法、整数规划方法、随机规划方法、排队论方法、决策论方法、对策论方法、库存论方法、搜索论方法、图论方法、统筹论方法，以及微积分求极值最优化方法、无约束最优化方法、有约束最优化方法、等式约束最优化方法、不等式约束最优化方法、凸集与凸函数最优化方法、凹集与凹函数最优化方法、凸凹集及其函数相结合最优化方法、变分求极值最优化方法、概率统计最优化方法、系统整体最优化方法等。

系统论的最优化方法，是运用现代系统论的相关方法，以最少的人力、物力、财力、时间投入、消耗，获得最大系统整体价值效益的方法。它主要含纳系统的目标最优化方法、要素最优化方法、结构最优化方法、功能最优化方法、环境最优化方法、过程最优化方法、整体最优化方法，以及信息控制反馈、有序无序、封闭开放、涨落变革升级的最优化方法，黑箱、灰箱、白箱最优化方法，耗散结构理论最优化方法，自组织理论最优化方法，协同学最优化方法等。

未来学的最优化方法，是运用未来学的相关知识，最正确科学地预

---

① 钱颂迪等编著：《运筹学》，清华大学出版社 1990 年版，第 1 页。

测、设计、规划、应对未来，从而以最少的资源投入、消耗，创造未来
最大价值效益的方法。它主要涉及未来最佳愿景预测法、未来最佳目标
设计法、未来最优道路规划法、未来最佳风险机遇应对法、未来最良环
境营造法、未来发展过程最优调控法、未来最佳愿景全面实现法等。

管理科学、运筹学、系统论与未来学所涉及的数学最优化方法模
型，重在求解满足一定条件的变量 x_1，x_2，$\cdots$，x_n，使某种特定函数
$f(x_1, x_2, \cdots, x_n)$ 取得最小值或最大值。由于 $f(x_1, x_2, \cdots, x_n)$ 的
最大值问题通过对偶规划方法等可以转化为 $f(x_1, x_2, \cdots, x_n)$ 的最小
值问题，因而在通常情况下可以只讨论最小值问题。这里的函数 $f(x_1$,
x_2，$\cdots$，x_n) 为目标函数或者评价函数，变量 x_1，x_2，$\cdots$，x_n 为决策对
策变量，需要满足的条件称为约束条件，用以构成约束条件的函数为约
束函数。

按照约束条件，数学最优化方法模型，可分为两大类。

1. 无约束数学最优化方法模型

本模型，即求 $x = (x_1, x_2, \cdots, x_n)^T$，使函数 $f(x_1, x_2, \cdots, x_n)$
达到最小值，可以用 $\min f(x)$ 表示。

2. 有约束数学最优化方法模型

（1）等式约束问题：即求 $x = (x_1, x_2, \cdots, x_n)^T$，使其在满足 l 个
等式约束条件 $h_j(x) = 0$，$j = 1, 2, \cdots, l$ 的情况下，使函数 $f(x) =$
$f(x_1, x_2, \cdots, x_n)$ 达到最小值。可表示为：

$$\begin{cases} \min f(x) \\ s.\ t.\quad h_j(x) = 0 (j = 1, 2, \cdots, l) \end{cases}$$

（2）不等式约束问题：即求 $x = (x_1, x_2, \cdots, x_n)^T$，使其在满足 m
个不等式约束条件 $g_i(x) \geqslant 0$，$i = 1, 2, \cdots, m$ 的情况下，使函数 $f(x) =$
$f(x_1, x_2, \cdots, x_n)$ 达到最小值。可表示为：

$$\begin{cases} \min f(x) \\ s.\ t.\quad g_i(x) \geqslant 0 \ (i = 1, 2, \cdots, m) \end{cases}$$

（3）混和约束问题，亦即一般约束问题：即求 $x = (x_1, x_2, \cdots, x_n)^T$，使其在满足 m 个不等式约束条件 $g_i(x) \geq 0, i = 1, 2, \cdots, m$ 以及 l 个等式约束条件 $h_j(x) = 0, j = 1, 2, \cdots, l$ 的情况下，使函数 $f(x) = f(x_1, x_2, \cdots, x_n)$ 达到最小值。可表示为：

$$\begin{cases} \min f(x) \\ s.\ t.\ \ g_i(x) \geq 0 \ (i = 1, 2, \cdots, m) \\ h_j(x) = 0 (j = 1, 2, \cdots, l) \end{cases}$$

上述各问题中的函数 $f(x) = f(x_1, x_2, \cdots, x_n)$ 为目标函数，函数 $g_i(x)$，$h_j(x)$ 为约束函数。满足约束条件的点 x 构成的集合，称为可行解集合，亦称可行区或可行域。

根据目标函数及约束函数的不同类型，数学最优化方法模型，可描述为如果最优化问题的目标函数为 $f(x)$，约束条件为 $g_i(x) \geq 0, i = 1, 2, \cdots, m$ 则当 $f(x)$ 和 $g_i(x)$ 均为线性函数时，最优化问题则为线性规划；当 $f(x)$ 和 $g_i(x)$ 不全为线性函数时，最优化问题则为非线性规划；当 $f(x)$ 为二次函数，而 $g_i(x)$ 全为线性函数时，最优化问题则为二次规划；当 $f(x)$ 为 n 次函数，而 $g_i(x)$ 全为线性函数时，最优化问题理论上还可为 n 次规划。

按照变量的类型分类，数学最优化方法模型，可表达为如果变量 $x = (x_1, x_2, \cdots, x_n)^T$ 的各分量只能取整数，则相应的最优化问题为整数规划。如果变量 $x = (x_1, x_2, \cdots, x_n)^T$ 的部分分量只能取整数，则相应的最优化问题为混合整数规划。如果变量 $x = (x_1, x_2, \cdots, x_n)^T$ 的各分量只能取 0 和 1，则相应的最优化问题称为 0 - 1 规划。

最优解及最优值的数学最优化方法模型，可表示为：

$(P) \ \min\limits_{x \in D} f(x)$，$D = \{x | g_i(x) \geq 0, i = 1, 2, \cdots, m\}$

其中，有两种不同类型。

1. 如果有 $x^* \in D$ 使得 $f(x^*) = \min\limits_{x \in D} f(x)$，即 $\exists x^* \in D$，对 $\forall x \in D$ 有 $f(x) \geq f(x^*)$，则 x^* 为问题 (P) 的全局最优解，$f(x^*)$ 为全局最优

值。如果当 $\forall x \in D$ 且 $x \neq x^*$ 时恒有 $f(x) > f(x^*)$，则 x^* 为问题 (P) 的严格全局最优解，$f(x^*)$ 为严格全局最优值。

2. 如果有 $x^* \in D$ 及 $\delta > 0$，使得当 $x \in D \cap N_\delta(x^*)$ 时恒有 $f(x) \geq f(x^*)$，则 x^* 为问题 (P) 的局部最优解，$f(x^*)$ 为局部最优值。

这里的 $N_\delta(x^*) = \{x \mid |x - x^*| < \delta\}$ 为 x^* 的 δ 邻域；范数 $|\cdot|$ 指的是 $\|x\| = \sqrt{x_1^2 + \cdots + x_n^2}$。如果当 $x \neq x^*$ 时，可将"$\geq$"改为"$>$"，则 x^* 为问题 (P) 的严格局部最优解，$f(x^*)$ 为严格局部最优值。

管理科学、运筹学、系统论与未来学最优化相助力方法规定，从最少投入消耗、最大价值效益需要出发，紧密联系实际，把管理科学、运筹学、系统论与未来学的相应最优化方法有机统一起来，使之优势互补，相得益彰，最快速高效地实现理想愿景，达到既定目标。

（三）人生、社会与环境最优化相推进方法

人生、社会与环境的最优化相推进方法，是按照人生、社会与环境最优化三位一体原则，使人生、社会与环境的最优化最大限度地和谐统一、相互促进的方法。它既是对最优化方法的高度概括，又是难度最高、价值效益最大的高级最优化方法。

人生、社会与环境的最优化相推进方法主张，将人生最优化作为各项最优化的根本和核心，使之发挥主导支配作用；将社会最优化作为人生最优化的延展，力求其释放出社会最大正能量；将环境最优化作为人生最优化与社会最优化的外在保障，使之为人生最优化与社会最优化营造出最有利的环境条件，从而能够确保人生、社会与环境最优化相互推进，获得最大价值效益。

最优学的一般方法、主要方法、简易方法与高级方法，是一个相互区别而又相互规定的有机整体。最优学的一般方法决定和制约着最优学的主要方法、简易方法与高级方法；最优学的主要方法、简易方法与高级方法贯穿最优学方法的整个体系之中，应用于最优化的所有向位、层面和过程。无论最优学的一般方法、主要方法，还是其简易方法与高级方法，都必须紧紧围绕人生、社会与环境最优化展开，服从和服务于人生、社会与环境的最优化需要，以人生、社会与环境的最优化作主旨、为转移。

第五章　最优学的核心宗旨：
人生建设的最优化

马克思主义创始人曾深刻指出："由整个社会共同经营生产和由此而引起的生产的新发展，也需要完全不同的人，并将创造出这种人来……全面发挥他们的得到全面发展的才能"，"显示出自己最动人、最高贵、最合乎人性的特点"①。人作为认识世界、改造世界、创造世界造福于自身的主体，人生建设是人类进步和社会发展的永恒而又常新的主题，它规定着人类社会各项建设的内容和形式。最优学的核心宗旨，可谓人生建设的最优化。人生建设所涉及的人，是具有最高度的语言思维能力、发明创造能力和自我完善能力，并且能够最大限度地制造和使用工具进行劳动创造的高级社会动物，是自然界长期演化的最高产物。人生，则是人的生命尤其是个体生命活动的特定样态及其自然社会历程。人生建设的最优化，即人生建树设立的最美好化。它重在以最佳人生方式，获得最大的人生建设价值效益。它既是最优学的基础理论、原则与方法的高位延伸，又是最优学的应用理论、原则与方法的现实开端。它同最优学的宏观指向：经济、政治、文化、社会与生态文明建设的最优化，最优学的重点聚焦：生产、经营、生活与交往方式的最优化，最优学的价值追索：资源开发与利用的最优化一起，构成最优学的

① 《马克思恩格斯文集》第 1 卷，人民出版社 2009 年版，第 688~689、449 页。

应用理论、原则与方法部分，具体地彰显着最优学的现实内容。四者既以最优学的基础理论、原则与方法为依据，又以最优学的重要保障：管理、改革与创新的最优化，最优学的系统整合、未来发展与歌诀千字文，形成相互贯通、一脉相承的有机整体。最优学的核心宗旨：人生建设的最优化，除前面论及的"最佳目标设计、确立与修正理论""最优路线规划、实践与调控理论"中关于人生目标建设的最优化、人生实践建设的最优化内容①之外，主要包括人生素质建设的最优化，人生历程建设的最优化。

一、人生素质建设的最优化

人生素质建设的最优化，大体含有人生素质建设及其最优化的本质规定、人生素质建设的最优化原则、人生素质建设的最优化方法三个方面的内容。

（一）人生素质建设及其最优化的本质规定

人生素质，即人生先天和后天形成的惯常素养和基本品质。它主要包括人的生理素质、心理素质、文化素质、行为素质，或曰自然品格、道德涵养、文化修养、价值取向、行为品格等。其核心构成要素，为德、智、体、美、劳，即道德情操、智力水平、健康状况、审美能力、劳动技能等。人生素质决定人生的性质品位、价值观念、行为方式。它通常通过人的生产、生活与交往、发展方式，人生的长度、宽度、高度、进度予以表征，通过人生的质量、数量、环境状态，人生的最优、较优、一般、较劣、最劣形式反映出来。人的生产、生活与交往、发展方式，即人生的物质、精神、环境方面的生产、生活与交往、发展状况。人生的长度，指的是人生有机体存续时间的长短。它主要通过人的

———————

① 详见本书第四章一（一）（二）部分。

纵向发展历程表现出来。人生的宽度，指的是人生的水平活动空间范围。它主要凭借人的横向交际、从业经历显露于世。人生的高度，指的是人生的上下活动幅度、业绩贡献定位。它反映着人的智商、情商、健商、劳动技能、审美能力①，以及实际业绩贡献大小所达到的境界；主要通过人生的观念心态、理论、原则与方法，以及实践活动得以实现。人生的进度，指的是人生活动的进展程度。它主要凭借人生的品质、能量、向位、序度、力度、速度的上升前进发展，呈现在世人面前。人生的质量、数量、环境，分别标明人生的品质、规模、肉体（身体）、思想、文明程度、外部条件。人生的肉体或曰肉体人生在个体意义上是有限的、短暂的，人生的肉体遗传或曰遗传肉体及其思想或曰思想人生、精神人生和文化人生，却可以达到无限和永恒。人的自然生命不仅能够通过自身后代无穷无尽地遗传和通过克隆技术在一定意义和某种程度达到永生，而且可以通过高尚修行特别是"立德""立功""立言"创立丰功伟绩，达到"不朽"，② 还可以通过正确科学的不懈奋斗努力，变平庸为神奇，化最劣、较劣、一般、较优为最优。人生的最优、较优、一般、较劣、最劣，分别表示人生的最佳、较佳、中等、较差、最差状态。人生素质建设的最优化，指的是人生素质建设的最正确科学化。其目的在于以最少的人力、物力、财力、时间投入消耗，获得最大的人生建设价值效益。

（二）人生素质建设的最优化原则

人生素质建设的最优化原则，是根据人生素质建设及其最优化的本质规定，按照相应需要和有关属性特点，所制定和遵循的最正确科学的准则。它主要包括两项内容。

1. 倾力建树最优观念心态

观念心态，即观点理念和心理状态。它反映着一定程度的人生建设

————————

① 智商、情商、健商，分别指智力、情感、健康指数与一般同龄人的相应指数之比。

② 《左传》襄公二十四年。

最优化的本质特点与发展规律，指导着人们认识和改造、创造世界造福自身的活动。它是人区别于其他动物的主要标志之一。观念不仅是"移入人的头脑并在人的头脑中改造过的物质的东西"①，而且是人们在认识、改造、创造世界造福自身基础上形成的推理、想象、创新和假说。最优观念，即最正确科学的观点理念，属最优化的意识形态范畴。最优心态，即最佳心理状态。观念决定心态，心态影响行为，行为造就命运。最优观念直接决定最优心态，进而影响最佳行为，造就最佳命运。

倾力建树最优观念心态要求，一方面，建立最优观点理念，牢固确立正确科学的世界观、人生观、价值观、最优观。世界观、人生观、价值观、最优观，是人们对世界、人生、社会和最优化问题的基本观点和看法。人是精神动物，不能离开一定的世界观、人生观、价值观、最优观而存在。即使刚刚来到世间的婴儿也具有世界观、人生观、价值观、最优观的萌芽；甚至植物人，凭其原有内存记忆也会有一定的隐性混沌世界观、人生观、价值观、最优观。牢固树立正确科学的世界观、人生观、价值观、最优观，即牢固树立合乎实际、符合人生与社会发展需要的积极向上的世界观、人生观、价值观、最优观。对此，必须坚定不移地传承和不断发扬光大古今中外一切最正确科学的世界观、人生观、价值观、最优观，尤其是马克思主义哲学所阐发的世界观、人生观、价值观、最优观，国家"富强、民主、文明、和谐"、社会"自由、平等、公正、法治"、公民"爱国、敬业、诚信、友善"的社会主义核心价值观②，以及以乐观进取、团结协作精神为重点，以索取与贡献相统一，以贡献至上为价值取向，及时吸收富有合理性的新思想、新观点、新内容、新形式，不断丰富发展完善的当今世界一切最正确科学的世界观、人生观、价值观、最优观，使之永葆青春活力，永远立于不败之地。

---

① 《马克思恩格斯文集》第 5 卷，人民出版社 2009 年版，第 22 页。
② 胡锦涛：《在中国共产党第十八次全国代表大会上的报告》，《人民日报》2012 年 11 月 18 日。

另一方面，树立最优心理状态。由一定观点理念支配和一定境遇造成的心理状态，有积极、消极以及最佳、较佳、一般、较劣、最劣之分。最优心理状态，是在最优观点理念指导下产生的积极向上的心理状态；它是阳光亮丽的心态。

树立最优心理状态，即树立最佳心理态度。最佳心理态度，具有三项规定：

一是乐天达观，奋发向上。即乐天爱生、心胸豁达，奋发有为、积极向上。按照马克思主义创始人提出的"作为确定的人、现实的人，你就有规定，就有使命，就有任务，至于你是否意识到这一点，那都是无所谓的。这个任务是由于你的需要及其与现存世界的联系而产生的"①，而"任何人的职责、使命、任务，就是全面地发展自己的一切能力"②，并且"把社会组织成这样：使社会的每一个成员都能完全自由地发展和发挥他的全部才能和力量"③ 的人生观点，秉持人们通常所说的"日出东海落西山，愁也一天，乐也一天，何不天天笑口开颜；自强不息求至善，怎不时时淡定坦然；成事在人败在天，成也乐观，败也乐观，何不事事理得心安；升华自我多奉献，心广体健享天年，不是神仙，胜似神仙，怎不处处地喜天欢"的人生态度。参照波兰现代著名科学家居里夫人所说的"我知道生命很短促而且很脆弱"，人要"永远耐心地向一个极好的目标努力"，然而，"人们在每一个时期都可以过有趣而且有用的生活"，"我们不得不饮食、睡眠、游情、恋爱，也就是说，我们不得不接触生活中最甜蜜的事情"，"我们应该不虚度一生"，"每天都愉快地过着生活，不要等到日子过去了才找出它们的可爱之点，也不要把所有特别合意的希望都放在未来"的处世哲学，④ 以及《世界卫生组织研究报告》提出的影响人类健康的因素医疗仅在8%，

① 《马克思恩格斯全集》第3卷，人民出版社1960年版，第329页。
② 同上书，第330页。
③ 《马克思恩格斯全集》第42卷，人民出版社1979年版，第373页。
④ ［波兰］居里夫人：《给绮瑞娜和弗烈德利约里奥居里的信》。

饮食、保健、环境和心理状态因素却占 92% 的研究结果，在任何时候、任何情况下，都要把幸福看作天赋自身的最高权利和毕生追求与一定物质和精神需要的满足，把痛苦视为一种别样心理感受的呈现和主客观一定幸福的前提，一直保持乐观心理和昂扬向上的态度。不仅感奋和倾力追求美好生活，而且对"饭疏食饮水，曲肱而枕之"的简朴生活"亦乐在其中"，① 对艰难困苦和各种不幸坦然淡定、从容应对。用美国现代教育家哈洛德·福切克的话表述，就是"笑着面对生活，不管一切如何"。②

二是不畏艰难，敢于拼搏。造化弄人，福祸难测。人生如大海，社会似舞台。大海既有风平浪静、碧波荡漾的港湾，又有波翻浪涌、暗礁密布的险境；舞台既上演风花雪月、才子佳人、帝王将相、太平欢歌的喜剧，又上演苦难重重、撕心裂肺、肝肠寸断、悲天悯人的悲剧。人生在世，由于能力、奋斗、方式、方法、条件、机遇的不同，固然不乏各种幸运顺利，但也难免出现这样那样的劣境艰难。面对喜忧兼具的生活，关键不在于仅仅防范困难，而在于如何应对困难，是被困难所压倒征服，还是奋力拼搏，化难为易，战而胜之。大量事实证明，挑战与机遇往往同在，困难与希望常常并存。困难中每每孕育和预示着发明、创造和成功的玄机。困难可以"玉汝于成"，也可以置人于失败境地。对于不同对待它的人，其结果往往不一，甚至截然相反。不畏艰难、敢于拼搏，即满怀豪情壮志，不怕艰难险阻，勇于奋力拼搏，敢于斗争胜利。

三是布局造势，乘势而上。谋事在人，成事在天，事在人为。建树最佳心态，必须摒弃"命里有样样有，命里没有莫强求""是福不是祸，是祸躲不过；是祸不是福，是福也痛苦"的唯心主义宿命论、懒汉懦夫哲学，自欺欺人、害人害己的无稽之谈，敢想敢试，敢闯敢干，

---

① 《论语·述而》。

② 许汝罗、王永亮主编：《思想道德修养与法律基础》（学生辅学读本），高等教育出版社 2006 年版，第 39 页。

善作善成，牢牢掌握命运主动权，勇于主动进击，善于布局造势，乘势而上。布局造势，乘势而上，即在正确科学目标引领下，敢于放胆作为，按照自己的意志毅力，开拓部署新局面，营造优良态势，继而能够乘其态势，大干快上。它力求按照自身生存和发展的需要，依据现实条件状况，努力开创有利局势，乘机驭势而上，一举夺取胜利。布局造势，乘势而上，属于"没有条件创造条件也要上"的主动进取心态取向。许多成功人士、英雄豪杰乃至企事业单位、团队组织高扬的"仰天大笑一声吼，地球也要抖三抖""天当被窝地当床，披星戴月奋战忙""平时是战时，风雨是军情，雷电是命令""风餐露宿拼命干，誓师赢得大挑战"的豪迈誓言、英雄气概，就是布局造势，乘势而上的典范。世界上，几乎所有功成名就、实至名归者，都是主动出击的强者俊杰，而不是观望坐等、依靠别人的懒汉懦夫之辈。布局造势、乘势而上，必须牢牢树立正确科学而又始终不渝的开拓奋进精神，以英勇无畏、所向无敌的意志毅力，义无反顾、勇往直前，不获全胜决不罢休。

2. 高度确立最佳理想志向

理想，即合乎客观规律，具有实现可能的合理想象和美好希望。它是合目的性与合规律性的统一，是选择性与创造性的结合。理想具有科学性、层次性、规模性、阶段性、渐进性、预决性、超前性和极端重要性。理想的科学性，在于它是基于理性思考和实践经验产生的，而非主观随意的想象和希望。理想不同于妄想、幻想、空想。理想迟早能够实现，如古代人的飞天理想、大同世界理想，现代人的全面建成现代化强国、实现中华民族伟大复兴理想，人类彻底解放理想，个人全面发展理想，以及物质产品极大丰富、人的思想觉悟极大提高、人际关系最大限度的协调，人们各尽所能、各取所需、按需分配、和平共处、互助合作、环境友好和谐的社会理想等，均已经或正在逐步变为现实。妄想、幻想、空想则根本不可能实现，如人有三头六臂的妄想、拔着自己的头发离开地球的幻想、造出永动机的空想等，都不可能实现。理想的层次性，在于它可以从不同的角度分为生活理想、职业理想、社会理想，现实理想、未来理想等。理想的规模性，在于它具有大小、主次、轻重、难易之分。理想的阶段性、渐进性，在于它具有远近高低、先后缓急之别。先秦思想家韩非子所说的"糟糠不饱者不务粱肉，短褐不完者不待文绣"①；当代诗人流沙河所写的"理想是石，敲出星星之火；理想是火，点燃熄灭的灯；理想是灯，照亮夜行的路；理想是路，引你走向黎明"；社会上流传的"饥饿的年代理想是温饱，温饱的年代理想是文明；离乱的年代理想是安定，安定的年代理想是繁荣"等，则道出了理想的阶段性、渐进性。理想的预决性、超前性，在于它具有预见性和未来性。理想的极端重要性，在于它拥有至高无上性。人们常说的"理想是天上的星星，可以给人以无尽的遐想；理想是暗夜的灯塔，能够为人指路引航；理想是心灵的绿洲，可以让人看到生机；理想是沙漠的甘泉，能够滋润干涸的心田；理想是人生的灵魂，可以给人以智慧；理想是生活的期待，能够给人以向往；理想是明天的太阳，能够给人以无穷的力量；理想是人生的最爱，能够给人以无限美好的希望。一个人有了理想就能明确目标，一个人失去理想就会迷失方向，失掉自我，一无所成，甚至误入歧途，后果不堪设想"，则说明理想对于人生的无比重要性。理想丰满，现实骨感。理想源于现实，而又高于现实、指导现实、引领现实。实践奋斗则是理想与现实的中介，理想必须通过实践奋斗才能实现。志向，即矢志所向。它既以一定目标导向为引领，又与一定信念、信仰、信心、决心、意志、毅力相联系。高度确立最佳理想志向，指的是尽可能正确科学地树立理想志向。

大凡功绩卓著的伟人志士，无不具有最佳理想志向。世界文化名人孔子和其他儒家学人，不仅主张树立"德为圣人，尊为天子，富有四海之内，宗庙飨之，子孙保之""悠久无疆"的个人人生理想志向，②而且主张树立"大道之行也，天下为公。选贤与能，讲信修睦，故人

---

① 《韩非子·五蠹》。
② 《中庸》。

不独亲其亲，不独子其子；使老有所终，壮有所用，幼有所长，鳏、寡、孤、独、废、疾者皆有所养；男有分，女有归；货恶其弃于地也，不必藏于己；力恶其不出于身也，不必为己。是故谋闭而不兴，盗窃乱贼而不作，故外户而不闭。是谓大同"的社会人生理想志向①。宋代思想家、哲学家张载，则强调树立"穷神知化，与天为一""为天地立心，为生民立命，为往圣继绝学，为万世开太平""天人合一"的个人、社会与环境三位一体的人生理想志向。② 新中国的缔造者毛泽东，则强调树立"坐地日行八万里，巡天遥看一千河""欲与天公试比高""天下者，我们的天下；国家者，我们的国家。我们不说谁说，我们不干谁干""数风流人物，还看今朝"的个人、社会与环境人生理想志向。③ 西方古今思想家，则力图树立"撬动地球""造出宇宙"，创立"民主""自由""法制""平等""博爱""个性解放""全面发展"的"理想国""自由王国"的个人、社会与环境三位一体的人生理想志向。④ 伟人志士的理想志向，虽然有些脱离现实，过于洒脱奔放，但却不乏最佳理想志向的元素。

高度确立最佳理想志向规定，按照理想志向的内涵特点和相应最优化要求，借鉴古今中外的成功经验，最大限度地确立起最佳理想志向系统群体，从而为逐步实现人生素质建设各种不同性质特点的最佳理想志向打下坚实可靠的内在基础。

（三）人生素质建设的最优化方法

人生素质建设的最优化方法，是按照人生素质建设的最优化原则，结合具体需要和实际情况，以最佳方式进行人生素质建设的方法。它主

---

① 《礼记·礼运篇》。

② （宋）张载：《张子全书·西铭》语录、正蒙。

③ 毛泽东：《毛泽东诗词》，人民出版社 1975 年版；《毛泽东文集》第 7 卷，人民出版社 1999 年版，第 460 页等。

④ 柏拉图著：《理想国》，郭斌和、张竹明译，商务印书馆 2009 年版；西方法律思想史编写组：《西方法律思想史资料选编》，北京大学出版社 1983 年版，第 670~713 页等。

要由两类方法组成。

1. 力求德、智、体、美、劳全面发展

习近平总书记曾强调："世界上最难的事情，就是怎样做人、怎样做一个好人。"① 力求德、智、体、美、劳全面发展，即尽可能地力争德、智、体、美、劳全面升华进步。它旨在引领人们做一个好人，特别是做一个最好的人。它主张最大限度地做好五项工作。

其一，在"德"方面，高度明确"德"是人之为人的重要素质，是人类社会存续和发展的桥梁和纽带。人无德不立，国无德不兴，"不能胜寸心，安能胜苍穹"②；为人处世不仅要恪守"计利当计天下利，求名应求万世名"③，而且须"养天地正气，法古今完人"④，"明大德、守公德、严私德"⑤，具有高尚的道德情操；辛辛苦苦修身，快快乐乐养性，堂堂正正做人，勤勤恳恳工作，踏踏实实干事，轰轰烈烈创业，坦坦荡荡待人，兢兢业业担当，从从容容奉献。理论和实践证明，人天生并不具有恶性，每个人都可以成为道德情操高尚者。亚里士多德曾说过："没有人自愿去作恶，或者去做他认为是恶的事。舍善而趋恶不是人类的本性。即使要人们一定在两种恶之间择一，也没有人在可选择较小之恶时却去选择较大的（恶）。"⑥ 德国哲学家黑格尔则谈道："世界上没有一个真正的恶人，因为没有一个人是为恶而恶，即希求纯否定物本身，而总是希求某种肯定的东西，从这种观点说，就是某种善的东西。"⑦ 人的恶行都是由人的道德觉悟、牟利手段、社会制度、物质基

① 中共中央文献研究室编：《习近平关于青少年和共青团工作论述摘编》，中央文献出版社2017年版，第91页。

② （清）龚自珍：《十五首》其一。

③ 《习近平谈治国理政》第1卷，外文出版社2018年版，第295页。

④ 民主革命先驱孙中山手书。

⑤ 《习近平谈治国理政》第3卷，外文出版社2020年版，第337页。

⑥ ［美］莫蒂默·艾德勒等编：《西方思想宝库》，本书编委会编译，吉林人民出版社1988年版，第614页。

⑦ 西方法律思想史编写组编：《西方法律思想史资料选编》，北京大学出版社1983年版，第453页。

础、外在环境的低劣造成的。世界上"没有一个伟大的人物不具备美德"①。道德仅仅对那些违背道德规范的人具有约束力，对于道德者则习以为常。道德既是"恶"的锁链，又是善的载体、武器和工具。"道德"作为通过培养教化、社会舆论、传统习俗和内在信念来建构、调整、维系人与人、人与社会、人与自然合理关系，对人们的思想言行进行善恶评价的健康心理意识、正确原则规范、正当行为要求的总和，本质上是人类为遏制邪念恶行、张扬正义、维护和协调、增进个人利益及社会利益服务的，"是为人类社会上升到更高的水平……服务的"②。道德不仅可以令失道者寡助、良心自责、食不甘味、夜不成眠、折磨难耐、痛改前非，让缺德者受罚，让得道者多助、再接再厉、从善如流、疾恶如仇，而且能够让就道施德者获得心理安宁、快乐、健康、友谊、爱情、美满、幸福，其至"滴水之恩当涌泉相报"的超值回报，构成人生成长成才的必备素质，为人生成长成才提供目标、动力、毅力人际保障，与人生前途命运联系在一起。所谓"没有人的感情，就从来没有也不可能有人对于真理的追求"③ "情商高于智商""忠厚传家远，诗书济世长""诚实守信是为人处世的最低成本、最佳策略""智者乐，仁者寿""千人所指无病而死""恶不积不足以灭身""善不积不足以成名"，以及物质不灭、能量守恒、相互转化、作用力与反作用力相等、因果相报、"人类历史上存在着某种类似报应的东西"④、"恶有恶报、善有善报、不是不报、时候不到、时候一到、一切全报"，均从不同的基点、层面和过程诠释着这一现象、本质、规律和特征。每一个有良知的人都应努力做到：在公私关系上，尽可能地使个人利益与集体、社会利益相统一，当三者发生矛盾，个人利益服从集体、社会利益，其

<hr>

① [美]莫蒂默·艾德勒等编：《西方思想宝库》，本书编委会编译，吉林人民出版社1988年版，第956页。
② 《列宁选集》第4卷，人民出版社2012年版，第292页。
③ 《列宁全集》第25卷，人民出版社1988年版，第117页。
④ 《马克思恩格斯全集》第12卷，人民出版社1962年版，第308页。

至为了集体利益、社会利益甘于"干惊天动地事，做隐姓埋名人"，达到习近平总书记提出的"我将无我"境界①，贡献个人的一生。在人际关系上，有一颗诚信相待、互谅互让、与人为善、助人为乐、团结互助、合作共赢、服务社会的"诚心""爱心""羞恶之心""包容之心"，能够换位思考，推己及人，尊重他人，设身处地为他人着想，力求"己欲立而立人，己欲达而达人""己所不欲，勿施于人"，②己之所欲，慎施于人。在人格塑造上，为人正派，高风亮节，光明磊落，刚正不阿，不为名利权势地位左右，不为强权淫威屈服，不为金钱美色动摇，敢于坚持真理，发展真理，弘扬正义，扬善惩恶。对于消极低俗现象尤其是诸如"理想是远的，志向是飘的，政治是空的，科技是硬的，财产是实的；市场经济条件下的聪明人，不想远的，丢掉空的，放弃飘的，掌握硬的，大捞实的"之类的社会言论，勇于"发声"批判；对于腐败现象、违法分子、犯罪行为，敢于"亮剑"斗争，务求立场坚定，旗帜鲜明，一身正气，两袖清风，达则兼济天下，穷则独善其身。

其二，在"智"方面，充分认识"智"是人类区别于其他动物的最本质、最高贵、最重要的标志，是人类进步、社会发展的原动力、根本所在和巅峰表现，必须勤奋学习，努力掌握科学文化知识，尽可能地提高知识技能、智力水平。人的智力要素主要包括观察力、注意力、记忆力、反应速度、想象力、思考力、创造力，以及各种知识技能等。它是个人全面发展的重要元素。人的智力尽管与生理遗传、先天素质有关，但这种关系影响并非人们所想象的那样大。对此，马克思高度赞赏英国古典经济学家亚当·斯密关于"个人之间天赋才能的差异，实际上远没有我们所设想的那么大；这些十分不同的、看来是使从事各种职业的成年人彼此有所区别的才赋，与其说是分工的原因，不如说是分工

---

① 《习近平谈治国理政》第3卷，外文出版社2020年版，第144页。
② 《论语·雍也、颜渊》。

的结果"的观点，他认为"从根本上说，搬运夫和哲学家之间的差别要比家犬和猎犬之间的差别小得多，他们之间的鸿沟是分工掘成的"。[①]鲁迅曾说道，虽然"天才大半是天赋的"，但是，"即使天才，在生下来的时候的第一声啼哭，也和平民的儿童一样，决不会就是一首好诗"。[②] 美国心理学家华生认为，"任何一个健全的婴儿""甚至乞丐和小偷，无论他的天资、爱好、性格以及他祖先的才能、职业和种族如何"，"都能训练成任何一类专家"。[③] 人的智力绝大部分是通过后天的学习、思考、锻炼形成的。每一个有志于成就一番大业的人，都应当运用多种形式，通过各种渠道，广泛涉猎知识，八方搜集信息，博闻强记，善于思考，勇于发现，勤于创造，刻苦实践，努力锻炼，不断提高知识技能水平，增长智力才干，形成全方位现代化的立体网络智能体系。

其三，在"体"方面，深刻理解"体"是人生与社会的主体和根本保障，是人生之本、社会之本，是个人学习、成长、成才、全面发展，以及工作、事业、生活、创新，特别是发现、发明、创造之本，是社会全方位发展、优化之本。要加强体育锻炼，提高身体素质，注意劳逸结合，力求生活规律化、优质化。生命在于运动，人体有自己特定的生理心理活动规律。养生健体、防止早衰，堪为人生的重要职责。青年时代的毛泽东在《体育之研究》一文中强调："体者，为知识之载而为道德之寓者也，其载知识也如车，其寓道德也如舍……体育之于吾人实占第一位置。体强壮而后学问道德之进修学而收效远。"他主张"文明其精神，野蛮其体魄"。身体的健康与否不仅影响人的生理心理素质，而且直接影响学习、工作效率、发明创造业绩，影响人生价值的提高与实现，影响人生质量乃至社会质量的优劣。在某种意义可以说，健康是1，其余都是0，有了健康的身体，其他方面才具有了现实意义。谁拥有健康谁就拥有现今和未来，谁健康长寿谁就能利用生命优势建树更加

---

① 《马克思恩格斯选集》第 1 卷，人民出版社 2012 年版，第 238 页。
② 《鲁迅全集》第 1 卷，人民文学出版社 1981 年版，第 169、168 页。
③ 王晓萍等编著：《心理潜能》，中国城市出版社 1997 年版，封底。

辉煌的业绩，为社会作出更大贡献。"每天锻炼一小时，健康工作五十年，幸福生活一辈子"，越来越成为人们的心理共识和生活操守。调查统计表明，坚持养生健体防止早衰者比忽视有关活动者平均寿命长5~10年，事业成就高出一两倍。20世纪末，美国学者通过对25个州100万人运动量与死亡率的关系调查，结果发现运动与死亡率成反比，与长寿成正比。见表5-1。加强体育锻炼，提高身体素质，注意劳逸结合，力求生活规律化、优质化，主要涉及跑步、打拳，游泳、登山、踏青、览胜、旅游、观光、跳舞、唱歌、演奏、听音乐，以及随时锻炼、就地活动、控制情绪、涤除玄览、松静自然、放逐自我、放飞心情，树立正确观念、确立积极心态、增强人际心理相容度、营造和谐宽松的人生氛围、养精蓄锐、以逸待劳、起居规律、饮食优化有节等。

表 5-1　一年后每 100 人中死亡率（%）

年龄（岁）	完全不运动	稍运动	中等运动	不缺少运动
45~49	1.06	0.56	0.38	0.23
50~54	2.08	0.80	0.55	0.33
55~59	3.60	1.58	0.85	0.59
60~64	4.90	2.32	1.19	0.92
65~69	10.33	3.85	1.74	1.38
70~74	11.02	4.92	2.60	1.56
75~79	16.05	6.55	3.64	1.96
80~84	16.43	8.49	3.96	2.49
85 以上	22.13	12.18	5.67	2.78

参见钮德明、关山等编著：《现代社会发展的国际经验研究》，海洋出版社1992年版，第141、150、151页。

其四，在"美"方面，倾力理解"美"是人类利益的对象化、价值取向的艺术化，以及我国先秦思想家老子提出的"美言可以市尊，美行可以加人"①的教诲。加强审美修养，提高审美情致，增强审美能

① 《老子·道德经》第六十二章。

力。既内优素质，又外美形象。做到心灵美、语言美、行为美、形象美，争做美的使者、美的表率、美的践行者、美的传播人，努力创造美好人生。马克思说过，"动物只是按照它所属的那个种的尺度和需要来构造，而人却懂得按照任何一个种的尺度来进行生产，并且懂得处处都把固有的尺度运用于对象；因此，人也按照美的规律来构造"①，美学家则"善于用最优美最谦恭的方式来表述思想"②。美又同人生最优化、社会最优化与环境最优化相统一。人生最优化、社会最优化与环境最优化的过程，即是人生、社会与环境不断美化的过程；人生最优化、社会最优化与环境最优化的实质，就是人生、社会与环境最大限度的美化。美的人生规定，必须全方位美化自身，尽可能使自身在心灵、语言、行为、形象各方面最美好化。

其五，在"劳"方面，全面把握劳动的创造性实质，树立"幸福不会从天降，美好生活靠劳动创造"③、"劳动最光荣、劳动最崇高、劳动最伟大、劳动最美丽"、劳动创造世界理念；大力弘扬"崇尚劳动、热爱劳动、辛勤劳动、诚实劳动的劳动精神"，尤其是"爱岗敬业、争创一流、艰苦奋斗、勇于创新、淡泊名利、甘于奉献的劳模精神"，"执着专注、精益求精、一丝不苟、追求卓越的工匠精神"；④ 深入投身劳动实践，辛勤劳动、诚实劳动、创造性劳动，为争取人生、社会与环境最大价值效益而竭尽全力。劳动分为体力劳动、脑力劳动和简单劳动、复杂劳动等。在一定意义上不仅"劳动创造了人本身"⑤，而且升华了人本身。劳动是主体与客体联系的纽带，是物质生产和精神活动的载体与过程，是物质财富和精神财富的源泉。劳动不仅是人类赖以生存和发

---

① 《马克思恩格斯文集》第 1 卷，人民出版社 2009 年版，第 163 页。
② 《马克思恩格斯全集》第 1 卷，人民出版社 1956 年版，第 210 页。
③ 习近平：《在知识分子、劳动模范、青年代表座谈会上的讲话》，《人民日报》2016 年 4 月 30 日。
④ 习近平：《在全国劳动模范和先进工作者表彰大会上的讲话》，新华社北京 2020 年 11 月 24 日电。
⑤ 《马克思恩格斯文集》第 9 卷，人民出版社 2009 年版，第 550 页。

展的基本条件，而且是社会发展的最直接最现实的动力。没有劳动就没有人类的昨天、今天和明天，没有劳动就没有人类世界。劳动还是人最大限度地造就和展示自身能力、提高和实现自我价值的主要方式。在这个意义上，它是人的本能需要。离开了劳动，就谈不上人生、社会与环境最优化。"行出于己，名生于人。"① 不劳而获者可耻，少劳多获者可辱，多劳多得者可敬，多劳少得者荣耀。每一个劳动者都应尽可能地学习、掌握和运用劳动知识技能，有一份热发一份光，用"平凡铸就伟大"②，为人生、社会与环境付出最大劳动，创造出累累硕果，无愧于人这个独具劳动能力的高级社会动物的光荣称号。

德、智、体、美、劳，是一个不可分割的整体。"德"不仅为宋代史学家司马光所说的"才之帅"，而且为五者（德、智、体、美、劳）之首，"智"（才）不仅为司马光所说的"德之资"③，而且为五者之魂，体为五者之本，美为五者之韵，劳为五者之实。有德无智是次品，有智无德是毒品，有德有智无体是残品，有德有智有体无美非上品，有德有智有体有美无劳为展品（样品），有德有智有体有美有劳才是精品。同时，人生素质的全面发展受到社会分工、社会物质条件、精神条件和环境条件、操作方式方法的制约。严格说来，它只有到了消灭旧的社会分工、业余闲暇时间充裕，物质财富极大丰富、人的思想觉悟极大提高，各尽所能、各取所需、按需分配的共产主义社会，才能真正实现。对此，马克思、恩格斯说道："个人的全面发展，只有到了外部世界对个人才能的实际发展所起的推动作用为个人本身所驾驭的时候，才不再是理想、职责等等"④，马克思、恩格斯作出这样的预言：未来社会，"任何人都没有特殊的活动范围，而是都可以在任何部门内发展，社会调节着整个生产，因而使我有可能随自己的兴趣今天干这事，明天

---

① 《逸周书·谥法解》。
② 习近平：《2021年元旦贺词》，《人民日报》2021年1月1日。
③ （宋）司马光：《资治通鉴》周纪一。
④ 《马克思恩格斯全集》第3卷，人民出版社1960年版，第330页。

干那事，上午打猎，下午捕鱼，傍晚从事畜牧，晚饭后从事批判，这样就不会使我老是一个猎人、渔夫、牧人或批判者"①，"每一个社会成员都能够完全自由地发展和发挥他的全部力量和才能"。② 但是，这并不排除在现有条件下的个人全面发展的可能性。事实上，按照人的极大潜能和社会现有条件，人们应该而且完全可以在人生素质建设方面争做"四士三模范"：即道德情操上的"共产主义战士"，学识上的"博士"，才智上的"院士"，体质上的"大力士"，优美上的"四美"（心灵美、语言美、行为美、形象美）模范，发明创造的模范，劳动奉献的模范。

2. 彰显重点，综合施策，因情制宜

人生素质建设，是一项系统工程。它涉及许多方面的内容，面临诸多任务和各种各样的情况。其中，既有主次轻重、难易缓急，又有常态建设、特殊建设；既需要彰显重点，又需要综合施策、因情制宜。

彰显重点，综合施策，因情制宜，指的是突出重点、系统施策、灵活对待。它规定，一方面，根据人生素质的构成特点、最佳需求，在分清不同类型的人生素质的前提下，集中优势力量攻坚克难，突出重点，以点带面，力求获得重点建设最大价值效益。另一方面，在充分考量人生素质的主次轻重、难易缓急基础上，统筹安排，将主、重、难、急素质摆在优先培养发展位置，把次、轻、易、缓素质放在随后培养发展位置，予以循序渐进地逐一或并列交叉完成，获得系统整体最大价值效益。再一方面，根据人生素质建设的常态普通性、健全性和特殊高端性、残缺性，以及人生素质的先天后天差异性和不同时期、不同条件的特点，在坚持原则、不忘初心、牢记使命的同时，因情而变、灵活发力、具体对待，特别是当德、智、体、美、劳失去平衡、发生矛盾时，予以平衡互补、适当倾斜、扬长避短、有所为有所不为，一切以整体最

① 《马克思恩格斯文集》第1卷，人民出版社2009年版，第537页。
② 《马克思恩格斯选集》第1卷，人民出版社2012年版，第302页。

大价值效益为转移。通过精准发力，实现人生素质建设个别与一般、部分与整体、静态与动态的价值效益最大化。

二、人生历程建设的最优化

人生建设的最优化，不仅是一项庞大的立体工程，而且是一个动态开放系统。它不仅需要素质建设的最优化，而且离不开历程建设的最优化。人生历程建设的最优化，大致由人生历程建设及其最优化的内在诉求、人生历程建设的最优化原则、人生历程建设的最优化方法三个方面构成。

（一）人生历程建设及其最优化的内在诉求

人生历程，即人生的经历与过程。它是主观意向与客观存在的统一、择优汰劣与开拓创新的结合。诚如当代美国作家尤金·奥尼尔所说："我们还没有意识到，生活就把一切给我们安排好了。一旦它安排我们做完一件事，它接着又会安排我们去做另一件事。到头来我们就会发现，发生的一切事情都介于二者之间，又像是被迫做的，又像你情愿做的，而你也永远失去了你那个真正的自我。"① 人是物质和精神的统一体。人生观念心态、理想志向，支配人生历程；人生历程，反映人生观念心态、理想志向。在一定意义上，有什么样的人生观念心态、理想志向，往往就会有什么样的人生历程；在某种程度上，有什么样的人生历程，往往就会有什么样的人生观念心态、理想志向。印度诗人泰戈尔强调："在人生的道路上，所有的人并不站在同一个场所。有的在山前，有的在海边，有的在平原上，但没有一个人能够站着不动，所有的人（现实的人）都得朝前走。"② 事物普遍联系，一切皆有可能，"世

---

① ［美］尤金·奥尼尔著：《漫长的旅程·榆树下的恋情》，欧阳基、蒋嘉、蒋虹丁译，湖南人民出版社1983年版。
② 许汝罗、王永亮主编：《思想道德修养与法律基础》（学生辅学读本），高等教育出版社2006年版，第91页。

上绝无所谓永远不会发生的事情"①，办法总是多于困难和问题。马克思主义认为，"人类始终只提出自己能够解决的任务，因为只要仔细考察就可以发现，任务本身，只有在解决它的物质条件已经存在或者至少是在生成过程中的时候，才会产生"②；"世界上什么事情都是'可能的'"③。至少在理论上，世界上没有办不成的属于人的事，只有办事得法不得法、努力不努力、成功不成功的人。人生历程变化多端，复杂多样，既有儿童、少年、青年、中年、老年不同人生阶段的纵向规定，又有这样那样的常境、逆境、顺境横向特点。春兰、夏荷、秋菊、冬梅一年四季花常开，少儿、青年、中年、老年人生随时能出彩。平素、不幸、幸运际遇多种多样，常境超常发展、逆境逆势而上、顺境顺势而进，人生无处不气派。人生历程建设，需要充分考量人生历程各种各样的属性特点，需要付出多元多维化关切，一一作出最正确科学的回应。人生历程建设的最优化，指的是人生历程规划、建构、设立的最佳化。其最正确科学的回应，重在以现实基础为起点，以最佳目标为导向，以最少投入、消耗为前提，以最小阻力风险为保障，以最短行动路线为途径，以最快前进速度为准则，以突出主线、全面协调为要义，以最大价值效益为宗旨。人生历程建设的最优化，必须在其整体最优化的前提下，既敢于"犯其至难而图其至远"④，又坚持理论与实践相结合，并且重在实践。这是由人生历程建设的最优化本质和实践，以及对于理论的来源性、动力性和检验标准性决定的。

（二）人生历程建设的最优化原则

　　人生历程建设的最优化原则，是基于人生历程建设及其最优化的内在诉求，按照相应需要和有关属性特点，进行人生历程建设的最正确科

① ［古罗马］塞捏卡：《致鲁西流书信集》。
② 《马克思恩格斯文集》第2卷，人民出版社2009年版，第592页。
③ 《列宁全集》第47卷，人民出版社1990年版，第493页。
④ （宋）苏轼：《思治论》。

学准则。它大致涉及五项内容。

1. 儿童精心培育，健康成长

儿童一般指 0~6 岁的人。他们是人生的花朵、社会的希望、人类的未来。儿童的发展潜力极大，可塑性特强。儿童精心培育，健康成长，即对儿童进行精心培养教育，使之健康发育成长。

儿童精心培育、健康成长要求，一方面，加强关爱照顾，注重身体安全、健康卫生。预防疾病感染，尽量不吃药打针，必要时少吃药打针，吃中药打小针不打吊针。注意膳食营养合理搭配，既不营养不全、营养失衡，也不营养过剩。

另一方面，根据儿童生理心理成长特点，及早开发，不误人时。人是最高级的社会动物和最富有灵性的超级生物。儿童有自身特定的内在潜能和成长规律。对此，古希腊著名思想家苏格拉底指出，所有人即"禀赋最优良的、精力最旺盛的、最可能有所成就的人，如果经过（适当）教育学会了他们应当怎样做人"，"就能成为最优良、最有用的人"；否则，"如果没有受过教育而不学无术"，"那他们就会成为最不好、最有害的人"。① 英国 17 世纪哲学家洛克则认为："人类之所以千差万别，便是由于教育之故。我们幼小时所受的影响，哪怕极微极小，小到几乎觉察不出，都有极重大极长久的影响。"② 及早开发、不误人时，可收到事半功倍的效果；延期开发、贻误人时，则事倍功半，甚至徒劳无益。杰出天才，大多赢在父母的远见卓识、适时及早开发其能力尤其是开发其智力的起跑线上；而庸人等闲之辈，则多半输在父母的无知失误、忽视适时及早开发其能力特别是开发其智力方面。

再一方面，注重家教家风，望子成才。家长是孩子的第一任和永久性教师，家庭是孩子的第一所学校，并且是孩子永远不毕业的学校。家教家风对于孩子的健康成长成才乃至一生发展，至关重要。必须高度关

---

① 金明华主编：《世界名言大词典》，长春出版社 1991 年版，第 678 页。
② ［英］洛克著：《教育漫话》；金明华主编：《世界名言大词典》，长春出版社 1991 年版，第 679 页。

注和重视优良家教家风的养成、传承和发扬光大优良家教家风，期望子孙后代成为优秀人才。

大量事实表明，家教有方、家风清正者，受益无限；家教不力、家风不正者，贻害无穷。古今中外，大凡成就一番伟业者无不得益于优良的家教家风；而多数青少年犯罪，都不同程度地受到低劣家教家风的影响。春秋时代的孔子三岁丧父，母亲秉承孔子祖先遗训，教子有道，把孔子培养成中国第一大圣人；孔家从此在孔子家训的感召下，世代文脉相沿，人才辈出，成为"天下第一家"。战国时期的孟子三岁父亡，母亲含辛茹苦，为造就出好孩子三迁居所，将孟子培养成亚圣，孟氏后人才俊兴旺。隋代著名学者颜之推，不仅著有影响深远的《颜氏家训》，而且后代人才济济。清代刘统勋世家"一门三公卿，父子同宰相"。刘统勋出身书香门第、官宦之家。祖父刘必显为进士、户部广西司员外郎，父亲刘棨为进士、四川布政使。刘统勋为进士、翰林院编修、内阁大学士、翰林院掌院学士，官至刑部尚书、工部尚书、吏部尚书、军机大臣等显位。他不仅治国功绩卓著，而且理家子贵孙荣。其子刘墉为进士，殿试本为第一名，乾隆皇帝为避嫌"官三代"沿袭功名令其屈居第二，与状元失之交臂，后为内阁大学士；其孙刘镮（刘墉的侄子）为进士，顺天府尹、户部尚书等。刘统勋世家先后出了 7 位二品以上的高官，11 位大学士。近代戊戌维新变法重要领导者梁启超，"一门三院士，九子皆俊才"。梁启超生有 5 男 4 女 9 个孩子，有 3 人成为院士，6 人学有大成。现代以国务委员、国家副总理钱其琛和全国政协副主席、中国航天之父钱学森，全国政协副主席、著名科学家钱伟长，以及诺贝尔奖得主钱永健（钱学森堂侄），著名科学家钱三强（全国科协副主席）、钱学榘（钱学森堂弟）、钱永佑（钱学榘之子）、钱永刚（钱学森之子），著名史学家钱穆、国学家钱钟书为代表的同祖同宗近亲钱氏家族，虽然族人不多，人口仅居全国姓氏第 89 位，但在《钱氏家训》营造的宣明礼教，读书第一，品高善为，"心术不可得罪于天地，言行皆当无愧于圣贤"，婚姻优优组合，"娶妻求淑女"，"嫁女择佳婿"，生活"勤俭为本"，笃信"成由勤俭破由奢"，为人"忠厚传家"，与人为善，志在"兴邦"利"天下"、利"万世"的清正睿智家教家风引领下，不仅唐代末年从吴越王钱镠开始，产生5位国王、5名状元、100多位诸侯将相，载入史册名人千余人，而且现代培养出100多名中国两院院士和欧美国家科学院院士，被誉为中国人才"井喷"家族，"千年名门望族，两浙第一世家"。出生于江苏的106岁老人王淑贞曾生下5男8女。她52岁失去丈夫，守寡54年，后辗转中国台湾，定居美国，创造出"13儿女均博士、颠沛流离育英才"的人间奇迹。儿女不仅个个都是博士，而且有3位被评为"美国十大杰出青年"，第11子李昌钰为世界著名大侦探，被誉为当代不可多得的当代福尔摩斯。王淑贞100岁时，克林顿总统夫妇一行前去为她祝寿，去世后奥巴马总统派专人参加葬礼。为纪念这位惊艳世界的伟大母亲，她的家乡江苏为她塑起一座高大的雕像。当今，寻常百姓家的浙江省瑞安市被誉为"博士老爹""人才魔术师"的原小学教师、个体医生蔡笑晚，则用"神仙"般的极度激励关爱方式，把6个孩子培养出5个中国科技大学、美国麻省理工学院和哈佛大学等国内外名校的博士学霸，1个名牌大学的硕士。陕西省延安市安塞区五里湾村被誉为"营造农家龙潭凤巢能手"的仅有初中肄业文化的农民吴治保和从未上过学的胡治爱夫妇，则靠朴实无华、敢为人先的"耕读"教子语言和吃苦耐劳、极为崇尚科学文化的拼搏精神，把5个孩子培养出4名清华、北大的博士和硕士，1名普通院校的本科毕业生。2017年中国校友会一项调查统计表明，改革开放恢复高考40年来，我国各省、市、自治区文理科状元，具有优良家教家风背景的教师家庭出身的占35.1%，遥居全国第一，而教师家庭却仅占全国家庭总数的1%，是全国家庭平均状元数量的35倍多；缺乏优良家教家风背景的农民家庭出身的状元仅占10.2%，为全国家庭平均状元数量的1/6，教师家庭平均状元数量的1/200，而农民家庭却占全国家庭总数的60%，是教师家庭数量的60倍。国外，瑞士贝努利家族曾连续产生11个著名数学家。美国爱德华家族其始祖爱德华是一位学识渊博的哲学家，仅他的 8 代子孙中就出了 13 位大学校长、100 多位教授、80 多位文学家、20 多位国会议员和一位副总统。与此相反，同时代的美国祖克家族，其始祖祖克是一个缺乏文化教养的赌徒酒鬼。他的 8 代子孙中竟有 300 个乞丐、7 个杀人犯和 60 多名盗窃犯。①

及早开发，不误人时，最重要的在于家庭和幼儿园及时尽早开发与利用儿童的各种潜能，顺应其自然发展规律，决不延误和违背其潜能开发与利用的最佳时机。

2. 少年朝气蓬勃，努力学习

少年一般指 7~17 岁（一说 7~14 岁）的人。人生许多美好的期待都聚集在少年身上。如同近代著名思想家梁启超在其《少年中国说》一文中所盛赞的那样：

> 少年如朝阳……少年者，前程浩浩，后顾茫茫……少年智则国智，少年富则国富，少年强则国强，少年独立则国独立，少年自由则国自由，少年进步则国进步……少年雄于地球，则国雄于地球。红日初升，其道大光；河出伏流，一泻汪洋。潜龙腾渊，鳞爪飞扬；乳虎啸谷，百兽震惶；鹰隼试翼，风尘吸张。奇花初胎，矞矞皇皇；干将发硎，有作其芒。天载其苍，地履其黄；纵有千古，横有八荒；前途似海，来日方长。美哉我少年中国，与天不老；壮哉我中国少年，与国无疆。②

少年确如"红日初升，其道大光"，前途无量，一年之计的确在于春，"一生最好是少年"③；更何况少小易学老难成，"少壮不努力，老大徒伤悲""花有重开日，人无再少年""一寸光阴一寸金，寸金难买

① 莫语：《数字知道答案》，北京邮电大学出版社 2006 年版，第 64 页。
② 梁启超：《饮冰室合集》"少年中国说"，中华书局 1989 年版。
③ 《李大钊选集》，人民出版社 1959 年版，第 485 页。

寸光阴"。

少年朝气蓬勃，努力学习，指的是根据"少年辛苦终身事，莫向光阴惰寸功"的古训，朝气蓬勃地学习基本生活常识技能，学习文化科学知识，学习做人成长成才本领。它规定，按照2014年"六一国际儿童节"前夕，习近平总书记在北京市海淀区民族小学师生座谈会上所说的"自古英雄出少年"，"古往今来，大凡很有作为的人，都是在少年时代就能够严格要求自己"，"只要从小就沿着正确道路走……努力做最好的我，在自己最好的方面，人生就会迎来一路阳光"的讲话精神①，珍惜大好时光，按照少年个性特点、成长成才规律，大力开展少年力所能及的各种积极健康有益的学习活动，加强培养、训练、教育，促进少年身心健康成长，尽快成才、早日成才。

3. 青年青春绽放，大展宏图

生理上的青年，通常指18~39岁（一说15~39岁）的人；文化心理上的青年，一般指20~49岁的人。青年身心开始走向并达到完全成熟，人生从此开花"结果"。青年既集学业、事业、恋爱、婚姻、家庭于一身，是重要的社会角色，又是学习、工作、发明、创造的最佳时期，是人生的光辉年华。北京大学教授、中国共产党早期创始人李大钊，曾对青年给予纵情讴歌："青年者，人生之王，人生之春，人生之华也。青年之字典，无'困难'之字；青年之口头，无'障碍'之语；惟知跃进，惟知雄飞，惟知本其自由之精神，奇僻之思想，锐敏之直觉，活泼之生命，以创造环境，征服历史"，"青年……背黑暗而向光明，为世界进文明，为人类造幸福；以青春之我，创建青春之家庭，青春之国家，青春之民族，青春之人类，青春之地球，青春之宇宙；资以乐其无涯之生"②。毛泽东把青年誉为"早晨八九点钟的太阳"，称赞"青年是整个社会力量"的"最肯学习，最少保守思想"，"最积极最有

---

① 《习近平谈治国理政》第1卷，外文出版社2018年版，第182、184页。
② 《李大钊选集》，人民出版社1959年版，第60、76页。

生气的力量"，叮嘱青年："希望寄托在你们身上"。① 习近平总书记则强调："青年是标志时代的最灵敏的晴雨表，时代的责任赋予青年，时代的光荣属于青年。""每个人的世界都是一个圆，学习是半径，半径越大，拥有的世界就越广阔。""创新正当其时，圆梦适得其势。"要"努力扩大知识半径，既读有字之书，也读无字之书，砥砺道德品质，掌握真才实学，练就过硬本领……拓宽眼界和视野，加快知识更新，优化知识结构，努力成为堪当大任、能做大事的优秀人才"。② "百金买骏马，千金买美人，万金买高爵，何处买青春？"这是清代诗人屈复《偶然作》一诗对人生青春的高度赞美，也是对珍惜青年人生的殷切呼唤！

青年青春绽放，大展宏图，即青年青春焕发、大显身手。它主张，青年根据自身生理心理优势，抓住精力充沛，敢想敢干、能想能干的大好青春时光，意气风发，斗志昂扬，开拓奋进。在处理好恋爱、婚姻、家庭问题的同时，努力在学业、事业上大胆创新，勇往直前；以高度的社会担当精神，不屈不挠的顽强拼搏斗志，创造出世界一流的业绩。

4. 中年如日中天，大放光芒

生理上的中年，通常指 40~59 岁甚至 69 岁的人；文化心理上的中年，一般指 50~79 岁的人。中年是人生之巅、社会中流砥柱，人生硕果累累，堪称"最好的年华"。③ 社会舆论，普遍对中年人生给予高度倾情赞颂：

　　　中年如日中天，人生灿烂辉煌；家庭核心灵魂，社会擎天

栋梁。

---

① 毛泽东：《在莫斯科会见我国留学生和实习生时的谈话》，《毛主席在苏联的言论》，人民日报出版社 1957 年版，第 15 页；《毛泽东文集》第 6 卷，人民出版社 1999 年版，第 466 页。

② 《习近平谈治国理政》第 1 卷，外文出版社 2018 年版，第 167、59、58 页。

③ 习近平：《在福建考察调研时的讲话》，《人民日报》客户端，2021 年 3 月 25 日。

角色任重道远，足迹四面八方；业绩达到巅峰，建树至高无上！

中年如日中天，大放光芒，指的是中年特别是 69 岁以前的中年珍惜大好时光、力争大有作为。它强调，在明确"船到中流浪更急，人到半山路更陡"规律，适当关注家庭事务和身心健康的同时，按照中年的生理心理特点和智力、业绩、地位"如日中天"的人生优势，抢抓得天独厚的大好时机，拼搏奋进；力求在青年成就的基础上，再接再厉，更上一层楼，为家庭、社会做出更大贡献，创造出惊天动地的丰功伟绩。

5. 老年老当益壮，老有所为

生理上的老年通常定义为 60 岁甚至 70 岁或 75 岁以上，文化心理上的老年一般定义为 80 岁以上。2016 年，世界卫生组织把老年规定为 75 岁以上者，并且这一规定的年龄还将持续向后延伸。其实，年龄对于自强不息、敬业创业者，除了岁月符号标识之外，别的没有多少意义。唐代诗人刘禹锡有一句久久令人传颂的诗句："莫道桑榆晚，为霞尚满天。"[1] 明代思想家顾炎武则留下一句意味深长的金言："苍龙日暮还行雨，老树春深更著花。"[2] 法国 18 世纪作家、哲学家伏尔泰认为："老年对傻瓜来讲，是负担；对不学无术的人来讲，是冬天；对学者来讲，是金色的秋天。"[3] 一些人甚至将老年视为人生从必然王国向自由王国的飞跃，是人生的"第二个春天"。但理性却告诉人们，老年毕竟是人生历程的最后阶段；然而，笑到最后的，却笑得最好。人生的"善始"、高峰固然重要，但作为"善终"的结局尾声，则更具有目的性和价值决定论意义。老年不仅是人生的夕霞、人生的"收获总结期"、尽享天伦幸福的年华，而且是人类知识经验丰富的"活资料"和

---

[1] （唐）刘禹锡：《酬乐天咏老见示》。

[2] （明）顾炎武：《又酬傅处士次韵》。

[3] 引自刘昌炎编译：《学者的年龄与创造》，《人才》1982 年第 11 期。

人生智慧的化身，子孙后代家人的精神、情感依托，维系亲情友情的核心、纽带，人生健康长寿的标志。人们常讲的"家有二老，胜似无价之宝；父母是子女的智慧宝库，父母在，子女永远聪明；父母是子女的揽草绳，父母在，子女团结一家亲；父母是子女的生命保护神，子女是父母永远长不大的孩子，父母在，自己永远年轻"，对于老年人生的褒扬评价，更是可见一斑。老年时期，虽然人体器官逐步老化或已经老化，视力、听力、记忆力、反应速度和运动能力、耐力等今非昔比，学习、工作效率、生活质量较之中青年时期有所下降；然而，大量研究成果表明，老年人身上却不乏令人鼓舞的因素，并不是所有器官都一起老化或同步老化；而是有些机能老化得特别晚、特别慢，甚至知识经验能力、概括抽象能力、系统综合能力、组合创新能力、稳健推进能力等会有所上升。发明创造之心，在相当多的老年人中，甚至老当益壮。联合国秘书长、世界权威组织领导者、许多国家的首脑和最高决策层领军人物，大量诺贝尔奖获得者、不少国家的科学院院士，哲学人文社会科学界的泰斗，大都是 60 岁左右甚至 70 岁、80 岁、90 岁以上的老年人。据统计，到目前为止，联合国秘书长年龄大多在 50 岁以上。新中国改革开放的总设计师邓小平 88 岁高龄，依然通过南方谈话，掀起全国改革开放新高潮；美国现任总统拜登 79 岁，才开始挺身上任，重整美国河山；津巴布韦总统穆加贝 93 岁时，仍然担任国家元首，治国理政；世界诺贝尔奖获得者的平均年龄为 59.14 岁，比 20 世纪 70 年代增加 20 岁。2018 年，美国 96 岁的科学家阿瑟·阿什金获得诺贝尔物理学奖，成为世界上年龄最大的获奖者。2019 年，美国 97 岁的科学家约翰·B. 古迪纳获得诺贝尔化学奖，再次突破年龄高峰。科学家预计这种年龄后移现象还将持续下去。2021 年，我国两院院士的平均年龄约为 80 岁。世界发明大王、美国科学家爱迪生，81 岁获得第 1033 项发明专利。2020 年全球暴发新冠肺炎疫情以来，我国著名传染病防治科学家、84 岁的钟南山院士，依然领军战斗在疫情防治第一线，再一次赢得了震惊世界的疫情防治巨大胜利。世界杂交水稻之父袁隆平院士 90 岁高龄，继续带领科研团队攻关克难，获得重大成果，他甚至表示"退休对我而言是不存在的"。诺贝尔物理学奖获得者杨振宁，99 岁高龄依然思维敏捷，笔耕不辍。我国著名经济学家、语言学家周有光教授，108 岁仍坚持写作并出版《周有光文集》。并且这种现象从古至今，呈现越来越凸显的趋势。

老年老当益壮，老有所为，即人老不服老、越老越健壮、越老越有为。对此，可概括为 4 句话 20 个字：

> 人老心不老，执意去创造；明知夕阳短，不鞭自奋跑！

老年老当益壮，老有所为要求，大龄者需引吭高唱老年人生之歌：

> 最美不过夕阳红，温馨又从容；
> 夕阳是陈年的酒，夕阳是迟到的爱，夕阳是未了的情；
> 夕阳无限好，哪怕近黄昏。
> 更何况暗夜里月明星朗，明天的太阳会更好；
> 生命不断进化，遗传变异，优胜劣汰，后代是自我的未来；"人通过生儿育女使自身重复出现"①。
> 长江后浪赶前浪，一代更比一代强！

另外，在适度享受人生、益寿延年、安度晚年的同时，人老心不老，青春犹在，不减当年，发愤忘食，乐以忘忧，不知老之将至。不仅致力总结经验，培育后代，做好传帮带工作，而且在创新尤其是发现、发明、创造大业征程中有所作为，大有作为，再立新功。特别是有一技之长的离退休人员，应彻底取消"离退休"观念，在一定意义上不妨把老年看作人生事业、生活的一个崭新起点，一次巨大解放，一种无拘

---

① 《马克思恩格斯文集》第 1 卷，人民出版社 2009 年版，第 195 页。

无束、自由自在、充分发挥自身优势特长和迅速赶超同龄人业绩的最佳良机，离岗不离职，离职不离休，身退心不退，离而不退，退而不休，结合一定社会需要，增热生辉，"银光闪耀"，大显身手，贡献卓著。[1]牢牢确立起"人生自古谁无死，留取丹心照汗青；面对死神向天歌，去留肝胆两昆仑；一旦别却人生路，化归日月与星辰"的博大胸怀，真正做到活到老，学到老，干到老，贡献到老，生命不息，奋斗不止，视死如归，死而后已！

（三）人生历程建设的最优化方法

人生历程建设的最优化方法，是遵循人生历程建设的最优化原则，结合具体需要和实际情况，获取人生历程建设最大价值效益的方法。它至少在利益关系及其价值取向层面，由三种方法组成。

1. 常境变常为奇，超常发展

常境，是通常所说的一般环境、常态环境。它是人们日常学习、工作和生活所遇到的正常环境。宋代理学家程颢，曾写有一首脍炙人口的《秋日》诗：

> 闲来无事不从容，睡觉东窗日已红。
> 万物静观皆自得，四时佳兴与人同。
> 道通天地有形外，思入风云变态中。
> 富贵不淫贫贱乐，男儿到此是豪雄。

诗中不仅将儒家的真性、道家的飘逸、佛家的机趣极其巧妙地融为一体，呈现出中国传统文化的多元统一之美，而且让人领略到常境所蕴含的看似寻常还非常淡定自若而又怡然自得的人生惬意高洁志趣。常境

---

[1]　参见张瑞甫著：《社会最优化原理》，中国社会科学出版社2000年版，第351、352、353页。

不常，人的一生大多在常境中度过，人生业绩的高低通常由常境造就。

常境变常为奇，超常发展，即大力改造常态环境，超越常规，获得大举进步。它要求，致力完成两项任务。

（1）改造常境，于无声处听惊雷

改造常境，于无声处听惊雷，即改造惯常环境，在常境中爆出非常，在无声中响出惊雷。它规定，按照人生环境最优化的属性特点，充分改造和大力优化、利用常态环境，在平常之中铸就伟大，在日常学习、工作和生活中创造出惊天动地的伟业，在平凡之中建树辉煌。我国四大发明指南针、造纸术、火药、印刷术，无一不是在生活常境中悉心观察、精心研究的结果。在西方，16世纪末叶以前，人们对古希腊学者亚里士多德的"物体愈重，下落愈快"的原理深信不疑。1590年意大利科学家伽利略，通过观察产生怀疑。他让两个轻重悬殊相差10倍的铁球，从54米的塔顶上同时下落，结果同时着地。这一简单直观而又生动形象的现场演示，一下子证实了亚里士多德观点的错误。[①] 该故事，堪称改造常境、于无声处听惊雷的著名范例。

（2）跨越式前进，化平常为神奇

跨越式前进、化平常为神奇，指的是跳跃式发展，变日常事务为神奇事业。它主张，以常境为基点，因陋就简，因势利导，因事因时因地因情制宜，从而出奇制胜地在平常之中发现不平常，以寻常可见的方式，创造出神话般奇迹。我国生物学家童第周，仅用在旧货店买到的一架破旧显微镜和几个金鱼缸，即做出被誉为生物界"奇迹"的生物繁殖研究成果；美国废品收购员法拉第，依靠废旧报刊中获得的知识信息学习与研究，即成为世界著名科学家。现实生活中诸如此类的事例数不胜数，值得人生最优化创业者大力效法。

2. 逆境化害为利，逆势而上

逆境，即与人生的美好愿望、价值取向相背离的生活情境。生活就

---

① 林加坤主编：《中外年轻有为历史名人200个》（外国部分），河南人民出版社1982年版，第104~108页。

像变幻莫测的风云天象和波澜起伏的浩瀚海洋，人生出现这样那样的逆境在所难免。关键是如何正确对待逆境，如何奋击逆境、化害为利。逆境化害为利、逆势而上，指的是弘扬大无畏的英雄主义精神，逆袭反击，坚决与逆境抗争，极力创造条件，变逆境为顺境，继而乘机而上。它规定，致力完成两个方面的任务。

（1）勇于抗争，变害为利

物质与精神不仅能够相互转化，而且能够相互促进。勇于抗争、变害为利，即坚定意志，勇于同一切不幸遭遇作斗争，积极创造条件，化害为利。斗争勇气，堪称人生的精神支柱；它不仅能够增强人生正能量，而且常使人生正能量超负荷发挥，创造出惊人的奇迹。据说，拿破仑有一位通讯兵身负重伤，伤势之重，以至当时就可毙命。然而，由于他重任在身，意志惊人，勇于同困难作斗争，骑马奔跑了几天几夜，直至到达目的地完成任务才死去。生活中常有一些历经磨难走出困境的人，每当他们回首惊险的往事，常常不寒而栗，甚至连自己也不敢相信当时会有如此惊人的胆识和耐力。医学家认为，这一切全凭人的勇气，是勇气激发了人体潜能，激活了人体沉睡的细胞，增加了能量激素，从而产生出应急爆发力量。相反，一个缺乏勇气的人，身处厄运往往会精神崩溃，甚至很快身亡。一个敢于牢牢驾驭命运之舟的强者，一旦摆脱厄运的困扰，大都会开创出非同寻常的伟业。我国汉代著名史学家司马迁，现代著名作家高士其、张海迪，苏联人民英雄奥斯特洛夫斯基，美国连任4届总统的"轮椅上的国家元首"罗斯福，英国当代著名天文物理学家霍金等，都有身残志坚创大业的生活经历。勇于抗争，变害为利要求，依据物质与精神相互转化、相互促进的特性，勇敢直面各种逆境困难，砥砺前行，千方百计战胜逆境困难，并且尽可能化害为利，促进自身事业最大限度地向前发展。

（2）善于利用，逆行而上

善于利用，逆行而上，指的是在变不利因素为有利因素，化不利情境为有利情境的基础上，逆向而上。古今中外大量人生理论研究和实践经验表明，一个伟人、一项大业的成功，不仅需要观念心态积极向上、目标正确、道路可行，方法科学高效，全力艰苦奋斗，信心百倍持之以恒，而且往往需要"高人指点""贵人相助"，需要"天时地利人和"的优越条件，有时在某些方面和一定程度，甚至还需要"小人的监督施压"和其他负面因素的刺激，亦即人们通常所说的逆境的历练。美国当代作家罗曼·文森特·皮尔在其《困难——生活的磨刀石》一文中指出："逆境要么使人变得更加伟大，要么使他变得非常渺小。困难从来不会让人保持原样的。"逆境与顺境的界限不是一成不变的，而是在一定条件下可以相互转化的。法国 19 世纪著名作家巴尔扎克说得好："世界上的事情永远不是绝对的，结果完全因人而异。苦难对于天才是一块垫脚石……对能干的人是一笔财富，对弱者是一个万丈深渊。"① 逆境对于不同的人所表现出来的结果会大不相同，甚至截然相反。更何况"幸运并非没有许多的恐惧与烦恼，厄运也并非没有许多的安慰与希望。"② 塞翁失马，焉知非福。逆境在特定条件下甚至能给人带来意想不到的好运。诚如美国著名成功学家拿破仑·希尔所说："从未受苦的人，只活了一半；从未失败的人，从未奋斗和向往；从未哭泣的人，从未享受真正的快乐；从未怀疑的人，从未有过思想。"③ 一个人的幸运与不幸在很大程度取决于主体人自身。无数历史事实反复证明并将继续证明，那些被逆境所征服的人，只能是贻笑世人的弱者，可怜巴巴的懦夫，灾难不幸的奴隶，艰难困苦的牺牲品。善于利用，逆行而上，一方面，明确"是非疑，则度之以远事，验之以近物，参之以平心"④，"把当前或即将到来的事情放在一个更大的参照系统中思考"⑤，与更长

① 杨栩编：《外国名人名言录》，新华出版社 1983 年版，第 76 页。
② ［英］弗兰西斯·培根：《培根论说文集》，水天同译，商务印书馆 1983 年版，第 19 页。
③ ［美］拿破仑·希尔：《成功法则全集》，刘津、刘树林译，地震出版社 2006 年版，第 315 页。
④ 《荀子·大略》。
⑤ ［美］欧尔·威尔逊语，引自田缘、张弘主编：《安东尼·罗宾潜能成功学》上册，经济日报出版社 1997 年版，第 101 页。

的时间跨度、更大的空间范围、更多的类似或更为恶劣的事件作比较，如同赤脚者看到无脚者那样，使之相对降维弱化，以平常心态获得一定心理平衡自慰。另一方面，冷静分析现状，找出原因，采取措施，既立足自我，自力更生，不屈不挠，顽强拼搏；又善假于物，求助外力，尽可能创造有利条件，使之由大变小、由小化了、变害为利，由逆境转化为顺境，进而乘机而上，走向胜利。

3. 顺境再接再厉，顺势而进

顺境，是与人生的美好愿望、价值取向相一致的生活情境。顺境再接再厉，顺势而进，即凭借现有顺利境遇，借势而上，干出一番理想大事业。它主张，致力做好两项工作。

（1）不负大好形势，借势而上

"虽有智慧，不如乘势。"① 不负大好形势、借势而上，即不辜负自己所面临的大好形势，高度珍惜和利用人生一切有利时机，更上一层楼。大好形势，由一系列积极因素构成，散布于人生的各个向位、层面和过程。弗兰西斯·培根有句名言："造成一个人幸运的，恰是他自己。"② "幸运的机会"既具有多元多维性，又具有来之不易、往而不复的特点。不负大好形势、借势而上要求，面对大好形势、有利时机，一定倍加珍惜、充分利用，造成优势积累，力争赋予每一个大好形势、有利时机以最大限度的人生价值效益，取得更多更大胜利。

（2）借助有利条件，乘胜前进

借助有利条件，乘胜前进，指的是凭借一切有利因素，乘机驾驭一切有利局势，再接再厉，勇往直前。马克思曾指出："当人们好像刚好在忙于改造自己和周围的事物并创造前所未有的事物时"，他们往往"战战兢兢地请出亡灵来为自己效劳，借用它们的名字、战斗口号和衣服，以便穿着这种久受崇敬的服装，用这种借来的语言，演出世界历史

---

① 《孟子·公孙丑上》。
② 参见李光伟编著：《时间管理的艺术》，甘肃人民出版社 1987 年版，第 64 页。

的新的一幕"①。古往今来，诸如此类的事例不胜枚举。社会在不停地前进，科技在飞速发展。人生犹逆水行舟，不进则退，甚至小进即退。要成就人生大业，必须从不懈怠，借助有利条件，乘胜前进。西方有人曾对43位诺贝尔奖获得者进行过跟踪调查，结果发现他们获奖前每年发表论文5~9篇，获奖后由于没有借助有利条件，乘胜前进，下降到每年只发表4篇。② 严酷的现实告诉人们，没有超人的永恒进取精神，没有生命不息奋斗不止的顽强拼搏意志和持续前进步伐动力，绝不会做出超人的一流业绩。如果居功自傲、不思进取，最终不仅会止步不前、功败垂成，甚至会"坐吃山空"，连仅有的一点成绩也会消失殆尽，从而前功尽弃，酿成不应有的悲剧。2018年5月2日，习近平总书记在北京大学师生座谈会上的讲话中强调："我们面临的新时代，既是近代以来中华民族发展的最好时代，也是实现中华民族伟大复兴的最关键时代"；"这是最大的人生际遇，也是最大的人生考验"③。借助有利条件，乘胜前进规定，必须永不懈怠，借助一切有利因素，抓住一切有利局势，尤其是当代所拥有的一切最为有利条件、最为有利局势，大干快上、再接再厉，不断创造出世界最佳业绩。

人生建设的最优化昭示人们：人生最主要的不在于起点的高低优劣，不在于际遇情境如何，甚至在一定意义上不在于能力的大小强弱，而在于按照人生建设的最优化要求，结合自身最优化的具体特点，以最佳原则、方法和坚韧不拔的信念、意志、力量，使人生素质建设持续不断地最优化和人生历程建设坚持不懈地最优化，在于全方位充分培植和释放人生正能量，永远彰显人生最优化风采。新时代每一位中华儿女，都应当无愧于"人"这个宇宙之最、天之骄子、万物之灵的至尊称号，都应当在人类历史进程中以特有的人生最优化理念、行动、风范，唱响人生最优化组歌：

---

① 《马克思恩格斯选集》第1卷，人民出版社2012年版，第669页。
② 王行健编著：《成功学圣经全集》，地震出版社2006年版，第282页。
③ 习近平：《在北京大学师生座谈会上的讲话》，新华社北京2018年5月2日电。

第一　人生赞歌

人生宇宙中，无时不风光，无处不辉煌——

春天：风和日丽，鸟语花香，
　　　生机盎然，充满希望。

夏天：电闪雷鸣，热火朝天，
　　　万物苍翠，千般气象。

秋日：天高气爽，山明水秀，
　　　硕果累累，丰收欢畅。

冬日：银装素裹，厚积重蕴，
　　　蓄势待发，能量欲张。

少年：人间骄子，朝气蓬勃，
　　　奋发学习，前途无量。

青年：意气风发，高歌猛进，
　　　建功立业，青春怒放。

中年：如日中天，魅力四射，
　　　建树超群，大放光芒。

老年：夕阳西照，云蒸霞蔚，
　　　尽享天伦，无限风光。

身处常境：你会一反常态，出奇制胜，
　　　　　轰轰烈烈，气冲霄汉，青云直上。

身处逆境：你会历练意志，增益"不能"，
　　　　　逆势而进，化害为利，斗志昂扬。

身处顺境：你会春风得意，如虎添翼，
　　　　　叱咤风云，笑傲寰宇，顺势而上。

即便是"百年之后"，魂归西天，你也会化作袅袅青烟、冲天火光，漫向云际霞端，变为映日彩虹，穿入闪闪星汉，化为耀眼明星，成为持久的精彩、永恒的辉煌！

第二　人生颂歌

人生有涯，功业无限，

争分夺秒垂青史，

虚度年华枉时间。

何不干他个山欢水笑，

怎不闯出个新地新天！

超然物外寻最优，

置身尘世求至善，

法天行健猛进取，

自强不息永向前；

累也心甘，苦也心甜！

成事在人，败事在天，

成也乐观，败也坦然。

精骛八极写春秋，

升华自我多奉献；

心广体健享天年，

不是神仙，胜似神仙！

第三　人生雄歌

人为万物灵，人生当自强；

把痛苦埋藏心底，把笑容写在脸上。

有头脑就应当会思考，

有双手就应当会创造；

能说话就应当会唱歌，

能走路就应当会舞蹈。

好男儿志在四方，莫埋怨命运无常；

只要你奋斗不息，便可无尚荣光！

人生苦短，时光一去不复返，

生命只有一次，逝去再也不能回到人间！

历史渐行渐远，未来越来越近，现实就在眼前；

昨天越来越多，明天越来越少，

今天更应当争分夺秒！

经历越来越多，感动越来越少，

价值效益唯应选创最高！

想就想得最优，干就干得最好，

做人务求高尚，活就活出个人样！

好男儿永远高唱《中国志气歌》：

中华好儿孙，落地就生根；

脚踏三山和五岳，手托日月和星辰；

……

堂堂七尺男儿身，顶天立地掌乾坤！

第四　人生壮歌

是花儿就要迎风绽放，

是雄鹰就要展翅飞翔，

是人类就要尽可能彰显正能量！

哪怕是摧残了花枝花瓣，

哪怕是损伤了肢体翅膀，

哪怕是代价付出多么高昂！

这是生命原本的法则律动，

这是宇宙固有的本质张扬，

这是人生真谛的呐喊奔放！

彩虹总是出现在风雨过后，

阳光总是照耀在蓝天之上；

不幸者与幸运者都有共同的梦想——

向着太阳笑迎灿烂，

向着明天放射光芒!

第五　人生凯歌

我虽然年幼无知,

　　但我却最富有潜在的力量。

我虽然年轻鲁莽,

　　但我却敢想敢干斗志昂扬。

我虽然年老体弱,

　　但我却尽享收获别具风光。

我虽然个头不大,

　　但我却是浓缩的人生精华。

我虽然其貌不扬,

　　但晏婴、孔子不也与我同样?

我虽然不是博士,

　　但牛顿、爱迪生不也彼此照常?

我虽然地位不高,

　　但哪一名伟人不是从低级向高级成长?

我虽然也有缺点,

　　但哪一位名家又能时时处处比人见长?

噢——

我永远是世界上最好的我,我因世界而最优,

世界因我最辉煌!

第六　人生欢歌

在宇宙星空中,我是哪一颗?

在人海浪花里,我是哪一朵?

在认识和创造世界的大军中,

那开拓奋进的就是我;

在造福人类的浩荡长河里，
那奔腾不息的就是我！
不需要你认识我，不需要你知道我，
我把人生注进天地山河！
不需要你赞美我，不渴望你报答我，
我把光辉融入灿烂星座！
我只需要做一个无愧于人的个人，
我只希冀成为一个奉献人类的自我！
世界知道我，人类明白我，
世界不会忘记我，人类永远铭记我！

第六章 最优学的宏观指向：经济、政治、文化、社会与生态文明建设的最优化

经济、政治、文化、社会与生态文明建设，是以人生建设为统领的人类社会存续和发展的五大支柱建设。它不仅是一般哲学、人文社会科学乃至某些自然科学和综合科学关注的主要领域，而且是最优学研究的重要内容。最优学的宏观指向：经济、政治、文化、社会与生态文明建设的最优化，可谓最优学的核心宗旨：人生建设的最优化的多元多维拓展与深化。

一、经济、政治、文化建设的最优化

经济、政治、文化建设的最优化，堪称最优学宏观指向的最基本的三个应用部分，应当予以全方位发展和充分完善。它主要包括经济、政治、文化建设及其最优化的寓意解读，经济、政治、文化建设的最优化原则，经济、政治、文化建设的最优化方法三项内容。

（一）经济、政治、文化建设及其最优化的寓意解读

"经济"一词，本义为经邦济世、泽惠民生、简约便利等。《晋书·殷浩传》载有"足下沈识淹长，思综通练，起而明之，足以经济"。唐代诗人杜甫在其《上水遣怀》一诗中写有"古来经济才，何事

独罕有。"《宋史·王安石传论》载道："以文章节行高一世，而尤以道德经济为己任。"当今，中外"经济"一词主要指物质生产及其经营交换、流通分配、生活消费。经济堪称人类社会存续和发展的基础；经济基础决定政治、文化等上层建筑，上层建筑对经济基础具有反作用。"政治"一词，原意为运用正确文明的方式管理国家民众，料理社会事务。

《尚书·毕命》写有"道恰政治，泽润生民"；《周礼·地官·遂人》记有"掌其政治禁令"；《管子·宙合》载有"操分不杂，故政治不悔"之说。孙中山先生认为："政治两字的意思，浅而言之，政就是众人之事，治就是管理众人的事。"[1] 政治的实质，在于运用政权特别是法律治理国家，管理民众社会。"政治"（Politics）一词，在柏拉图的《理想国》、亚里士多德的《政治学》等文献中亦大量使用，其含义与汉语中的"政治"基本相同。"政治"既是"经济的集中表现"[2]，又是强制性刚性管理活动。"文化"一词，最早见于南宋学者王融的《曲水诗序》"设神理以景俗，敷文化以柔远"，泛指一切人类文明。现代的"文化"一词，主要有三种含义：一种是文明的同义语，指人类社会的一切物质文明、精神文明现象；一种指与物质文明相对应的哲学、人文社会科学、自然科学、综合科学精神文明形态；一种仅仅指与经济、政治、教育、科技、卫生、体育、军事、外交等相对应的文学艺术。文化，有物质文化与非物质文化之分。物质文化是物质文明的同义语，非物质文化即精神文明。恩格斯曾指出："最初的、从动物界分离出来的人，在一切本质方面是和动物本身一样不自由的；但是文化上的每一个进步，都是迈向自由的一步。"[3] 文化，作为人类特有的现象，是人类文明的超级标志，具有鲜明的历史性、民族性、传承性、统一性、发展变化性。文化有三大特质、五大功能、两大作用，即文化自觉

---

① 《孙中山选集》下册，人民出版社 1981 年版，第 692 页。
② 《列宁选集》第 4 卷，人民出版社 2012 年版，第 407 页。
③ 《马克思恩格斯文集》第 9 卷，人民出版社 2009 年版，第 120 页。

特质、文化自信特质、文化自强特质和承载信息功能、教化育人功能、促进发展功能、审美价值功能、导向引领功能，以及人化作用和化人作用。文化的人化作用，即人类认识和改造、创造世界造福自身，使世界人化或曰创造人化世界的作用；文化的化人作用，即人类认识和改造自身、升华自身、造福自身，使自身文明化的作用。文化的人化作用和化人作用二者相互规定、互相促进，从而使人类成为文明化与社会化、世界化的结合体，让社会、世界成为人化社会、人化世界与化人社会、化人世界的统一。① 经济、政治、文化建设，即经济、政治、文化的建造、创设。经济、政治、文化建设的最优化，指的是经济、政治、文化建设最高度的科学化，富有成效化。其根本任务是，最大限度地集中全社会的智慧和力量，调动一切积极因素，通过高端引领、前瞻设计、创新驱动、重点突破、综合施策、协同发力、整体推进，让一切劳动、知识、技能、管理、资本、信息、服务等的活力竞相迸发，让一切创造社会财富的源泉充分涌流，让一切发展成果最大限度而又公平、公正地惠及全体人民。它在最优学的宏观指向中居于重要地位，发挥着重大作用。

（二）经济、政治、文化建设的最优化原则

经济、政治、文化建设的最优化原则，即根据经济、政治、文化建设及其最优化的寓意解读，按照相应需要和有关属性，尤其是科学发展观的以人为本、统筹兼顾、全面协调可持续的总体规定和创新、协调、绿色、开放、共享的实现形式，所制定和遵循的最正确科学的准则。它主要有四项。

1. 以人为本，统筹兼顾

人类不仅体现和彰显着宇宙的最高本质特点、至上层次发展规律，而且一切活动都是为了人。以人为本，即以人为本位，以人民为中心，

---

① 张瑞甫著：《社会最优化原理》，中国社会科学出版社 2000 年版，第 267~269 页。

无论经济建设的最优化，还是政治建设、文化建设的最优化，都要以人类最小投入消耗、最大价值效益为最佳方式和出发点与归宿。经济、政治、文化建设的最优化，是一个多元多维系统，不仅有主次轻重之分，而且有难易缓急之别。必须统筹兼顾，才能实现三者的整体最优。统筹兼顾，指的是在立足人生建设最优化的前提下，全面兼顾经济、政治、文化建设的最优化。

以人为本、统筹兼顾要求，一方面，无论人的认识活动还是实践活动，都必须紧紧围绕人类的最大价值效益展开，积极回应人民的各种利益关切，尽可能地做到一切为了人，为了人的一切；包括以人民为中心，为了人民的最大利益、愿望和要求，甚至为了改造社会不良分子使之变为社会合格公民；并且当个人利益与集体利益、社会利益，集体利益与社会利益发生矛盾时，个人利益服从集体利益、社会利益，集体利益服从社会利益。这同样是由后者对前者在质量、数量、能量上的至上性和人类最大价值效益取向交互作用的结果。

另一方面，必须按照马克思主义创始人提出的"给所有的人提供健康而有益的工作，给所有的人提供充裕的物质生活和闲暇时间，给所有的人提供真正的充分的自由"①，使"所有人共同享受大家创造出来的福利"的指示精神②，紧紧围绕人的生存、发展和享用需要，高度统筹兼顾经济、政治、文化建设的最优化内部及其相互之间的关系，使之达到最大限度的和谐统一。

再一方面，鉴于发展反映着事物运动变化的本质属性，体现着事物由小到大、由低级到高级、由旧质到新质的螺旋式上升、波浪式前进总趋势，根据人类社会永续发展的必然性、至上性，必须始终把"发展"作为经济、政治、文化建设最优化的主格调，使改革、稳定、公平、效益乃至休养生息，为保障发展和促进发展服务，为获得最好、最快、最

---

① 《马克思恩格斯全集》第 21 卷，人民出版社 1965 年版，第 570 页。
② 《马克思恩格斯选集》第 1 卷，人民出版社 2012 年版，第 308 页。

高的发展提供有利条件；必须确保发展内容、形式与方略的最优化，特别是发展目标的最高度正确科学、发展要素的充分繁荣发达、发展结构关系的全面协调、发展代价的相对最小、发展路线的相对最短、发展速度的尽可能最快、发展环境最大限度的友好、发展过程尽可能的优化、发展效益最大限度的提高、发展成果更加公平公正共享，更好更多地惠及人民群众。

最后方面，必须突出重点，兼顾一般。紧紧围绕经济、政治、文化建设最优化的中心任务，服务大局，抓住发展重点和主要环节带动一般，全面安排经济、政治、文化建设最优化整体，形成最佳良性互动新格局。在经济、政治、文化建设进程中，力求先主后次、先重后轻、先易后难、先急后缓，固根本、培元气，强长板、扬优势，补短板、促弱项，保重点、顾全局，升整体、增效益、惠民生，促发展、至永远；并且当主次轻重、难易缓急发生矛盾时，灵活机动，因时因地因事因情制宜，必要时可打破常规，对主次轻重、难易缓急作出超常规调整，一切以获取发展总体最大价值效益为转移。

当今，尤其需要在坚持"生命至上、安全第一"①、健康第一，致力新冠肺炎疫情防控工作常态化和全面建成小康社会的同时，进一步完善我国正在实行的机关、事业与企业单位退休金并轨改革。对此，应牢牢坚持和全面贯彻盘活存量、激活增量、统筹大量、用好能量的改革精神和按劳分配为主体、其他分配形式为补充原则，分类分级设定，防止平均主义、"大锅饭"再度出现，确保机关和非营利事业单位人员退休金在扣除物价上涨因素影响后每年适度提高其实际收入水平，在特殊情况下至少不降低退休人员的原有生活质量。其正确科学的具体做法有三种：一是机关和非营利事业单位人员的退休金更多高于企业单位退休人员。机关和非营利事业单位高级领导、高级公务员、高级知识分子、有突出贡献人员的退休金更多高于其他人员，且由国家统筹安排。因为，

① 《习近平谈治国理政》第3卷，外文出版社2020年版，第38页。

机关和事业单位的劳动大多属于复杂劳动，单位时间创造的价值较多，且工资上须封顶；企业单位的劳动大多为简单劳动，单位时间创造的价值较少，且工资上不封顶。前者的劳动报酬在其工作期间通常未得到充分实现，而后者的劳动报酬在其工作期间一般得到较充分实现。二是老人老办法，新人新规定，"中人"就高不就低，适度向老人、"中人"倾斜。因为，老人、"中人"业绩高、历史亏欠多，提职增薪机会少、空间小；新人业绩低、历史亏欠少，提职增薪机会多、空间大。三是对于国家退休金制度改革规定的 2014 年 10 月前达到国家法定退休年龄而因工作需要延期退休的人员，补发其从 2014 年 10 月到实际退休时每年增发的退休金；不然，如果不分退休年龄大小"中人"一律以 2014 年 10 月退休金为界，则违背多劳多得的社会主义按劳分配原则。

2. 自力更生，借助外援

事物自己运动、自我完善、普遍联系、相互转化、永恒发展的内在规定和普遍规律，决定了经济、政治、文化建设的最优化必须自力更生、借助外援。自力更生、借助外援，即依靠自身的力量更新自身、生发自身，适当借助外来援助拓展壮大自身。自力更生、借助外援，可谓我国世代恪守而又不断发扬光大的优良传统。从《周易》的"自强不息""厚德载物"思想，墨子的"兼相爱，交相利"理念，荀子的求诸己而又"善假于物"观点，① 到毛泽东的"自力更生""艰苦奋斗""希望有外援，但是我们不能依赖它"的建国方略②，以及新一代中国共产党人基于"人类命运共同体"理论提出的立足本国建设、坚持对外开放战略，无不贯穿着自力更生、借助外援的宝贵思想。自力更生、借助外援规定，大力传承和光大相关优良传统，牢牢坚持自力更生为主、借助外援为辅的经济、政治、文化建设的最优化方针，坚持立足自身建设最优化，最大限度地依靠自己力量更新、生发自身，充分借助外在力

---

① 《周易·乾象传、坤象传》，《墨子·兼爱》，《荀子·劝学》。
② 《毛泽东选集》第 3 卷，人民出版社 1991 年版，第 1016 页；第 4 卷，第 1439 页。

量援助拓展、壮大自身。特别是在投入消耗最少、价值效益最大的前提下，在大力发展自主创新和劳动力充分就业，资源设备充分利用，耕地面积红线不变的基础上，尽可能充分开展高盈利高附加值的国际生产、经营、贸易往来，尤其是物美价廉的粮食进口等。求诸己者治人，求诸人者治于人。自力更生、借助外援，必须既防止孤家寡人、闭关锁国政策，甚至"扛着船过河"不为所用反为所累的不明智之举，又要明确"拐棍只助走路，不宜奔跑"的真理，防止放弃自我发展，单纯依赖外援、事事依靠他人别国、跟随他人别国之后亦步亦趋的懒惰消极落后错误做法，防止自力更生为辅、借助外援为主的本末倒置行为。因为，一方面，只有自身的才是社会的，只有民族的才是世界的。只有立足自力更生、借助外援，才能最有效、最可靠地建设自身。另一方面，任何外援都是有条件的，而不是一厢情愿，"外援"必须依"外愿"为前提。再一方面，外援的代价往往相当高昂，常常以牺牲受援者的一定自主权和未来建设的较大发展利益为代价，互利共赢情况并非普遍存在。如果主辅倒置，甚至放弃自身建设，单纯依赖外援，到头来不仅"外援"可能变成"外侵""外患"，受制于他人别国，被牵着鼻子走，处处被动"挨打"，而且还可能导致借而无援，援而无助，整个经济、政治、文化建设的最优化失去"造血功能"、自我建设能力，陷入寄生瘫痪附属境地。

3. 因情制宜，量力而行

情况不断变化，建设没有止境，发展永不停息。事物发展的主客观条件，决定了经济、政治、文化建设的最优化必须因情制宜、量力而行。因情制宜、量力而行，指的是因不同情况而不同对待，据实际力量尽力而为。它主张，按照现有情形和实际需要，最正确科学地制定和实施各项经济、政治、文化建设的最优化规划，特别是尽可能制定出和实施好各种建设的最优化目标，确定出和安排好其人力、物力、财力、时间投入、消耗形式、规模、步骤，根据自己的实力尽量采取相应行动，决不"脱离实际轻举妄动"，不"关起门来造计划，凭想当然去行动"，不"接受任务拍胸脯，遇到困难拍脑袋，解决困难拍大腿，出了问题拍屁股"。必须务求实效，善做善成。

当前，应坚决反对官僚主义、形式主义、政绩工程、形象工程和大肆挥霍、铺张浪费，反对不切实际的滥花明天的钱办今天的事，慷国家之慨圆个人之梦的畸形建设。按照国家《乡村振兴促进法》"严禁违背农民意愿、违反法定程序撤并村庄"规定，严厉惩治某些地方刚刚解决温饱问题即头脑发烧、忘乎所以地违背中央有关规定，打着"新农村建设"和"破除城乡二元结构""提高农村城镇化水平"旗号，凭借"土地增减挂钩""土地所有权、承包权、使用权三权分置"和"土地流转、规模经营"幌子，强制性而不是示范引导自愿性的野蛮大肆拆除新旧农房、合村并户城镇化，带有西方国家资本原始积累时期"羊吃人圈地运动"变形嫌疑的飓风式扫荡型"房吃人圈地运动"、地赶人征地运动等大肆侵吞农民利益的行为；防止部分乡镇在官僚主义者的淫威、开发商的利益驱动下农民"被上楼""被进城""被市民化"，在上级领导政绩驱动和村干部积极奉迎乱作为下某些农村"被城镇化"。农民市民化、农村城镇化，其实是一个极其漫长的自然历史过程。对此，既要正确积极引导，又要遵重客观发展规律，扎实稳妥进行。诚如习近平总书记所指出的那样：农民市民化、农村城镇化，"要充分尊重农民意愿，让他们自己选择，不能采取强迫的做法，不能强取豪夺，不顾条件拆除农房，逼农民进城，让农民工'被落户''被上楼'"。要反对"以城吞乡、逼民上楼"，"城镇化和城乡一体化，绝不是要把农村都变成城市，把农村居民点都变成高楼大厦"。① 即便是农民自愿、条件成熟，也应按照"让居民望得见山、看得见水、记得住乡愁"的原则规划建设。② 高度警惕和大力避免变相的早已被严酷历史事实证明是"左"的错误的"人民公社化运动"在某些方面和一定程度卷土重来；切实大兴因时因地因事因情制宜实事求是文明之风，大倡量力而行光明

---

① 中共中央文献研究室编：《习近平关于社会主义经济建设论述摘编》，中央文献出版社2017年版，第163、169页。

② 同上书，第169页。

之道；坚决同一切非最优化建设、反科学发展的观念和行为作斗争。

4. 全面协调可持续科学发展

经济、政治、文化建设的最优化，作为多种因素交互作用高度有机化的系统整体，是一个连续不断的历史过程，只有实现全面协调可持续科学发展，才能达到最优建设，实现最优发展。如同人体组织的健康成长，各部分器官必须按一定比例规则协调一致，相互配合，才能防止气质性病变。全面协调可持续科学发展，即经济、政治、文化建设全面协调有序，具有永久接续性，能够达到最科学的发展。它强调，按照科学发展观特别是"创新、协调、绿色、开放、共享"的发展新理念，全面制定和实施经济、政治、文化建设最优发展规划，充分优化发展要素及其内部结构比例、外部环境条件等纵横交错的关系，力争人力、物力、财力、时间最合理配置，开源与节流并举，内涵建设与外延建设并重，个人收益与社会收益相统筹，区域发展、国内国际发展相配合、经济效益、政治效益、文化效益与社会效益兼顾，并且以社会效益至上；大力开发与利用新动能、新技术、新业态、新模式，培植新的产业增长点、效益增长极，提升经济、政治、文化建设的至优高效永续性，以最佳方式达到经济、政治、文化建设的最大价值效益。

经济、政治、文化建设的各项最优化原则相互支持，如果用诗化语言表述，可概括为：

以人为本顺天意，统筹兼顾最合理。
自力更生物本性，借助外援不得已。
因情制宜求实效，量力而行特适宜。
全面协调可持续，价值效益大无比。

（三）经济、政治、文化建设的最优化方法

经济、政治、文化建设的最优化方法，是按照经济、政治、文化建设的最优化原则，结合具体需要和实际情况，所制定和坚持的相关最佳方略法术。它主要有4种。

1. 致力经济全面发展

经济，作为整个社会生产、生活与交往的基础，不仅必须优先发展、持续发展，而且应当全面发展。致力经济全面发展，即按照资源最少投入消耗、经济最大价值效益取向，使各种经济要素充分增长，经济结构充分优化，经济效益充分显现。

致力经济全面发展要求，最大限度地做好六项工作。

其一，进一步"深化对劳动和劳动价值论的认识"①，正确看待有关阶级和资本主义成分问题，为经济全面发展澄清和消除模糊与错误认识，提供强力思想保障。

传统劳动和劳动价值论认为，劳动主要指物质生产劳动，劳动价值即物质生产的劳动价值；商品仅仅是用来交换的物质劳动产品；阶级出身与人的道德品质完全相一致；社会主义社会应排除一切资本主义经济成分；等等。

针对传统劳动和劳动价值论存在的简单、片面和脱离实际等一系列突出问题，2000年，中共中央《关于制定国民经济和社会发展第十个五年计划的建议》明确提出，"随着生产力的发展，科学技术工作和经营管理作为劳动的重要形式，在社会生产中起着越来越重要的作用。在新的历史条件下，要深化对劳动和劳动价值论的认识"②。2001年，江泽民《在庆祝中国共产党成立八十周年大会上的讲话》中进一步指出，"现在，我们发展社会主义市场经济，与马克思主义创始人当时所面对和研究的情况有很大不同。我们应该结合新的实际，深化对社会主义社会劳动和劳动价值论的研究和认识"③。2002年，江泽民在中共"十六大报告"中强调，"要尊重和保护一切有益于人民和社会的劳动。不论是体力劳动还是脑力劳动，不论是简单劳动还是复杂劳动，一切为

---

① 《人民日报》2000年10月19日。

② 同上。

③ 《人民日报》2001年7月2日。

我国社会主义现代化建设作出贡献的劳动，都是光荣的，都应该得到承认和尊重"；要"营造鼓励人们干事业、支持人们干成事业的社会氛围"，"加快发展现代服务业，提高第三产业在国民经济中的比重"，"确立劳动、资本、技术和管理等生产要素按贡献参与分配的原则"。① 此后，中共历次党代大会和相关重要文献均作出相应不同形式的表达。2012年，胡锦涛在中共十八大报告中提出，要"完善劳动、资本、技术、管理等要素按贡献参与分配的初次分配机制"。② 2013年，中共中央《关于全面深化改革若干重大问题的决定》强调，要"健全资本、知识、技术、管理等由要素市场决定的报酬机制，让一切劳动、知识、技术、管理、资本的活力竞相迸发，让一切创造社会财富的源泉充分涌流，让发展成果更多更公平惠及全体人民"。③ 2017年，习近平总书记在中共十九大报告中则提出，"坚持按劳分配原则，完善按要素分配的体制机制，促进收入分配更合理、更有序"。④ 2019年，中共中央《关于坚持和完善中国特色社会主义制度、推进国家治理体系和治理能力现代化若干重大问题的决定》进一步强调，要"健全劳动、资本、土地、知识、技术、管理、数据等生产要素由市场评价贡献、按贡献决定报酬的机制"。⑤ 学术界对此进行了广泛深入持久的讨论，形成一系列新的理论观点。

这些理论观点认为，劳动是体力劳动和脑力劳动的总和，劳动价值即一定体力劳动和脑力劳动的积极有用性。商品不仅包括用来交换的劳动产品，如粮食、棉花、油料、住房、工具、机器等，而且包括用来交换的非劳动产品，如阳光地带、绿水青山（"绿水青山就是金山银

---

① 《人民日报》2002年11月18日。
② 十八大报告辅导读本编写组编著：《十八大报告辅导读本》，人民出版社2012年版，第36页。
③ 《人民日报》2013年11月18日。
④ 《人民日报》2017年10月28日。
⑤ 中共中央：《关于坚持和完善中国特色社会主义制度、推进国家治理体系和治理能力现代化若干重大问题的决定》，新华社北京2019年11月5日电。

山"①　)、天然氧吧、矿藏宝地、珍稀物种、优势区位等。人们在市场上购买商品，目的是为了使用，看中的只是商品的使用价值特别是其使用价值的有无与高低，而无须考量商品劳动含量的有无和多少。实际上，商品是并且只能是用来交换的具有一定使用价值的物质或非物质形态，商品的价值即商品用来交换的使用价值。这种使用价值，可以由劳动创造，也可以由天然生成；可以由体力劳动创造，如农业产品、工业产品的创造，也可以由脑力劳动创造和其他生产要素创造，如教育、科技、文艺、卫生、管理、安保、信息、服务，以及固定资本、流动资金等的创造。劳动只是创造商品价值的部分要素、充分条件，而不是其全部要素、充要条件；劳动只有在撇开其他价值创造要素不计的情况下，才具有价值创造的唯一属性。商品的"价格"本质上是"商品价值的货币表现"②；世界上从来不存在只有价格而没有价值的商品，商品的价格不能脱离商品的价值而独立存在，有价格必然有价值。劳动力成为商品的条件，除了劳动者有人身自由，可以自由地出卖自己的劳动力之外，并不一定穷到"一无所有"才去出卖自己的劳动力；而是多数人在拥有一定的财富积累之后，为了进一步提高和改善生活质量也会出卖自己的劳动力，现代社会尤其如此。工人的工资本质上既不是由工人自己生活资料的价值、工人受教育的费用、工人用来养活家属子女的费用三部分构成，也不是一般劳动力的价值，而是工人劳动的价值。因为，一方面，无论工人劳动与否，工人的上述三部分价值、费用都是一定的，而雇佣者支付给工人的工资无须考量工人的这三部分价值、费用支出，而通常仅仅考量工人在劳动过程中实际支出的劳动量。那些尽管也有这三部分价值、费用支出的不劳动的工人，雇佣者从来不会并且也没有义务和没有如此高尚的人道施舍精神支付给他们工资。即使支出一定劳动量的工人，也只能是按劳分配，多劳多得，少劳少得。另一方面，

---

① 《习近平谈治国理政》第 3 卷，外文出版社 2020 年版，第 19 页。
② 《辞海》缩印本，上海辞书出版社 1989 年版，第 249 页。

劳动力是一个具有多层次含义的概念。它一是指具有劳动能力的人,如某单位拥有多少个劳动力;二是指处于劳动过程中的人,如正在劳动的农民、工人、教师、科技人员、文艺工作者、卫生人员、管理者、安保人员、信息人员、服务人员;三是指工人在劳动过程中实际支出的劳动力,亦即劳动量。很显然,按照马克思关于"工资"是"用以购买一定量的生产性劳动力"的价值或价格的观点①,雇佣者所支付给工人的工资,通常仅仅包括劳动力的第三种形态:工人在劳动过程中实际支出的劳动力,亦即劳动量。雇佣者的管理劳动也创造价值,雇佣者的盈利或曰利润、剩余价值,本质上并不是雇佣工人的剩余劳动创造的,而是雇佣者的管理劳动创造的,或曰雇佣者管理劳动的报酬。社会作为相互联系、相互规定的有机整体,其正当合理部门行业,如同人体组织器官,都有其存在的价值,都以其特定的职能创造着社会价值,都应当以社会"要素"形式参与社会的物质和精神产品分配。剥削,作为无偿占有他人劳动成果的行为,在充分发育和健全完善的市场经济尤其是民主法治的社会主义市场经济条件下,根本不会存在。在这样的条件下,既不存在脑力劳动者对体力劳动者的剥削,也不存在体力劳动者对脑力劳动者的剥削,更不存在彼此之间的互相剥削,而是本质上彼此不同形式劳动成果的等价交换。剥削主要来自国家不合理的纸币印制、投放,不合理的税收、摊派,不合理的分配、福利、救济、扶贫、权力寻租、权钱交易、贪污腐败,以及干不干一个样、干多干少一个样、干好干孬一个样的平均主义、大锅饭政策,不合理的制度安排和各种形式的经济、政治、文化垄断、欺诈、压迫、横征暴敛、巧取豪夺等。与此相反的合理科学准则,自然是真正意义的民主法治经济,即排除非公平、非公正因素,以及信用货币、虚拟货币诸多因素影响的等价交换和按劳分配为主体的按社会生产、流通、生活要素贡献分配。剥削从来无功,只有过错;在任何国家任何

---

① 《马克思恩格斯选集》第1卷,人民出版社2012年版,第331页。

社会都应当受到严厉批判、制裁和清除。① 传统"劳动和劳动价值论"充其量仅在全面撇开其他所有价值创造要素的情况下，对实际的价值创造劳动和一定人道主义，以及激发某些劳动者的社会变革热情才有实际意义。

不仅如此，不少学者坚持认为，阶级本质上是一个经济范畴，是按照人们的经济状况来划分的群体。在革命时期和解放战争年代，将人们划分为阶级，予以区别对待，是必要的；它有助于革命运动开展和解放战争动员。但是，将阶级问题人为扩大化，把阶级出身同人的道德品质机械捆绑在一起，以为越穷越高尚，越富越低劣，甚至在革命胜利之后进入社会主义建设时期，仍然需要延续无产阶级专政，强调阶级斗争为纲的观点，在理论上却不能成立，在实践上却相当有害。实际上，穷富与人的道德品质在以往、现在和将来相当长的历史时期没有必然联系。穷，可以穷且益坚、不坠青云之志，也可以穷凶极恶、沦为流氓无产者；富，可以开明仁爱、成为社会精英与慈善家（如大量革命领导人与富豪慈善家等），也可以为富不仁、作恶多端。人的道德品质主要是由人的文化素质决定的。如果非要将人的经济状况与人的道德品质相联系不可，那么，二者的关联度则不仅与其穷富的各种不同情况、具体原因密不可分，而且从人类社会发展的总趋势来看，二者则基本成正比，即物质文明与精神文明发展总体同步，未来共产主义社会不仅物质产品极大丰富，而且人的道德品质乃至整个思想觉悟会极大提高。同时，我国不同于西方资本主义社会。新中国成立之前，我国是一个小农经济（小资产阶级）如汪洋大海的农业大国，无产阶级一直占社会的少数；毫无疑问，只有人民民主专政才符合多数人对少数人专政的中国国情。更何况无产阶级革命的目的不是要继续保持无产阶级的无产地位，相反，而是要变无产者为有产者，最终达到共同富裕。随着社会的不断发

---

① 马宏伟：《深化对劳动和劳动价值论的认识——访中国社会科学院研究生院教授邹东涛》，《人民日报》2001年1月16日；罗润东、秦海燕：《全国劳动价值论研讨会观点综述》，《经济学动态》2002年第3期等。

最优学通论

展，严格意义的无产者将逐步减少并最终走向消亡。因而，今后，不仅应慎用无产阶级和无产阶级专政概念，而且应科学进行阶级分析；要深刻领悟邓小平关于"改革开放迈不开步子，不敢闯，说来说去就是怕资本主义的东西多了，走了资本主义道路。要害是姓'资'还是姓'社'的问题。判断的标准，应该主要看是否有利于发展社会主义社会的生产力，是否有利于增强社会主义国家的综合国力，是否有利于提高人民的生活水平。对办特区，从一开始就有不同意见，担心是不是搞资本主义。深圳的建设成就，明确回答了那些有这样那样担心的人。特区姓'社'不姓'资'"的光辉论述①，切实按照邓小平提出的"为了争取时间"，"不搞争论"，不仅国际"政治关系，不搞意识形态的争论"，而且"改革开放"和"经济特区问题""农村改革""城市改革"问题也"不争论"的英明论断，不作无谓的不必要的影响社会改革与发展机遇、进程的姓"资"姓"社"的争论。② 一切要以实践是检验真理的唯一标准为尺度，以最大限度地解放生产力、发展生产力、提高综合国力、消灭剥削、消除两极分化，最终达到共同富裕和全面提高人民生活水平为遵循。

同时，还有人提出，鉴于新中国不同于马克思主义创始人设想的建立在高度发达的资本主义基础之上的社会主义国家，而是一个建立在半封建半殖民地基础上的社会主义国家。这样一个国家，不仅生产力、科学技术等方面至今落后于高度发达的资本主义国家，而且由于市场经济是不可跨越的社会历史阶段，有市场经济必然有商品的生产、交换和流通、消费，市场经济本质上是商品的生产、交换、流通和消费经济或曰资源民众优化配置经济，而商品的价值是由不变资本和可变资本或曰固定资本和流动资本创造的，因此，有资本的存在，按照存在决定意识的辩证唯物主义观点，就必然有资本主义。我国现阶段即使多种经济成分

---

① 《邓小平文选》第 3 卷，人民出版社 1993 年版，第 372 页。
② 同上书，第 374、353、372 页。

214

并存发展，存在一些资本主义因素，也是必要的合理的不可避免的，也谈不上资本主义复辟，更谈不上资本主义尾巴；因为我国从来没有经过严格意义上的资本主义社会历史阶段，更不存在资本主义社会主体。即便出现某些资本主义因素，也具有一定的社会历史进步意义。

诸如此类的理论观点，虽非没有任何异议，但它们却总体合乎社会实际特别是我国社会主义市场经济现实，有利于社会主义市场经济的培育、健全和发展，有利于澄清和消除不应有的部门行业、阶层价值创造和收入分配与再分配的错误认识，有利于从根本上化解部门行业、阶层之间不应有的利益对立冲突，有利于社会整体的和谐稳定和全面健康发展，与中共中央有关"建议""决定"和领导人的"讲话""报告"精神相一致，与习近平总书记关于"我国经济发展进程波澜壮阔、成就举世瞩目，蕴藏着理论创造的巨大动力、活力、潜力"，要"深入研究世界经济和我国经济面临的新情况新问题，揭示新特点新规律，提炼和总结我国经济发展实践的规律性成果，把实践经验上升为系统化的经济学说，不断开拓当代中国马克思主义政治经济学新境界，为马克思主义政治经济学创新发展贡献中国智慧"的思想要求相契合；① 对此，应当予以客观公正的实事求是的评价、肯定、坚持和发展，为世界经济社会发展提供更多的中国理论、中国观点、中国方案、中国智慧、中国力量。

其二，生产力高度发达，力争农业、工业、能源、材料、交通、运输、邮电、信息、服务等各个部门行业的生产力竞相发展，实现中共中央《关于全面深化改革若干重大问题的决定》提出的经济"效益最大化和效率最优化"②。

社会各个部门行业的生产力竞相发展及其经济效益的最大化和效率的最优化，是生产力发达的最高诉求和至关重要的保障，应当全力予以

---

① 中共中央文献研究室编：《习近平关于社会主义经济建设论述摘编》，中央文献出版社2017年版，第327、328页。
② 《人民日报》2013年11月18日。

实现。当今，尤其要铭记中华元典《周易》所说的"天道盈亏而益谦……人道恶盈而好谦"，世界文化名人孔子明示的"宥坐之器，虚则敧，中则正，满则覆"的谦受益、满招损哲理训诫；① 铭记早在 1956 年毛泽东在中共第八次全国代表大会开幕词所讲的"国无论大小，都各有长处和短处。即使我们的工作取得了极其伟大的成绩，也没有任何值得骄傲自大的理由。虚心使人进步，骄傲使人落后，我们应当永远记住这个真理"的殷切教诲②；铭记解放思想、实事求是、开拓创新、全速前进的成功经验；理性认识和科学应对我国经济现实国情。新中国成立之初，我国人民虽然已经站起来，但是富起来、强起来却刚刚起步，任重而道远。对此，毛泽东在中共第八次全国代表大会预备会议上就告诫全党："你有那么多人，你有那么一块大地方，资源那么丰富，又听说搞了社会主义，据说是有优越性，结果你搞了五六十年还不能超过美国，你像个什么样子呢？那就要从地球上开除你的球籍！"③ 遗憾的是"五六十年"后的今天，我国依然没有"超过美国"。我国的综合国力虽然已经达到世界第二位，国内生产总值跃居世界第二位，经济发展对世界经济增长贡献率超过 30%；但是，由于"封建主义残余"尤其是"左"的严重错误的影响和人口数量高达十几亿，相当于美国、日本、加拿大、澳大利亚和整个欧洲人口的总和还要多 1 亿人，居世界第一位，人均国内生产总值长期在世界 150 多个主要国家和地区的第 70～120 位之间徘徊。据世界经济信息网和国家统计局 2021 年相关统计数据披露，2020 年，我国国内生产总值（GDP）为 14.73 万亿美元，美国国内生产总值为 20.93 万亿美元，我国仅为美国的 70%；我国人均国内生产总值 1.05 万美元，美国人均国内生产总值 6.34 万美元，我国不足美国的 1/6，不及卢森堡 11.61 万美元的 1/11。改革开放 40 多年来，我国的国内生产总值虽然平均每年增长近 9.5%，大多数年份保持两位

---

① 分别见《周易·谦象传》，《孔子家语·三恕》。
② 《毛泽东文集》第 7 卷，人民出版社 1999 年版，第 117 页。
③ 《毛泽东文集》第 7 卷，人民出版社 1999 年版，第 89 页。

数增长；但是，近 10 多年来却总体呈下降趋势，由 2007 年的 14.16%，逐步下降为 2013 的 7.7%、2014 年的 7.3%、2015 年的 6.9%、2016 年的 6.7%、2017 年的 6.9%、2018 年的 6.6%，2019 年的 6.1%，2020 年由于受国内外新冠肺炎疫情和中美贸易摩擦等因素的影响，急速下降到 2.3%，今后几年甚至十几年内通常亦难恢复到两位数增长的历史最高水平。有关专家预测，如果不发生重大灾难，一直按中美两国正常发展速度发展，15 年左右我国国内生产总值才有希望赶上当时的美国；50 年后人均国内生产总值才能达到美国当时的水平。即使 15 年后，我国国内生产总值占世界第一位，真正完全解决了毛泽东所说的"球籍"问题，人均国内生产总值也还会长期处于世界一般化水平。更何况我国社会"底子薄"、基础差，人口生活消费基数大、消费速度快，世界首屈一指，而社会财富积累速度却相对较慢，抗风险能力相对较差，远远赶不上美国。我国的老年人口比重大，60 岁以上老年人口占 18.7%（2020 年），社会负担重，此后至少 15 年内老年人口比重还会继续提升，社会可持续发展将进一步受到冲击。1987 年，邓小平在会见捷克斯洛伐克总理什特劳加尔时强调："贫穷不是社会主义……现在虽说我们也在搞社会主义，但事实上不够格。只有到了下世纪中叶，达到了中等发达国家的水平，才能说真的搞了社会主义，才能理直气壮地说社会主义优于资本主义。"[1] 邓小平这里所说的"中等发达国家的水平"，无疑是中等发达国家的人均国内生产总值水平，而不是国内生产总值水平；因为，我国当时就达到了中等发达国家的国内生产总值水平。中国特色社会主义虽然进入新时代，我国社会主要矛盾已由中共十一届三中全会提出的"人民日益增长的物质文化需要同落后的社会生产之间的矛盾"[2]，转化为当今的"人民日益增长的美好生活需要和不平衡不充分的发展之间的矛盾"。[3] 但是，经济相对落后的问题仍然没有彻底解

[1] 《邓小平文选》第 3 卷，人民出版社 1993 年版，第 225 页。
[2] 《习近平新时代中国特色社会主义思想三十讲》，学习出版社 2018 年版，第 66 页。
[3] 《习近平谈治国理政》第 3 卷，外文出版社 2020 年版，第 9 页。

决。2016 年，习近平总书记站在新的历史时代高度深刻指出："虽然我国经济总量跃居世界第二，但大而不强，臃肿虚胖体弱问题相当突出，主要体现在创新能力不强，这是我国这个经济大块头的'阿克琉斯之踵'。"① "人均收入和人民生活水平更是同发达国家不可同日而语。""中国仍然是世界上最大的发展中国家。中国的人均国内生产总值仅相当于全球平均水平的三分之二、美国的七分之一，排在世界 80 位左右……如果按照世界银行的标准，中国则还有两亿多人生活在贫困线以下。中国城乡有 7000 多万低保人口，还有 8500 多万残疾人"，有"1.3亿多 65 岁以上的老年人"，"2 亿多在城镇务工的农民工"，"上千万在特大城市就业的大学毕业生"，"900 多万城镇登记失业人员"需要解决生活、养老、就业、住房等困难。② "我国人多地少矛盾十分突出，户均耕地规模仅相当于欧盟的四十分之一，美国的四百分之一。'人均一亩三分地、户均不过十亩田'，是我国许多地方农业的真实写照。这样的资源禀赋决定了我们不可能各地都像欧美那样搞大规模农业、大机械作业"。③ 我国农业生产"很多种子大量依赖国外"进口，"一些地区农业面源污染、耕地重金属污染严重"。一些重要能源资源短缺，"石油对外依存度达到 70%以上"。④ 我国"每年城镇新增劳动力有 1000 多万人，几亿农村劳动力需要转移就业和落户城镇"，生活在国际"贫困线以下"的人口"差不多相当于法国、德国、英国人口的总和"。⑤2013 年，"我国能源消费"总量为 37 亿 5 千万吨标煤，"我国能源消费占到世界的 22%……我国单位能源产出效率仅相当于世界平均水平

---

① 《习近平谈治国理政》第 2 卷，外文出版社 2017 年版，第 203 页；阿克琉斯之踵，原意为阿喀琉斯的脚后跟。阿喀琉斯是古希腊神话中近乎完美的英雄，其唯一的致命缺陷是他的脚后跟没有在他生下来后到冥河里浸泡过。后来，在特洛伊之战中因此被一支阿波罗之箭射中脚后跟而丧失性命。"阿喀琉斯之踵"后来被引申为"致命缺陷"。
② 《习近平谈治国理政》第 2 卷，外文出版社 2017 年版，第 213、30、80 页。
③ 《习近平谈治国理政》第 3 卷，外文出版社 2020 年版，第 259 页。
④ 习近平：《在科学家座谈会上的讲话》，新华社北京 2020 年 9 月 11 日电。
⑤ 中共中央文献研究室编：《习近平关于社会主义经济建设论述摘编》，中央文献出版社2017 年版，第 5 页。

的一半"①。2020 年我国国内生产总值仅占世界的 17%，而我国汉唐至明清 1000 多年来经济总量却一直在世界遥遥领先，长期占世界经济总量的 1/3，"直到 1820 年，中国的经济总量仍占世界总量的 32.9%"。② 如果按照我国和世界现在的经济发展速度，我国 50 年后在世界经济占比方面才能真正实现中华民族的伟大复兴。几年后的今天，上述状况尽管在不少方面有所好转，特别是 2021 年我国已全面建成小康社会，居民实现全部脱贫，其基本要求和核心指标为"两不愁三保障"，即农村贫困人口不愁吃、不愁穿，义务教育、基本医疗、安全住房有保障③；但是，如果按照世界银行的标准，却依然有 1 亿多人口生活在贫困线以下，"相对贫困仍将长期存在"。④ 至于习近平总书记所说的其他方面，大量问题则依然没有根本解决，并且一些问题还将长期存在并继续制约着我国经济社会发展。我国社会基本矛盾依然是生产力和生产关系、经济基础和上层建筑之间的矛盾，我国依然是并将长期是"发展中国家"而不是"发达国家"。因而，"发展"尤其是高质量的平衡充分发展，仍然并将长期是我国的"硬道理"⑤"第一要务"。⑥ 我们要长期坚持把最大限度发展生产力、改善民生摆在经济发展的首位，坚持最适合生产力发展要求的公有制为主体、多种经济成分并存发展的所有制形式，坚持市场经济的决定性地位，继续发扬高尚的劳动精神，特别是劳模精神、工匠精神。"在田间地头，就要精心耕作，努力赢得丰收"，"在工厂车间，就要弘扬'工匠精神'，精心打磨每一个零部件，生产优质的产品"，"在商场店铺，就要笑迎天下客"，"提

---

① 中共中央文献研究室编：《习近平关于社会主义生态文明建设论述摘编》，中央文献出版社 2017 年版，第 59 页。
② 党的十九大报告辅导读本编写组编著：《党的十九大报告辅导读本》，人民出版社 2017 年版，第 140 页。
③ 《习近平谈治国理政》第 3 卷，外文出版社 2020 年版，第 159 页。
④ 同上书，第 260 页。
⑤ 《邓小平文选》第 3 卷，人民出版社 1993 年版，第 377 页。
⑥ 《习近平谈治国理政》第 3 卷，外文出版社 2020 年版，第 23 页。

供优质的服务"。① 按照中共十九大报告提出的"我国经济已由高速增
长阶段转向高质量发展阶段"的总体要求②,坚持质量第一、效益优
先,提高全要素生产率。既充分发展各种生产力,又全面保护、节约和
充分利用各种生产力,最大限度地创造财富,不断提高人民生活水平,
让人民有更多的获得感、幸福感。

其三,经济结构高度科学合理,既突出重点,又兼顾一般;既立足
当前,又兼顾长远,确保经济增长拥有全面协调可持续发展的足够后劲
和强大内生动力。

一方面,基于我国人多、地域辽阔,地区之间生产、经营、消费差
别互补性强、回旋余地大,自我调节优化能力超过一般中等国家,自身
内涵发展潜力巨大,在世界疫情重创冲击,英国"脱欧"经济逆全球
化趋势崭露,美国单边贸易保护壁垒高筑,全球经济不确定性因素增
多、发展走势低迷、起稳回升缓慢、向好预期较长的背景下,要坚持
"创新、协调、绿色、开放、共享"的发展新理念;崇尚创新、增强发
展新动能,注重协调、解决发展结构矛盾,倡导绿色、保障发展良好环
境,厚植开放、拓展发展国际空间;推进共享、确保发展公正与普惠民
生,为发展"在权衡利弊中趋利避害、作出最为有利的战略抉择"。③
通过高端引领、前瞻设计、创新驱动、调结构、转方式、新旧动能转
换、扩内需、防风险、绿色发展、扩大开放,促进经济快速高效优质健
康发展。充分发挥政府这只看得见的手和市场这只看不见的手的协调配
合功能,让政府"管好那些市场管不了或管不好的事情",进一步"使
市场在资源配置中起决定性作用","最大限度减少政府对市场资源的直
接配置,最大限度减少政府对市场活动的直接干预","把政府不该管的

---

① 习近平:《在知识分子、劳动模范、青年代表座谈会上的讲话》,《人民日报》2016 年 4
月 30 日。
② 《习近平谈治国理政》第 3 卷,外文出版社 2020 年版,第 23 页。
③ 中共中央文献研究室编:《习近平关于社会主义经济建设论述摘编》,中央文献出版社
2017 年版,第 32、36 页。

事交给市场，让市场在所有能够发挥作用的领域都充分发挥作用，推动资源配置实现效益最大化和效率最优化"。① 切实按照中央稳中求进工作总基调，城市建设"坚持集约发展、框定总量、限定容量、盘活存量、做优增量、提高质量，立足国情，尊重自然、顺应自然、保护自然，改善城市生态环境，在统筹上下功夫，在重点上求突破，着力提高城市发展持续性、宜居性"。② 以城市群为主体构建大中小城市和小城镇协调发展的新格局，加快农业转移人口市民化进程。大力支持革命老区、少数民族地区、边疆地区、落后地区加快发展，推进西部保护性发展性有序开发③，努力做好被称为世界第三极、中华大水塔的西藏、青海长江、黄河、澜沧江三江源头的原生态治理、保护和绿色开发。加快东北老工业基地振兴步伐，推动中部地区优势崛起，实现东部地区创新引领进一步率先发展。加快京津冀协同发展，以世界眼光、国际标准、中国特色、高点定位规划建设雄安新区，力求生态优先、绿色发展，保护中华优秀传统文化，延续历史文脉，防止拆真历史文物、建假历史景观，将雄安新区建设成为绿色生态宜居新城区、创新驱动发展引领区、协同发展示范区、开放发展先行区、贯彻落实新发展理念的示范区。加快"长三角""珠三角""黄三角""粤港澳大湾区""海南自由贸易区"以及东沙群岛、西沙群岛、南沙群岛"三沙市"建设，尤其是上海浦东新区开发建设。大力支持资源型地区经济转型发展、保护发展、绿色发展、优势发展、特色发展。加大陆海建设统筹力度，建成海洋资源开发与利用强国和国际合作互利共赢大国。

另一方面，鉴于我国经济发展"正处于增长速度换挡期、结构调

① 分别见中共中央文献研究室编：《习近平关于社会主义经济建设论述摘编》，中央文献出版社 2017 年版，第 66、60 页；《习近平谈治国理政》第 3 卷，外文出版社 2020 年版，第 172 页。
② 中共中央文献研究室编：《习近平关于社会主义经济建设论述摘编》，中央文献出版社 2017 年版，第 194 页。
③ 党的十九大报告辅导读本编写组编著：《党的十九大报告辅导读本》，人民出版社 2017 年版，第 59 页，西部地区拥有全国 72% 的国土面积、27% 的人口、20% 的经济总量，经济发展潜力巨大。

整阵痛期、前期刺激政策消化期""三期叠加"阶段，过去"消费"所具有的明显的"模仿型排浪式特征","你有我有全都有"的"羊群效应"没有了，人口老龄化日趋严重，劳动年龄人口总量下降，农村富余劳动力减少，在许多领域我国科技创新与国际先进水平相比还有较大差距，能够拉动经济增长的关键技术人家不给了，这就使经济要素的规模驱动减弱，经济效益下降，经济增长将更多依靠人力资本质量和技术进步，"必须让创新成为驱动发展新引擎"，促进大众创业、万众创新一浪高过一浪。同时，鉴于以往"经济高速发展掩盖了一些矛盾和风险"，现在，伴随经济增速放缓，"各类隐性风险逐步显性化"，地方政府性债务、影子银行、房地产等领域泡沫经济正在显露，就业存在结构性风险，"我们必须标本兼治，对症下药"，综合施策，精准发力。①

再一方面，全面做好经济发展新常态的"加减乘除法"。"加法"就是发现和培育经济新增长点，扩大有效需求、供给和高端需求、供给，补短板、强长板、惠民生，加快发展新技术、新产业、新产品，为经济增长培育新动能。"减法"就是压缩落后产能、化解产能过剩，减少无效需求、供给和低端需求、供给，去产能、去库存、去财政金融补贴信贷优惠刺激杠杆，降成本，为经济发展留出新空间。"乘法"就是全面推进科技、管理、服务、市场、商业模式创新。"除法"就是扩大分子、缩小分母，提高劳动生产率和资本回报率。② 力求在加减乘除四则混合运算中，盘活存量，做好增量，用好能量，从规模速度粗放型增长转向质量效率型集约增长，获得最大经济效益，实现全国人口、劳动力、土地、资本供给侧与招商、引资、生产、生活消费需求侧的最优结构比例配置。大力发展高科技含量、高附加值、深加工、低耗能、低碳经济、无污染经济、循环经济和清洁安全能源、再生能源、绿色产业、新动能、环保经济，以及信息、服务业等第三产业新业态。大力培植和

① 《习近平谈治国理政》第2卷，外文出版社2017年版，第229~232页。
② 中共中央文献研究室编：《习近平关于社会主义经济建设论述摘编》，中央文献出版社2017年版，第82、121页。

发展新的经济增长点、效益增长极，提振传统产业，促进新兴产业和原有产业转型换代升级，变大量产品由"中国制造"为"中国创造"。继续发展对外产品出口业、加工业、服务业和进口业等对外贸易往来，反对和抵制任何形式的国际单边"贸易保护和违规侵权"尤其是以美国为首的部分西方国家和国际组织"贸易霸凌主义"和"极限施压"行径，促使世贸组织和国际经济合作组织尽快出台对外贸易低于10%的关税限制措施，进而实现世界贸易零关税最佳愿景，确保贸易顺差控制在世界平均利润合理区间和世界经济健康有序运行。进一步采取积极稳健的金融货币政策，遏制部分部门行业和个人信贷利率的任意提升严重超高市场交易，科学应对各种经济风险，化解各种经济危机，抵御和消除各种负面影响。力求经济建设各项事业由单纯高速度发展转向高速度高效益高质量发展，由新常态迈向新高端，实现快速高效优质全面协调可持续发展。

其四，大力推进农业、农村经济和整个经济建设的高度规模化、世界化、现代化，进一步提升全面小康水平。

一方面，高度认清和顺应国内和世界经济发展大趋势。我国是一个有半数农民人口的农业大国，我国现代化的主要问题在农村，关键和希望也在农村。早在19世纪中期，马克思就高瞻远瞩地指出，"历史随着人们的生产力以及人们的社会关系的愈益发展而愈益成为人类的历史"[①]，"成为世界历史"[②]。由于资本主义的崛起，资本到处创业，到处安家，到处建立世界联系，小农经济、小生产经济逐步解体。"从人的感情上来说，亲眼看到这无数辛勤经营的宗法制的祥和无害的社会组织一个个土崩瓦解……亲眼看到他们的每个成员既丧失自己的古老形式的文明，又丧失祖传的谋生手段，是会感到难过的；但是我们不应该忘记，这些田园风味的农村公社不管看起来怎样祥和无害，却始终是东方

---

① 《马克思恩格斯文集》第10卷，人民出版社2009年版，第43页。
② 《马克思恩格斯文集》第1卷，人民出版社2009年版，第541页。

专制制度的牢固基础。它们使人的头脑局限在极小的范围内，成为迷信的驯服工具，成为传统规则的奴隶，表现不出任何伟大的作为和历史首创精神。我们不应该忘记那些不开化的人的利己主义，他们把全部注意力集中在一块小得可怜的土地上……只要哪个侵略者肯于垂顾他们一下，他们就成为这个侵略者的驯顺的猎获物。我们不应该忘记，这种有损尊严的、停止不前的、单调苟安的生活，这种消极被动的生存，在另一方面反而产生了野性的、盲目的、放纵的破坏力量……我们不应该忘记，这些小小的公社带着种姓划分和奴隶制度的污痕；它们使人屈服于外界环境，而不是把人提高为环境的主宰；它们把自动发展的社会状态变成了一成不变的自然命运，因而造成了对自然的野蛮的崇拜"；如果这种"社会状态没有一个根本的革命"，人类就"不能实现自己的使命"；那么，"无论一个古老世界崩溃的情景对我们个人的感情来说是怎样难过，但是从历史观点来看，我们有权同歌德一起高唱：'我们何必因这痛苦而伤心，既然它带给我们更多的快乐！难道不是有千千万万生灵曾经被帖木儿的统治吞没？'"① 列宁则说道："如果农民经济能够继续发展，那么还应当为进一步转变提供可靠的保证，而进一步转变就必然是使效益最差的、最落后的、细小的、单干的农民经济逐渐联合起来，组织成公有的大规模的农业经济。对于这一切，社会主义者一向都是这样设想的。我们共产党也正是这样看的。"② 邓小平结合我国具体国情指出："农业搞承包大户我赞成，现在放得还不够"，"不能老把农民束缚在小块土地上"，"大量农业劳动力转到新兴的城镇和新兴的中小企业，这恐怕是必由之路"。③ 从小农经济、小生产经济，发展成为规模化经济、世界化经济、现代化经济是历史发展的必然诉求。

另一方面，进一步深化产权制度改革。按照孟子提出的"民之为道也，有恒产者有恒心，无恒产者无恒心。苟无恒心，放僻邪侈，无不

① 《马克思恩格斯文集》第2卷，人民出版社2009年版，第682、683、684页。
② 《列宁全集》第41卷，人民出版社1986年版，第140页。
③ 《邓小平文选》第3卷，人民出版社1993年版，第23、214、213页。

为己"的理论①和安居才能乐业的生活常规，以及习近平总书记所说的"拥有产权是最大激励"的观点②，进一步明确和依法保障城乡私有住房、个人财产和居民生活基本用地，以及家族墓地等不动产的产权及其人性化、永久化。要标本兼治、精准发力、高效管控，防止以"五十步笑百步"的举动和延迟推后方式，变相使居无定所、劳无恒产、生产低效、分配不公、阻碍生产力发展的"一大二公三纯"的"平均主义"、"大锅饭"、极"左"公有制（很大程度的官有制），在某些方面死灰复燃；力避临时思想、短期行为、发展大起大落、后劲不足；维护"少小离家老大回""叶落归根"的公序良俗传统，理解长年漂泊在外游子思乡回乡的乡土情怀，确保出门在外工作人员有家可归，弘扬他们走出家门让出土地闯荡打拼的开拓奉献精神，按照国家《物权法》和《乡村振兴促进法》支持他们回乡建房居住，"养生养老"，鼓励他们城乡自主选择，自由流动，回乡再度创业，再立新功；按照国家《民法典》和《治安管理处罚法》《刑法》，保障故人合法尊严，强力制止已故先辈亲人不得安息，饱受平坟暴露、施肥灌溉污染、机耕碾压、野蛮对待之苦，入土不得为安的外在非人道恶劣对待行径。按照中共十九大报告提出的实施"乡村振兴""农业农村优先发展"战略，以及"产业兴旺、生态宜居、乡风文明、治理有效、生活富裕"的总体要求，建立健全城乡融合发展体制机制和政策体系，加快推进农业农村现代化。③ 坚持理性思维，顺应社会发展大趋势，积极稳妥促进农户分散耕地的合理集中连片化，促进农村土地所有权、承包权、经营权三权分置自愿流转，推动新农村住房改造建设，不断提高农业经济、农村经济企业化、现代化水平。在区分大中小城市区位优势、功能特点和新兴城市、发展中城市、发达成熟城市、衰落城市、资源枯竭城市、转型再造

---

① 《孟子·滕文公上》。
② 中共中央文献研究室编：《习近平关于社会主义经济建设论述摘编》，中央文献出版社2017年版，第139页。
③ 《习近平谈治国理政》第3卷，外文出版社2020年版，第25页。

城市差异和保持农业耕地总量不减的基础上，适时适当适度而又尽快地实现城乡户籍、住房的双向合理流动，取消城乡户籍的升学、就业、医疗、社会保障限制，促进"城乡二元结构"科学有序调整和"以工促农、以城带乡、工农互惠、城乡一体"协调发展①。进一步做好农村、城镇富余劳动力的内部消化、就地创业，外部转移、国外输出，合理流动、深度开发、高效利用。

再一方面，因地制宜，科学施策。2016 年 9 月，中国、美国、俄罗斯、日本、英国等"二十国集团领导人"联合发表的《G20 峰会杭州公报》强调："我们决心构建创新、活力、联动、包容的世界经济，并结合 2030 年可持续发展议程、亚的斯亚贝巴行动议程和《巴黎协定》，开创全球经济增长和可持续发展的新时代。"② 2019 年 6 月，"二十国集团领导人"联合发表的《G20 峰会大阪宣言》则提出"致力于实现自由、公平、非歧视、透明、可预见、稳定的贸易和投资环境"。③鉴于不发达国家尤其是我国大量小农经济、小生产经济的非规模化、非世界化、非现代化等阻碍生产力发展的局限性弊端，力求站在人类历史的制高点，面向世界、面向未来、面向现代化，制定高度正确科学的经济建设战略新举措，将当今束缚生产力发展的一切非规模化、非世界化、非现代化的传统经济特别是小农经济、小生产经济，通过宣传教育、示范引领、自觉自愿形式，使其合目的性而又合规律性地转型、改造、换代、升级为高度规模化、世界化、现代化的新型经济模式，使生产力得到充分解放、全面发展，价值效益得到最大限度的释放、提升。

其五，加快"一带一路"建设历史进程，构建最广泛的"人类命运共同体"。④

"一带一路"建设，是基于我国经济发展的成功历史经验和现实经

---

① 中共中央：《关于全面深化改革若干重大问题的决定》，《人民日报》2013 年 11 月 18 日。
② 《G20 峰会杭州公报》，新华社杭州 2016 年 9 月 5 日电。
③ 《G20 峰会大阪宣言》，新华社大阪 2019 年 7 月 1 日电。
④ 《习近平谈治国理政》第 3 卷，外文出版社 2020 年版，第 47、46 页。

济建设的国际化需要提出的，并得到众多相关国家积极回应的意义非凡的经济发展新战略。习近平总书记在谈到"一带一路"问题时指出："2000多年前，我们的先辈筚路蓝缕，穿越草原沙漠，开辟出联通亚欧非的陆上丝绸之路；我们的先辈扬帆远航，穿越惊涛海浪，闯荡出连接东西方的海上丝绸之路。""古丝绸之路绵亘万里，延续千年，积淀了以和平合作、开放包容、互学互鉴、互利共赢为核心的丝路精神。这是人类文明的宝贵遗产。""如果将'一带一路'比喻为亚洲腾飞的两只翅膀，那么互连互通就是两只翅膀的血脉经络。""一带一路"要统筹陆海两道方向，"找准突破口，以点带面、串点成线、步步为营、久久为功"。①"一带一路"倡议提出8年来，已有170多个国家和国际组织②，50多亿人口参与其中，联合国将其列入重要会议日程。"一带一路"建设，不仅应成为"开放之路""友谊之路""富强之路""绿色之路""和平之路"，而且更应成为我国和一度"流淌着牛奶与蜂蜜的地方"而今变为动荡不安、危机迭起的一些沿线国家的"复兴之路""文明之路""美丽之路""幸福之路"，从而最大限度地促进人类命运共同体向前发展。

其六，凸显经济效益，社会效益至上，以"社会效益为最高准则"③，尽可能地创造有利条件，促进经济发展最大限度地服务民生、普惠社会，人民物质生活水平大幅提高。

一方面，基于我国经济高速度高效益高质量发展的新时代需求，必须通过培育、规范、完善市场体制机制，高度促进市场经济建设。

各有关部门和人员，要彻底而又尽快走出歪曲和贬低市场经济职能的认识误区，坚定市场经济的理论自信、制度自信和实践自信，进一步强化市场培育和监管。充分认识到，市场经济绝不像一些所谓的经济学

① 分别见《习近平谈治国理政》第2卷，人民出版社2017年版，第506、507、497、199页。
② 《习近平谈治国理政》第3卷，外文出版社2020年版，第490页等。
③ 《邓小平文选》第3卷，人民出版社1993年版，第145页。

家宣扬的那样，是无计划的、消极的、被动的、盲目的、低效的落后经济；恰恰相反，而是在现今和几百年甚至更长社会历史时期内的最有计划、最积极、最主动、最科学、最高效、最先进的民主计划经济。市场经济本质上是最充分最科学的大众计划经济。市场经济把计划权力直接交给了最了解自身实际经济状况的生产者、流通者与消费者、卖方与买方、主体与客体，可以形成按价值规律办事的最合理最有效的经济配置。它不仅不排除而且还十分欢迎和需要国家的任何宏观正确引领与科学调控，真正实现了按人性利益规律办事和按国家高瞻远瞩意志办事的有机统一。市场经济中的当事人，不仅占社会的绝大多数，而且他们对于自身的经济状况最熟悉、最关心、最有发言权、最有决策对策权，最能够充分调动自身的经济积极性、主动性和创造性，最能集思广益，最大限度地形成科学、高效、先进的经济运营现代化新模式。我们必须充分发挥市场在资源配置方面的决定性作用和国家宏观正确引领与科学调控职能，大力推进市场经济建设现代化、最佳化。

当今，尤其应进一步促进经济股份制改造和国有资产与非国有资产重组，放宽"市场准入"，打破"市场准入"监管政策执行中的看似无障碍实则隔堵墙的"玻璃门"、随意解释经常变换的"弹簧门"、许进不许出要出换条路留下买路财的"旋转门"现象；清除高度风险和巨大压力的"市场的冰山""融资的高山""转型的火山"三座大山。①另一方面，要全面贯彻"按劳分配"为主体、其他分配形式为补充的分配政策，坚持效率优先，兼顾公平，充分调动各个部门行业的社会生产积极性和所有社会成员的生活积极性。

首先，要充分认识到按劳分配为主体的必要性和重要性；认识到社会财富本质上是由劳动创造的，没有劳动，大量社会物质财富和精神财富就无从谈起，按劳分配为主体天经地义。按劳分配为主体，重在按照劳动贡献的有无和多少分配，多劳多得，少劳少得，不劳不得。其中的

---

① 《习近平谈治国理政》第 2 卷，外文出版社 2017 年版，第 261 页。

劳动，既包括农业、工业、商业、能源业、交通运输业、教育、科技、文艺、卫生等第一二三产业内部的体力劳动、脑力劳动、信息经营、管理服务劳动，也包括社会行政管理，军事、外交，生态保护、环境美化等第一二三产业外部的社会保障性服务劳动。前者的分配，主要通过部门行业内部的经济核算来实现，即通过国民收入的初次分配来完成；后者的分配，主要通过合理的一定税收，以及社会必要劳动或曰社会平均劳动的价值通约换算来实现，即通过国民收入的第二次分配来完成。无论第一二三产业内部和外部的劳动价值通约换算分配，还是其相互之间的劳动价值通约换算分配，总体上都应通过社会市场平均价格调节来确定。

其次，必须充分领悟到其他分配形式为补充理所当然，必不可少。对于不具有劳动能力的少年儿童、老弱病残者和离退休人员、经济特困户人员的生活经济费用，则主要通过国民收入第二次分配中的社会保障基金，以及社会慈善救助基金来承担。这不仅出于基本人权维护、人道主义关怀和对少年儿童这一社会新生生产力的超前呵护培养需要，对老年人前期劳动超额贡献、上缴税收、养老金和后期感恩回报需要，有利于社会和谐稳定、公平正义，而且是对社会保障基金、社会慈善救助基金受益人员以消费形式助力商品价值实现、推进商品再生产的一定社会贡献的分配回报，并且有利于一定社会心灵情感满足，有利于社会精神文明建设，有利于保障社会全面协调可持续发展。市场经济尤其是社会主义市场经济，为全面贯彻"按劳分配"为主体、其他分配形式为补充的分配政策，创造最坚实可靠的社会制度保证和经济基础。它不仅能够为各个部门行业的劳动者提供最合理的分配形式，最大限度地调动他们的劳动积极性、主动性和创造性，促进经济更加健康顺利发展，而且能够增进所有社会成员的获得感、幸福感、安全感。

再次，要参照意大利现代经济学家帕累托提出的"帕累托最优"法则和边际效益最大化规则，将投入收益与公平收益保持在彼此相等比例最佳区间。世界公认的 20% 的最富的人与 20% 的最穷的人的收入之比以 4∶1 为宜，超过 4∶1 就会引起一定社会不满，甚至引发社会动荡。我国 2017 年已达到后者警戒线①，富者拥资上千亿，穷人仅解决温饱问题的现象，至今依然存在。2021 年国家统计局数据和其他相关统计信息显示，2020 年我国居民可支配收入（消费和可储蓄金额）虽然人均每月达 2682 元，但是，由于财富收入大多集中在极少数人手中，约 6 亿人平均月收入仅为 1000 元左右，大量农村人口平均月收入只有几百元。我国应尽快制定和出台财富源流管控、标本兼治的财政税收政策，通过累进制税收、特大巨额收入高额税收政策调节和鼓励巨额财产荣誉捐献等方式，尽可能消除亿万富翁与基本温饱者的天渊贫富差别，全面缩小事关效率、公平、稳定和可持续发展的贫富差距，确保经济社会最大限度的快速高效优质健康发展。

2. 确保政治高度文明

最优学的宏观指向作为相互联系的整体，离不开政治高度文明。确保政治高度文明，指的是牢固树立党的全面正确领导观点和民为邦本、"知政失者，在草野"②、"人心是最大的政治"③，人民就是江山，政治优劣在于人心向背、"得民心者得天下，失民心者失天下"④，良法善治、劣法害民，民主立国、依法治国与以德治国相结合的政治理念；树立社会是人民的社会，人民是国家的主人，国家社会的"一切权力属于人民"，国家社会管理"权力"是"人民赋予的"，是人民通过选举等合法形式，把国家社会管理权力委托给相应管理者，国家社会管理权力"姓公不姓私"的民主观点⑤；树立人民通过纳税发放工资等形式购买国家社会管理者的管理服务，"人民"是国家社会管理者的

---

① 国家卫生和计划生育委员会编著：《中国家庭发展报告 2017》。
② （东汉）王充：《论衡》。
③ 《习近平谈治国理政》第 3 卷，外文出版社 2020 年版，第 326 页。
④ 《中华人民共和国宪法》2018 年修订版，新华社北京 2018 年 3 月 21 日电；《习近平谈治国理政》第 1 卷，外文出版社 2018 年版，第 368 页等。
⑤ 《中华人民共和国宪法》2018 年修订版，新华社北京 2018 年 3 月 21 日电；《习近平谈治国理政》第 2 卷，外文出版社 2017 年版，第 290、147 页。

"衣食父母"① "最大底气""最深厚的根基"②，国家社会管理者必须"始终把人民利益摆在至高无上的地位"③，"以造福人民为最大政绩"④，执政为民、勤政为民、为人民服务，而不可以权谋私、借公营私的思想；确立高度文明的政治体制机制，做到人民当家做主，政治高度民主化、法制化、科学化、现代化；人民监督和参与管理国家社会事务。一切政治制度、政治活动，都要从民主法治出发，从最广大人民群众的根本利益出发；并且因事因情施策、因时因地制宜、适度适当变革，不断适应国家社会变化的新形势、新特点、新需要、新常态，力求既充分发扬民主，一切为了人民，一切依靠人民，一切服务人民，又适当予以集中，做到民主基础上的法治集中与法治集中指导下的民主相结合、依法治国与以德治国相统一。

确保政治高度文明规定，尽可能地快速高效完成六项任务。

第一，坚持和改善党的领导，增强党的凝聚力和先进性。

我国是工人阶级领导的、以工农联盟为基础的人民民主专政的社会主义国家。而中国共产党是中国工人阶级的先锋队，是中国人民和中华民族的先锋队，是中国特色社会主义事业的领导核心；党的领导及其凝聚力和先进性是中国特色社会主义最本质的特征。在宏观意义和现实社会生活的大量重要领域中，"党政军民学，东西南北中，党是领导一切的"。⑤ 办好中国的事情关键在党。坚持和改善党的领导，增强党的凝聚力和先进性，不仅是中国特色社会主义的制度安排，是中国特色社会主义改革和建设的内在规定，而且是中国现代社会最优发展的正确选择和必然要求，具有重大战略意义。

坚持和改善党的领导，增强党的凝聚力和先进性，必须致力于两个

---

① 中共中央党史和文献研究院等编：《习近平关于"不忘初心、牢记使命"论述摘编》，中央文献出版社、党建读物出版社 2019 年版，第 19 页。
② 《习近平谈治国理政》第 3 卷，外文出版社 2020 年版，第 137 页。
③ 同上书，第 343 页。
④ 同上书，第 173 页。
⑤ 《习近平谈治国理政》第 3 卷，外文出版社 2020 年版，第 16 页。

方面。一方面，不仅要深刻认识中国共产党领导的"合法性"，而且要深刻认识中国共产党领导的合理性，不忘初心，严格履行党的历史使命。我国是一个有 960 多万平方公里国土面积，居世界第三，有 14 亿多人口，居世界第一，有 9500 多万名中共党员、486 万多个基层中共党组织（2021 年 6 月统计数字），居世界第一，有 56 个民族、23 个省、4 个中央直辖市、5 个自治区、15 个副省级城市、3 个特别行政区（香港、澳门、台湾），经济、政治、文化状况十分复杂的世界最大的发展中国家。政治上既需要一定的区域自主自治，又需要坚持"全国一盘棋"思想，保持高度统一。对此，1978 年 12 月 13 日，邓小平在中共中央工作会议闭幕会上的讲话中指出："我国有这么多省、市、自治区，一个中等的省相当于欧洲的一个大国"；既需要"在经济计划和财政、外贸等方面给予更多的自主权"，又有必要"统一认识、统一政策、统一计划、统一指挥、统一行动"。① 1980 年 8 月 18 日，他在中共中央政治局扩大会议上的讲话中强调："在中国这样的大国，要把几亿人口的思想和力量统一起来"进行社会革命和建设，"没有一个由具有高度觉悟性、纪律性和自我牺牲精神的党员组成的能够真正代表和团结人民群众的党，没有这样一个党的统一领导，是不可能设想的，那就只会四分五裂，一事无成。这是全国各族人民在长期的奋斗实践中深刻认识到的真理"。② 在此前后，邓小平还重申："中国一向被称为一盘散沙，但是自从我们党成为执政党，成为全国团结的核心力量，四分五裂、各霸一方的局面就结束了。"③ "我们必须坚持共产党的领导"，而"为了坚持党的领导，必须努力改善党的领导"。因为，"包括我们自己和我们下面的干部"，在用人数量、质量和工作态度、能力、效率等方面，一度"确实到了不能容忍的地步，人民不能容忍，我们党也不能容忍"。④

---

① 《邓小平文选》第 2 卷，人民出版社 1994 年版，第 145、146 页。
② 同上书，第 341~342 页。
③ 同上书，第 267 页。
④ 同上书，第 169、268、396 页。

社会上，曾有人根据西方国家管理模式，认为党的领导可有可无，甚至认为我国党组织属于寄生阶层。其实，这是一种严重的误解。各国具体国情的不尽相同，必然导致彼此既有一定共性，又有不同特色的政治体制。习近平总书记告诫我们，不应"在政治制度上，看到别的国家有而我们没有就简单认为有欠缺，要搬过来；或者，看到我们有而别的国家没有就简单认为是多余的，要去除掉"。① 凡有政治常识的人都知道，国际社会公认的国家社会管理职能，主要有三种。一是暴力强制性管理；二是一般通用性管理；三是思想政治教育管理。第一种职能，主要由军队、警察、监狱的强制来完成；第二种职能，主要由公安局、检察院、法院、行政机关来实现；第三种职能，在西方主要由道德教育、法制教育、爱国主义教育、心理健康教育、宗教教育来担当。暴力强制性管理、一般通用性管理，是最基本的国家社会管理；思想政治教育管理，则是思想方面的政治管理和政治方面的思想管理的统一。三种管理职能在现实国家社会各有优劣，彼此相辅相成，缺一不可。中国共产党的领导，主要是思想政治领导和总揽全局协调各方的组织领导。我国是一个大力倡导无神论的国家，较之西方，国家思想政治教育中缺少宗教教育内容和教育载体，党的全面领导及其相应思想政治教育自然成为国家社会管理中必不可少的机制元素和可靠保障。它比单纯的依法治国尤其是暴力强制性管理、一般通用性管理，具有更为强劲的感召引领力、更为广泛的覆盖面、更为现实的穿透性、更为持久的影响力；通常，国家越是地大物博、人口众多、目标宏大、组织复杂、事务繁多、发展多元，国内外形势越是复杂多变，国际化全球化程度越高，至少在现代国家社会和可以预见的更长未来时期，在高度允许和大力支持区域自治，充分发扬民主和发挥地方与个人积极性、主动性、创造性的同时，越需要国家的全面统一领导。而这个具有"全面统一"领导资格和能力的社会组织，在未来共产主义社会到来之前，只能由这样一个最

---

① 《习近平谈治国理政》第 2 卷，外文出版社 2017 年版，第 286 页。

能代表最广大人民群众最大利益的而不是代表某一个阶级或集团利益的，并且最能反映社会发展总趋势和总要求的，能够始终正确带领最广大人民群众谋求幸福的政党来担当。这是社会发展在更高层次上的协调平衡要求和历史发展的必然规律。而这样一个政党，在中国现代社会，从根本上讲，就是中国共产党而不是其他任何党派组织。这是由中国共产党的全心全意为人民服务的根本宗旨与"为中国人民谋幸福，为中华民族谋复兴"的"初心"和"使命"①，中国共产党的领导能力和多种优势，中国现代革命及其胜利对中国共产党的领导的历史选择，以及中国特色社会主义改革和建设的伟大成功实践所决定的。对于执政党，为人民服务绝不仅仅是一种道义信仰、社会职责和义务奉献，而且更重要的是人民通过自己的信任、支持、选举和纳税付出，有偿赋予执政党的社会权力和执政党应尽的社会义务。中国共产党领导人民建立的社会主义制度，至少在现今社会不仅具有"能够集中力量办大事"、解难事、干急事、做好事的"最大的优势"和"独特优势"②，特别是在领导和协调政府、人大、政协、群团、民间、法治、德治、自治的社会整体调控、发展进步，打击各种区域独立势力、维护国家安全统一，清除各种黑恶势力、黄赌毒、欺诈拐卖犯罪、邪教组织，保持社会稳定，应对各种疫情、灾难，维护、修复、美化生态环境，以及防范和化解各种

① 《习近平谈治国理政》第 3 卷，外文出版社 2020 年版，第 1 页。
② 《习近平谈治国理政》第 2 卷，外文出版社 2017 年版，第 273 页；2020 年初开始在我国和全球暴发的新冠肺炎疫情，不仅是新中国成立以来我国遭遇的"传播速度最快、感染范围最广、防控难度最大"的重大突发公共事件和近百年来全球发生的"最严重的传染病大流行"，而且对此，我国坚持"生命至上"原则，"举全国之力"，组织全国有关"最优秀的人员、最急需的资源、最先进的设备"，"实施规模空前的生命大救援"，"最大程度提高了治愈率、降低了病亡率"，取得了抗疫斗争"重大战略成果"，并在"第一时间"伸出国际援手，分享相关经验信息，派出一批又一批国际医疗团队，捐出一批又一批抗疫物资，受到国内人民和国际社会的极高赞誉；这不仅"最好诠释""最好体现""最好印证"了我国作为负责任大国的使命担当、人道情怀、人类命运共同体理念，而且进一步彰显了新时代中国特色社会主义制度多方面的"最大的优势"和"独特优势"（详见习近平《在全国抗击新冠肺炎疫情表彰大会上的讲话》，新华社 2020 年 9 月 8 日电）。

重大国际危机、风险，开展国际交流合作等方面，具有独特的政治优势，而且具有以人为本、以人民为中心、以社会为本位，决策迅速果断、雷厉风行、见效快、收效高的显著特点；能够通过自身批评和自我革命改造自己，不断提升自身，能够通过"让人民群众来监督"和"人人起来负责"跳出革命、成功、懈怠、失败的"历史周期律"①，成为充满生机和活力的长期执政党。

诚然，中国共产党的领导并非完美无缺，党不仅犯过这样那样的错误尤其是"左"的路线错误、官僚主义错误，政企、政事、企事不分，相互纠缠扯皮，功效低下的错误；但是，党的错误是次要的，功绩是主要的。

另一方面，必须高度领悟习近平总书记多次讲述的"时代是出卷人，我们是答卷人，人民是阅卷人"，"昨天的成功并不代表着今后能够永远成功，过去的辉煌并不意味着未来可以永远辉煌"，②"党的先进性和党的执政地位都不是一劳永逸、一成不变的，过去先进不等于现在先进，现在先进不等于永远先进；过去拥有不等于现在拥有，现在拥有不等于永远拥有"③ 的执政警言，始终保持党自身的先进性，不忘初心，牢记使命，坚持立党为公、执政为民，全心全意为人民服务；坚持党要管党、从严治党、从严治政，不断加强党的自身建设，不断提升党的思想素质、文化素质、理论素质和政治素养，不断提高党的领导能力，始终走在时代发展的最前列。

坚持和改善党的领导，增强党的凝聚力和先进性，在当今，最主要

---

① 1945 年 7 月 5 日，毛泽东在延安与黄炎培先生有一次语重心长而又十分自信的谈话。黄先生担忧地提出，纵观历史，每一次成功的革命都经过了革命、成功、怠惰、失败的这样一个历史周期律，"各朝各代都逃不过'其兴也勃焉，其亡也忽焉'的大循环。请问贵党对此有何良策？"毛泽东答道："我们共产党是有办法摆脱这种大循环的，这办法就是实行民主，让人民群众来监督共产党！""只有人人起来负责，才不会人亡政息。"（详见《光明日报》第 5 版，1993 年 10 月 13 日）
② 中共中央党史和文献研究院等编：《习近平关于"不忘初心、牢记使命"论述摘编》，中央文献出版社、党建读物出版社 2019 年版，第 37 页。
③ 《习近平谈治国理政》第 1 卷，外文出版社 2018 年版，第 367 页。

的就是要坚持党对国家的思想政治领导和总揽全局协调各方的组织领导，尤其是对思想上层建筑、政治意识形态和国家大政方针、路线、政策的制定领导，以及领导干部的教育、培养、选拔、任用、考察、考核宏观管理领导；更加全面深入地反思历史，总结经验，吸取教训，直面现实，勠力同心，精准施策，迎难而上，风雨兼程，砥砺奋进。同时，要放眼世界，借鉴国外先进经验，放眼未来，顺应人类社会政治建设总体上由原始部落酋长制、议会制，到君主一人制、一党制、多党制①，再到无党民主自治共产主义社会的历史发展规律；牢记毛泽东以政治家、思想家特有的博大胸怀坦诚而又高瞻远瞩地提出的"究竟是一个党好，还是几个党好？现在看来，恐怕是几个党好"②，"消灭阶级，消灭国家权力，消灭党，全人类都要走这一条路的，问题只是时间和条件"③，"共产党和民主党派都是历史上发生的。凡是历史上发生的东西，都要在历史上消灭……我们的任务就是要促使它们消灭得早一点"④，即便是"共产主义社会还是要转化的，也是有始有终的，一定会分阶段的，不会固定不变的，将来或许要另起个名字"⑤ 的英明论断，按照社会发展的最大价值效益取向与社会现实许可的条件相统一，以及万变不离"最优"的永恒要求，适时而又稳妥、适度地为可以预见的未来无党民主自治的更高级政治建设，尤其是共产主义社会建设，不断创造条件，铺平道路。

第二，高度明确民主与法治对于政治建设的必要性和重要性。

我国实行的是社会主义政治制度。社会主义，顾名思义，它反映的应当是全社会的主义，代表的应当是全体人民的共同意志。民主，堪称

---

① 我国大陆现在实行的既不是传统意义的一党制，也不是严格意义的多党制，而是人民代表大会制度，以及中国共产党领导的多党合作和政治协商制度、民族区域自治制度、基层群众自治制度、特别行政区制度；我国现行《宪法》规定这种制度将"长期存在和发展。"

② 《毛泽东文集》第7卷，人民出版社1999年版，第34页。

③ 《毛泽东选集》第4卷，人民出版社1991年版，第1468页。

④ 《毛泽东文集》第7卷，人民出版社1999年版，第35页。

⑤ 同上书，第375页。

社会主义的本质。邓小平指出："没有民主就没有社会主义，就没有社会主义的现代化。"① 习近平总书记强调："一切国家机关工作人员，无论身居多高的职位，都必须牢记我们的共和国是中华人民共和国，始终要把人民放在心中最高的位置，始终全心全意为人民服务，始终为人民利益和幸福而努力工作。"② 民主基础上的法治，则是民主的基本保障。马克思主义认为，"法典就是人民自由的圣经"。③ 义务和权利是对等的，"没有无义务的权利，也没有无权利的义务"。④ "一个人只有在他以完全自由的意志去行动时，他才能对他的这些行动负完全的责任，而对于任何强迫人从事不道德行为的做法进行反抗，乃是道德上的义务。"⑤ 列宁强调："共和制、议会和普选制，所有这一切，从全世界社会发展来看，是一大进步"⑥，"人民的自由，只有在人民真正能够毫无阻碍地结社、集会、办报，亲自颁布法律、亲自选举和撤换一切负责执行法律并根据法律进行管理的国家公职人员的时候，才能得到保障……人民的自由，只有在国家的全部政权完全地和真正地属于人民的时候，才能完全地和真正地得到保障。"⑦ 毛泽东在民主革命时期则明确指出："国事是国家的公事，不是一党一派的私事"，"自由是人民争来的，不是什么人恩赐的"，"人民的言论、出版、集会、结社、思想、信仰和身体这几项自由，是最重要的自由"；"没有人民的自由，就没有真正民选的国民大会，就没有真正民选的政府"，"不能由一党一派一阶级来专政"，"共产党员只有对党外人士实行民主合作的义务，而无排斥别人、垄断一切的权利"。⑧ 我国有两千多年的封建传统，封建的东西根深蒂固，堪称世界极致。带有讽刺意味的是，我国历史上最早出现的辞源学

① 《邓小平文选》第2卷，人民出版社1994年版，第168页。
② 《习近平谈治国理政》第3卷，外文出版社2020年版，第139页。
③ 《马克思恩格斯全集》第1卷，人民出版社1995年版，第176页。
④ 《马克思恩格斯全集》第21卷，人民出版社1965年版，第570页。
⑤ 《马克思恩格斯文集》第4卷，人民出版社2009年版，第93页。
⑥ 《列宁选集》第4卷，人民出版社2012年版，第38页。
⑦ 《列宁全集》第13卷，人民出版社1987年版，第67页。
⑧ 《毛泽东选集》第3卷，人民出版社1991年版，第809、1070页；第2卷，第733页。

意义的"民主"一词，居然是反人民当家做主的独裁专制的代名词。《辞源》一书解释道："民主"，即"民之主宰者，旧指帝王或官吏。"《尚书·多方》载有"天惟时求民主，乃大降显休命于成汤"。《三国志·吴钟离牧传》记曰："仆为民主，当依法率下。"统治者不是把人民作为国家的主人加以尊重，而是当作畜生放牧管理。古代典籍《管子》就设有专门的"牧民""乘马""霸形""心术""任法""正世""治国""度地""海王""山权""宙合"等篇章，专供统治者治国理民之用。而当时的古希腊城邦民主政治，却已相当发达。我国具有人民当家做主含义的真正的"民主"，是近代从西方引进的。影响我国几千年的封建专制传统，至今仍未全面"肃清"①。"天下大器，一安难倾，一倾难正。"②"治国者，圆不失规，方不失矩，本不失末，为政不失其道，万事可成，其功可保。"③ 改革开放的总设计师邓小平在中共中央政治局扩大会议上所作的"党和国家领导制度的改革"的重要讲话强调："旧中国留给我们的，封建专制传统比较多，民主法治传统很少。解放以后，我们也没有自觉地、系统地建立保障人民民主权力的各项制度，法制很不完备，也很不受重视，特权现象有时受到限制、批评和打击，有时又重新滋长。克服特权现象，要解决思想问题，也要解决制度问题"，"制度问题更带有根本性、全局性、稳定性和长期性"，"制度问题不解决，思想作风问题也解决不了"，"制度好可以使坏人无法任意横行，制度不好可以使好人无法充分做好事，甚至会走向反面。即使像毛泽东这样伟大的人物，也受到一些不好的制度的严重影响，以至对党对国家对他个人都造成了很大的不幸……斯大林严重破坏社会主义法制，毛泽东就说过，这样的事件在英、法、美这样的西方国家不可能发生。他虽然认识到这一点，但是由于没有在实际上解决领导制度问题以及其他一些原因，仍然导致了'文化大革命'的十年浩劫。这个教训

---

① 《邓小平文选》第 2 卷，人民出版社 1994 年版，第 335 页。

② （唐）房玄龄：《晋书·刘颂传》。

③ （三国）诸葛亮：《便宜十六策·治乱》。

是极其深刻的","我们今天再不健全社会主义制度，人们就会说，为什么资本主义制度所能解决的一些问题，社会主义制度反而不能解决呢？这种比较方法虽然不全面，但是我们不能因此而不加以重视。"① 习近平总书记则深刻指出："制度优势是一个国家的最大优势，制度竞争是国家间最根本的竞争。"② 中国特色社会主义政治制度，尽管有几千年的深厚历史底蕴，特别是大道之行、天下为公的思想，六合同风、四海一家的大一统意识，民贵君轻、政在为民的民本思想，德主刑辅、德法并用的治理主张，法不阿贵、绳不挠曲、王子犯法与庶民同罪的等贵贱公平正义思想，仁义礼智、孝悌忠信的道德操守，任人唯贤、选贤任能的用人准则，变法图强、其命维新的改革创新精神，损有余而补不足的人道主义情怀，亲仁善邻、守望相助、协和万邦的外交之道，和为贵、好战必亡的和平思想，天人合一、万物和谐共生的生态意识等治国理政优秀传统的涵养。尽管有西方国家社会治理的诸多先进经验可供借鉴，有马克思主义革命和建设理论的正确指导和长期以来尤其是中国特色社会主义改革和建设成功经验的强力助推，取得了长足进步，但是，由于近代以来的长期落伍和历史的现实的多方面难以根除的体制机制障碍和思想、行为不良因素的负面影响，我国民主法治建设依然任重而道远。我们必须立足现实、背靠历史、面向世界、面向未来，进一步理顺民主与法治的应有关系，弄清民主是法治的基础和目的，法治是民主的体现和保障；没有民主的法治很容易导致独裁专制，没有法治的民主则往往沦为无政府主义；民主与法治必须紧密结合在一起，最大限度地发扬民主，尽可能地完善法治。要特别加强"顶层设计"③、制度安排，强化简政放权、民主决策、依法行政、民主监督、民主管理、依法治国，不断提升民主法治水平。

---

① 《邓小平文选》第 2 卷，人民出版社 1994 年版，第 332、333、328 页。
② 《习近平谈治国理政》第 3 卷，外文出版社 2020 年版，第 119 页。
③ 中共中央文献研究室编：《习近平关于全面深化改革论述摘编》，中央文献出版社 2014 年版，第 35 页。

第三，弘扬法治精神，力避领导主观"人治"。

坚持不忘"'五四'宪法"初心，牢记邓小平提出的"封建主义残余影响尚未肃清"①，"中国要警惕右，但主要是防止'左'"② 的有关重要论述，以及改革开放以来中央制定的一系列重要法律、法规、决定、决议、方针、政策，大力贯彻习近平新时代中国特色社会主义思想相关精神。对于各项正确的法律、法规、决定、决议、方针、政策保持必要的连贯性，不因人立言，不因人废言，"不因领导人的改变而改变，不因领导人的看法和注意力的改变而改变"，不因时局变更而动摇③。要汲取美国现代著名政治家托马斯·潘恩提出的"在专制政府中，国王便是法律。同样地，在自由国家中，法律便应该成为国王"的经验④；不忘弗兰西斯·培根提出的"一次不公正的审判，其恶果甚至超过十次犯罪。因为犯罪虽是无视法律——好比污染了水流，而不公正的审判则毁坏法律——好比污染了水源"的教训⑤；铭记习近平总书记提出的"人类社会发展的事实证明，依法治理是最可靠、最稳定的治理"的教诲⑥，"懂得'100−1＝0'的道理。一个错案的负面影响，足以摧毁九十九个公平裁判积累起来的良好形象。执法司法中万分之一的失误，对当事人就是百分之百的伤害"的警示⑦，"努力实现最佳的法律效果"⑧；坚持以宪治国、依法治国的基本方略，坚决维护宪法和法律尊严，力求更好地树立法制意识，健全法律体系，提高法治思维，坚持科学立法、严格执法、公正司法、全民守法，人人学法、遵法、守法、用法，法律面前人人平等，在全社会形成办事依法、遇事找法、解

---

① 《邓小平文选》第2卷，人民出版社1994年版，第332页。

② 《邓小平文选》第3卷，人民出版社1993年版，第375页。

③ 《邓小平文选》第2卷，人民出版社1994年版，第146页。

④ ［美］托马斯·潘恩著：《常识》，张源译，译林出版社2012年版。

⑤ 金明华主编：《世界名言大词典》，长春出版社1991年版，第782页。

⑥ 《习近平谈治国理政》第2卷，外文出版社2017年版，第424页。

⑦ 习近平：《在中央政法工作会议上的讲话》，引自电视政论专题片"将改革进行到底"解说词（第4集），《人民日报》2017年7月21日。

⑧ 习近平：《在全国公安工作会议上的讲话》，新华社北京2019年5月8日电。

决问题用法、化解矛盾靠法的法治氛围，建设完善先进的法治国家。

第四，进一步理清法治与德治的关系，坚持法治与德治相统一。

这一任务，旨在高度重视孔子提出的"道之以政，齐之以刑，民免而无耻；道之以德，齐之以礼，有耻且格"①的法律与道德兼备、法治与德治并举主张的基础上，处理好法治与德治的关系。充分认识到法律是成文的道德、道德是不成文的法律，法律是道德的底线、道德是法律的拓展，法律安天下、道德润人心；法律与道德、法治与德治如车之两轮、鸟之两翼相互辅佐，优势互补。认识到法治尤其是社会主义法治作为人民意志的反映，重在刚性强制；德治作为依靠培养教化、社会舆论、传统习俗和内在信念建构、调整、维系人与人、人与社会、人与自然关系，对人们的思想言行进行善恶评价的心理意识、原则规范、行为活动的总和，重在柔性教化；法治重在治身、德治重在治心；彼此缺一不可。认识到真正的民主政治，必须"依法治国与以德治国相结合"，必须用"依法治国体现道德理念、强化法律对道德建设的促进作用"，用"以德治国滋养法治精神、强化道德对法制文化的支撑作用"②，努力践行法有禁者不可为，法无禁者慎作为③，任何缺德事不能为的政治建设价值取向和良好社会道德风尚。

第五，提高政治站位，加快政治体制改革和建设进程。

该任务强调，根据邓小平关于"党和国家领导制度的改革"的一系列重要讲话精神，按照党的十九大报告要求，以及中共中央《关于全面深化改革若干重大问题的决定》，中共中央《关于深化党和国家机构改革的决定》和《关于坚持和完善中国特色社会主义制度、推进国家治理体系和治理能力现代化若干重大问题的决定》规定，一方面，要居高临下，在深入批判"极端个人主义和无政府主义"的同时，在

---

① 《论语·为政》。

② 中共中央：《关于全面推进依法治国若干重大问题的决定》，《人民日报》2014年10月29日。

③ 因为通常违法的必定缺德，而不违法的却未必合乎道德规范；在这个意义上，"法无禁者即可为"不适于整个社会尤其是道德建设领域。

思想政治上继续"肃清封建主义残余影响"① 和"左"的东西。坚持领导和管理"权力不宜过分集中"②，切实实行政企分开、政事分开、企事分开和某些企事业单位的管办分离，明确责任分工，提高工作效率。进一步"健全干部的选举、招考、任免、考核、弹劾、轮换制度"和能上能下能官能民的体制机制③。

另一方面，鉴于我们党历史上出现的王明、张国焘的"左"倾路线错误，新中国成立后"反右扩大化""大跃进""人民公社化运动""文化大革命"等一系列严重错误，以及苏联解体、东欧剧变等国际共产主义运动受到致命重创的惨痛教训；鉴于邓小平严厉指出的我们"党和国家现行的一些具体制度中，还存在不少的弊端"，特别是"我们党和国家政治生活中"的"官僚主义"一度十分猖獗，"无论在我们的内部事务中，或是在国际交往中，都已达到令人无法容忍的地步"的严酷现实；鉴于邓小平告诫全党的我们"这个党该抓了，不抓不行了"，"我们的上层建筑非改不行"，"不坚持社会主义，不改革开放，不发展经济，不改善人民生活，只能是死路一条"的谆谆教诲，④ 必须全面加强和改进党的思想建设、组织建设、政治建设、纪律建设、作风建设，全方位深化改革，全领域扩大开放，大力促进人类命运共同体建设。

再一方面，在不影响管理和服务效能的情况下，尽可能地精简机构，减少党政机关团体工作人员，下放本不应属于自己的权力。用马克思主义经典作家及其后继者的话说，就是尽可能地让人民"自己管理

---

① 《邓小平文选》第2卷，人民出版社1994年版，第336页。
② 同上书，第321页。
③ 《邓小平文选》第2卷，人民出版社1994年版，第331页。
④ 分别见《邓小平文选》第2卷，人民出版社1994年版，第327、131页；《邓小平文选》第3卷，人民出版社1993年版，第314、370页。我们所要"坚持的社会主义"自然应当是能够最大限度地"解放生产力、发展生产力、消灭剥削、消除两极分化、最终达到共同富裕"的民主法治、富强文明、和谐美丽的社会主义，而不是低效益、平均主义、"大锅饭"的官僚主义、无政府主义、共同贫穷、普遍落后、不和谐美丽的社会主义。

自己"，"最好的政治就是少谈政治"，为了节约开支，必须精简党政机构，"把各种委员会的数量精简到最低限度"，使"管理尽可能少些，官吏尽可能少用，尽可能少介入市民社会方面的事务"。① 力求政府只管宏观、政策、协调、监督、服务，管下级部门、行业和个人及其相互之间需要管而又管不了也管不好的事务。

第四方面，迅速而又扎实稳健地扩大国家各级各类部门行业管理领导者的直接选举范围，优先在人数不多且政治素质、文化素质较高的各级党组织、高等学校、科研院所、文艺团体、卫生、体育等部门内部实行自愿报名，公平、公正、公开考试、考核、演讲、考察竞选式上岗。这不仅是党内外民主生活的必然要求和一定程度的良好民主政治生态的真实体现，是消除党内外官僚主义、形式主义、腐败现象最强有力的举措，而且可以为党和国家各级领导的竞选式直接选举积累经验，打下基础。要积极创造条件，尽快实现马克思早在 1871 年巴黎公社时期就明确提出的对国家领导者实行"普选"、民主监督、民主"管理"和"罢免"制度，建立"一切公职人员，都只能领取相当于"同级"工人工资的报酬"的"廉价政府"政治体制；② 致力实现邓小平上世纪 80 年代提出的政治主张："大陆在下个世纪，经过半个世纪（2030 年——引者注）以后可以实行普选。"③ 努力做好各级领导履行职能的监督检查、考核评价和领导者本人的定期述职报告工作，做好按期换届选举工作。

不仅如此，还要切实抓好领导干部这个"关键少数"。破除新官不理旧官账，一届领导一张图，翻来覆去乱"折腾"，尽可能保持上下届领导班子正确发展规划战略定力及其承前启后的连续性，坚定重大长远乃至永续任务"功成不必在我"④，但"成功必须有我"的使命担当信

---

① 分别见《马克思恩格斯全集》第 18 卷，人民出版社 1964 年版，第 699 页；《列宁选集》第 4 卷，人民出版社 2012 年版，第 362 页；《列宁全集》第 42 卷，人民出版社 1987 年版，第 379 页；《马克思恩格斯选集》第 1 卷，人民出版社 2012 年版，第 519 页。
② 《马克思恩格斯选集》第 3 卷，人民出版社 2012 年版，第 98~101 页。
③ 《邓小平文选》第 3 卷，人民出版社 1993 年版，第 220 页。
④ 《习近平谈治国理政》第 2 卷，外文出版社 2017 年版，第 146 页。

念，只争朝夕，接续奋斗，一张正确蓝图干到底。大力倡导广大干部向
"一丝一粒，我之名节；一厘一毫，民之脂膏。宽一分，民受赐不止一
分；取一文，我为人不值一文"① 的清代清官张伯行和"衙斋卧听萧萧
竹，疑是民间疾苦声。些小吾曹州县吏，一枝一叶总关情"② 的清代廉
吏郑板桥学习，力求廉洁奉公、勤政为民。坚持"把纪律挺在前面"③，
建立阳光政府、责任政府、行政问责制、上级组织巡视制、领导干部终
身追责制。实行财务公开，政务公开。维护和保障公民的必要知情权、
话语权、监督权、管理权，特别是被业内人士称为"第三政府""无冕
之王"的新闻出版舆论监督的求真务实自由权。努力实现民主行政、
依法行政、高效行政，不断提升政府服务职能与管理水平。大力完善奖
罚政策和措施，加大奖罚力度。牢固树立"当官避事平生耻，视死如
归社稷心"④，"不得罪成百上千的腐败分子"，就要"得罪"14 亿"人
民"的责任担当意识和反腐倡廉思想⑤。切切不可只想当官不想干事，
只想揽权不想担责，只想出彩不想出力，只要不出事，宁愿不做事；切
实建立预防、反对和惩治"形式主义、官僚主义、享乐主义和奢靡之
风"四风"永远在路上"的常态长效机制；做到"有权必有责、有责
必担当，用权受监督、失责必追究"，"受贿行贿一起查"，"有腐必反、
有贪必肃""无禁区、全覆盖、零容忍"。⑥ 全面清除有权不作为、用权

---

① （清）张伯行：《禁止馈赠檄》。
② （清）郑板桥：《潍县署中画竹呈年伯包大中丞括》。
③ 《中共十八届六中全会公报》，《人民日报》2016 年 10 月 28 日。
④ （金）元好问：《四哀诗·李钦叔》。
⑤ 习近平：《在第十八届中央纪委第五次全体会议上的讲话》；电视政论专题片《将改革进
行到底》解说词（第 9 集），《人民日报》2017 年 7 月 27 日等。
⑥ 《中共十八届六中全会公报》，《人民日报》2016 年 10 月 28 日；习近平《在中国共产党
第十九次全国代表大会上的报告》，《人民日报》2017 年 10 月 28 日；2012 年党的十八大
以来至 2018 年党的十九大召开，我国开启的"打虎""拍蝇""猎狐"反腐行动，受到
惩处的省军级以上党员领导干部及其他中管干部达 440 多名、厅局级干部达 8900 多名、
县处级干部 6.3 万多名（参见本书编写组编著：《党的十九大报告辅导读本》，人民出
版社 2017 年版，第 18 页）。党的十九大之后，又查处多批相关领导干部（参见新华社
北京 2020 年 10 月 24 日电等）。

滥作为的懒政、怠政和渎职行为；全面清除只管"门面""窗口"、形象和"镜头""版面"，不顾"后院""角落"和背面，对自己有利的无中生有、小事变大、层层加水、水到渠成，级级加码、马到成功，对自己不利的欺上瞒下、大事化小、小事化了、不了了之，甚至"村骗乡、乡骗县、一直骗到国务院"谎报虚报漏报瞒报的形式主义；全面清除对上奴颜婢膝、阿谀奉迎、吹吹拍拍、拉拉扯扯、巴结行贿、有求必应，对下高高在上、横眉竖眼、门难进、脸难看、话难说、事难办的官僚主义；全面清除上午乘着车子转、中午沿着酒桌转、晚上围着裙子转，在高档会馆花天酒地、在娱乐场所朝歌夜弦、在名山秀水流连忘返、在异国他乡乐不思蜀、在"红灯区域"醉生梦死的享乐主义、奢靡之风；力争党风、政风和社会风气全面好转。① 深刻理解我国古代先哲老子提出的"自见不明，自是不彰，自伐无功，自矜不长""善人，不善人之师；不善人，善人之资""信言不美，美言不信"的警世名言②；高度领悟习近平总书记关于"没有监督的权力必然导致腐败，这是一条铁律"的教诲③；大力提高对德国现代著名政治家马丁·布伯关于即使有监督但监督乏力仍然无济于事，"权力只有在相反权力的压力下才会退却"的观点的认识④；充分发挥各级纪检、监察、巡视机关的检查、监察、巡视职能，切实保障民主基础上的"用制度管权管事管人，让人民监督权力，让权力在阳光下运行"，"把权力关进制度笼子"里。⑤ 严格履行"中央八项规定"，充分发挥新闻媒体和社会舆论监督检查机构尤其是央视"焦点访谈"节目、"新闻调查"节目，以及各地广播、电视、报刊、网络相应栏目的威慑力、影响力，对违纪违规违法人员不良现象，予以及时曝光、重拳出击。以"抓铁有痕，踏石留印"

---

① 参见《习近平谈治国理政》第 1 卷，外文出版社 2018 年版，第 369~371 页。

② 《老子·道德经》第二十四、二十七、八十一章。

③ 《习近平谈治国理政》第 1 卷，外文出版社 2018 年版，第 418 页。

④ ［德］马丁·布伯著：《乌托邦的道路》，参见金明华主编：《世界名言大词典》，长春出版社 1991 年版，第 773 页。

⑤ 中共中央：《关于全面深化改革若干重大问题的决定》，《人民日报》2013 年 11 月 18 日。

的不拔意志①，永远保持对当权者的不敢腐、不能腐、不想腐的多元高
压制约态势，切实提升党和政府的社会公信力，高度取信于民，让人民
群众自觉自愿地形成对当代社会的道路自信、理论自信、制度自信，并
且使其内化于心、外化于行。

第六，坚持和改进社会主义其他民主政治。

这一任务，即坚持和改进人民代表大会制度、政治协商制度、区域
自治制度、基层群众自治制度，以及爱国统一战线、"一国两制"制
度，加强军队现代化建设和外交建设。

一方面，大力巩固和完善人民代表大会制度、政治协商制度、区域
自治制度、基层群众自治制度。进一步提高国家社会是人民的国家社
会，国家社会的"一切权力属于人民"的思想政治觉悟。在人大代表、
政协委员、区域自治参政议政人员、基层群众自治领导人选举中，严格
制定标准，科学设计程序，严把质量关。防止各种形式的违法违规违纪
作弊行为，贿选、涉黑、外来干涉。坚决履行无记名投票选举表决，尽
可能防止举手表决和有记名表决。充分发挥人民代表的职能，真正做到
人民代表为人民，人民代表代表人民，防止人大代表异化为官大代表。
政治协商制度，必须按照知无不言、言无不尽、言者无罪、闻者足戒、
集思广益的宗旨，牢牢把握大团结大联合的主题，坚持长期共存、互相
监督、肝胆相照、荣辱与共，坚持一致性和多样性统一，努力"找到
最大公约数，画出最大同心圆"。② 防止政协委员变成徒有其名的举手
表决器，政治协商变成徒具形式的橡皮图章。区域自治制度，必须按照
自治不独立、分工不分家、全国一盘棋的原则，突出自治特色，坚持整
体统一。基层群众自治制度，重在教育和依靠群众，充分发挥群众政治
参与积极性。无论人大代表、政协委员、区域自治参政议政人员，还是
基层群众自治领导人的选举，都要"防止出现选举时漫天许诺，选举

① 中共中央文献研究室编：《习近平关于全面深化改革论述摘编》，中央文献出版社 2014
年版，第 145 页。
② 《习近平谈治国理政》第 3 卷，外文出版社 2020 年版，第 31 页。

后无人过问的现象"，努力"找到全社会意愿和要求的最大公约数"，防止"人民只有投票的权利而没有广泛参与的权利，人民只有在投票时被唤醒、投票后就进入休眠期"，切实让人民监督权力，参与管理，"让权力在阳光下"高效"运行"。①

　　另一方面，进一步加强和完善爱国统一战线、"一国两制"制度。爱国统一战线、"一国两制"制度，是人民代表大会制度、政治协商制度、区域自治制度、基层群众自治制度的拓展、延伸和补充。中国革命和建设的实践证明，爱国统一战线，是凝聚国内外各方面力量，促进政党关系、民族关系、宗教关系、阶层关系、海内外同胞关系和谐，夺取中国特色社会主义事业胜利的重要法宝。至少在现实国情条件下，爱国统一战线越广泛越好，越强大越有利。社会主义革命和现代化建设，以及中华民族的伟大复兴，必须高举爱国主义旗帜，加强同民主党派和无党派人士，以及宗教界人士和信教群众的团结合作，促进思想上同心同德、目标上同心同向、行动上同心同行，各民族和睦相处、和衷共济、和谐发展，促进海外侨胞、归侨侨眷关心和参与祖国现代化建设与和平统一大业。"一国两制"，即一个国家两种社会制度。"一国"是前提，"两制"为从属，防止分裂独立是保障，更加繁荣发展是目的。"一国两制"不仅是解决香港、澳门历史遗留问题的"最佳方案"，是香港、澳门回归后长期保持繁荣稳定的"最佳制度"安排②，而且为台湾和平回归大陆、实现祖国统一提供了成功范例和重要遵循。必须既继续全面准确长期地贯彻"港人治港""澳人治澳"、高度自治的"一国两制"方针，又大力支持香港、澳门融入国家发展大格局，分享祖国繁荣富强。解决台湾问题，必须继续坚持"和平统一、一国两制"方针，坚决反对和遏制"台独"分裂势力和各种分裂主张，尽可能地推动两岸关系和平发展，推进祖国和平统一进程，扩大两岸经济文化交流合作，

---

① 《习近平谈治国理政》第2卷，外文出版社2017年版，第290、292、293、298页。
② 《习近平谈治国理政》第3卷，外文出版社2020年版，第43页。

最大限度增进大陆和台湾同胞福祉。

再一方面，大力强化军队现代化建设。推进建设强大的现代化陆军、海军、空军、火箭军和战略支援部队，构建强大高效的东西南北中五大战区联合作战指挥系统，加快军事智能化发展，提高基于网络信息体系的联合作战能力、全域作战能力，形成军委管总、战区主战、军种主建新格局；坚持走政治建军、改革强军、科技兴军、依法治军，聚焦实战、创新驱动、体系建设、集约高效、军民融合之路。培养锻造军人对祖国和人民的绝对忠诚与"一不怕苦，二不怕死"、三要胜利的英雄主义精神，以及军事战略策略先进、战斗技术过硬、作风高度优良的现代化精兵强将。做到战时能够召之即来、来之能战、战之必胜，和平时期能够"最大限度凝聚军民融合发展合力……实现经济建设和国防建设综合效益最大化"①，全面成为世界一流军队。

第四方面，进一步促进外交建设。2017 年 1 月 18 日，习近平主席在联合国日内瓦总部的演讲，不仅以中国特有的睿性提出了"当今世界充满不确定性，人们对未来既寄予期待又感到困惑。世界怎么了、我们怎么办？""我们从哪里来、现在在哪里、将到哪里去"的著名世界之问，而且提出了中国特有的倡议："构建人类命运共同体，实现共赢共享。"从而赢得了世界各国的普遍赞誉。② 进一步促进外交建设，最主要的，一是遵守《联合国宪章》和各项国际公约，坚持互相尊重主权和领土完整、互不侵犯、互不干涉内政、平等互利、和平共处五项基本原则，发扬爱国主义与国际主义相结合精神，互通有无，团结合作，互惠互利；积极参与、配合和倡导联合国与世界各类合法组织发起的一切有利于人类进步和社会发展的正义事业，最大限度促进世界和平与发展，"最大努力为人类和平与发展作出贡献"。③ 二是充分利用世界贸易

---

① 《习近平谈治国理政》第 2 卷，外文出版社 2017 年版，第 413 页。
② 同上书，第 537、539 页。
③ 习近平：《在第十三届全国人民代表大会第一次会议上的讲话》，新华社北京 2018 年 3 月 20 日电。

组织，深度参与世界经济交流、合作、竞争与全球经济良性循环和长足发展；为最高度优化我国产业结构，提高产品质量，惠及民生，创造世界一流业绩。三是加强国际人才、科技、文化交流，及时吸收人类一切先进文明成果，不断发展壮大自身。四是坚持和平发展道路，推动构建人类命运共同体。高举和平、发展、合作、共赢的伟大旗帜，恪守维护世界和平、促进共同发展的外交政策宗旨，保持"越发展越要谦虚"的外交战略定力，居安思危，在韬光养晦，积蓄力量，重点做好我们"自己的事"，"不断壮大我们的综合国力，不断改善我们人民的生活"的同时，大力发展同世界各国的友好交流合作，推动建设相互尊重、公平正义、合作共赢的新型国际关系，为实现中华民族伟大复兴的中国梦和人类共同进步营造优越的国际环境。① 坚决摒弃冷战思维和政治操弄特别是强权政治、霸权主义、形势误判、极限施压，走对话而不对抗、结伴而不结盟的国际交往之路。坚持以对话解决争端、以协商管控分歧。共同应对世界面临的经济增长动能不足，贫富分化日益严重，地区热点问题此起彼伏，恐怖主义、网络安全、重大传染性疾病、气候变化等非传统安全威胁与挑战。以"一带一路"建设为重要切入，促进贸易和投资自由化、便利化，推动经济全球化最大限度朝着开放、包容、普惠、平衡、共赢的方向发展。尽可能以文明交流超越文明隔阂、以文明互鉴超越文明冲突、以文明共存超越文明优越、以文明融合促进文明发展。努力建设持久和平、普遍安全、开放包容、共同繁荣、清洁美丽的新世界，共同创造人类美好的新未来。

　　如果能坚定不移地出色完成上述六项任务，我们的政治制度就将如

---

① 详见《邓小平文选》第 3 卷，人民出版社 1993 年版，第 320、321 页；习近平：《在新进中央委员会的委员、候补委员学习贯彻党的十八大精神研讨班上的讲话》中强调，"事实一再告诉我们"，"最重要的，还是要集中精力办好自己的事情，不断壮大我们的综合国力，不断改善我们人民的生活，不断建设对资本主义具有优越性的社会主义，不断为我们赢得主动、赢得优势、赢得未来打下更加坚实的基础"（《求是》杂志 2019 年第 7 期，第 12 页）；习近平：《在推动中部地区崛起工作座谈会上的讲话》再次强调，我们面临的国际国内形势"错综复杂"，"最重要的还是做好我们自己的事情"（《习近平谈治国理政》第 3 卷，外文出版社 2020 年版，第 77 页）。

邓小平坚信的那样："尽管这个制度还不完善，又遭受了破坏，但是无论如何……我们的制度将一天天完善起来，它将吸收我们可以从世界各国吸收的进步因素，成为世界上最好的制度。"① 我们就能营造出世界公认的政通人和、风清气正、国泰民安的盛世景象。沧海横流，方显出英雄本色。迄今，经过一代又一代中国共产党人和亿万人民大众的浴血奋战、艰苦努力，我们的政治制度从来没有像今天这样更加接近这个"世界上最好的制度"；我们坚信，我们已经迎来"近代以来最好的发展时期"，在当今世界风云变幻、波翻浪涌的"百年未有之大变局"面前，② 我们的政治制度必将更加充满生机和活力，迎来光辉灿烂的明天。

3. 力求文化繁荣昌盛

国运与文运相牵，文脉同人脉相连。文化，作为人类文明的重要标志和生产、生活与交往的精神支柱，其繁荣昌盛对于人生、社会与环境最优化意义重大。力求文化繁荣昌盛，即文化观念意识正确科学，文化建设兴旺发达、蒸蒸日上。

纵观古今中外，人类创造的文化浩如烟海，博大精深。在我国，从先秦子学、两汉经学、魏晋南北朝玄学、隋唐儒释道并立、宋明理学，到清代西学东渐，近现代洋务运动、维新变法、中体西用、新文化运动，以及诗经、楚辞、汉赋、唐诗、宋词、元曲、明清小说、近现代文学、音乐、舞蹈、绘画、雕刻艺术等；从古代的指南针、造纸术、火药、印刷术四大发明，中医中药理论，到近代的科学技术发展；文化景观堪称异军突起，跌宕起伏。在西方，从古希腊罗马文化、欧洲 14~16 世纪文艺复兴运动、近代启蒙运动，到现当代科学、民主、自由、个性解放运动，以及各种形式的文学艺术等；从古代的天文、历算、地理、航海，到近现代的高等数学、高等物理学、高等

① 《邓小平文选》第 2 卷，人民出版社 1994 年版，第 337 页。
② 《习近平谈治国理政》第 3 卷，外文出版社 2020 年版，第 428 页。

化学、生物进化论、分子生物学、基因工程、克隆技术、新能源、新材料、新技术，以及蒸汽机、大机器、电磁学、自动化、核科学、相对论、电影、电视、电脑、人工智能、大数据、云计算、互联网、数字化、信息化、航空航天航海工程、医疗器械、科学管理、系统工程等，可谓文化气象风起云涌，波澜壮阔。在马克思主义那里，从19世纪40年代末马克思主义的诞生，到列宁主义、毛泽东思想、邓小平理论，以及当代中国化的马克思主义"三个代表"的重要思想、科学发展观、习近平新时代中国特色社会主义思想的发展，高潮迭起，震惊世界。马克思主义作为研究自然界、人类社会、人的思维最一般规律的科学，以及人类彻底解放、个人全面发展的理论，社会革命和建设的学说，不仅是人类文化特别是人类哲学社会科学的高度概括、最高结晶，而且是独领风骚、影响全球的文化创新发展成果。"只有不断发掘和利用人类创造的一切优秀思想文化和丰富知识，我们才能更好认识世界、认识社会、认识自己，才能更好开创人类社会的未来。"① 在我国革命和社会主义改革和建设进程中，从现当代文学、音乐、舞蹈、绘画、雕刻艺术等，到当代的多复变函数论、人工合成牛胰岛素、"两弹一星"、高温超导、中微子物理、纳米技术、超级杂交水稻、干细胞研究、基因测序、汉字激光照排、天河和神威超级计算机、载人航天、探月工程、火星探测器、量子通信、北斗导航、悟空卫星、墨子卫星、慧眼卫星、载人深潜、高铁建设、港珠澳大桥、航母建造、大飞机上天等，堪称文化风范斑斓多姿，层出不穷。

伴随世界经济全球化、政治多极化、文化多元化、社会信息化、全球一体化的人类命运共同体时代的到来，而今，人类文化已进入空前未有的需要思想而又能够产生思想，需要创新而又能够创新，需要巨人而又能够产生巨人，需要人才而又能够人才辈出，需要精品而又能够异军

① 习近平：《在纪念孔子诞辰2565周年国际学术研讨会上的讲话》，《中国青年报》2014年9月25日。

突起，大师与专家云集、高峰与高原竞相崛起、北斗与群星争辉灿烂的时代。这一时代，为文化繁荣昌盛，提供了无比广阔的天地。

力求文化繁荣昌盛主张，实施文化发展五大战略。

其一，遵照习近平总书记提出的"立足中国、借鉴国外，挖掘历史、把握当代，关怀人类、面向未来"的文化建设总体思路要求①，坚持"中、西、马、社、共"五结合，以中华优秀传统文化为底蕴，以西方先进文化为借鉴，以马克思主义为指导，以我国革命文化与中国特色社会主义改革和建设文化为主体，以未来高级文化尤其是共产主义文化为引领，建立社会主义文化五位一体、优势互补大体系，最大限度融合提升我国现代文化软实力。

一方面，大力传承弘扬中华优秀传统文化，坚持"古为今用"。中华民族是一个有着5000多年悠久历史和灿烂文化的民族，优秀传统文化博大精深。不仅哲学、人文社会科学成就辉煌，而且天文、历法、数学、农学、医学、地理学等众多科技领域取得举世瞩目的成就。英国17世纪哲学家弗兰西斯·培根这样讲到："印刷术、火药、指南针，这3种发明曾改变了整个世界事物的面貌和状态，以至没有一个帝国、教派和人物能比这3种发明在人类事业中产生更大的力量和影响。"一些资料显示，"16世纪以前世界上最重要的300项发明和发现中"，我国"占173项，远远超过同时代的欧洲"。② 英国现代学者李约瑟在其《中国科学技术史》一书中写道："在现代科学技术登场前十个多世纪，中国在科技和知识方面的积累远胜于西方。"③ 习近平总书记指出："我们生而为中国人，最根本的是我们有中国人的独特精神世界，有百姓日用而不觉的价值观"，"中华文化独一无二的理念、智慧、气度、神韵，增添了中国人民和中华民族内心深处的自信和自豪"，"只有扎根脚下这块生于斯、长于斯的土地……才能接住地气、增加底气、灌注生气，在世

① 《习近平谈治国理政》第2卷，外文出版社2017年版，第338页。
② 同上书，第202、203页。
③ 本书编写组编著：《党的十九大报告辅导读本》，人民出版社2017年版，第140页。

界文化激荡中站稳脚跟"。① "中华优秀传统文化的丰富哲学思想、人文精神、教化思想、道德理念等，可以为人们认识和改造世界提供有益启迪，可以为治国理政提供有益启示，也可以为道德建设提供有益启发。"② 我们不仅"讲理论要接地气，要让马克思讲中国话，让专家讲家常话，让基本原理变成生动道理，让根本方法变成管用方法，将总体上的'漫灌'和因人而异的'滴灌'结合起来"，而且"要让文物说话，让历史说话，让文化说话"，"让收藏在禁宫里的文物、陈列在广阔大地上的遗产、书写在古籍里的文字都活起来"，为文化建设的现实需要服务。③ 对于中华优秀传统文化，必须按照习近平新时代中国特色社会主义文化建设思想，予以深度挖掘、广泛利用。

大力传承弘扬中华优秀传统文化，坚持"古为今用"，要在明确中华传统文化概况前提下，取其精华，弃其糟粕。

大量研究成果表明，中华优秀传统文化或曰中华传统文化的精华，主要包括十五项元素。

一是关于宇宙本源为"太极"，"有天地然后有万物，有万物然后有男女"，"人法地，地法天，天法道，道法自然"；道器一元，有无相生，阴阳大化，五行相易，生生不息，人为万物之灵，精气神不相分离，天道自然，人道自强，阴阳互补，天人一体，"天之降罔，维其优矣"的思想。④

二是关于"性相近也，习相远也"；内圣外王，与人为善，"为政以德"，"政者正也"；"先天下之忧而忧，后天下之乐而乐"的思想。⑤

---

① 习近平：《在中国文联十大、中国作协九大开幕式上的讲话》，《人民日报》2016年12月1日。

② 习近平：《在纪念孔子诞辰2565周年国际学术研讨会上的讲话》，《中国青年报》2014年9月25日。

③ 中共中央文献研究室编：《习近平关于社会主义文化建设论述摘编》，中央文献出版社2017年版，第100、193、201页。

④ 分别见《周易·系辞上、序卦》，《老子·道德经》第二十五章；（宋）张载：《张子正蒙·乾称篇》，（清）王夫之：《周易外卷》卷二，《诗经·大雅·瞻卬》。

⑤ 分别见《论语·阳货、颜渊、为政》，《大学》；（宋）范仲淹：《岳阳楼记》。

三是关于"天行健，君子以自强不息"，"地势坤，君子以厚德载物"；"三军可夺帅也，匹夫不可夺志也"，"朝闻道，夕死可矣"的思想。①

四是关于家是最小的国，国是千万家，家国同构，国家一体，"天下兴亡，匹夫有责"的思想。②

五是关于以人为本，以人民为中心，安民富民乐民，"天下为公"的思想。③

六是关于"万物化生"，"其命惟新"，革故鼎新，与时俱进，开拓创新的思想。④

七是关于"尊德性而道问学，致广大而尽精微，极高明而道中庸"，理想崇高而又实事求是，爱憎分明，尽力而为，量力而行的思想。⑤

八是关于"志于道，据于德，依于仁，游于艺"，知行合一，躬身实践；善事利器，效率优先，经世致用，"弘毅"致远，久久为功的思想。⑥

九是关于群策群力，集思广益，"博施于民而能济众"的思想。⑦

十是关于"仁者爱人"崇德向善，"得道多助，失道寡助"，无道不助，缺德受罚，因果相推，善恶相报，立德树人，为国育才，为民造福，为社会做贡献，德行天下，"仁者无敌"的思想。⑧

十一是关于孝老爱亲，"老吾老以及人之老，幼吾幼以及人之幼"，推己及人，诚信友善，礼尚往来，助人为乐，休戚与共的思想。⑨

---

① 分别见《周易·乾象传、坤象传》，《论语·子罕、里仁》。
② （明）顾炎武：《日知录》。
③ 《礼记·礼运》等。
④ 分别见《周易·系辞下》，《大学》。
⑤ 分别见《中庸》《论语·颜渊》。
⑥ 分别见《论语·述而、卫灵公、泰伯》。
⑦ 《论语·雍也》。
⑧ 《孟子·离娄下、公孙丑下、尽心下、梁惠王上》，《论语·学而》。
⑨ 《孟子·梁惠王上》。

十二是关于"不义与富且贵，于我如浮云"；清正廉洁，"富贵不能淫，贫贱不能移，威武不能屈"，勤勉奉公；扬善惩恶，积善成仁，除恶务尽的思想。①

十三是关于天道"益谦"，人道"恶盈"，胜不骄，败不馁，反骄破满，勤俭节约，力戒奢华的思想。②

十四是关于"非淡泊无以明志，非宁静无以致远"；"见贤思齐"，互学互鉴，敢为天下先的哲学、人文社会科学、自然科学、尖端技术。③

十五是关于"生于忧患，而死于安乐"，"安而不忘危，存而不忘亡，治而不忘乱"，"国虽大好战必亡，天下虽安忘战必危"，居安思危，先礼后兵，上下同欲，以及上律天时、下袭地利、中得人和、贵和尚中，"有不为也，而后可以有为"，求同存异，和谐相处，和衷共济，人类命运共同体、世界"大同"的思想。④

中华传统文化的糟粕，大致表现为十个层面。

一是天神鬼怪唯心主义世界观和"死生有命，富贵在天"，"命里有样样有，命里没有莫强求"；"生而知之"，"唯上智与下愚不移"的宿命论。⑤

二是"民可使由之，不可使知之"的愚民政策；轻视科学技术、迫害知识分子的文化专制和"劳心者治人，劳力者治于人，治于人者食人，治人者食于人"的歧视体力劳动者的英雄史观。⑥

三是男尊女卑，官本位、官僚主义、等级森严观念、独裁专制

---

① 分别见《论语·述而》《孟子·滕文公上》。
② 《周易·谦彖传》。
③ （三国）诸葛亮：《诫子书》，《论语·里仁》。
④ 分别见《孟子·告子下、离娄下》，《周易·系辞下》，《论语·学而、子路》，《司马法·仁本》，《礼记·礼运》；习近平：《在纪念孔子诞辰2565周年国际学术研讨会上的讲话》，《中国青年报》2014年9月25日，等等。
⑤ 分别见《论语·颜渊、季氏、阳货》，《中庸》，《增广贤文》。
⑥ 分别见《论语·泰伯》，《孟子·滕文公上》。

意志。①

四是人不为己、天诛地灭，"拔一毛而利天下不为"的极端自私自利思想和人生如朝露、行乐须及时，"一辈子不问两辈子事"，"人生得意须尽欢，莫使金樽空对月"，今朝有酒今朝醉，明朝愁来明日忧，嗜酒抽烟、任性纵欲的及时行乐思想。②

五是寅吃卯粮、花明天的钱圆今天的梦的"超前消费"行为。

六是父母之命、媒妁之言、"男女授受不亲"的婚姻包办、性别隔膜陋习。③

七是"不患寡而患不均"的仇富心理、平均主义和江湖义气、面子观点、形象工程、形式主义。④

八是人生无所谓，是非不必分，当一天和尚撞一天钟，"混天了日"、得过且过的消极悲观意识和"鸡犬之声相闻、老死不相往来"，各扫门前雪、莫管他人瓦上霜，肥水不流外人田的狭隘自私心理。

九是厚古薄今、托古言志，文人相轻、"同行是冤家""窝里斗"，嫉贤妒能的狭隘思想。

十是不思最优、只求满意，"小富即安、小进即退"的低效意识、短期行为，等等。

对于中华传统文化取其精华、弃其糟粕，最重要的在于既全面深入，实事求是，客观评价，正确对待，充分汲取其积极合理元素，清除其消极不合理成分，又联系实际，灵活运用，在内容和形式上予以"创造性转化、创新性发展"⑤。

另一方面，尽可能地借鉴西方先进文化成果，力求"洋为中用"。鉴于西方古希腊，以赫拉克利特、德谟克利特、苏格拉底、柏拉图、亚

---

① 《论语·颜渊》。
② 分别见《孟子·尽心上》，《列子·杨朱篇》；（唐）李白：《将进酒》。
③ 《孟子·离娄上》。
④ 《论语·卫灵公、季氏》。
⑤ 《习近平谈治国理政》第2卷，外文出版社2017年版，第313页。

里士多德、荷马为代表的哲学人文社会科学家所创立的哲学人文社会科学，以及以毕达哥拉斯、欧几里得、阿基米德为代表的科学技术巨匠所创造的科学技术享誉全球；鉴于西方文艺复兴以后诞生的著名哲学人文社会科学家马丁·路德、但丁、培根、康德、莎士比亚、塞万提斯、歌德、拜伦、雪莱、伏尔泰、卢梭、斯宾塞、米开朗基罗、贝多芬、巴尔扎克、普希金、托尔斯泰、毕加索、罗丹等所建树的哲学人文社会科学成就，以及著名科学家哥白尼、哥伦布、达·芬奇、伽利略、笛卡尔、牛顿、莱布尼兹、富兰克林、法拉第、达尔文、诺贝尔、爱迪生、居里夫人、爱因斯坦等所贡献的科学技术，彪炳千古。我们应当充分汲取，大力吸收。

尽可能地借鉴西方先进文化成果、力求"洋为中用"，应当在澄清西方文化面貌的基础上，取其精华，弃其糟粕。

诸多研究文献显示，西方先进文化或曰西方文化的精华，亦主要包括十五项元素。

一是世界本源"原子论"，天人相分、上下求索、奋力"开拓进取的精神"。

二是"崇尚理性、倡导科学、反对迷信"、强调主客观统一的"唯物主义辩证法理念"。

三是"生存竞争、自然选择、遗传变异、优胜劣汰"的"进化论"观点。

四是"敢于冒险"、勇猛顽强、"大胆假设、小心求证"的"治学态度"。

五是"宏观研究与微观分析相并举"的"科学原则"。

六是"定性研究同定量分析相结合"的"科学方法"。

七是"民主、自由、平等、博爱"的人文主义关怀。

八是立法、行政、司法"三权分立"、相互制衡的国家管理体制。

九是参议院、众议院、"多党制、普选"、监督、弹劾的政治运行机制。

十是反对禁欲主义，倡导个性解放、个人全面发展的"人道主义"思想。

十一是开放包容、相互激荡、取长补短的"合金文化"。

十二是高等天文学、地理学、数学、物理学、化学、生物学、医学、海洋学的纷纷"创立"。

十三是"现代尖端技术和管理科学"、系统论、信息论、控制论的"异军突起"。

十四是"经济、军事的领先优势"。

十五是"绿色环保组织"的率先建立和生态文明建设的"高效开展"。①

西方文化的糟粕，亦大致表现为十个层面。

一是宗教神学至上、"政教合一"的意识形态。

二是"金钱至上"、唯利是图的价值取向。

三是一度的"人对人就像狼一样"的人际关系。

四是"死后哪怕洪水滔天"的不负责任的行为态度。

五是"个人主义恶性膨胀"，枪支泛滥，暴力犯罪乱象增多，"公民人身安全受到威胁"。

六是基于"性自由、性解放"观念肆虐造成的艾滋病、性病流行，离婚率、单亲家庭数量居高不下。

七是"私有制"为主体与生产、经营、消费的高度"社会化"和全球化之间的"突出矛盾"。

八是生产过剩的"经济危机"周期性爆发和"贫富差距"的不断拉大。

九是国家"宏观调控管理的高成本、低效能"。

十是非赢即输的"零和博弈"外交政策，以及遏而不止的对外扩

---

① 十五项元素参见《辞海》，上海辞书出版社 2020 年版相关词条，以及其他相关文献。

张、"霸权主义""挑战底线""极限施压"行径，等等。①

对于西方文化取其精华、弃其糟粕，应同对待中华传统文化那样，全面收到相应最佳效果。

同时，还应充分注意由于种族特点、地理环境和文化传统的差别，中西方文化深层次的个性差异，力求取长补短，相得益彰。中西方文化深层次的个性差异，亦即二者科学研究的个性差异和道德追求的个性差异。

根据学术界的一般共识，中西方文化科学研究的个性差异，主要表现为：

中国重社会需要，西方重个人爱好；中国重感性认知，西方重理性思维；中国重宏观整体，西方重微观具体；中国重归纳概括，西方重演绎推导；中国重类比推理，西方重实证研究；中国重哲学人文社会科学，西方重自然科学技术；中国重人伦人情，西方重物性个性；中国重简知约行，西方重精思妙用。

中国文化科学研究难免简单肤浅②，西方文化科学研究容易片面失误。

中西方文化道德追求的个性差异，主要表现为：中国人重人性本善，西方人尚人性本恶；中国人重社会本位，西方人尚个人本位；中国人重精神道义，西方人尚物质财产；中国人重协调配合，西方人尚个人奋斗；中国人重内省自律，西方人尚外律法纪。

中国人容易出现官僚主义、独裁专制、侵犯个人利益，西方人难免导致个人主义、私欲横流、损害社会利益。

充分注意中西方文化深层次的个性差异，力求取长补短，相得益彰，贵在致力中西文化相互借鉴，互相促进。

---

① 十个层面参见《辞海》相关词条，以及其他相关文献。
② 江泽民在《院士科普书系》序中指出："中国古代科技有过辉煌的成果，但也有不足，主要是没有形成实验科学传统和完整的学科体系，科学技术没有取得应有的社会地位，更缺乏通过科技促进社会生产力发展的动力和机制。"

再一方面，坚持马克思主义尤其是中国化的马克思主义、习近平新时代中国特色社会主义思想对文化建设的引领，通过发展马克思主义，不断提升马克思主义对文化建设的感召力、影响力，大力推进社会主义精神文明建设，使中国特色社会主义文化事业不断迈向时代新高端。

马克思主义，是19世纪40年代末，首先由马克思、恩格斯创立，而后由其后继者列宁、毛泽东、邓小平，以及当代中国化的马克思主义者江泽民、胡锦涛、习近平等，不断发展和完善的当今世界最正确科学的哲学社会科学体系；是科学的世界观、人生观、价值观和方法论，是关于社会革命和建设以及人类彻底解放和个人全面发展的学说。马克思主义诞生的标志，是1848年《共产党宣言》的发表。马克思主义的主要理论来源，是德国的古典哲学、英国的古典政治经济学、英法的空想社会主义。马克思主义主要有三个组成部分：一是马克思主义哲学，即辩证唯物主义和历史唯物主义；二是马克思主义政治经济学；三是科学社会主义。其中，马克思主义哲学是基础，政治经济学是核心，科学社会主义是目的。马克思主义哲学的科学性、真理性最强，政治经济学尤其是劳动和劳动价值论的变化发展较大，科学社会主义的影响力、影响面和变化发展最大。马克思主义的实质，是最正确科学地认识世界、改造世界、创造世界，批判旧世界，建立新世界，解放全人类；最大限度地解放和发展生产力，促进人与社会全面发展，建设社会主义，实现共产主义。我们必须既牢牢坚持马克思主义，又不断发展马克思主义。邓小平在谈到对待马克思主义的态度时曾指出："我们"要"坚持的和要当作行动指南的是马列主义、毛泽东思想的基本原理"；而"实践是检验真理的唯一标准"，是"关系到党和国家的前途和命运的问题"，"一个党，一个国家，一个民族，如果一切从本本出发，思想僵化，迷信盛行，那它就不能前进，它的生机就停止了，就要亡党亡国"；① "世界形势日新月异"，"不以新的思想、观点去继承、发展马克思主义，不

① 《邓小平文选》第2卷，人民出版社1994年版，第171、143页。

是真正的马克思主义者"。① 2018 年 5 月，习近平总书记在《纪念马克思诞辰 200 周年大会上的讲话》和向《各国共产党赴华参加纪念马克思诞辰 200 周年专题研讨会所致的贺信》中分别强调："马克思"是"人类历史上最伟大的思想家"，"马克思主义是科学的理论，创造性地揭示了人类社会发展规律"，"为人类指明了从必然王国向自由王国飞跃的途径，为人民指明了实现自由和解放的道路。""马克思主义极大推进了人类文明进程，至今依然是具有重大国际影响的思想体系和话语体系，马克思至今依然被公认为'千年第一思想家'。""马克思主义所阐述的一般原理整个来说仍然是完全正确的。"② "在人类思想史上，就科学性、真理性、影响力、传播面而言，没有一种思想理论能达到马克思主义的高度，也没有一种学说能像马克思主义那样对世界产生了如此巨大的影响。"③ "我们要坚持运用辩证唯物主义和历史唯物主义的世界观和方法论。"④ 而马克思主义"绝不是一成不变的教条"。"当代中国的伟大社会变革，不是简单延续我国历史文化的母版，不是简单套用马克思主义经典作家设想的模板，不是其他国家社会主义实践的再版，也不是国外现代化发展的翻版。"只有把马克思主义"同本国具体实际、历史文化传统、时代要求紧密结合起来，在实践中不断探索总结，才能把蓝图变为美好现实"。我们要"用鲜活丰富的当代中国实践来推动马克思主义发展，用宽广视野吸收人类创造的一切优秀文明成果，坚持在改革中守正出新、不断超越自己，在开放中博采众长、不断完善自己"，不断开辟"马克思主义新境界！"⑤ 坚持和发展马克思主义，必须坚持而不盲从，发展而不离宗，基本理念要坚守，创新内容要精彩。坚持马克思主义，最根本的是坚持马克思主义的基本立场、观点、态度和方

---

① 《邓小平文选》第 3 卷，人民出版社 1993 年版，第 291、292 页。
② 习近平：《在纪念马克思诞辰 200 周年大会上的讲话》，新华社北京 2018 年 5 月 4 日电。
③ 习近平：《向各国共产党赴华参加纪念马克思诞辰 200 周年专题研讨会的贺信》，新华社北京 2018 年 5 月 28 日电。
④ 习近平：《在纪念马克思诞辰 200 周年大会上的讲话》，新华社北京 2018 年 5 月 4 日电。
⑤ 习近平：《在纪念马克思诞辰 200 周年大会上的讲话》，新华社北京 2018 年 5 月 4 日电。

法。发展马克思主义，最核心的是一要发扬和光大"马克思主义的科学原理和科学精神、创新精神"①；二要修正个别的不合时宜的甚或不够正确的观点（如以往的阶级斗争为纲观点、平均主义观点、社会主义非市场经济观点等）；三要不断汲取人类创造的一切有益文化新成果，及时填补应当填补的现有理论空白；四要解放思想、实事求是，与时俱进、开拓创新，紧密联系实际和未来发展需要，在实践中不断探索、发现、检验和发展真理，永葆其先进性、前导性和取之不尽、用之不竭的青春活力。努力运用马克思主义引领中国特色社会主义文化改革和建设，最大限度地促进中国特色社会主义文化特别是哲学、自然科学、人文社会科学文化事业向前发展。

最后，立足我国革命文化与中国特色社会主义改革和建设文化发展，以未来高级文化特别是共产主义文化为引领，高扬新时代文化建设主旋律。

我国革命文化，主要是在新民主主义革命和战争年代形成的爱国主义、民族解放、民主自由、变革图强、崇尚科学、追求进步、艰苦卓绝斗争意志、不怕流血牺牲精神、革命英雄主义气概等。它既是中华优秀传统文化在近现代历史条件下的传承和彰显，又是中国化的马克思主义和我国社会主义文化改革和建设的重要力量源泉。对于我国革命文化，要在解读其精髓基础上，努力发扬光大。发扬光大革命文化，最主要的在于继续发扬爱国、民主、科学、进步的"五四"新文化运动精神，为实现中华民族伟大复兴的中国梦尤其是中国特色社会主义文化改革和建设提供强力支持。

中国特色社会主义改革和建设文化发展和未来高级文化尤其是共产主义文化引领，以及新时代文化建设主旋律，重在加强社会主义核心价值体系建设，弘扬社会主义核心价值观，将未来高级文化特别是共产主

---

① 中共中央文献研究室编：《习近平关于社会主义文化建设论述摘编》，中央文献出版社2017年版，第97页。

义文化作为前进方向，彰显真善美，鞭挞假恶丑，唱响中国特色社会主义先进文化主格调。

对此，要牢固树立中国特色社会主义共同理想，树立以爱国主义为核心的民族精神和以改革创新为核心的时代精神；树立"以热爱祖国为荣，以危害祖国为耻；以服务人民为荣，以背离人民为耻；以崇尚科学为荣，以愚昧无知为耻；以辛勤劳动为荣，以好逸恶劳为耻；以团结互助为荣，以损人利己为耻；以诚实守信为荣，以见利忘义为耻；以遵纪守法为荣，以违法乱纪为耻；以艰苦奋斗为荣，以骄奢淫逸为耻"的社会主义荣辱观；弘扬"爱国守法、明礼诚信、团结友善、勤俭自强、敬业奉献"的公民道德风尚；力争国家"富强、民主、文明、和谐"，社会"自由、平等、公正、法治"，公民"爱国、敬业、诚信、友善"。坚持以高尚的精神鼓舞人，以正确的舆论引导人，以优秀的作品塑造人，创造出无愧于人民、无愧于时代、无愧于历史的现代高端经典、未来珍贵遗产的精品杰作，"把最好的精神食粮贡献给人民"①；不断升华个人品德、家庭美德、职业道德、社会公德，争取成为顶天立地、威震全球的文化大国、文明强国。适当倡导共产主义道德风尚，大力表彰文化功勋人物、大师巨匠，抨击各种道德败坏行为和各类不良风气、丑恶现象、负面文化。进一步加强思想道德尤其是思政课建设，强化网络监管，净化和美化网络空间；严厉打击各种黑恶势力、黄赌毒、欺诈拐卖犯罪，打击以权谋私、贪污腐败、行贿受贿行为，打击各种形式的以骗人骗财骗色为目的，以灵魂救赎、"生命源泉"能量开发为招牌，愚弄迫害他人的"灵修"洗脑、精神控制、身心摧残、淫乱作恶邪教活动，尽可能提高广大人民群众的社会安全感和健康生活的满意度，让中国特色社会主义先进文化内化于心，外化于行，成为新时代我国乃至全人类的主流文化。

社会主义文化五位一体、优势互补，最大限度融合提升我国现代文

---

① 《邓小平文选》第2卷，人民出版社1994年版，第211页。

化软实力，必须牢牢坚持"中、西、马、社、共"紧密结合、民族与世界相联系、现实与未来有机统一的社会主义文化建设新理念新格局，通过创造性转化、创新性发展和综合融通升华，构建起具有中国特色而又富含世界共性、反映人类文化当代和未来发展大趋势的全球最先进的文化大体系。

其二，坚持为人民服务，为社会主义革命和建设服务，以及"百花齐放、百家争鸣"的方针①，不断繁荣发展社会主义文化。

社会是人民为主体的社会；我国作为社会主义国家，文化理应坚持为人民服务，为社会主义服务。同时，社会呼唤文化求真务实，开拓奋进；社会主义文化必须坚持"百花齐放、百家争鸣"的方针，不断繁荣发展。对此，不仅要大力贯彻好社会主义文化"二为服务"方针，而且要全面繁荣发展好社会主义先进文化。要坚持思想理论、学术研究、艺术探讨无禁区，宣传教育舆论导向有纪律。坚定不移地响应邓小平提出的伟大号召："理论上、学术上的问题……那是不论什么时候都可以自由讨论的"，"无论如何，思想理论问题的研究和讨论，一定要坚决执行百花齐放、百家争鸣的方针，一定要坚决执行不抓辫子、不戴帽子、不打棍子的'三不主义'的方针，一定要坚决执行解放思想、破除迷信、一切从实际出发的方针。这些都是（党的十一届）三中全会决定了的……不允许有丝毫动摇"。② 要按照习近平总书记提出的"提倡理论创新和知识创新，鼓励大胆探索""自由探索""敢于质疑现有理论"，"反对把学术问题同政治问题混淆起来，用解决政治问题的办法对待学术问题的简单做法"③，尊重科学研究的规律特点，"尊重科学研究灵感瞬间性、方式随意性、路径不确定性的特点"，"允许""自由畅想、大胆假设、认真求证"，"鼓励创新，宽容失败"，力争"创新力量

---

① 《习近平谈治国理政》第 3 卷，外文出版社 2020 年版，第 32 页。

② 《邓小平文选》第 1 卷，人民出版社 1994 年版，第 308 页；第 2 卷，第 183 页；"三中全会"，即中共第十一次第三届中央委员会全体会议。

③ 习近平：《在哲学社会科学工作座谈会上的讲话》，《人民日报》2016 年 5 月 19 日；习近平：《在清华大学考察时的讲话》，新华社北京 2021 年 4 月 19 日电。

充分涌流"；① "人不是神仙，提意见、提批评不能要求百分之百正确"，"即使一些意见和批评有偏差，甚至不正确，也要多一些包容、多一些宽容"的要求，与相关人员做"挚友、诤友"②。要以法律形式将其固定下来，成为国家的坚定意志和永恒的大政方针。这是鉴于我国先秦时期诸子百家争鸣和古希腊罗马文化高度民主，从而开创文化繁荣先河，以及我国秦代"焚书坑儒"、割断历史，汉代之后"罢黜百家，独尊儒术"，"文革"期间"以阶级斗争为纲"，学习秦始皇，大搞文化专制，以及西方中世纪政教合一迫害大批无神论者，从而导致文化凋零的历史宝贵经验和惨痛教训，所凝聚而成的最广大人民群众的共同心愿，是关系民族文化兴衰存亡和人类前途命运的大事。

其三，大力提升文化自信、文化强国理念，教育人们树立起文化育人、文化化人、文化人化的高度自觉性和责任感；立足文化主战场，聚焦人才、教育、科技、文艺、卫生、体育重大关切，弘扬主旋律，倡导多样化，释放正能量，催生新气象，营造新风尚，吹响建设文化大国、文化强国进军号。

第一方面，铭记习近平总书记关于"文化自信，是更基础、更广泛、更深厚的自信，是更基本、更深沉、更持久的力量"，"坚定文化自信，事关国运兴衰""文化安全""民族精神独立性"和文化内生动力的"大问题"的重要论述；③ 进一步提振文化自信心，增强文化强国意识，勇于文化担当，充分发挥文化职能；致力文化要务，大力营造尊重知识、尊重人才、尊重劳动、尊重创造的社会氛围，建立健全人才选拔、任用、管理、评价、激励机制，让人人都能成才，才尽其用，充分发挥正能量，在为社会贡献中"成就自我、实现价值"④，并且有更多

---

① 《习近平谈治国理政》第 2 卷，人民出版社 2017 年版，第 276 页。
② 习近平：《在知识分子、劳动模范、青年代表座谈会上的讲话》，《人民日报》2016 年 4 月 30 日。
③ 《习近平谈治国理政》第 2 卷，外文出版社 2017 年版，第 349 页。
④ 习近平：《在哲学社会科学工作座谈会上的讲话》，《光明日报》2016 年 5 月 19 日。

的尊严感、获得感、幸福感。

第二方面，人民教师，要立德树人，为人师表，学为人师，行为世范，教书育人，为国育才，对得起太阳底下最光辉的职业和"人类灵魂的工程师"的至尊称号；"心无旁骛，甘守三尺讲台，'春蚕到死丝方尽，蜡炬成灰泪始干'"，传播好"人类文明"，塑造出社会"新人"。① 按照邓小平提出的"教书非教最先进的内容不可"的指示精神②，最大限度促进学生德智体美劳全面发展，培养学生独立思考、分析、解决问题的能力和发明创造、实践操作能力。全面改革教学内容，支持和鼓励有条件的高校面向经济社会和科技文化发展需要设立交叉边缘综合新兴学科，改进教学方式方法和人才培养模式。在全国乃至世界范围内精选、打造和推广精品微课、慕课教学。大力强化素质教育，适当采用"反转课堂"教学，力争教育质量大幅提升，达到世界最先进水平。对于立德树人教育，尤其要高度领悟马克思主义创始人提出的"各个人过去和现在始终是从自己出发的"③，"他们的需要即他们的本性"④，"人们为之奋斗的一切，都同他们的利益有关"⑤，以及"人是自然界的一部分"，"人靠自然界生活"，"自然界……是人的无机的身体"的观点；⑥ 充分认识人己相通、天人一体，一己不爱何以爱人、一人不爱何以爱家、一家不爱何以爱国、一国不爱何以爱人类、人类不爱何以爱自然的客观现实；切实防止脱离学生思想实际与正当合理个人利益诉求，教学内容只进教材、进课堂而不进头脑的短期教育行为发生，力避学生单纯为了考试毕业而学习，考试结束忘却脑后，毕业以后烟消云散的不良后果出现。教学内容要分阶段，"循序渐进、螺旋上升"⑦；大力

① 分别见习近平：《在全国教育大会上的讲话》，新华社北京2018年9月10日电；习近平：《在知识分子、劳动模范、青年代表座谈会上的讲话》，《人民日报》2016年4月30日。
② 《邓小平文选》第2卷，人民出版社1994年版，第69页。
③ 《马克思恩格斯文集》第1卷，人民出版社2009年版，第587页。
④ 《马克思恩格斯全集》第3卷，人民出版社1960年版，第514页。
⑤ 《马克思恩格斯全集》第1卷，人民出版社1995年版，第187页。
⑥ 《马克思恩格斯文集》第1卷，人民出版社2009年版，第161页。
⑦ 《习近平谈治国理政》第3卷，外文出版社2020年版，第329页。

传承和弘扬中华优秀传统文化儒家经典《大学》中合乎认知逻辑的格物、致知、诚意、正心、修身、齐家、治国、平天下、天下为公、天人合一的在一定实践基础上形成的由低级到高级、由内而外、由个人到家庭、集体、国家、人类社会和自然界的教育培养路径和成功经验，而不是反其道而行之的由高级到低级、由外而内的其他路径和课程安排①；要深刻理解古代先哲曾子所揭示的"身不修不可以齐其家"，"其家不可教而能教人者，无之"，"一家仁，一国兴仁；一家让，一国兴让"的社会现象，② 以及有子所说的"其为人也孝悌，而好犯上者，鲜矣；不好犯上，而好作乱者，未之有也"③，认识到这至少符合概率论和统计学的人生现象和人类一般认知规律与活动特点，大力提升立德树人教育绩效。当然，这里所要求的爱己只能是褒义的爱己或曰自爱而不自私之爱己，爱家而非家庭主义之爱家，爱国而非狭隘民族主义之爱国，爱己、爱家与爱国、爱人类、爱自然必须尽可能地统一在一起，激励人们自强、自立、自律，"向上向善、孝老爱亲，忠于祖国、忠于人民"④，爱己及人、爱人及物，热爱生活、热爱自然，热爱一切美好事物；并且当个人与家庭、社会发生矛盾时，个人服从家庭、国家、社会，这自然也是由后者对前者在质量、数量、能量上的至上性和人类最大价值效益取向交互作用的结果。

　　第三方面，哲学社会科学研究人员和自然科学技术研究人员，要

---

①　因为"个人总是从自己出发的"。个人是家庭、集体、国家、社会的构成要素，是家庭、集体、国家、社会的主体、基础和发端；家庭、集体、国家、社会则是一系列个人的有机整合、扩大和升华。个人与家庭、集体、国家、社会同构，家庭、集体、国家、社会与个人一体。一己不治难以治人，一人不治难以治家，一家不治难以治国，一国不治难以治天下。据此，儒家经典《大学》强调："物有本末"，"知所先后，则近道矣"，"物格而后知至，知至而后意诚，意诚而后心正，心正而后身修，身修而后家齐，家齐而后国治，国治而后天下平。"自然界，则是人类赖以产生、存续、发展的物质条件，是人的延伸的器官和"无机的身体"，人只有感恩、关心、爱护自然，与自然界和谐共生，才能获得最大生活效益。

②　《大学》。

③　《论语·学而》。

④　《习近平谈治国理政》第 3 卷，外文出版社 2020 年版，第 34 页。

"敢为天下先"，勇于创新尤其是发现、发明、创造，善于"挑战最前沿的科学问题"①，提出更多原创理论、方法，实现跨越式发展，引领世界科技潮流和发展方向，"力求科技创新活动效率最大化"②；不仅根本消除我国当今科技"一些关键核心技术受制于人，部分关键元器件、零部件、原材料依赖进口"的被动落后局面③，而且彻底改变发达国家长期以本国人命名原理、定理、方法的科技原创绝对优势和民族垄断，努力开创世界科技新时代，让越来越多的中国人命名的原理、定理、方法，在世界科技领域熠熠生辉，独领风骚；要"甘于寂寞，或是皓首穷经，或是扎根实验室，'板凳要坐十年冷，文章不写一句空'"④，经得起诱惑，耐得住寂寞，守得住底线，壮心不已，矢志不渝。国家和社会要尊重科学研究发展规律，大力倡导创新特别是原始创新，激励探索，奖掖成功，宽容挫折，鼓励复兴。论文论著选题、立意、写作，尤其要突出问题意识、核心意识、大局意识、导向意识、前瞻意识、价值意识、原创意识、最优意识，坚持创新与真善美高度统一，基本论点、哲理论据与逻辑论证相互联系，科学理论与现实实践紧密结合；尽可能用最恰切精当优美的语言文字反映、表达、呈现最丰富深刻前沿的思想内容。既反对放逐自我、消解个性、缺乏创新，反对抄袭拼凑、滥竽充数、人云亦云，反对因循守旧、抱残守缺、不思进取，反对浮躁浅薄、急功近利、短期行为，又反对固执己见、随心所欲、杜撰伪造，反对荒诞怪异、故弄玄虚、矫揉造作，反对刻意美化、自我标榜、孤芳自赏，反对行业自傲、排斥异己；既反对经院哲学、价值中立、唯美主义、谈玄说无、坐而论道、不关风化、脱离实际，又反对囿于经验、困于偏见、坐井观天、视域狭窄、陷于资料、不能自拔；既反对千篇一律、陈词滥调、空洞无物、迎合时宜的"新八股"，又反对投机钻营、卖弄辞藻、重数量轻质量，以古

---

① 《习近平谈治国理政》第3卷，外文出版社2020年版，第269页。
② 《习近平谈治国理政》第2卷，外文出版社2018年版，第274页。
③ 习近平：《在科学家座谈会上的讲话》，新华社北京2020年9月11日电。
④ 习近平：《在知识分子、劳动模范、青年代表座谈会上的讲话》，《人民日报》2016年4月30日。

典与现代花样翻新、东方与西方话语转换代替内容创造、形式创新；既防止淹没主题、遮蔽论点、喧宾夺主、空发议论，防止见物不见人、见人不见我、以人为据、只引不证、以引代证、只证不引、以证代引、证而无据、证而无力，防止结构残缺、本末倒置，只提出问题、分析问题，不解决问题，只解读实然、因然，不论及应然，只说明是什么、为什么，不说明应怎样，以及大题小做、小题大做、似是而非、语无伦次、逻辑紊乱、纠结不清、语言乏力，缺少哲理文采、深度、广度、高度、力度，又防止面面俱到、平均用力、淡然乏味、索然无奇、制造文字垃圾。

第四方面，针对我国教学和科研队伍专家多、大家大师少，经师多、人师少而"经师易求，人师难得"①，著作等身者多、著作等心者少，组编多、主编少，向后（过去、历史）看的多、向前（现代、未来）看的少，随波逐流者多、自成一家者少，帮会圈内人员多、自由圈外人员少的现状；鉴于研究成果论文多、著作少，合著多、独著少，高原多、高峰少，数量多、质量少，传统研究多、交叉边缘综合新兴研究少，语言转换多、原始创新少，关系垄断发表成果多、遭受排挤发表成果少，研究激励机制评价导向重论文、轻专著等突出弊端，要迅速采取强力对策，全面深入贯彻习近平总书记有关讲话指示精神和中央相关规定，冲出业绩评价唯立项、唯数量、唯级别、唯奖项樊篱，除国际理工科极少数最高端人才引进外，严令禁止与己与单位有利、与国家社会无益的公办高校、国办科研机构、国有企业年薪上百万元，是国家主席年薪的几倍甚至十几倍，为一般同级职称人员的几十倍，人低所值性价比严重失衡的国内天价人才恶性竞争②，建立与国际接轨、由国家统一

---

① 《周书·列传》卷三十七，以及习近平《同北京师范大学师生代表座谈时的讲话》，新华社北京 2014 年 9 月 9 日电。

② 有的用人单位甚至还要在此基础上封官许愿，给这样那样的荣誉称号。这不仅与习近平总书记提出的当官"权力"是"人民赋予的"，"姓公不姓私"；"鱼和熊掌不可兼得，当官发财两条路，当官就不要发财，发财就不要当官"的指示精神相违背（《习近平谈治国理政》第 2 卷，外文出版社 2017 年版，第 147、148 页），而且与人才科学评价、公平竞争、合理利用、贡献与待遇相一致的社会主义按劳分配原则相抵触。

规范的跨国家、跨省区（市）人才、成果、业绩评价和薪金待遇体制机制，设立交叉、边缘、综合、新兴学科专门研究立项、评价机构和奖项，打破关系垄断，构建客观公平公正良性学术成果发表、出版、评价、奖励体系。

第五方面，新闻出版、舆论宣传工作者，要强化政治定力，恪守职业道德，不辱使命，勇于担当，善于作为。坚持以人为本、以人民为中心，服务人民，造福社会，"高举旗帜、引领导向，围绕中心、服务大局，团结人民、鼓舞士气，成风化人、凝心聚力，澄清谬误、明辨是非，联接中外、沟通世界"①。要善于发现和研判舆情，及时反映社情民意，科学精准发力，第一时间报道突发事件，澄清事实真相，弄清事件原委，正确高效引导社会舆论。对真善美敢于拍手叫好、摇旗呐喊、奔走呼号、助力扬威，对假恶丑勇于揭露批判、发声亮剑、论争说"不"。倾力为意识形态和新闻出版、舆论宣传乃至网络媒体建设，以及净化美化精神文明环境，营造优越文化生态尽职尽责，确保正向传播力、引导力、影响力、公信力全力迸发。大力褒奖道德模范、高尚行为、先进人物、文明家庭、先进集体。广泛开展寻找"最美少年""最美教师""最美医生""最美公仆"等"最美人物"和"文明家庭""先进集体"活动，讴歌"最美人生"、彰显"崇高之美"。同时，还要注意发现"身边好人"，表彰凡人善举，激励人们在平凡中创造非凡业绩。

第六方面，文艺工作者，"要坚持以人民为中心的创作导向"，"做到胸中有大义、心里有人民、肩头有责任、笔下有乾坤"。通过激情洋溢、穿透力极强、精彩纷呈的语言、文字、形象、动作、情节、音乐、旋律、画面、符号等，"推出更多反映时代呼声、展现人民奋斗、振奋民族精神、陶冶高尚情操的优秀作品"，为人类昭示更加美好的前景，为社会描绘更加光明的未来。防止脱离现实生活的"茕茕孑立、喃喃

---

① 《习近平谈治国理政》第2卷，人民出版社2017年版，第332页。

自语"、自以为是；不做"徘徊生活边缘的观望者、讥谤社会的抱怨者、无病呻吟的悲观者"，不让"廉价的笑声""无底线的娱乐"、低级庸俗的"无节操"的文化"垃圾"，影响"我们的生活"。在市场经济大潮面前，经得起各种考验，无愧为文化"最好的交流形式"的文艺美称，"不为一时之利而动摇、不为一时之誉而急躁"。"敢于向炫富竞奢的浮夸说'不'，向低俗媚俗的炒作说'不'，向见利忘义的陋行说'不'"；不当"市场奴隶"，永做人生、社会主人。① "要以深厚的文化修养、高尚的人格魅力、文质兼美的作品赢得尊重，成为先进文化的践行者、社会风尚的引领者"②，全力发挥最大正能量。医务人员要不负医者大爱、治病救命、救死扶伤"白衣天使"的崇高美誉，医德医术高尚，设身处地为病人着想，敬业勤劳，救治病人。体育工作者，要刻苦训练，不断提高身体素质，勇于创造世界纪录，为国争光。所有卫生、体育工作者都要在"生命至上、安全第一"、健康第一的旗帜感召引领下，全力以赴地捍卫生命，提升生命质量。

其四，加大文化建设投入，推动文化事业转型换代升级，为文化"创客""点赞"、喝彩、呐喊、助威。

为此，必须大力调整优化文化产业结构，按照列宁早已提出的"人民的自由，只有在人民真正能够毫无阻碍"地"办报"等等的"时候""才能得到保障"的论述，③ 以及我国《宪法》中的"公民有言论、出版、集会、结社、游行、示威的自由"的规定④，文化出版、个人微博、微信、自媒体直播平台；促进产学研三结合，充分发展文化生产力，发挥文化软实力对经济、政治、社会与生态文明建设的支撑引领作用。继续开展富有民族特色和地方特色的文化发掘和传承、弘扬。遵

① 习近平：《在文艺工作座谈会上的讲话》，《人民日报》2014 年 10 月 15 日。
② 《习近平谈治国理政》第 2 卷，外文出版社 2017 年版，第 314、315 页；习近平：《在中国文联十大、中国作协九大开幕式上的讲话》，《人民日报》2016 年 12 月 1 日。
③ 《列宁全集》第 13 卷，人民出版社 1987 年版，第 67 页。
④ 《中华人民共和国宪法》（2018 年修订版），第二章公民的基本权利和义务，第三十五条，《人民日报》2018 年 3 月 22 日。

照中央领导批示和国家发改委《关于中华文化标志城项目有关意见的通知》精神，进一步论证和大力推进以中华优秀传统文化重要发祥地曲阜为首善之区的"中华文化标志城"建设。建立以世界自然、文化双遗产五岳之尊泰山和中华早期文化大汶口文化、龙山文化为依托，以炎帝"后徒"之地、黄帝诞生之地曲阜"寿丘"、少昊之墟①、商奄之都、世界文化名人孔子诞生地尼山、孟子诞生地九龙山、世界文化遗产孔府孔庙孔林为内核，以孔孟之乡曲阜、邹城两座国家历史文化名城为中心，以大量文物古迹、现代文化和自然山水为载体，以微山湖孔子祖先微子、春秋著名政治家军事家目夷、汉初杰出军事家张良三贤资治安息之域为南延，以伏羲部落桑梓渔猎之地、舜帝拥耕之区泗水泉林为东拓，以济宁太白楼、运河文化为西展，建立核心区方圆数十里，外延方圆百余里的中华文化百里圣圈，让其成为具有中华文化标志意义的独特文化空间，成为海内外龙的传人、炎黄子孙面龙朝圣、寻根祭祖，凝聚中华民族神魂的精神家园，传承和发扬光大中华优秀传统文化的教育体验基地，融古代与现代文化为一体的"古城圣地和新区心城"。加快复兴曲阜的行政区划建制，提升曲阜的国家、国际地位和世界影响力；让其成为国家级"文化特区"。② 凭借孔子的崇高国际地位和重大历史影响，以及孔子学院在世界各国开花的大好形势，组织人力、物力、财力在东方圣城、世界文化名人孔子故乡曲阜，以现有曲阜师范大学、济宁学院、孔子研究院为基础，创办直接隶属于教育部领导，教育部与山东省人民政府共建的中国孔子大学；让其成为世界各国相关机构、孔子学院的教学、研究和文化交流中心。加快学校、科研院所、新闻出版、文

---

① 《帝王世纪》记载炎帝："初都陈，复徒鲁。"《史记·正义》记曰："黄帝生于寿丘。寿丘在鲁东门之北。"《帝王世纪》记述少昊帝玄嚣："邑于穷桑，以登帝，都曲阜。"《史记》表明："舜作什器于寿丘。"三皇五帝中至少有四位在寿丘留下古迹，或生于此，或都于此，或葬于此，或在此生产、生活。寿丘地下密集层叠的大汶口文化、龙山文化遗址考古发掘表明，司马迁等关于寿丘始祖文化的古文献所记，有着考古学证据的强力支持。

② 参见张瑞甫著：《社会最优化原理》，中国社会科学出版社 2000 年版，第 403～405 页。

艺院团、医疗机构、体育团体等事业单位的"去行政化"改革进程。进一步开展科技、文化、卫生"三下乡"活动，建设"生产发展、生活富裕、乡风文明、村容整洁、管理民主"的现代化新农村。大力推进全媒体时代建设和融媒体发展，按照习近平总书记关于"实现宣传效果的最大化和最优化"的指示精神①，大胆运用新技术、新机制、新模式，尽可能发挥融媒体的特定积极效用。

其五，致力文化全方位创新，跨越式前进。

对此，不仅以质量求生存，以特色创优势，以创新求发展，而且要多元统一，综合创新，全面升华。按照国务院《关于全面加强基础科学研究的若干意见》要求，"进一步加强基础科学研究，大幅提升原始创新能力"，努力争取"到本世纪中叶，把我国建设成为世界主要科学中心和创新高地，涌现出一批重大原创性科学成果和国际顶尖水平的科学大师"，为建成"现代化强国和世界科技强国提供强大的科学支撑"。② 力争以现实文化大气派、历史文化大手笔、世界文化大胸怀、未来文化大视野，立足本来、传承往来、吸收外来、开创未来。从现实文化发展需要出发，努力创造将来更先进、最高端的文化新业态、新境界。发扬自强不息、厚德载物的民族精神，"为历史存正气，为世人弘美德"，为当今造福祉，为未来开先河。瞄准世界文化前沿，勇于赶超世界先进水平，善于引领世界文化新潮流和发展大趋势。大力发展文化合作与文化贸易往来，及时而又最大限度地掌握和吸收世界各国特别是发达国家的先进科学技术、高效管理经验；采取走出去与请进来相结合，让中国了解世界，不仅了解肤色语言自然风光不同的世界，更要了解文化多元的世界，大量获利于世界。尽可能多地拥有世界话语权，扩大世界影响力，彻底改变我国在世界文化中一些重要领域被"边缘化"，在一些舆论领域"空泛化"，在一些"黑色地带"遁形，在一些

① 习近平：《在中共中央政治局第12次集体学习时的讲话》，新华社北京2019年1月25日电。
② 国务院国发〔2018〕4号文件。

"灰色地带"无影，在一些学科中"失语"，在一些教材内"失踪"，在一些论坛上"失声"的现象。高度讲好中国故事，传播好中国声音，阐释和传扬好中国精神、中国特色、中国风格、中国气派，彰显好我国具有永恒价值、世界意义、穿越千年万里时空历久弥新，百姓日用而又浑然不觉，以儒家文化为主流、其他文化并存互鉴、相互激荡前行的法天行健、自强不息、尊地势坤、厚德载物，讲仁爱、重民本、守诚信、崇正义、尚和合、求大同，爱己、利人、惜物、天人合一，而又勤劳勇敢、聪明智慧、善于创新、乐于奉献的优秀传统文化精髓。向全世界及时推广我国的先进文化成果，让世界了解中国，不仅了解"舌尖"上的中国，更要了解灿烂"文化"上的中国，多方面受益于中国，促进民族文化、地域文化与世界文化大交汇、大融合、大提升、大发展。让人类优秀文化之花遍地开放，万紫千红，争奇斗艳，四处飘香，八方受益，并且让其日新月异，常开不败，永驻人间，不断繁荣发展。

4. 实现好快多省、整体价值效益最大化

无论经济、政治、文化建设自身的最优化，还是三者之间相互关系的最优化，其实质、核心和灵魂，都在于实现最优发展。资源配置的有限性和多种需求的无限性矛盾，以及事物内外因素及其相互关系的高度复杂性，决定了只有实现好快多省、整体价值效益最大化，才能达到经济、政治、文化建设真正意义的最优化。新时代，我国所面临的社会主要矛盾"人民日益增长的美好生活需要和不平衡不充分的发展之间的矛盾"①，更需要通过实现好快多省、整体价值效益最大化来解决。"好快多省"，同 20 世纪 50 年代提出的"多快好省"，虽然没有本质的差别，只有要求次序的前后调整，但前者比后者却更加突出强调目的性、质量至上性。实现好快多省，即达到经济、政治、文化建设又好又快又多又省。实现整体价值效益最大化，即通过最大限度地优化三者之间的相互关系，达到经济、政治、文化建设整体价值效益最高化。

① 《习近平谈治国理政》第 3 卷，外文出版社 2020 年版，第 9 页。

实现好快多省、整体价值效益最大化强调，一方面，必须"好"字当头，目的至上，质量第一；"快"字求速，确保速度领先；"多"字求量，争上规模；"省"字约束，俭省节约。好快多省浑然一体，相互促进，永无休止。另一方面，必须全方位贯彻整体价值效益最大化方针，力求在好快多省的基础上，尽可能地处理好经济、政治、文化建设最优化三者之间的关系，实现其某些方面率先发展或并行交叉发展，进而达到全面发展、跨越发展、和谐发展、永续发展、最优发展，实现经济、政治、文化建设最优化整体价值效益最大值。

二、社会与生态文明建设的最优化

社会与生态文明建设的最优化，是最优学的宏观指向又一重要内容。它大致涉及社会与生态文明建设及其最优化的含义诠释，社会与生态文明建设的最优化原则，社会与生态文明建设的最优化方法。

（一）社会与生态文明建设及其最优化的含义诠释

社会，本质上是人类为获得自身更大生存发展价值效益而结成的利益共同体。社会建设有广狭义之分。广义社会建设包括人生建设（人的建设）、经济建设、政治建设、文化建设、民生保障建设、生态文明建设等多位一体建设。狭义社会建设仅仅指衣食、住行、教育、劳动、就业、文体、医疗、保险、养老、公共服务、公共安全、军事、外交等民生保障建设。它是为保障社会主体人的基本生存发展需要和社会经济、政治、文化与生态文明建设顺利进行，而制定的相应制度、采取的相应举措和付诸的相应实践活动。本书，自然侧重于狭义社会建设研究。生态文明，即与人类生产、生活密切相关的各种自然环境有利条件。它主要包括属人性宜人化的阳光、空气、水分、土地、气候、河流、山脉、矿藏、能源、资源，以及动物、植物、微生物各种生态链等。习近平总书记强调"人与自然和谐共生"，"环境就是民生，青山就是美丽，蓝天也是幸福"，"绿水青山既是自然财富、生态财富，又是社会财富、经济财富"，"良好生态环境是最普惠的民生福祉"；人与"山水林田湖草是生命共同体……人的命脉在田，田的命脉在水，水的命脉在山，山的命脉在土，土的命脉在林和草"。① 人与山水林田湖草相依为命，相促以进，而"生态环境没有替代品，用之不觉，失之难存"②，应当统一保护，良性开发与系统利用。生态文明建设，即生态文明的建造创设。社会与生态文明建设的最优化，即社会与生态文明建设的最正确科学化。

（二）社会与生态文明建设的最优化原则

社会与生态文明建设的最优化原则，即基于社会与生态文明建设及其最优化的含义诠释，按照相应需要和有关属性特点，所制定和遵循的社会与生态文明建设的最佳准则。它主要有两项。

1. 最大限度地改善民生，发展民生，服务民生

"天地之大，黎元为本。"③ 民生，作为黎民百姓的基本生活元素和需求，事关人民大众的安居乐业，健康幸福。它既是社会与生态文明建设最优化的核心内容、目的归宿，又是社会与生态文明建设最优化的主体性保障。最大限度地改善民生、发展民生、服务民生，即尽一切可能和力量为改善民生、发展民生、服务民生提供强力支持。

最大限度地改善民生、发展民生、服务民生要求，一方面，牢固树立"人民幸福生活是最大的人权"④，"民生工作离老百姓最近，同老百姓生活最密切"，群众利益无小事、事事关民生，"保障和改善民生没有终点，只有连续不断的新起点"，"要件件有着落、事事有回音"，"锲而不舍向前走"的民本理念。⑤ 积极为群众办实事、解难事、干好事。

---

① 《习近平谈治国理政》第 3 卷，外文出版社 2020 年版，第 360、362、361、363 页。
② 同上书，第 360 页。
③ （唐）房玄龄等：《晋书·宣帝纪》。
④ 《习近平谈治国理政》第 3 卷，外文出版社 2020 年版，第 288 页。
⑤ 《习近平谈治国理政》第 2 卷，外文出版社 2017 年版，第 361、362 页。

大力改善民生条件，消除民生的一切不利因素，特别是对"群众最关心最直接最现实的利益问题、最困难最忧虑最紧迫的实际问题"①，不仅予以关切、回应，而且予以最扎实快速高效正确科学的解决，努力化不利因素为有利条件，高度提升民生质量，让群众充分享有生活尊严，拥有幸福"获得感"、满意度。

另一方面，进一步巩固和发展全面脱贫成果。在 2021 年全面建成小康社会、赢得扶贫攻坚战胜利的基础上，深入开展扶贫回头看工作，大力总结经验、深刻吸取教训，激励先进、鞭策后进、带动一般，整体持续向前推进。再度精准施策，再次精准发力，更加强力地培养原有贫困地区、贫困单位、贫困家庭、贫困个人脱贫之后的自主造血、自我致富、永不返贫机能，建立常态化防贫、返贫和新生贫困预警防控机制，坚决杜绝干部干、群众看，富帮贫不领情，甚至挑三拣四、得寸进尺、忘恩负义、得便宜卖乖，等、靠、要的懒汉懦夫不作为现象再度发生。对于少数返贫和个别新生贫困对象，尤其要通过及时摸底排查、建档立卡、精准对接、地区单位个人作出承诺保证、动态管理，进一步制定好和实施好再扶志、再扶智、再发动、再承诺、更到位、更全面、更高效的后续帮扶奖勤罚懒发展战略；进一步完善特色产业致富、劳务输出致富、资产收益致富、易地搬迁致富、生态保护致富、发展教育致富，实施医疗救助保障政策、低保国家兜底与社会公益救助联防、联控、联动运行机制；更加扎实稳健灵活高效地深入开展立足当地资源，宜农则农、宜林则林、宜山则山、宜水则水、宜草则草、宜牧则牧、宜渔则渔、宜商则商、宜游则游因地制宜、因情制宜的致富活动，确保搬得出、稳得住、能致富、可持久。全面清除数字脱贫、形式脱贫、假性脱贫、暂时脱贫、不久返贫，切实做到致富路上一个都不能少，彻底拔掉穷根，让富裕种子全面生根发芽长枝散叶开花结果。

再一方面，全力发展各项民生事业。不仅坚持源头治理、源流管

① 《习近平谈治国理政》第 2 卷，外文出版社 2017 年版，第 364 页。

控、标本兼治，"用最严谨的标准、最严格的监管、最严厉的处罚、最严肃的问责，确保广大人民群众'舌尖上的安全'"①，坚持"没有全民健康，就没有全面小康"的思想，"最大程度减少人群患病"，"为人民提供最好的卫生与健康服务"，② 而且力争最大限度地提升住房、教育、劳动、就业、文体、保险、养老、扶危济困、抢险救灾、公共服务均等化保障效能，全面提高民生质量水平。

2. 尽可能地优化生态环境

事物的存续和发展，都离不开一定的外在条件；经济、政治、文化与社会建设的最优化，必须有一定优越的生态环境作保障。尽可能地优化生态环境，指的是充分发挥生态文明建设的各项积极职能，使经济、政治、文化与社会建设的最优化得以顺利实施。

尽可能地优化生态环境规定，严格按照习近平总书记 2017 年 5 月在中共中央政治局第四十一次集体学习时的有关生态文明建设讲话精神和 2017 年 10 月习近平总书记提出的有关要求，"坚持和贯彻新发展理念，正确处理经济发展和生态环境保护的关系"，"坚决摒弃损害甚至破坏生态环境的发展模式"，加快构建科学适度有序的国土空间布局体系、绿色循环低碳发展的产业体系、约束和激励并举的生态文明制度体系、政府企业公众共治的绿色行动体系；加快构建生态功能保障基线、环境质量安全底线、自然资源利用上线三大红线，全方位、全地域、全过程开展生态环境保护建设，大力推进绿色发展方式和生活方式。对此，要突出完成"六项重点任务"：一是加快转变经济发展方式，根本改善生态环境；二是加大环境污染综合治理力度，努力解决好大气、水体、土壤污染等突出问题；三是加快推进生态保护修复，坚持保护优先、自然恢复为主，开展大规模国土绿化行动；四是全面促进资源节约集约利用，坚持节约集约利用与保护美化并举；五是倡导推广"简约

---

① 中共中央文献研究室编：《习近平关于社会主义经济建设论述摘编》，中央文献出版社 2017 年版，第 178 页。
② 《习近平谈治国理政》第 2 卷，外文出版社 2017 年版，第 370、371、373 页。

适度"、勤劳节俭、绿色消费，大力推进绿色低碳、文明健康的生活方式和消费模式；六是完善生态文明制度体系，统筹山水林田湖草系统治理，力求"用最严格的制度、最严密的法治保护生态环境"，打赢蓝天、绿地、青山、绿水保卫战，用最大的热情干劲和最强效的措施建设修复美化生态，"用最少的资源环境代价取得最大的经济社会效益"，让良好生态环境成为经济社会持续健康发展的支撑点，成为人民生活的增长点，成为展现我国良好形象的发力点。① 切实通过保护生态、修复生态、美化生态、发展生态等方式，最大限度地发挥生态文明建设的正能量，确保生态文明建设的最优化各项事业，快速高效、健康有序地向前运行，通过不懈努力换来艳阳高照、清风明月、山明水秀、海晏河清、朗朗乾坤。

（三）社会与生态文明建设的最优化方法

社会与生态文明建设的最优化方法，是遵循社会与生态文明建设的最优化原则，结合具体需要和实际情况，以最佳方式获得社会与生态文明建设最大价值效益的方法。它大致有两类。

1. 高度完善现有相关体制机制

制度是根本，法律为保障。高度完善现有相关体制机制，指的是高度建立健全各项社会与生态文明建设规章制度，大力优化其操作运行机制。它要求，全面制定和进一步完善有关人权、物权、食品质量卫生、药品质量检验、基本住房保障、教育、劳动就业、医疗保健、公共安全、各种救助、婚姻生育、妇女儿童、养老、公共服务、环境保护、移民、国际安全合作等各项法律法规，大力借鉴发达国家的"从摇篮到坟墓的福利政策"，努力使社会与生态文明建设各项事业目标明确，分工到位，责任到人，有法可依，有法必依，执法必严，违法必究，有功

---

① 习近平：《在中共中央政治局第四十一次集体学习时的讲话》，新华社北京 2017 年 6 月 5 日电；《习近平谈治国理政》第 3 卷，外文出版社 2020 年版，第 40 页等。

必奖。

2. 力争收到相应显著成效

高度完善现有相关体制机制的目的，在于收到相应显著成效。力争收到相应显著成效，即通过高度完善现有体制机制，进而大力实施相关法律法规，力求使社会与生态文明建设收到最大价值效益；不仅使"人生出彩"，而且使"国家富强、民族振兴、人民幸福"，使中华民族伟大复兴的"中国梦"早日实现，使天下为公、世界大同、全方位最优化的社会尽快到来。① 它规定，通过全社会各行各业、各个阶层部门的共同努力，让全体公民都能够幼有所养、少有所学、壮有所用、老有所依，耕者有其田、劳者有其事、作者有其息、居者有其所、病者有其医、难者有其救、弱者有其助，生者有其荣、死者有其尊②，人人爱生向善、个个安居乐业；让全社会、全人类，各种生产生活创造活力竞相迸发，各尽所能，各得其所，切实营造出和充分享有蓝天丽日、清风明月、灿烂星空、秀水青山、绿地田园、鸟语花香、农林牧副渔全面发展，社会高度和谐、富庶文明、繁荣昌盛、幸福美丽的最优化新生活！

凡是过往，皆为序章。经济、政治、文化、社会与生态文明建设的最优化永无止境，永远在路上。当前，随着"后疫情时代"的到来，全球回归理性，回归自然，进一步构建人类命运共同体，与自然环境和谐共生的呼声越来越高。我国特别应按照中共十九大报告精神，尤其是中共中央《关于全面深化改革若干重大问题的决定》中提出的"以人为本"，"统筹谋划"，"最大限度调动一切积极因素"，"实现效益最大化和效率最优化"的伟大号召和中共中央《关于坚持和完善中国特色社会主义制度、推进国家治理体系和治理能力现代化若干重大问题的决定》规定，突出问题意识、政治意识、核心意识、大局意识、导向意识，根据一系列社会问题的"倒逼"特点，尽可能地统筹推进经济建

---

① 《习近平谈治国理政》第 1 卷，外文出版社 2018 年版，第 40、39 页。
② 人命关天，生死最大；人道主义社会不仅应让生者尽可能的美满幸福，而且应让死者生前有选择土葬"入土为安"等的基本人权，并且墓地应受到尊重和法律保护。

设、政治建设、文化建设、社会建设、生态文明建设"五位一体"总体布局，尽可能地统筹城乡发展、区域发展、部门发展，统筹国内国际两个大局，统筹改革、开放、发展、稳定的关系，统筹人口、资源、环境和谐友好关系；进一步完善全面建成小康社会、全面深化改革、全面依法治国、全面从严治党的"四个全面"战略布局；大力实施"乡村振兴""农业农村优先发展"战略，加快高端引领、前瞻设计、创新驱动、新旧动能转换进程和"一带一路"建设；加大生态环境保卫和修复、绿化、美化建设力度，确保在新中国成立100周年时建成富强、民主、文明、和谐、美丽的社会主义现代化国家；全面使中华民族从站起来，到富起来、强起来，成为东方巨人，巍然屹立在世界东方。

第七章 最优学的重点聚焦：生产、经营、生活与交往方式的最优化

最优学的重点聚焦：生产、经营、生活与交往方式的最优化，堪称最优学的应用理论、原则与方法的重要内容。我国古代先哲管子曾提出："人不可不务也，此天下之极也。"① 马克思则强调："任何一个民族，如果停止劳动，不用说一年，就是几个星期，也要灭亡，这是每一个小孩子都知道的。"② 人类要高质量生存，社会要又好又快发展，不仅离不开一般劳动，而且离不开生产、经营、生活与交往方式的最优化。最优学的重点聚焦：生产、经营、生活与交往方式的最优化，对于人类生存和社会发展具有重大理论和现实意义。

一、生产、经营、生活方式的最优化

生产、经营、生活方式的最优化，作为最优学的重点聚焦重要元素，主要包括生产、经营、生活方式及其最优化的概念解析，生产、经营、生活方式的最优化原则，生产、经营、生活方式的最优化方法三个方面的内容。

---

① 《管子·五辅》。
② 《马克思恩格斯文集》第10卷，人民出版社2009年版，第289页。

（一）生产、经营、生活方式及其最优化的概念解析

生产方式，一般指与自然生产方式相对应的社会生产方式；它是通过物质、精神和服务劳动，创造人类自身，生产人类自身所需要的物质产品、精神产品和服务产品的活动样式。广义社会生产方式，包括人口生产方式、社会物质生产方式、精神生产方式、服务生产方式，以及几者的交叉复合生产方式。狭义社会生产方式，仅仅指社会物质生产方式。生产方式，是一定生产力与相应生产关系的统一。社会生产力，是人们认识和改造自然、社会与自身，造福人类的物质、精神和服务力量。它主要包括生产者、生产对象、生产资料、服务，以及管理、科学技术等。现代生产力＝（生产者＋生产对象＋生产资料＋服务）×管理×科学技术。其中，生产者，主要指生产中的体力劳动者、脑力劳动者。他们是生产力中最主动、最积极、最革命、最活跃的决定性因素。体力劳动、脑力劳动是生产力的主要力量，是最直接最现实的社会生产力。生产对象，又称劳动对象，即所要生产的产品。生产资料，即用于生产的劳动资料，包括原料、材料、用地、厂房、机器、仪器、设备、工具等。服务，则是生产领域、流通领域、生活消费领域必不可少的重要保障，以及人们通常所说的"第三产业"。它是生产力中的"软实力"，具有越来越重要的发展趋势。马克思主义认为，商人、教师、研究人员、演员、医生、律师、政治家、士兵等，其"服务本身有使用价值，由于它们的生产费用，也有交换价值"；"服务"的"价值"，"等于维持这些服务的商品的价值和这些服务本身的价值"。① 服务在发达国家国民经济发展中所占的比重越来越高。管理是组织生产力、构建生产关系、反映和影响上层建筑性质，使自在生产力变为社会现实生产力的倍加性生产力；没有管理，就不会组织整合形成社会现实生产力。马克思指出："思想、观念、意识的生产最初是直接与人们的物质活动，人们

① 参见《马克思恩格斯文集》第8卷，人民出版社2009年版，第228、229、230、234页。

的物质交往，与现实生活的语言交织在一起的。"① "在固定资本中，劳动的社会生产力表现为资本固有的属性；它既包括科学的力量，又包括生产过程中的社会力量的结合，最后还包括从直接劳动转移到机器即死的生产力上的技巧……在流动资本中，劳动的交换，不同劳动部门的交换，它们的交错连结和形成体系，生产劳动的并存，表现为资本的属性。"② 美国当代著名管理学家哈罗德·孔茨、西里尔·奥唐奈认为，"管理工作是一切艺术中最重要的一种艺术"，"人们对自然资源往往重视过分，实际上，今天的富裕的国家并不是资源丰富的国家……一个民族的天然才能和组织能力是关键性的"，"管理"是"最重要的社会活动"，是推动社会发展的"所有因素中最重要的因素"。③ 科学技术是渗透性第一生产力；没有科学技术，就谈不上高质量、高效能的社会生产力，尤其是社会现代生产力。马克思强调："固定资本的发展表明：一般社会知识，已经在多么大的程度上变成了直接的生产力，从而社会生活过程的条件本身在多么大的程度上受到一般智力的控制并按照这种智力得到改造。"④ 有关专家研究发现，科学技术具有极其惊人的效能：当今世界，1架最大最快的飞机运载效率相当于500万辆马车；1艘最大最快的轮船运载效率相当于300万只帆船；1列最长最快的火车运载效率相当于50万个人力；1台最大功率（马力）的机器相当于150万人的体力；1千克原子能相当于1.6亿千克的薪柴；1千克的"负物质"能量相当于30亿千克的煤；1个电话、电传的传速相当于3000万个驿马通信速度；1部每秒百亿亿次的计算机运算速度相当于百亿亿个人工计算速率……发达国家科学技术在国民经济发展中的贡献率高达70%以上，并且还将不断提升。在生产力体系中，物质生产力具有基础性决定性作用；但随着生产力的不断发展，在现代和将来社会生产力体

① 《马克思恩格斯选集》第1卷，人民出版社2012年版，第151页。
② 《马克思恩格斯文集》第8卷，人民出版社2009年版，第206页。
③ 何奇等编：《中外古今管理思想选萃》，企业管理出版社1987年版，第8、2页。
④ 《马克思恩格斯文集》第8卷，人民出版社2009年版，第198页。

系中，精神生产力和服务生产力的主导性、引领性效能却越来越凸显。社会生产关系，主要指以社会生产者为主体的生产要素在生产中结成的相互关系，即人们在生产中结成的人与人、人与物、物与物之间的关系。它大致涉及社会生产资料的所有制形式，生产者在生产中的地位和作用，产品的流通、分配、交换与消费形式，以及各种社会生产要素之间的相互关系等。其中，社会生产资料所有制形式在生产关系中居于主导地位，其余生产关系以此为轴心。生产力与生产关系的关系，是决定与被决定、作用与反作用的关系。生产力决定生产关系的形成、产生、发展、变化和性质特点；生产关系反作用于生产力。当生产关系适合生产力发展的要求时，就维护和促进生产力的发展；当生产关系不适合生产力的发展要求时，就干扰和阻碍生产力的发展，并且生产关系具有自身的独立性和特定的发展规律。它可以与生产力同步发展，也可以滞后或超前于生产力的发展。当生产关系与生产力同步发展时，就对生产力有维护和促进作用；当生产关系滞后于生产力的发展时，就拖累和阻碍生产力的发展；当生产关系超前于生产力的发展时，就会以"揠苗助长"的形式对生产力造成破坏。经营方式，即经济运营方式；通常指以盈利为目的的产品存储、流通、营销形式。生活方式，是建立在一定生产、经营方式基础之上的人类生命活动的模式。"生财有大道"，用财有至理；"生之者众，食之者寡，为之者疾，用之者舒，则财恒足矣"。① 生产、经营、生活方式的建构，重在对生产、经营、生活资料的最大限度的开源节流与高效利用。

生产、经营、生活方式的最优化，即生产、经营、生活方式三者各自及其相互之间关系的最佳化。其目的在于获得三者各自及其相互之间关系建构的最少投入消耗、最大价值效益。它在最优学体系中占居中心地位，释放着举足轻重的正能量。

---

① 《大学》。

（二）生产、经营、生活方式的最优化原则

生产、经营、生活方式的最优化原则，指的是根据生产、经营、生活方式及其最优化的概念解析，按照相应需要和有关属性特点，最正确科学地进行生产、经营、生活方式建构的准则。它主要有两项原则。

1. 最少的生产、经营、生活方式投入、消耗

人力、物力、财力、时间资源的有限性，决定了生产、经营、生活方式投入、消耗的约束性。最少的生产、经营、生活方式投入消耗，即根据所拥有的人力、物力、财力、时间状况和生产、经营、生活方式的实际需要，使生产、经营、生活方式投入、消耗的人力、物力、财力、时间最少。具体说来，须满足两个基本条件。

其一，在人力、物力、财力、时间一定的情况下，使其投入、消耗的人力、物力、财力、时间相对最少，价值效益达到最大边际、规模域值：若再增加投入、消耗，则价值效益等于或小于投入、消耗，即价值效益为零或负数。①

其二，在人力、物力、财力、时间某项或全部相对匮乏，不足以获得边际、规模价值效益最大化情况下，力求通过充分利用现有可投入、消耗的人力、物力、财力、时间资源，最大限度地优化投入、消耗构成比例，从而获得单位平均最少投入消耗、最大价值效益。

最少的生产、经营、生活方式投入、消耗要求，无论何时何地何种情况下，都应在确保总体价值效益或单位平均价值效益最大化的前提下，尽可能地求得生产、经营、生活方式投入、消耗的最小化。

2. 最大的生产、经营、生活方式价值效益

最大的生产、经营、生活方式价值效益，是在最少的生产、经营、生活方式投入、消耗前提下，生产、经营、生活方式价值效益的最大化。最少的生产、经营、生活方式投入、消耗与最大的生产、经营、生

---

① 详见本书第四章三（六）边际、规模效益的最优化方法。

活方式价值效益互为存在条件。前者是后者的手段和保障，后者是前者
的指向和目的；失去一方，他方便不存在。

最大的生产、经营、生活方式价值效益规定，在任何情况下，都应
坚持把生产、经营、生活方式价值效益最大化放在首位，一以贯之地运
用最少的生产、经营、生活方式投入、消耗，获得最大的生产、经营、
生活方式价值效益。

（三）生产、经营、生活方式的最优化方法

生产、经营、生活方式的最优化方法，是按照生产、经营、生活方
式的最优化原则，结合具体需要和实际情况，以最少的生产、经营、生
活方式投入、消耗，获得最大的生产、经营、生活方式价值效益的方
法。它主要由 3 种方法组成。

1. 生产方式的最优化方法

生产作为人类赖以生存和发展的基本活动，生产方式则决定和制约
着生产效能。生产方式的最优化方法，即社会生产力与生产关系相统一
的最佳方法。它要求，建构最佳社会生产方式必须致力完成两项重要
任务。

其一，生产力尽可能的发展。即人口生产力、物质生产力、精神生
产力、服务生产力，各自充分发展。由于社会可承受能力和可持续发展
的条件限制，人均资源、人类生存发展尤其是衣食、住行、学习、就
业、创业、医保、养老等条件的制约，人口生产力发展必须与物质生产
力、精神生产力、服务生产力的发展相适应，保持合理比例和增长区
间；既不增长过慢、过少，也不增长过快、过多。就全世界的人口生产
现状而言，发达国家人口增长过慢、过少，发展中国家特别是非洲地区
的人口增长过快、过多。就我国而论，现行人口生育状况，积累问题较
多。① 同时，要强化大学生就业、创业指导，以及原有和新生贫困人口

---

① 详见本书第八章一（二）人力资源开发与利用的最优化原则。

的基本生活保障、老龄化应对，力争变人口数量大国为人力资源、人才资源强国。① 社会物质生产力、精神生产力、服务生产力的发展，不同于人口生产力的增长。它们除了内部各具体部门生产力发展之间需要保持相应比例和兼顾可持续发展外，总体则上不封顶，越快越好，多多益善。

其二，生产关系与生产力的发展最大限度的协调。即为确保生产力尽可能的发展，人口生产力、物质生产力、精神生产力、服务生产力四者内部各生产要素之间，以及四者相互之间的关系必须充分协调，生产关系全方位适合生产力发展的需要，能够充分保障各种生产力全面协调可持续又好又快地科学发展、最优发展。

当前，尤其要大力澄清生产关系与生产力关系的某些模糊甚至错误的认识，牢固树立相关科学正确的最优化理念。长期以来，围绕生产关系与生产力的关系，特别是生产关系中具有主导地位的生产资料所有制形式问题，中外学术界展开了激烈论争。其中，影响最大的为"公有制优越论"与"私有制优越论"两种截然相反的理论。"公有制优越论"认为，公有制比私有制先进；"私有制优越论"认为，私有制比公有制先进。其实，撇开具体生产力状况而孤立奢谈所有制好坏，本身就具有很大的片面性。因为，如果说公有制先进，则无法解释为什么私有制为主体的奴隶社会、封建社会、资本主义社会，比公有制的原始社会优越；反之，如果说私有制先进，则无法解释为什么未来公有制的共产主义社会，比私有制为主体的奴隶社会、封建社会、资本主义社会优越。事实上，无论公有制还是私有制，本身都无所谓优劣或先进与否，唯有将二者同现实生产力结合起来，才能予以判定。理论和大量实践一再表明，只要适合生产力发展要求，不管是公有制还是私有制，都是最好的所有制形式。更何况，"无论在自然界或人类社会中，'纯粹的'

---

① 详见张瑞甫著：《社会最优化原理》，中国社会科学出版社 2000 年版，第六章一（一）人口生育资源的最优开发与利用。

现象是没有而且也不可能有的……世界上没有而且也不可能有'纯粹的'资本主义，而总是有封建主义的、小市民的或其他的东西掺杂其间"。① 同时，对于公有制与私有制的主体地位，既要从数量上来判断，更要从质量上来确定，二者缺一不可。犹如衡量一个人的素质，既要看其重量，更要看其品质一样。人的大脑和心脏虽然仅占整个体重的5%，但却具有全身心的主导功能。同样道理，只要国家掌握政权，控制国土资源、金融财政、军队武装力量，公有制为主体的地位便不会发生动摇。再则，由于我国地区与部门行业的生产力存在着很大差异，其生产关系自然不应整齐划一。我国沿海与内地、东部与西部、城市与农村、工业与农业，生产力水平存在巨大差距；不仅沿海远远高于内地，东部远远高于西部，而且部门行业生产力"四世同堂"。既有能源、材料、化工、电力、交通、运输、邮电、航空、航天、航海等与现代生产力相联系的高度机械化、自动化、科学化的生产部门行业，又有一般机械化程度的生产部门行业，还有半机械化半手工操作的生产部门行业，以及肩扛、手提、镢刨、铣锨、刀耕、火种的小生产纯手工生产部门行业。因而，对于不同地区与部门行业，应建立起不同的与其生产力相适应的生产关系。如同邓小平所说："生产关系究竟以什么形式为最好，恐怕要采取这样一种态度，就是哪种形式在哪个地方能够比较容易比较快地恢复和发展……生产，就采取哪种形式；群众愿意采取哪种形式，就应该采取哪种形式，不合法的使它合法起来……在生产关系上不能完全采取一种固定不变的形式，看用哪种形式能够调动群众的积极性就采用哪种形式。"② 我国现行公有制为主体、多种经济成分并存发展的经济所有制形式，是一种适合我国生产力基本国情的所有制形式，应当牢牢坚持，不断完善和进一步发展。

2. 经营方式的最优化方法

无论个人、群体还是国家，不同的经营者往往有不同的经营方式和

① 《列宁选集》第 2 卷，人民出版社 2012 年版，第 483 页。
② 《邓小平文选》第 1 卷，人民出版社 1994 年版，第 323 页。

不同的经营效益。我国自古就有"君子爱财，取之有道"①，义之则取，不义则弃；仁者以财发身，不仁者以身发财之说。这是不同个人、群体和社会经营的本质差异。"诚信守法、热情周到、用户至上、服务一流"，堪称我国文明经营方式的基本准则。具有300多年历史的中华老字号企业"北京同仁堂"药店的店规招牌："同修仁德，济世养生"，"和同于仁，宽广无私"，"炮制虽繁必不敢省人工，品味虽贵必不敢减物力"，"修合无人见，存心有天知"；其他一些百年老字号药店的"宁肯架上药生尘，不愿天下人有病"的金字匾额、怜悯心愿，便是这一经营思想的光辉写照和缩影。我国现代企业的弄潮儿"海尔集团"的"海尔真诚到永远"，备受用户青睐的"任踏牌"地板"任踏任踏，无怨无悔，任你践踏""任踏地板给你'满足'的爱"的温情承诺、人性化关怀，以及"灵石专卖，'石'来运转""'成都'创业，创业都成""天天餐饮，笑口常开""三孔啤酒，'圣气'凌人""孔府家酒，叫人想家""喝孔府宴酒，做天下文章""踏上轻骑，马到成功""新东方只有最好"的激情演义理念、开拓奋进行动，则一度感动着无数的用户、创客、学子，自然也曾经或一直给经营者本身带来啧啧称赞、勃勃商机、滚滚财源、高额利润。日本现代著名企业家涩泽荣一认为，企业的成功精要秘诀在于"《论语》加算盘"②，即道德诚信加精打细算。美国加利福尼亚克莱尔蒙特研究院的专家保罗·托克和世界银行研究人员史蒂夫·奈克，通过调查证实，经营方式的文明度与个人、群体和国家的经济收益成正比；个人、群体和国家经营文明度越高，其经济收益就越高，反之，其经济收益就越低。③ 经营方式在当今社会，越发引人注目。现代经济管理研究表明，企事业单位的社会公众形象，至关重要。每一个顾客平均可直接和间接以圆面形式影响250个人。其口碑好如此，信誉坏亦同样。有人将这种现象，戏称为"二百

---

① （明）《增广贤文》。
② 参见 http//www.baidu.com 百度百科·涩泽荣一，2018 年 10 月 1 日。
③ 参见莫语编著：《数字知道答案》，北京邮电大学出版社 2006 年版，第 77、78 页。

五定律"①。经营方式的最优化方法，指的是经济运营方式的最佳方法。它规定，经营者应当严格履行四种职能。

第一，胸怀全球，放眼未来。即立足国内，放眼世界，面向未来，按照时空跨度越大，生产、流通、消费差异越大，互补性越强，经济效益、社会效益越高的规律特点，力求物通五洲，财达四海。

第二，诚实守信，合法经营。即诚恳对待每一位顾客消费者、每一户商家，恪守信誉，决不弄虚作假、自欺欺人，严格遵守国家相关法律法规和国际通行经营规则，以及相应职业道德。

第三，礼貌待客，公平交易。即根据和气生财效应，不仅童叟无欺，对所有顾客彬彬有礼、和颜悦色、热情相迎、一视同仁，不等级划界、冷热不均、失信失言失态；而且买卖公平，价位合理，不少斤短两，不少尺短寸，不以次充好，不以假乱真，不囤积居奇，不垄断市场，不哄抬物价，不欺行霸市；力求名签标物，明码标价，货真价实，相愿成交，交易恒久。

第四，互惠互利，盈利最大。即文明经营，正当牟利，相互提携，互相理解，将心比心，互谅互让，各得其所，卖者获利，买者受惠，实现双赢；通过"人无我有，人有我好，人好我转，人转我变"、网上交易、刷卡支付和适当赊欠消费，以及全面核算等现代经营方式，实现广开财源，填空补缺，物美价廉，物超所值，花样常新，获得经营价值效益最大化。

3. 生活方式的最优化方法

生活方式的优劣，对于人生质量影响巨大。被世人尊奉为圣人的孔子，其生活方式别具一格。他一方面，乐道于心胸"坦荡荡"，"不怨天，不尤人"，"饭疏食饮水，曲肱而枕之，乐亦在其中"的生活情调，赞扬"一箪食，一瓢饮，在陋巷，人不堪其忧，回（颜回）也不改其

---

① ［英］诺斯古德·帕金森等著：《不可不知的管理定律》，苏伟伦等编译，中国商业出版社2004年版，第51页。

乐"的生活风范，倡导"发愤忘食，乐以忘忧，不知老之将至"的高尚生活品格；另一方面，提出"危邦不入，乱邦不居；天下有道则见，无道则隐；邦有道，贫且贱焉，耻也；邦无道，富且贵焉，耻也"，"邦有道危言危行，邦无道危行而言逊"的观点，主张"食不厌精，脍不厌细"，不食不洁之物，"食不语，寝不言"的科学生活方式。① 孔子享年 73 岁。强调"爱人"，笃行"我善养吾浩然之气"的亚圣孟子活了 84 岁。② 崇尚恬淡自然、见素抱朴、少私寡欲、与世无争、"复归于朴""无为而无不为"，志于弘"道"、达以"玄德"的老子③，相传骑青牛西去，活了 130 岁。致力内修外练、上承天阳、下接地气、吐故纳新、餐风吸露、与自然一体、与人生相宜的黄帝六世孙彭祖，相传活了 140 岁。这在当时人均寿命只有 40 岁左右的春秋战国时代和远古时代，堪称寿星和超级寿星。累计捐款上百亿元支援教育、文化、医疗、卫生事业的香港著名影视企业家、慈善家邵逸夫，106 岁时依然身体健康。我国台湾地区人瑞赵慕鹤乐生笃学，坚持"活到老，学到老"，工作退休后 87 岁陪孙子一起读大学，98 岁拿到硕士学位，此后到新竹清华大学中文系当旁听生，105 岁时考取文学博士，深受社会赞誉。现代社会，今非昔比；生活方式理应大幅度提升。美国第三任总统杰弗逊的人生戒律中，则有"今天的事决不拖到明天去做，自己能做的事决不麻烦别人，决不花今天还不到手的钱"三戒。杰弗逊在日理万机的情况下，健康生活了 76 年。东进西取、桀骜不驯的英国前首相丘吉尔，活了 91 岁。自由奔放、越挫越奋的英国当代思想家罗素，活了 98 岁。法国女钢琴家格丽玛沃毕生酷爱音乐，活了 105 岁。这些著名人物和平民百姓的生活方式，所蕴含的某些最优化方法元素，值得汲取。生活方式的最优化方法，即运用生活最佳方式获得最大生活价值效益的方法。它主张，努力做好 4 项工作。

① 参见《论语·述而、宪问、雍也、泰伯、乡党》。
② 《孟子·离娄下、公孙丑上》。
③ 《老子·道德经》第五十一章、二十八章、四十八章。

(1) 力争物质生活尽可能富裕健康

恩格斯指出："一个新的社会制度是可能实现的"，"在这个制度之下"，"通过有计划地利用和进一步发展一切社会成员的现有的巨大生产力，在人人都必须劳动的条件下，人人也都将同等地、愈益丰富地得到生活资料、享受资料、发展和表现一切体力和智力所需的资料"。[①] 力争物质生活尽可能富裕健康，即积极创造条件，尽可能地使物质生活富裕，物质生活方式积极健康。它要求，一方面，努力使所有公民通过诚实劳动、合法收入或社会救助，尽可能多地获得物质财富，建立正确科学的物质生活方式。无论城镇还是乡村居民，都要达到丰衣足食、居有定所、病有所医、花有钱款、用有所备，"仰足以事父母，俯足以畜妻子，乐岁终身饱，凶年免于死亡"的小康物质生活水平[②]。另一方面，大力倡导全社会物质生活消费高度科学化。尽可能做到不吸烟，不饮或少饮酒，拒绝毒品，饮食卫生、结构合理，膳食营养丰富科学；早吃好、中吃饱、晚吃少；多吃蔬菜、水果、豆制品、粗杂粮，多喝新鲜牛奶。尽量少吃盐、糖、油腻之物，不吃油炸、火烤、熏制、腌制、霉变、污染、含有害添加剂食品、转基因食品；不喝不洁饮料，不暴饮暴食，不过度减肥。健身防病为主，卫生健康为要，诊疗治病为辅。有病早医，不滥用药物。可不吃药的尽量不吃药，非吃药不可的尽量吃中药不吃西药；能不打针的尽量不打针，非打针不可的尽量打小针不打吊针；尽可能不用毒副作用大的药物；能不住院治疗的尽量在家治病。不建不居通风采光不良、周边环境不佳的房院。不制不售不买不卖不用不利生活健康的设备、器具，不用有毒有害衣物、香水、洗涤剂、化妆品。当今，尤其应高度防止空气污染、水体污染、食品污染、农药化肥污染、电磁波辐射污染、噪声污染、垃圾污染，加大煤炭、柴油、汽油、污水、垃圾源头净化处理力度，大力消除农村人畜家禽混杂模式、

---

① 《马克思恩格斯选集》第 1 卷，人民出版社 2012 年版，第 326 页。
② 《孟子·梁惠王上》。

生活用柴用煤污染，禁止秸秆、垃圾焚烧，加快农村厕所改造与污水、垃圾分类集中处理。大力开发利用太阳能、风能、氢能、水电能绿色能源，推广生活能源电气化。未来的物质生活方式最优化取向，应当是衣食"绿色化"、居住别墅化、用具电器化、环境生态宜居化、出行机械化；消费实惠、安全、卫生科学化与世界化。再一方面，科学安排生活消费与积累比例，适当储备，应急万一。目前，发达国家的消费与积累比例一般保持在 20∶80 左右。我国高收入居民可参照发达国家的相应比例实行，一般收入居民消费与积累比例应控制在 30∶70 左右，低收入居民消费与积累比例应达到 95∶5 的水准。企业、事业、政府等部门的消费与积累比例，亦应根据自身的收入、需要和特点，作出相应比例规定。① 生活消费决不可吃净花光、朝不虑夕；不到万不得已决不"寅吃卯粮"超前消费，决不"花明天的钱圆今天的梦"。要长计划和短安排相结合，留有一定余地，节省开支，适当积累，以应付大笔费用和意外开支。我国作为发展中国家，艰苦奋斗、勤俭持家、勤俭建国、精打细算、厉行节约、勤俭办一切事情的优良传统和生活作风，应长期乃至永远坚守。最后方面，最高度地优化生活消费内部结构比例，达到结构比例合理，生活价值效益最佳。我国一些家庭、单位和地区刚刚步入小康社会；生活消费水平同发达国家相比仍存在很大差距。按照国际标准，食品消费占总消费比重 80% 以上者为贫困，50%~80% 者为一般，20% 以下者为富裕。文化消费开支比重越高越富裕。美国、欧洲、日本等发达国家和地区食品消费比重越来越低，文化消费比重越来越高。日本文化消费比重 1960 年为 32.6%，1965 年为 35%，1974 年为 42%，现在达 60% 以上。我国一般城乡食品消费目前约占 60%，落后地区则更高。生活消费内部结构比例所涉及的生存、发展、享受消费安排次序，应首先安排生存消费，其次安排发展消费，最后安排享受消费，并确保三者比例协调一致，产生最大生活价值效益。就现实状况，一般说来，

---

① 莫语编著：《数字知道答案》，北京邮电大学出版社 2006 年版，第 221、222 页等。

生存、发展、享受消费的最佳比例为 3：4：3。贫困家庭、单位、地区和国家生存消费较大，一般家庭、单位、地区和国家发展消费较大，富裕家庭、单位、地区和国家享受消费较大。可以预见，随着社会的发展，生活水平的日渐提高，享受消费所占比重将越来越大。同时，还应处理好一元消费与多元消费、个人主观价值消费观念与社会实际价值消费理念的关系，坚持一元消费低于多元消费、个人主观价值消费观念与社会实际价值消费理念相统一。

（2）确保精神文化生活最大限度文明高尚

确保精神文化生活最大限度文明高尚，指的是全面创造有利条件，尽可能地保障精神文化生活文明不断升华。该方法规定，倾力建造既积极健康又丰富多彩的精神文化生活方式。一方面，拥有崇高的精神追求和生活情致，反对和消除形形色色的拜金主义、享乐主义、极端个人主义和损人利己、损公肥私错误思想观念。坚持以正确科学的世界观、人生观、价值观、最优观为指导，以社会主义核心价值观为主干，通过政府引领、群众参与、社会协同、部门监管的方式，大力提升城乡社区和全民的教育、科技、文化、卫生、体育素质，努力培养人们的优秀思想文化品质，培养人们高尚的道德情操和社会风尚，开创生动活泼、奋发向上、文明美好的新局面。另一方面，通过开展影视文化、网络文化、主流文化、民俗文化、特色文化活动，专家顾问定点智力扶贫巡访援助活动，派第一书记和公务员定点包村活动，社会力量一对一帮扶活动，流动图书馆、宣传队、演出团队定期下基层活动，城乡文化联谊一体化共建活动，以及精神文明单位创建、达标、评选、推介活动等，让精神文明之花全面绽放，处处飘香。

（3）致力业余闲暇生活充分丰富有益

致力业余闲暇生活充分丰富有益，即力求业余闲暇生活尽可能丰富多样，有益身心健康，有助精神文明建设。它主张，一方面，必须充分认识到时间不仅是人类生存和发展的空间，而且是人类享受生活的必要条件。业余闲暇时间的出现和利用，是人类自由全面发展的保障和社会文明进步的重要标志。没有业余闲暇时间就如同人一生没有宴席，人类生活就会大为逊色。随着人类进步、社会发展，特别是知识经济、大数据、云计算、互联网、数字化、信息化时代的推进，不仅人们的生产、经营越来越全球化，整个世界日益"缩小"为一个"地球村"，而且人们的业余闲暇时间越来越多，生活方式越来越电器化、网络化、数字化、自动化、家庭化、国际化、世界化。这是人类生活方式由自给自足的家庭自然经济、对外开放的社会市场经济，向新的更高层次的家庭自然经济（自由经济）、全球化经济的飞跃。据调查统计，当今发达国家的日均劳动时间为 4 小时，家务劳动时间为 1 小时，除 10 小时的睡眠、餐饮外，其余 9 小时均为业余闲暇时间；我国城乡居民的日均劳动时间为 6 小时，家务劳动时间为 2 小时，除 10 小时的睡眠、餐饮外，其余 6 小时均为业余闲暇时间。美国未来学家阿尔文·托夫勒等人预测，21 世纪中期，全世界将近一半人回到家庭工作。这不仅可大大减轻交通压力，节约出行费用，提高人身安全系数，而且可节省上下班往返时间，有利于拓展业余闲暇活动空间。① 有关部门预计，世界将在 2050 年基本进入"休闲时代"。一半的 GDP 将来自休闲业，发达国家 80% 的社会从业人员将就职于休闲业，人类半数以上的时间和资金将投向休闲业。这不仅可以大幅提高人们的生活质量水平，而且会给人的自由全面发展提供越来越充裕的时间保障。② 致力业余闲暇生活充分丰富有益，重在将业余闲暇时间充分利用起来，而不是使其白白浪费掉，更不是将其用于无聊的生活，甚至低级趣味、破坏性活动。现代人生科学研究表明，健康积极的生活方式，至少可以延长人 5~10 年以上的寿命。另一方面，要结合具体个人实际和社会诉求，充分开展有益身心健康的文化娱乐、体育保健、旅游观光、走亲访友活动，积极从事一些力所能及的社会公益慈善救助事业，尽可能地丰富美化业余闲暇生活，充分发现、

---

① ［美］阿尔文·托夫勒著：《第三次浪潮》，朱志焱等译，新华出版社 1996 年版，第 213~227 页。

② 参见莫语编著：《数字知道答案》，北京邮电大学出版社 2006 年版，第 209 页等。

领略、营造和享受日常生活之美，提高生活质量品位。

（4）加快农村城镇化、社区化生活进程

由于我国是一个小生产经营如汪洋大海的农业大国，广大农村不仅居住分散，大量土地单家独户分散小规模经营，相当多的农民紧紧束缚在小块耕地上，不便于机械化作业，不利于大规模、世界化、现代化生产经营，而且出现大量空巢房屋，教育、文化、医疗、保健、水、电、暖、交通、运输、社会交往生活落后。因而，加快农村城镇化、社区化生活进程势在必行。加快农村城镇化、社区化生活进程，即根据农民生活最优化的现代诉求，进一步促进农村城镇化、社区生活建设。它倡导，通过取消城乡户籍、购房、入学、就业、医保、养老限制，自觉自愿合村并户与土地整合、流转，以及农业生产经营连片化、规模化、世界化、现代化，使农村自然而然地城镇化、社区化，使农民充分享有城镇化、社区化生活。这将是一个"自由人联合体"似的既需要积极推进，又需要扎实稳妥开展的相当漫长的自然历史过程。

二、交往方式的最优化

交往方式的最优化，不仅构成生产、经营、生活方式的最优化保障，而且反映着人类生存和发展的最优化内在诉求。交往方式的最优化，大致涉及交往方式及其最优化的功能作用、交往方式的最优化原则、交往方式的最优化方法三个组成部分。

（一）交往方式及其最优化的功能作用

交往，即人与人、人与群体、群体与群体之间的交际往来。它具有繁衍功能作用、整合功能作用、交流功能作用、互补功能作用、发展功能作用、增值功能作用、保健娱乐功能作用等。

人是最社会化的动物，"人的本质……在其现实性上，它是一切社会关系的总和"；人不仅"每日都在重新生产自己生命"，而且"人们在肉体上和精神上互相创造着"。① 一滴水只有融入大海才不致干涸，一个人或群体只有通过交往进入社会才能最大限度地提升和实现自身的价值。个人与群体的千差万别，彼此之间的相互需要，不仅使人或群体交往成为人类生存、发展、享受的必要，而且成为现实可能。

同住一个地球村，普天之下一家人。单单是谈情说爱、结婚繁衍，这一至关重要而又司空见惯的事实，人们就必须通过交往而不能离开别人来实现。其他方面的成功，总体上可以说"七分在努力，三分在交往"，甚至有些事情的成功，努力与交往绩效相当，或比重前三后七。据此，我国宋代哲学家邵雍认为，集众聚能、集思广益对于人类异常重要。他在《皇极经世·观物内篇》中深刻指出："我亦人也，人亦我也，我与人皆物也。此所以能用天下之目为己之目，其目无所不观矣；用天下之耳为己之耳，其耳无所不听矣；用天下之口为己之口，其口无所不言矣；用天下之心为己之心，其心无所不谋矣……夫其见至广，其闻至远，其论至高，其乐至大，能为至广、至远、至高、至大之事……岂不谓至神至圣者乎！"法国18世纪思想家伏尔泰强调："相互需要……乃是人与人之间永恒的联系"；荷兰17世纪哲学家斯宾诺莎一反英国同时代的哲学家霍布斯的"人对人就像狼一样"的观点，认为"每个人对于别人都是一个神"，"除了人外，没有别的东西对于人更为有益"；法国18世纪思想家爱尔维修强调，"在所有东西中间，人最需要的东西乃是人"，"爱别人，就是爱那些使我们自己幸福的手段"。② 美国当代学者马科思·冈瑟用20年时间，调查访问了1000多名社会达人成功者，让他们谈对交往意义的看法。结果，他们大都回答："总的来说，最走运的人是那些拥有许多朋友和熟人的人"；"你的结交网越大，你发现某种走运机会的可能性就越多"。③ "与物打交道物完事了，与人

---

① 《马克思恩格斯文集》第1卷，人民出版社2009年版，第501、532、542页。
② 引自章海山著：《西方伦理思想史》，辽宁人民出版社1984年版，第374、263、354页；周辅成编：《西方伦理学名著选辑》下卷，商务印书馆1987年版，第89页。
③ 参见李光伟编著：《时间管理的艺术》，甘肃人民出版社1987年版，第102页。

交往事了人情在，源远流长"，早已成为亘古不变的真理；"你是我的幸福，我是你的最爱"，对于一些人，早已不限于心交神往，而是真真切切的生活现实。

交往方式，即人与人、人与群体、群体与群体之间的交际往来形式。它对于交往效能具有重要影响。交往方式从不同角度，可以划分为异性交往、同性交往，直接交往、间接交往，单向交往、双向交往、多向交往，水平交往、垂直交往，简单交往、复杂交往，表层交往、深度交往，经济交往、政治交往、文化交往，物质交往、精神交往、情感交往，良性交往、恶性交往，以及友谊交往、日常交往、特殊交往、博弈谈判交往，最优交往、次优交往、一般交往、次劣交往、最劣交往等。

交往方式的最优化，即交往者交往形式的最佳化。它具有以最少的人力、物力、财力、时间投入消耗，获得最大交往价值效益的属性。

而今，人类已进入高度社会化、人性化、人情化、大数据、云计算、互联网、数字化、信息化时代，无论昔日的"鸡犬之声相闻，老死不相往来"的自闭式生活方式，还是被有的文人嘲讽为"以自我为中心，以生殖器为半径，画圆圈定交往范围"，仅限于血缘姻缘关系极度狭隘的一般动物交往方式，均越来越缺乏理智，越来越不合时宜，越来越远离现代文明而成为历史，越来越为胸怀全球、放眼未来、功在当代、利在千秋的高尚交往所不齿。交往方式的最优化，越来越受到人们的关注。重大尖端高新科技项目的研发，更需要在交往方式最优化的基础上形成团队，协作攻关。法国天文学家拉普拉斯在其《宇宙体系论》中指出："当科学进步到一个阶段，各分科接触增多，而且个人也不能深入到每个领域里去，只有许多学者的协作才能解决问题时，这种团体组织便感到有特别的重要。"[1] 美国当代社会学家朱克曼统计，1901—1972 年的 286 位诺贝尔奖获得者，有 185 人的成果为合作成果，占总成果人数的 65%。合作成果第一个 25 年占 41%，第二个 25 年占 65%，第

---

[1]　引自肖兰、丁成军编：《人才谈成才》，中国青年出版社 1986 年版，第 221 页。

三个25年占79%。① 此后至今的800多位诺贝尔奖获得者，合作成果越来越多，所占比重越来越大，尤其是近25年则高达90%以上。1961—1972年，美国阿波罗登月工程的设计、建造，不仅耗资240亿美元，而且动用了42万人，涉及120所大学实验室和200多家公司。我国嫦娥探月工程不仅预计耗资上万亿元人民币，而且参加人员高达数十万人之多，涉及1000多个单位。交往方式的最优化，在社会交往中发挥着越来越大的功能效用。

（二）交往方式的最优化原则

交往方式的最优化原则，是基于交往方式及其最优化的功能作用，按照相应需要和有关属性特点，所建构的最正确科学的交往准则。它大致涉及3项原则。

1. 相互尊重，与人为善

基于事物的无限多样性、系统层次性和多元可能性，虽然人们的先天遗传素质、性别年龄差异、后天文化修养、生产生活能力、社会分工不同、贡献大小不等、地位高低不一，人与人之间的全面平等是永远不可能的；但是，人生天地间，同为人类一族，人在生存权、发展权、享受权、法律平等权、人格尊严权等基本人权方面，却永远应当是平等的，没有所谓高低贵贱之分。孟子有一段名言："一箪食，一豆羹，得之则生，弗得则死；呼尔而与之，行道之人弗受；蹴尔而与之，乞人不屑也"②，即便居上位者对于下位者，施舍者对受之者，也应当尊重其人格。同时，人为万物灵，人性本为善；人的"恶"性主要是后天教育不当等原因引起的人性的扭曲和兽性的上浮。相互尊重、与人为善，乃是人性自然之规定、社会权利之必然。大千世界，人海茫茫，众生不一：投桃报李者有之，冤冤相报者有之；以怨报德者有之，以德报怨者

---

① 参见严智泽等主编：《创造学新论》，华中科技大学出版社2002年版，第215页。
② 《孟子·告子上》。

有之；斤斤计较者有之，宽宏大量者有之；直接交善换恶者有之，间接交善换恶者亦有之；善恶希冀与现实相统一者有之，善恶希冀与现实相背离者亦有之。然而，异中有同，同中有异，冥冥之中自有定数，千变万化蕴含一定规律：善恶有主，因果相随，古今同理，中外皆然，将来亦复如此。这既是逻辑必然，也是无数经验事实。医学界曾对 500 多名廉政官员和 500 多个贪官污吏进行过 10 年随访调查。结果发现，廉政官员，因其廉政清洁，心胸坦荡，受人尊敬，无缺德压力，无一人去世，得重病者仅有 16%；而贪官污吏却由于天怒人怨，人神共愤，忧心忡忡，积怨成疾，死亡者、患癌症、得脑溢血等重病者高达 60%。① 善恶即使今生今世不得相报，死后论名、子孙利害，亦将泽及。结果不多不少，正好等于原因。冤冤相报何时了，以德报德最当然，以德报怨最高尚，以怨报怨最狭隘，以怨报德最缺德。得道多助，失道寡助，无道不助，缺德受罚。这不是唯心主义宿命论，而是马克思主义关于因果"报应的规律"的正确科学的辩证唯物主义、历史唯物主义因果观。② 其实，"报应"规律普遍存在：在物理世界它表现为作用力与反作用力相等，在化学世界它表现为物质不灭、能量守恒、相互转化，在生物世界它表现为生存竞争、自然选择、遗传变异、优胜劣汰，在人类世界则表现为爱心奉献与感恩回报、剥削压迫与反抗斗争等。因而，为人自当尽人道，交往理应遵天理。交往应当而且必须相互尊重、与人为善，这是交往的本质规定，也是交往方式的最优化首要原则。相互尊重、与人为善，即交往双方彼此相互敬重，善待别人，而不是单单从自我需要出发，任性所为，甚至与人为恶。

相互尊重，与人为善要求，既把自己当作自己，把别人当作别人，又把自己当作别人，把别人当作自己，达到立己达人、己人相别而又人己一体。一方面，交往双方应深谙人类世界不仅有我、有你，而且还有

---

① 莫语编著：《数字知道答案》，北京邮电大学出版社 2006 年版，第 46 页。
② 《马克思恩格斯全集》第 12 卷，人民出版社 1962 年版，第 308 页。

他（她），有全人类，不仅属于我、属于你，而且属于他（她），属于全人类，属于人类的过去、现在和将来的至理通则；熟知"世界上最大的侮辱是对人格的侮辱，最大的不敬是对人格的不敬，最大的耻辱是恬不知耻、以耻为荣"的道义名言；懂得"你要想别人怎样对待自己，你就怎样对待别人"的换位思考、处世之道、交往定律；力求平等相对，真诚相待，一视同仁，切不可歧视、忤慢对方。另一方面，必须视人如己，像善待自己一样善待别人，助人为乐，乐于奉献，行善多多，多多益善；对得起天地良心，对得起人之为人的至尊称号。大爱无界，至善无疆。除极个别邪恶之人需要严惩不贷之外，对于广大交往对象，都应尽可能地想对方之所想，急对方之所急，言对方之所言，为对方所欲为；在力所能及的范围内，不惜真情奉献，大爱施予，大善相加，满足对方一切正当合理诉求，给对方一个充分满意，给别人一个意外惊喜。

2. 科学观人，区别对待

环境影响言行。通过现象可以看本质，透过本质可以知现象。通过科学观人、区别对待，进行交往，既是古今中外交往的常见现象，也是辩证唯物主义、历史唯物主义交往观所恪守的重要准则。在交往中，由于意识和言行现象的相对独立性，尤其是假象的干扰影响，固然单纯的以貌取人、以言定人、以行待人、血统论、背景关系论、职位定性论有失偏颇，不足为取，特别是带有大量宗教唯心主义迷信色彩、神秘蒙骗意图的相面、算命术，更应受到批判。但是，本质毕竟决定现象，现象到底反映本质。孟子所说的"存乎人者，莫良于眸子"①，人们常讲的"眼睛是心灵的窗口"；生理学、心理学、语言学、行为科学、人际关系学所揭示的情由相表、相由心生，以及貌为心形、言为心声、行为心动等人性特点、人生规律、交往科学，却值得借鉴。一般说来，生理心理健康、相貌端庄秀美的人聪明善良、昂扬向上，生理心理不健康、相

---

① 《孟子·离娄上》。

貌丑陋的人愚钝、邪恶、消极落后；肥头大耳、大腹便便的人懒惰、忠诚，身体瘦削、贼眉鼠眼的人狡猾、伪善、凶悍；慎言守信、表里如一的人往往原则性、可靠性强，夸夸其谈、巧言令色、手舞足蹈、人云亦云的人往往灵活多变、靠不住；评头论足、惯于背后损人者多半为搬弄是非之人，谨小慎微、唯唯诺诺、支吾其辞的人往往优柔寡断、难当重任；言不由衷、言过其实的人多半是伪君子，满口假话、自吹自擂的人多半是缺乏自信、热情有余、成事不足之人；行动果敢、阳光、迅速者往往自信、高效，行动诡秘、隐蔽者常常有不可告人的目的，行动迟缓、举棋不定者常常办事拖拉、效率低下；勤奋刻苦、生活节俭、自尊自信、自强自律、拼搏进取者多半对自己、家庭、国家、社会责任心强、贡献卓著，好逸恶劳、挥霍浪费、自暴自弃、嗜酒成性、抽烟成瘾者多半对自己、家庭、国家、社会不负责任，属于人间寄生虫、渣子败类；衣饰大众化、言行合常规的人往往是安分守己之人，奇装异服、行动怪异者往往是个性特殊的社会另类；家庭出身条件优越、背景关系职位强势者多半综合素质较高，家庭出身条件平平、背景关系职位一般者多半综合素质中等，家庭出身条件低劣、背景关系职位弱势者多半综合素质较低；忠厚诚信、清官廉吏为正人君子、人格楷模，奸诈投机、贪官污吏属小人之辈、不善之徒；工人、农民较勤劳淳朴，商人、经济人多斤斤计较；高级知识分子、名人大家、德高望重者、教师、科技人员、医生，大多工作生活作风严谨、落落大方，管理、文艺、体育、公关人员、外向性格者大多活泼开朗、社交能力强，贫困潦倒、地位低下、内向性格者常常少言寡语、不善社交；文化程度低下者、农村小生产者、城市小市民往往视野狭窄，知识阶层、走南闯北人员，特别是有国外留学、工作、生活背景者，多半见多识广、富有知识才华等。科学观人、区别对待，指的是通过参照上述理论、经验，最正确科学地观察人，并在此基础上正确科学地区别对待人。

科学观人，区别对待，一方面，注意防止假象干扰影响和单纯以貌取人、以言定人、以行待人、血统论、背景关系论、职位定性论，特别是带有大量宗教唯心主义迷信色彩、神秘蒙骗意图的相面、算命术，避免其貌不扬、内心仁慈、言行高尚的春秋思想家、政治家晏子、孔子式的人物，以及一只眼睛不佳廷试第一名的明代才子张和式的人物受到冷遇，不让仪表堂堂、表里不一、心灵丑陋、行为恶劣的宋代奸臣秦桧、宋代有才无德的陈世美、《水浒》中貌美心狠手辣的潘金莲式的人物兴风作浪。另一方面，根据各种各样交往对象的不同生理、心理、语言、行为、出身、背景关系、职位、分工特点，运用现代生理学、心理学、语言学、行为科学、人际关系学的理论，正确科学地区别对待每一个不同交往对象。对于品行优良者，见贤思齐，引以为楷模，积极效法；对于品行一般者，给予适当教育、积极感化、正确引导，相逢一笑泯恩仇，使之不断提升自身素质；对于品行低劣者，予以批评改造，使之不断向好的方面转化；对于屡教不改者，采取"人若犯我，我必犯人"的态度，给予必要惩治，甚至诉诸法律，进行制裁。再一方面，对于弱势群体、落难之人、贫困潦倒者，给予高度人性关怀、大力援助；对于坏人坏事予以坚决斗争，既"不让好人吃亏"受气、备受损失，也不让坏人投机钻营、屡屡得逞、横行霸道占便宜。

古今中外，有关科学观人、区别对待的文本性和民间口头流传的喻世明言、警世通言、醒世恒言，极为丰富。除却其相面、算命等所涉及的唯心主义宿命论、愚妄迷信、低俗不雅的元素和经验主义、以偏概全的形而上学观点以外，不乏可资借鉴的相关金玉良言。特别是我国古代的《四书五经》《人物志》《三字经》《教儿经》《幼学琼林》《弟子规》《千字文》《增广贤文》《菜根谭》，国外的《圣经》《关系学》《心灵鸡汤》《观人术》《成功学》，以及民间长期口头流传的经验性哲思妙语、观人名言，其中的相关思想精华，更是值得大力吸取。①

---

① 参见张瑞甫、张倩伟、张乾坤著：《人生最优学新论》，人民出版社 2015 年版，第 225~230 页。

3. 合作共赢，优势互补

"天下熙熙皆为利来，天下攘攘皆为利往。"① 无论科学理论，还是经验事实，都反复并将永远不断印证着这样一条真理：所有人都是利益动物，一切群体都是利益群体。马克思主义认为，以交往为主体的"真正的社会联系并不是由反思产生的，它是由于有了个人的需要和利己主义才出现的"②，把人和社会"连接起来的唯一纽带是自然的必然性，是需要和私人利益"③，"无论利己主义还是自我牺牲，都是一定条件下个人自我实现的一种必要形式。"④ 美国现代心理学家爱德华·威尔逊，在其名著《论人的天性》中认为利己性是由人的"基因"决定的，"人的利他行为……说到底都含有自私（广义利己）的成分"，利他不过是扩大化的迫不得已的间接的变相利己。⑤ 无论交往的个人，还是交往的群体，无一不是为了通过交往而更好、更快、更多、更大地获得自身利益。这似乎应验了英国前首相丘吉尔的一句名言："没有永恒的敌人，只有永恒的利益"，一切以利益有无和大小为转移。

合作共赢，优势互补，具有重要交往意义。一方面，它能够使交往者总体损失减少到最低限度。对策论中有一个著名的"顶牛"案例：当两个人同时需要过独木桥，若双方僵持，互不相让，则谁都过不去。若一方避让，让另一方先通过，然后自己再通过，则两人都能过桥。避让方虽然暂时有所损失，但相对于互不相让谁也过不去，损失却达到最小化。需要注意的是，下次遇到类似情形，先过桥者必须作出补偿性的相应让步，才能尽快达到公平，继续保持合作。不然，将造成永久不公、中断合作或导致天堂与地狱生活故事中的地狱生活惨象和美国耶鲁大学经济学家苏必克（M. Shubik）游戏中的两败俱伤。天堂与地狱生

---

① （汉）司马迁：《史记·货殖列传》。
② 《马克思恩格斯全集》第 42 卷，人民出版社 1979 年版，第 24 页。
③ 《马克思恩格斯全集》第 3 卷，人民出版社 2002 年版，第 185 页。
④ 《马克思恩格斯全集》第 3 卷，人民出版社 1960 年版，第 275 页。
⑤ ［美］爱德华·威尔逊著：《论人的天性》，林和生等译，贵州人民出版社 1987 年版，第 142 页。

活故事讲的是，天堂里的人和地狱里的人每天都在各自丰盛的餐桌用餐。让人费解的是，天堂里的人个个吃得满面红光，而地狱里的人却人人饿得面黄肌瘦。原来，他们人人双臂都捆绑一副不能让自己胳膊弯曲自行用餐的刀叉，天堂里的人相互给对方喂餐，而地狱里的人却只顾自己喂自己。① 苏必克的游戏是"1000 元大钞拍卖"。他在一场鸡尾酒会上，让一位先生掏出一张 1000 元大钞，以 50 美元为起价竞拍，直到没人加价卖给竞价最高者为止；但出价较低的必须将其出价无偿捐给拍卖者。经过几番竞价后，剩下的 A 先喊出 950 美元，B 立即出价 1050 美元，A 一怒之下报价 2050 美元，B 退出。鹬蚌相争，渔翁得利。结果 A 花 2050 美元买到 1000 美元钞票，B 付给拍卖者 1050 美元。A、B 两者均损失 1050 美元，拍卖者净赚 2100 美元。② 另一方面，合作共赢、优势互补，可以使交往者获得最大量的价值效益。它不仅能够使交往者整合力量，齐心协力办大事，完成各自在独立状态下不能完成的艰巨任务，获得在独立状态下得不到的巨大价值效益，并且差异越大互补性越强，各方获益越大；而且能够像人的眼睛组合一样，产生乘积倍增功能。科学家证实，"人类双眼的视敏度不是单眼的两倍，而是 6~8 倍。并且双眼还能形成新的广阔的立体感。这在单眼是根本不能实现的"。③ 爱尔兰现代作家萧伯纳将这种现象生动地描述为："你我是朋友，各拿一个苹果彼此交换，交换后仍然是各有一个苹果；倘若你有一种思想，我也有一种思想，而朋友间相互交流思想，那么我们每个人就有两种思想了。"日本学者系川英美进一步指出，不同类型的人交流思想不是加法，而是乘法。交往可以产生新的杂交组合，出现原来所没有的新优势。他举例说，如果有两个人能力都是 5，那么，他们接触交流后的能力就不是交流前的 5+5 = 10，而是 5×5 = 25；"假设天才头脑中有 1000 个信息，凡人的大脑中只有 100 个信息，那么将 11 个掌握了不同信息

---

① 林华民编著：《世界经典教育案例启示录》，农村读物出版社 2003 年版，第 277 页。
② 莫语编著：《数字知道答案》，北京邮电大学出版社 2006 年版，第 228、229 页。
③ 孙钱章主编：《现代领导方法与艺术》，人民出版社 1998 年版，第 255 页。

的凡人组合在一起，就足以同一个天才相匹敌"。① 这酷似我国"三个臭皮匠，赛过一个诸葛亮"的格言。合作共赢、优势互补指的是，交往各方通过合作达到共同盈利，实现相互取长补短、优势互相补充。

合作共赢，优势互补主张，一方面，交往各方要根据"交集利益最易实现"的原理，尽可能地寻求相互认同的最大利益交集或曰利益"最大公约数"②，精诚合作、共同盈利，取长补短、相得益彰，彼此都能够得到各自所需要的或物质或精神情感，或直接或间接，或部分或整体，或现实或长远的应有交往价值效益。另一方面，交往者应科学计算交往的人力、物力、财力、时间，特别是经济、政治、文化成本，考量交往的次生效应、后发影响、总体成败得失，力求以最少的投入、消耗，获得最大的交往价值效益。

（三）交往方式的最优化方法

交往方式的最优化方法，是遵循交往方式的最优化原则，结合具体需要和实际情况，以最少的投入、消耗，获得交往最大价值效益的方法。它主要由两大类方法组成。

1. 常规普适交际的最优化方法

常规普适交际的最优化方法，是在对交际者明确自身角色使命的基础上，根据不同交际方式特点，为获得交际的最大价值效益所制定和采用的常规性普遍适用的交际方略法术。其中，最主要的有 3 种类型。

（1）年龄、性别、相貌、品格、能力交际的最优化方法

年龄、性别、相貌、品格、能力交际的最优化方法，即年龄、性别、相貌、品格、能力交际的最正确科学的方法。它要求，按照年龄、性别、相貌、品格、能力交际的不同特点和交际价值效益最大化的需要对待交往。根据美国现代社会心理学家厄盖赖尔、G. 奥尔波特等人 20

---

① 李光伟编著：《时间管理的艺术》，甘肃人民出版社 1987 年版，第 102、101 页。
② 《习近平谈治国理政》第 1 卷，外文出版社 2018 年版，第 168 页。

世纪 60 年代的研究成果和大量经验事实，一般说来，人的年龄与自私行为成反比，与利他行为成正比。这与《论语·泰伯》所讲的"鸟之将死，其鸣也哀；人之将死，其言也善"不谋而合。通常，年龄越大越易于交际，越小越不易交际。这同人的交际经验、生活开放度，以及老年人将不久于人世，一切都将托付和依赖于别人尤其是年轻人、后代和整个世界，有一定正相关。男女特别是同龄男女之间，由于受异性相吸、婚恋关己度最高规律的支配易于交际。男男、女女同性之间，因受同性相斥规律的影响不易交际。相貌美丽动人颜值高者利于交际，相貌平庸甚至丑陋不堪颜值低者不利于交际。胖人敦厚者易于交际，精瘦自私者不易交际。品质、地位、文化品格高尚者易于广泛交际，品质、地位、文化品格低下者不易交际。性格外向者易于交际，性格内向者不易交际。水至清无鱼，人至察无徒。曲高和寡，能力近乎完美者因其要求太高不易交际，能力一般者因其从众合群性较强易于交际。[①] 对此，年龄、性别、相貌、品格、能力交际的最优化方法，应引起高度重视，予以充分利用。特别是对于品质低劣者，应避而远之或教而改之，感而化之，法而治之；对于地位、文化低劣者，应帮而助之，使之不断提高文化素质水平。

（2）动机需要、信度、态度、刺激、语式交际的最优化方法

动机需要、信度、态度、刺激、语式交际的最优化方法，指的是动机需要、信度、态度、刺激、语式交际的最正确科学的方法。它规定，根据交际的动机需要、信度、态度、刺激、语式交际的不同特点和交际价值效益最大化需要予以交际。美国当代心理学家马斯洛、李瑞、米德、霍兰、哈维茨、戴尔、贝尔斯等人研究表明，动机需要强烈、信度高、精力专注、乐观积极者，尤其是直接交际中的亲属、老乡、同学、同事、战友、同道者、二人组合，以及水平交际、上对下垂直交际、双向交际、

---

① 时蓉华主编：《现代社会心理学》，华东师范大学出版社 2007 年版，第 278、279、344、332 页；郑全全、俞国良编著：《人际关系心理学》，人民教育出版社 1999 年版，第 28~32、330~336 页。

熟人交际和情绪高涨、良性刺激，易于交际；反之，动机需要弱小、信度低、精力分散、悲观消极者，尤其是间接交际者，以及非水平交际、下对上垂直交际、单向交际、陌生人交际和情绪不佳、恶性刺激（如噪声、恶臭、脏乱、污言秽语、暴力环境、恶劣天气等），不易交际。首先口头语、书面语、表情提示语三结合交际效果最佳，其次为任意两者的结合交际，再次为单独的口头语交际、单独的书面语交际，最后为单独的表情提示语交际。① 动机需要、信度、态度、刺激、语式交际的最优化方法，对此应格外关注，进行最正确科学的运用，以求交际最大价值效益。

（3）时间选择与空间确定交际的最优化方法

时间选择与空间确定，对交际的成败得失具有重要作用。"时来天地皆同力，运去英雄不自由""久别胜新婚，时间雪耻辱""历史会作证""恰逢其时""恰到好处""雪中送炭，锦上添花""距离产生美""外来和尚会念经""拍马拍在马屁上"等，均昭示出时间选择或空间确定对交际的重要性。

时间选择与空间确定交际的最优化方法，即时间选择与空间确定交际的最正确科学的方法。它主张，依据时间选择与空间确定交际的不同特点和交际价值效益的最大化需要进行交际。通常，交际的最佳时间选择为元旦、春节、圣诞节、生日和其他相应节日、假期、双休日、升学、毕业、就业、热恋期、结婚、生子、庆典、聚会、出行、晋升、乔迁，以及重大变故、不幸事件发生之时，尤其是第一时间；如新闻报道事件真相揭秘的前4个小时的"黄金时间"，抢险救援事发后的前24小时或72小时之内的"黄金时间"等。社会一般公共交际的最佳时间：首先为早晨9~10点，其次为下午3~4点，再次为晚上7点半~8点半。交际价值效益较差的为其他时间，特别是吃饭、睡眠、休息、工作繁忙

---

① 时蓉华主编：《现代社会心理学》，华东师范大学出版社2007年版，第八章社会态度，第十章相符行为，第十一章人际交往；郑全全、俞国良编著：《人际关系心理学》，人民教育出版社1999年版，第二章人际关系的研究理论与方法，第三章态度及其转变，第四章行为与态度，第十一章人际吸引。

时间。谈情说爱的最佳时间，除元旦、春节、圣诞节、生日、一般节假日、双休日、庆典、聚会外，最重要的还有元宵节、情人节、七夕节、中秋节。其他特殊交际的最佳时间，因人、因事、因地、因情制宜。所有交际的最佳时间，除少数个别情况外，都应严格选择在交际者喜悦、冷静、清醒而不是烦恼、激动、昏乱之时。交际的最佳空间确定，一般为公事在办公场所，私事在家中，恋人在花前月下，重修旧好者在睹物思人、触景生情的故地。美国现当代社会心理学家费斯丁洛、怀特、普里斯特等人研究表明，两家居住在 7 米以内者最容易成为好邻居，7 米以上者则随着空间距离的拉大而逐步弱化。美国当代社会心理学家爱德华·赫尔（E. Hall）、华东师范大学心理学教授杨治良等研究表明，谈话等交际的最佳空间距离：夫妻恋人为 0~0.5 米，一般亲属、老乡、同学、同事、战友、同道者、熟人、朋友为 0.5~1.2 米，其他交际的最佳空间距离为 1.2~3.5 米。萍水相逢的陌生人安全空间距离为 1.2~4 米。同性陌生者比异性陌生者，安全空间距离相对小一些。面对面谈话的最佳空间距离为 2 米，大于 2 米有疏离感，小于 2 米有压迫感。背对背双方、背对面一方有局促不安感、压抑感。水平侧面远距离有安全感，上下近距离有等级感。核心地位有权威感，显要地位引人注目。45°夹角斜向 2 米面对面空间距离方位，最能发现对方真实内心世界，交际效果最佳。集会自愿坐在正面最前排的，参与积极性最高，最易于沟通；反之，坐在两侧和最后排的，参与积极性最低，最不易沟通。多人在场，由于见证者的介入，求助者易于求助；个体场合，由于缺乏见证者，求助者则不易求助。在空间一定、人员拥挤的场所，如跳舞、滑冰，让所有人流动起来，可使所有人走遍全场，拥有的相对活动空间最大、交际的效果最高。① 时间选择与空间确定交际的最优化方法，对此

---

① 郑全全、俞国良编著：《人际关系心理学》，人民教育出版社 1999 年版，第 325、326 页；时蓉华主编：《现代社会心理学》，华东师范大学出版社 2007 年版，第 323～325、345、346 页；朱宝荣等编著：《现代心理学原理与应用》，上海人民出版社 2006 年版，第 336～338 页；莫语编著：《数字知道答案》，北京邮电大学出版社 2006 年版，第 72 页等。

应大力借鉴，使之充分应用于相关交际之中，发挥出应有的最大价值效益。

2. 博弈谈判的最优化方法

博弈，是借助下棋对弈之名，人与人、人与群体乃至群体与群体之间的决策对策交往活动。谈判，是双方或多方为调整相互利益关系，达成一定意向协议，而采取的谈话判决沟通形式。博弈谈判，是交往中最常见的现象。无论巅峰对决博弈、高端谈判，还是一般性博弈、常规性谈判，在交往中都占有不可或缺的重要地位。博弈谈判的最优化方法，即博弈谈判各方为充分节约博弈谈判成本，达到自身一定目的，而采取的一系列最正确科学的博弈谈判方法。它主要有两类。

（1）博弈的最优化方法

博弈的最优化方法，即博弈者运用最佳决策对策方式，达到自身一定目的的方法。它是一个庞大的群体，主要有五组十四种方法构成。

其一，二人博弈与多人博弈的最优化方法。

二人博弈，即两个人之间开展的博弈。各种双人斗智斗勇、竞争比赛等，都属于这种类型。多人博弈，是由 3 人或 3 人以上参与的博弈。各种组织竞争、各类团队比赛等，多为多人博弈形式。二人博弈与多人博弈的最优化方法，即二人博弈与多人博弈的最正确科学的方法。它要求，知己知彼，按照各自的特点，尤其是各自扬长避短的特点和多人博弈团队内部分工合作、各负其责、各展所长、优势互补的特点，以最少的人力、物力、财力、时间投入、消耗，获得博弈的最大价值效益。

其二，正和博弈、零和博弈与负和博弈的最优化方法。

正和博弈，指的是博弈各方损益之和为正数的博弈。它主要有三种类型：一是各方互利共赢型。如合作组织、统战联盟。二是某方有收益、他方损益为零型。如收益者与非收益无损者行为。三是某方收益较大、他方损失较小型。如被救者与施救者之间的关系。零和博弈，是博弈各方通过博弈，损益相抵，相加之和为零的博弈。其特点是，彼此只发生损益转移，总收益与总损失相等，某方的收益恰恰是他方的损失。

如各种体育、棋局、事业胜负比赛。负和博弈，即博弈各方通过博弈损益之和为负数的有失无得或得不偿失的博弈。它亦主要有三种类型：一是两败俱伤型，如自杀性爆炸行为。二是某方有损失，他方损益为零型，如损人不利己的破坏行为。三是某方收益较小，他方损失较大型，如偷窃国家高价物资低价出卖行为。正和博弈、零和博弈与负和博弈的最优化方法，指的是正和博弈、零和博弈与负和博弈的最正确科学的方法。它规定，一方面，当正和博弈、零和博弈与负和博弈可以任选一项时，应选正和博弈。同时，在正和博弈中，应首选各方互利共赢且盈利最大型；其次选自己有收益、他方损益为零型；再次在没有其他办法的情况下选自己收益较大、他方损失较小型。因为在博弈中，有时往往与人方便，与己方便；与人有害，与己有害，互利共赢有百利而无一害；特别是有巨大安全之利、和谐相处之利、长久总体之利，而无潜在被报复风险、后发制人之忧和长久总体损失，属万全之策、最佳之策，最富有人性化、持久性、巨大化价值效益。另一方面，由于条件限制，只能选零和博弈时，除个人利益与社会利益发生冲突外，应千方百计确保自己成为收益一方。再一方面，当只能选择负和博弈时，应最大限度地确保自己合理利益；迫不得已，应尽一切可能使自己损失减少到最低限度。

其三，完全信息博弈、不完全信息博弈、盲目探索博弈的最优化方法。

完全信息博弈，即在完全占有信息的情况下所进行的博弈。信息论的"白箱方法"，各种明火执杖的公开挑衅斗争，即属于完全信息博弈。不完全信息博弈，是在不完全占有信息的情况下所开展的博弈。信息论的"灰箱方法"，知其一不知其二的实验推理行为，即为不完全信息博弈。盲目探索博弈，即在一团漆黑，对他方一无所知的情况下所实施的博弈。信息论的"黑箱方法"，运筹学的"盲人爬山法"，信息全无的各种调查、观察、实验、假设举动，即为盲目探索博弈。完全信息博弈、不完全信息博弈、盲目探索博弈的最优化方法，即完全信息博弈、不完全信息博弈、盲目探索博弈的最正确科学的方法。它主张，对完全信息博弈予以合理充分分析、利用现有信息，力争以最少的人力、物力、财力、时间投入、消耗，获得最大的博弈价值效益；对不完全信息博弈在尽可能较多地占有相关信息的基础上进行最佳博弈；对盲目探索博弈，通过全方位相应信息探索搜集，分析研究，调节优化，在尽可能拥有相关信息的前提下，以最佳方式进行博弈。

其四，单纯策略博弈与混合策略博弈的最优化方法。

单纯策略博弈，即针对简单易决事项，采用单一性策略进行的博弈。如各种整齐划一的业绩考评、晋升定级等。混合策略博弈，是针对复杂难决事项，采用多元化、综合性策略进行的博弈。如社会综合治理、国际复杂问题的解决等。单纯策略博弈与混合策略博弈的最优化方法，指的是单纯策略博弈与混合策略博弈的最正确科学的方法。它强调，按照最少的人力、物力、财力、时间投入、消耗，最大的价值效益的最优化宗旨，根据单纯策略博弈与混合策略博弈的特点，一方面，确保单纯策略博弈最大限度地发挥效能，以一当十、百战百胜；另一方面，力争混合策略博弈不仅井井有条、优势互补，而且一举制胜，令对方猝不及防、防不胜防，从而获得博弈最大系统规模价值效益。

其五，单项博弈、多项博弈与一次博弈、多次博弈的最优化方法。

单项博弈，即围绕单一目标任务进行的博弈。各种单打独斗比赛，各类单一项目竞技，都属于单项博弈。多项博弈，是围绕多项目标任务开展的博弈。所有复杂目标任务的博弈，均为多项博弈。一次博弈，即通过一次性博弈便可决出胜负或终止的博弈。各种形式的一战一胜对决，各类一战即停的斗争，都属于一次博弈。多次博弈，是经过多次性博弈才能见分晓的博弈。各类多次角逐才能见输赢的较量，均为多次博弈。单项博弈、多项博弈与一次博弈、多次博弈的最优化方法，即单项博弈、多项博弈与一次博弈、多次博弈的最正确科学的方法。它倡导，按照博弈的相关最优化方略，根据单项博弈、多项博弈与一次博弈、多次博弈的不同特点，力争使单项博弈一举成功，使多项博弈各个击破、全面胜利，使一次博弈旗开得胜，使多次博弈步步为营、首尾互动、节节胜利，既赢在起点、过程，更赢在终点、结束。当单项博弈、多项博弈与一次博弈、多次博弈受到条件限制，难以获得全面、全程、全方位胜利时，必须至少确保获得大部胜利、最后胜利；尽可能做到不仅赢得最早、赢得最多，而且赢到最后、赢得最好，常胜不败。

（2）谈判的最优化方法

谈判的最优化方法，指的是谈判人员采取最佳谈判艺术和相应辅助形式，以达到自身一定目的的方法。它以便利、快捷、高效为指向，以有理、有利、有节为遵循，以机智、勇敢、诙谐、幽默、风趣、犀利、生动、活泼、感人、精彩为特征，属语言论辩博弈或曰语言外交的重要形式。谈判的最优化方法丰富多样，应有尽有，堪称无所不用其极。其中，最主要的有五组十五种方法。

第一，开宗明义法、迂回曲折法与针锋相对法。

开宗明义法，即在条件充分具备的情况下，开门见山、直言宗旨，明确提出目的意向的谈判方法。它要求，致力最佳谈判者，在充分准备、彼此相互了解且时间紧迫的状态下，直接表明谈判立场、观点、态度和所要达到的目的；有时甚至直接亮出底牌下限，以求速谈、速决、速胜。迂回曲折法，指的是不宜正面开展谈判，不得不迂回绕行、曲折探试对方态度意图，以求最大限度地获胜的谈判方法。它规定，从事最佳谈判人员，在不便直言要义、正面进击，或不了解对方立场、观点、态度、意图的情况下，委婉试探对方，旁敲侧击、曲折前进，力争以最小的风险、最少的迂回曲折成本，获得最大的谈判价值效益。针锋相对法，即针对谈判对方相应立场、观点、态度、意图，锋芒毕露、不屈不挠，以眼还眼、以牙还牙的方法。它主张，致力最佳谈判者，针对居心叵测、图谋不轨、险恶用心，多管齐下、全面出击、克敌制胜。在不是谈判胜似谈判的一次中外记者招待会上，周恩来采取的就是这样一种方法。当一位外国记者试图嘲讽中国贫穷落后发问道：请问总理阁下"贵国共发行了多少货币？"周恩来为维护国家和民族尊严、保守国家机密，机智利用语言的模糊歧义性，答非所问地说："我国共发行了 18 元 8 角 8 分。"当时的人民币面值型号仅有 10 元、5 元、2 元、1 元、5 角、2 角、1 角、5 分、2 分、1 分，加起来正好 18 元 8 角 8 分。① 从而避免了一场令人不爽的国际尴尬。

第二，以攻为守法、以退为进法与软硬兼施法。

以攻为守法，即在不宜直接守护自身利益的条件下，以进攻方式达到守护目的的谈判方法。它是一种变消极为积极、化被动为主动、矫枉过正、保二进三、先发制人的方法。以攻为守法要求，从事最佳谈判人员，在对方虎视眈眈、咄咄逼人，自身难以界守，守之不足、攻则有余的情况下，按照"求其上上而得其上"和某些时局"最好的防御是进攻"的原理，先提出高于预定目的的方案，然后根据对方反应，作出适当让步，从而达到预定目的。以退为进法，指的是在宜退不宜进的情况下，以暂时退却实现下一步进攻目的的谈判方法。它是一种先礼后兵、以屈求伸、后发制人的方法。以退为进法规定，致力最佳谈判者，面对谈判劲敌、不利形势，只宜战术退却、不宜战略进攻时，作出暂时让步，而后伺机反攻、达到以退为进的目的。软硬兼施法，又称刚柔相济法。它是根据双方相应特点，采取软硬结合、恩威并用、"胡萝卜加大棒"的谈判方法。软硬兼施法主张，从事最佳谈判人员，根据谈判双方实际情形，软措施与硬手段并行，当软则软，当硬则硬，软中有硬，硬中有软，软硬配合，相互助益，既投其所好，又强其所恶，既全面进攻，又突出重点、分化瓦解、区别对待、各个击破，力求总体谈判价值效益最大化。

第三，欲擒故纵法、布局造势法与将计就计法。

欲擒故纵法，即在不易遏制对方时故意放纵对方，使之松懈麻痹，充分暴露自身缺点，继而乘其不备、出其不意、战而胜之的谈判方法。它要求，致力最佳谈判者，面对难以制服的谈判强手劲敌，先让其充分

① 张跋主编：《公共关系理论与操作》，当代世界出版社 1998 年版，第 249、250 页。

表演，待其露出破绽，从而乘虚而入，一举致胜。布局造势法，又称张网诱捕法。它指的是对难以制服的顽固对手，预先布设迷局，造成对己有利态势，从而让对方陷入罗网、束手就擒的谈判方法。布局造势法规定，从事最佳谈判人员，对于奸诈失信、顽固不化的谈判对手，想方设法诱其深入，一举俘获，迫其就范，牵着对方鼻子走，从而达到既定谈判目的。将计就计法，即面对实施阴谋诡计者佯装不知，暗自采取以毒攻毒、以计制计、顺水推舟方式，使对方用计适得其反、归于失败的谈判方法。各种成功的反间计、连环计，在很大程度就属于将计就计类型。将计就计法主张，致力最佳谈判者，针对谈判对方计谋，暗定对策，使对方在浑然不觉或惊愕叹疑或得意忘形、始料不及中惨败，让自己出奇制胜。

第四，趁热打铁法、冷却淬火法与外力介入法。

趁热打铁法，是凭借谈判双方意向渐趋一致大好形势，乘势而上，像趁热打铁那样一鼓作气、一气呵成的谈判方法。它要求，从事最佳谈判人员，抓住谈判有利时机，乘机而动、雷厉风行、再接再厉、勇往直前，不获全胜决不罢休，直至大获全胜。冷却淬火法与趁热打铁法相反，它指的是当谈判陷入困境，难以为继，不得不暂时停顿冷却下来，像打铁将烧红的铁一下子投入水中冷却使之淬火后更加坚硬一样，经过双方冷静思考后再重开谈判，以求大见成效的谈判方法。冷却淬火法规定，致力最佳谈判者，在谈判步履艰难、全面受阻时，可暂时休谈，经过双方进一步冷静分析权衡后，再开启继续谈判，直至获得成功。外力介入法，又称第三方参与法、中间力量嵌入法。它是在谈判陷入僵局，面临破裂，而双方又无力直接自行化解的危机情态下，依靠外界力量协调各方关系，以求继续进行对话的谈判方法。外力介入法主张，从事最佳谈判人员，在谈判面临终止情况下，邀请中间人、中介组织，或通过转移话题、叙旧、参访、游览、歌会、舞会、宴会等形式，从而化解矛盾，达成共识，促成继续谈判，以获得较大既定谈判价值效益。

　　第五，交叉复合法、a步b式法与系统综合法。

　　交叉复合法，即针对复杂谈判，用两种或两种以上方法组合而成的谈判方法。它具有多元并举、多维交叉规模复合优势。在实际谈判中，单一法谈判并不多见，最常见的是交叉复合法谈判。交叉复合法要求，致力最佳谈判者，针对复杂谈判局势，采取多种相应谈判方略，使谈判收到多方面的价值效益。a步b式法，指的是按照多步骤、多方案谈判需要，采取a个步骤b种方式的谈判方法。它主要有一步到位式、一步妥协式、步步升高式、步步下降式、取此舍彼式5种类型。a步b式法规定，从事最佳谈判人员，根据对方谈判变化特点，以变应变，作出最佳应对策略，力求万变不离最佳，步步式式获得谈判最大价值效益。见表7-1。系统综合法，即根据系统综合谈判需要，按照系统目标、要素、结构、功能、环境、过程最佳设计、建构、调控方略，针对系统综合谈判现实特点进行的谈判方法。它主张，致力最佳谈判者，力争事先明确谈判的总体目标、基本要求、构成要素、内容形式、程序步骤、环境优劣、过程变化，乃至谈判人员的构成情况，从而事先做好充分准备，事中加强谈判调控，事外优化谈判环境，事后签署谈判协议、形成备忘录，进行评价、分析和有效监督执行；努力做到既突出重点、千头万绪抓根本，又统筹兼顾、全面推进统全局，实现谈判系统综合价值效益最大化。

表7-1　a步b式谈判法统计表
（10为目标，n表示任意整数）

谈判方式＼谈判目标＼谈判步骤	a_1	a_2	a_3	a_4	a_n	方式名称
b_1	10	10	10	10	10	一步到位式
b_2	11	10	10	10	10	一步妥协式
b_3	6	7	8	9	10	步步升高式
b_4	14	13	12	11	10	步步下降式

续表

谈判方式 \ 谈判目标 \ 谈判步骤	a_1	a_2	a_3	a_4	a_n	方式名称
b_n	1, 9	2, 8	3, 7	4, 6	5, 5	取此舍彼式

除此，谈判的最优化方法还包括时空选择法、多案备选法、先入为主法、后来居上法、攻心洗脑法、感情投入法、请君入瓮法、上楼抽梯法、二难选择法、投桃报李法、模糊暗示法、反间用策法、投石问路法、许愿补偿法、声东击西法、软磨硬泡法、缓兵之计法、最后通牒法、分道扬镳法、不战而胜法、皆大欢喜法等。可以说，有多少最正确科学的决策对策，就有多少种谈判的最优化方法。谈判时究竟采用哪种方法为最好，关键在于因人、因事、因时、因地、因情制宜，核心是最适合自己的最少投入消耗、最大价值效益谈判的方法，即是谈判的最好方法。

第八章　最优学的价值追索：资源开发与利用的最优化

　　早在两千多年前，孔子就提出"开物成务，冒天下之道"，"以通天下之志，以定天下之业，以断天下之疑"，以达"德圆而神"的理论，[1]主张有计划地开发与利用资源，造福于人类社会。恩格斯认为"人类支配的生产力是无法估量的……这种无法估量的生产力，一旦被自觉地运用并为大众造福，人类肩负的劳动就会很快地减少到最低限度"[2]；"这些生产力只要合理地组织起来，妥善地加以调配，就可以给一切人带来最大的利益"。[3]然而，就一切可能来看，"我们还差不多处在人类历史的开端"[4]。资源，堪称人类及其社会赖以生存和发展的力量和源泉；没有资源，人类及其社会就不可能生存和发展。而大量资源的相对稀缺有限性和人类需求的相对丰富无限性矛盾，必然呼唤资源开发与利用的最优化。资源开发与利用的最优化，直接关系到人类命运和社会前途，关系到人类社会的生存质量和发展历史进程；它可谓最优学的至关重要的价值追索，是最优学价值论的重要现实内容。由于资源特别是一次性不可再生稀缺性资源日趋减少，人类对资源需求的日益增长和资源

---

① 《周易·系辞上》。
② 《马克思恩格斯全集》第3卷，人民出版社2002年版，第463、464页。
③ 《马克思恩格斯全集》第2卷，人民出版社1957年版，第612页。
④ 《马克思恩格斯选集》第3卷，人民出版社2012年版，第462页。

存量的相对匮乏，以及新资源的开发与利用相对滞后或成本过高，彼此之间的反差越来越突出；相应地，最优学的价值追索：资源开发与利用的最优化在人类生存和社会发展中，越来越凸显其重要性。资源开发与利用的最优化，即资源开发与利用的最理想化。它重在将各种资源最大限度地变为能够带来价值效益的资本，使之创造出最大人生、社会与环境价值效益。它主要涵纳人力资源开发与利用的最优化，物力资源开发与利用的最优化，财力、时间和其他资源开发与利用的最优化。

一、人力资源开发与利用的最优化

人力资源开发与利用的最优化，大体涉及人力资源开发与利用及其最优化的话语内涵，人力资源开发与利用的最优化原则，人力资源开发与利用的最优化方法三个方面的内容。

（一）人力资源开发与利用及其最优化的话语内涵

人力资源，主要指人口数量、质量和人的体力、智力、生理心理节律及其组合形态等所具有的力量和源泉。人力资源开发与利用，即对人力资源的开掘、发现、发展与有利运用。人力资源开发与利用的最优化，即人力资源开发与利用的最正确科学化；其目的在于通过最少投入、消耗，获得最大人力资源价值效益。

英国 19 世纪经济学家大卫·李嘉图认为，"人的生命就是资本"[1]。马克思则主张"培养社会的人的一切属性，并且把他作为具有尽可能丰富的属性和联系的人……具有尽可能广泛需要的人生产出来——把他作为尽可能完整的和全面的社会产品生产出来（因为要多方面享受，他就必须有享受的能力，因此他必须是具有高度文明的人）。"[2] 毛泽东

---

[1] 《马克思恩格斯文集》第 1 卷，人民出版社 2009 年版，第 139 页。
[2] 《马克思恩格斯文集》第 8 卷，人民出版社 2009 年版，第 90 页。

指出：人是世界上最宝贵的因素，"天上的空气，地上的森林，地下的宝藏，都是建设社会主义所需要的重要因素，而一切物质因素只有通过人的因素才能加以开发利用。"① 邓小平强调："劳力要用到最得力的地方"，要"尽量发挥群众的积极性"。② 习近平总书记则重申："人的潜力是无限的，只有在不断学习、不断实践中才能充分发掘出来"；必须高度重视学习，不"满足于碎片化的信息、快餐化的知识"，要系统深入持久地学习。③ 他还重申，人的潜力资源中"智慧资源是最可宝贵的"；"功以才成，业以才广"。"人才是第一资源，也是创新活动中最为活跃、最为积极的因素"④；"硬实力、软实力，归根到底要靠人才实力"⑤。"知识就是力量，人才就是未来"；"千秋基业，人才为先。实现中华民族伟大复兴，人才越多越好，本事越大越好"；"终身之计，莫如树人"。⑥"三百六十行，行行出状元"；只要肯努力，"每个人都了不起"，任何一名劳动者，无论从事的劳动技术含量如何，只要勤于学习、善于实践，在工作上兢兢业业、精益求精，就一定能够造就闪光的人生。⑦ 英国现代著名经济学家哈比森（F. H. Harbison）认为："人力资源是国民财富的最终基础。资本和自然资源是被动的生产因素；人是积累资本、开发自然资源、建立社会经济和政治组织并推动国家向前发展的主动力量。显而易见，一个国家如果不能发展人民的技能和知识，就不能发展任何别的东西。"⑧ 我国拨乱反正、改革开放的重要领导者胡耀邦结合学科对比指出："以最小的代价取得最大的战果，叫做

---

① 《毛泽东文集》第 7 卷，人民出版社 1999 年版，第 34 页。
② 《邓小平文集》下卷，人民出版社 2014 年版，第 4、52 页。
③ 习近平：《在北京大学师生座谈会上的讲话》，新华社北京 2018 年 5 月 2 日电。
④ 中共中央文献研究室编：《习近平关于社会主义市场经济建设论述摘编》，中央文献出版社 2017 年版，第 129 页。
⑤ 习近平：《在两院院士大会上的讲话》，新华社北京 2018 年 5 月 28 日电。
⑥ 《习近平谈治国理政》第 1 卷，外文出版社 2018 年版，第 127 页。
⑦ 习近平：《在知识分子、劳动模范、青年代表座谈会上的讲话》，《人民日报》2016 年 4 月 30 日；习近平：《2021 年元旦贺词》，《人民日报》2021 年 1 月 1 日。
⑧ 陈宇等编著：《人力资源经济活动分析》，中国劳动出版社 1991 年版，第 41 页。

战略学；用有限的投资取得最好的经济效果，叫做经济学……以有限的领导骨干和技术骨干，发挥他们的最大才能，以有限的时间造就大批的合格人才，叫做智力开发学或人才学。"① 21世纪之交，美国当代著名心理学家加州富尔顿学院的陆哥·赫胥勒教授在回顾刚刚过去的20世纪时，用凝重的笔调写道：当我们"编纂20世纪历史的时候，可以这样写：我们最大的悲剧不是恐怖、地震，不是连年战争，甚至不是原子弹投向日本广岛，而是千千万万的人们生活着然后死去，却从未意识到存在于他们身上的巨大潜力。如此众多的现代人，其生活中心竟是生命的安全、食物的充足，以及电视和卡通片的感官刺激。我等芸芸众生却不知道自己究竟是什么人，或可以成为什么人；如此众多的吾辈，尚未经历足月的心理和社会的诞生，却已经衰老死亡"。② 这不仅是对过去的一个世纪人类最大不幸的描述、反思，也是在很大程度对整个人类诞生以来的亿万斯年历史的最大悲剧的集中概括和控诉。

人力资源的极大丰富、无比重要和极度浪费及其开发与利用的苍白无力，昭示出人力资源开发与利用的最优化在整个人力资源开发与利用中，具有无与伦比的重大意义。

（二）人力资源开发与利用的最优化原则

人力资源开发与利用的最优化原则，指的是根据人力资源开发与利用及其最优化的话语内涵，按照相应需要和有关属性特点，全方位最高价值效益地开发与利用人力资源的准则。它主要包括3项内容。

1. 人口立国，人才强国，人尽其能

国家的强盛、民族的兴旺，离不开一定的人口、人才、人的能力支持。人口立国，人才强国，人尽其能，即以一定的人口作为立国之基，以一定的人才作为强国之本，以人尽其能作为兴国之路。

---

① 王通讯著：《人才论集》第2卷，中国社会科学出版社2001年版，总序第4页。
② 王通讯著：《人才资源论》，中国社会科学出版社2001年版，第265、266页。

现代国家的竞争，归根结底是人口、人才、人的能力的竞争。人口立国、人才强国、人尽其能要求，全体公民尤其是各级各类部门的领导者，必须牢固树立人口因素第一，人才是最宝贵的财富，人的能力或曰人力资源是第一资源的理念，把科学规定人口，关心人才，爱护人才，支持人才成长，选拔任用人才，作为人与社会发展的中心任务；充分发挥各级各类人才的社会正能量，让各方面的怪才、奇才、专才、通才、天才八仙过海，各显其能；让所有人的智慧和正能量竞相迸发，争奇斗艳，大放光彩。

对此，我国亟待纠正的是，普通高中义务教育学生比重太低，中小学生课业负担过重，严重影响少年儿童的健康成长，压制少年儿童的学习积极性、主动性和创造性，不利于其全面发展。中等教育缺乏通识内容，而高考过于重视通才，忽视怪才、奇才、专才。高等教育分科过窄过细，缺乏交叉、边缘、综合、新兴学科特别是"止于至善"的传统最优化和现代最优化教育[1]，失去其应有的灵魂和本真。大学本科毕业生和硕士、博士毕业研究生，得不到及时妥善就业；用人单位考试录用标准本末倒置，严重不合理；考生大学四年甚至十年寒窗苦读、四五十门课的上百次考试成绩，居然不如短短两三个小时的一两门课的一次性考试录用成绩，前者一概不予考虑，后者居然决定一切。"海归"人才不能充分施展才能，不少人成为高高挂起的"海待"，迟迟不能就业。学非所用、用非所学现象严重，理论型、应用型人才与实践脱节，高层次人才因单位设岗、本位主义和用人政策影响流动困难。人才团队协作精神匮乏，拔尖创新人才、科技领军人才、世界顶级人才十分稀缺。经验丰富、能力超群的内退早退休高级人才，其宝贵智力和技术资源得不到充分开发与利用。农村仍有大量能工巧匠无所事事，城乡仍有数以亿计的富余劳动力闲置和半闲置，国家对外劳务输出与世界人口第一大国的称号很不相称。我国人口立国、人才强国、人尽其能任重而道远。由

---

[1] 《大学》。

人口资源大国迈向人才资源、人力资源强国步伐缓慢，全社会尊重知识、尊重人才、尊重劳动、尊重创造，各级各类人才能量充分迸发、人力各尽所能的宏伟目标远未实现。所有这些，都应引起高度关切，采取强力举措予以改进。

2. 人口数量适度，素质一流

国家的强弱、民族的兴衰，除了社会制度的优劣之外，主要取决于其人口数量的适度与否和人口素质的高低，而不单单是人口数量、人口密度、人均资源的多少。否则，将无法解释为什么人口多、密度大、人均资源少的未来社会，优越于人口少、密度小、人均资源多的原始社会；人口多、密度大、人均资源少的美国尤其是日本、德国、新加坡等发达国家和中国台湾、香港、澳门等发达地区，领先于人口少、密度小、人均资源多的蒙古国等一些发展中国家和中国新疆、西藏、青海、内蒙古等落后地区。不能想象一个人口极少或人口过多，人口素质落后的国家和地区，会成为发达国家和地区。人口数量适度、素质一流，指的是人口数量恰如其分，人口素质世界领先。它是人力资源开发与利用的一条重要原则。

人口数量适度、素质一流规定，第一方面，根据国家现有物力资源可承受能力和未来发展需求，确定相应的人口数量规模；努力做到既不过少，又不过多，恰到好处。一般说来，最佳的人口数量应当是，以现今世界和本国人均所需要的基本生产资料、生活资料、主要自然资源占有量和未来社会可持续发展后劲、趋势，以及人口生育自然规律，适度确定世界和本国人口数量。西方学者认为，人口增长率与国民收入增长率达到1∶4，其人文社会发展指标才能保持相对不变；否则，即会引起上下波动。截至2021年，世界人口76亿，我国为14亿多。公元前21世纪我国人口占世界人口的1/2，1851年下降到占世界人口的1/2.5，1950年下降到占世界人口的1/4，2000年下降到占世界人口的1/5，现今则下降到占世界人口的1/5.5。这种急剧下滑趋势，显然是由长期以来的强制性、非科学性的多数人只能生一孩，全国少生3亿多人的生育政策造成的。30多年来，我国规定除农村独女户、城市"双独"夫妇、极少数艰苦危险行业人员、少数民族允许生二孩外，其余大部分人口只能生一个孩子。这种生育政策的后果，不仅造成人口生育率急剧下降、人口素质优劣逆淘汰、代际生育不公、性别生育不公、行业生育不公、民族生育不公、男女比例重度失调（2015 年因政策性和人为性别选择性影响，男性比女性高出 3000 多万人）、人口重度老化，而且造成独生子女娇生惯养、社会化程度降低、难以教育沟通、缺乏吃苦耐劳精神、远距离就业困难、战时兵源不足等，从而使社会可持续发展受到严重挑战。2016 年，国家虽然开始改进计划生育措施，"全面实施一对夫妇可生育两个孩子政策"，2021 年 7 月后改为"实施一对夫妻可以生育三个子女政策"，但为时过晚，至少 18 年后才能在劳动力等一些人口资源重要指标方面奏效。① 其实，按照马克思主义经典作家和国外一些著名专家的观点，我国从一开始就不应当盲目推行多数人的"一孩化"极端限制人口生育政策。② 早在 100 多年以前，恩格斯就针对英国人口学家马尔萨斯的极度少生或不生的极端节制人口理论，进行了十分严厉的批判。恩格斯痛斥道：按照这种逻辑，"当地球上只有一个人的时候，就已经人口过剩了"，因为在这种理论看来，"人口……是一切贫困和罪恶的原因"。而这种理论，实质上却是"对自然和人类的恶毒污蔑"，是"不道德已经登峰造极"的"卑鄙无耻的学说"。③ 毛泽东则认为，我国"地大物博，人口众多"④，是一件"大的好事"⑤，"人多议论多，热气高，

① 如此深刻教训警示人们：人多智慧多，力量大。既然"人民是历史的创造者，人民是真正的英雄"，"我们的共和国是中华人民共和国"，"国家一切权力属于人民"，我们就应当"始终"把人民放在心中最高的位置"，"始终坚持人民立场，坚持人民主体地位，虚心向人民学习，倾听人民呼声，汲取人民智慧，把人民拥护不拥护、赞成不赞成、高兴不高兴、答应不答应作为衡量一切工作得失的根本标准"（见《习近平谈治国理政》第 3 卷，外文出版社 2020 年版，第 139、142 页）；今后，凡关系基本人权、民族兴衰、所有公民切身利益的非涉密特大事项，应当由全民公投，上下互动，共同确定。
② 张瑞甫著：《社会最优化原理》，中国社会科学出版社 2000 年版，第六章一（一）人口资源的最优开发与利用。
③ 《马克思恩格斯全集》第 3 卷，人民出版社 2002 年版，第 464、465 页。
④ 《毛泽东文集》第 7 卷，人民出版社 1999 年版，第 43 页。
⑤ 《毛泽东选集》第 4 卷，人民出版社 1991 年版，第 1511 页。

干劲大"①，即使"再增加多少倍人口也完全有办法"解决"吃饭问题"和发展问题；"这办法就是生产"，就是提高生产力②；即便今后人类要摆脱自己在"生育"方面的"无政府状态"，"对人类本身的生产也实行计划"③，那么，"没有一个社会力量，不是大家同意，不是大家一起来做，那是不行的"④；他相信，"一个人口众多、物产丰盛、生活优裕、文化昌盛的新中国，不要很久就可以到来"⑤。毛泽东的人口观点，虽然过于乐观，但在主要方面却值得肯定。西方当代著名学者布莱克、诺特斯特、科尔、胡佛，以及美国当代著名社会学家《人口峭壁》一书作者哈瑞·丹特认为，人口生育像自然生态一样，有其特定的由高出生率高死亡率低增长，到高出生率低死亡率高增长，再到低出生率低死亡率大致持平不容违背的自然规律；中国人为的一孩化生育政策，违背人口生育自然规律；而今，中国人口低生育红利已释放殆尽，正走近悬崖"峭壁"，国民经济增长亦随之开始走低。⑥ 2011 年，英国国际著名期刊《经济学》杂志刊载的《历史的终结和最后一个女人》一文甚至认为，按照当时中国长期实行的生育政策和生育率，"中国人口将在1500 年后消亡"⑦。鉴于全世界和我国的现实国情、国力与人口状况，当今，世界人口应以 80 亿左右为宜，我国以 15 亿左右为宜，每对夫妇一般以生育 3 个孩子为宜。

第二方面，积极创造条件，力求人口素质特别是其身体素质、心理素质、文化素质达到世界一流水平。基于我国 30 多年来长期推行先天遗传素质、后天教育条件较差的农村半数人口可以生育二孩，先天遗传素质、后天教育条件较好的城市多数人口只允许生育一孩的人口事实上

① 《建国以来毛泽东文稿》第 7 卷，人民出版社 1992 年版，第 177 页。
② 《毛泽东选集》第 4 卷，人民出版社 1991 年版，第 1511 页。
③ 《毛泽东文集》第 7 卷，人民出版社 1999 年版，第 308、153 页。
④ 同上书，第 308 页。
⑤ 《毛泽东选集》第 4 卷，人民出版社 1991 年版，第 1512 页。
⑥ 张瑞甫著：《社会最优化原理》，中国社会科学出版社 2000 年版，第 322、323 页等。
⑦ 《财经》综合报道，2011 年 8 月 24 日。

的劣生劣育政策，以及当今城乡有生育能力的"一半以上的一孩家庭"，因生育观念扭曲和生活、教育、就业、工作压力加大，而"没有生育二孩的意愿"的严峻现实①，2017 年、2018 年、2019 年、2020 年至今，每年比上一年新生儿出生人数下降至少 57 万甚至高达 265 万的警示信号②，应采取积极稳妥的矫正和补偿措施，在允许城乡人口一律可以生育三孩的同时，借鉴新加坡、瑞典、瑞士等发达国家的先进经验，允许夫妻双方具有硕士学历或一方具有博士学历的人员、正高级专业技术职务人才，以及有突出贡献的省部级以上各类专家、先进人物生育 4 个孩子。③ 这不仅有助于矫正和补偿 30 多年来生育不公政策所造成的失误和偏差，而且有利于提高人口生育质量和受教育水平。

　　第三方面，加强学习强国建设，努力构建学习型社会。书籍是人类智慧的结晶，学习是人类进步的阶梯，人生"少而好学，如日出之阳；壮而好学，如日中之光；老而好学，如炳烛之明"④；读书学习不仅能够改变个人命运，而且能够造就国家富强、民族昌盛的美好未来。对

---

① 据《中国妇女报》2016 年 12 月 23 日第 1 版、中央人民广播电台中国之声"新闻纵横"2017 年 1 月 2 日报道，2016 年 12 月 22 日全国妇联发布的 10 个省（市、区）调查报告表明，在符合二孩生育政策有生育能力的"一半以上的一孩家庭没有生育二孩的意愿"。其中，"有生育二孩意愿的为 20.5%，不想生育二孩的为 53.3%，不确定是否生育二孩的为 26.2%"；另据 2020 年 9 月 22 日赢家财富网等介绍，自 2016 年放开生育二孩政策以来，2017 年至今，我国新生儿实际出生数量每年降低至少 57 万甚至高达 265 万。

② 参见 2018 年 1 月 18 日至今，国家卫健委、统计局新闻发布会公布数据。

③ 我们既不完全赞同这样的观点："生育权利"是包括人类在内的所有动物最基本的不容侵犯的"天然权利"，人类不应连一般动物也不如，人类能够允许其他动物自由自主地生育，能够大力支持和发展动物养殖业，更"应当允许自身自由自主地生育"；也不赞同无视 30 多年来推行的极端节制人口生育和生育不公政策所造成的不良后果，以及对此不采取任何矫正和补偿措施的不负责任的做法。因为，一方面，人类毕竟不同于一般的动物，人类应当有一定的生育自控理性和适当的计划生育措施；另一方面，有错必纠是所有公平、公正、合理社会的管理通则，并且有关专家研究，在现有社会条件下，理论上每位夫妇平均生育 2.2 个孩子才可保持人口总量增减平衡，允许极少数优秀人员生育 4 个孩子，不仅符合优生优育政策和国家奖励本质要求，而且有利于矫正以往相关错误和补偿以往相关损失，弥补半数以上人员不愿生育二孩的现实缺憾，保持人口总量增减平衡。

④ （汉）刘向：《说苑》。

此，习近平总书记强调"学习是立身做人的永恒主题，也是报国为民的重要基础"；"当今时代，知识更新周期大大缩短，各种新知识、新情况、新事物层出不穷"，"18 世纪以前，知识更新速度为 90 年左右翻一番；20 世纪 90 年代以来，知识更新加速到 3 至 5 年翻一番。近 50 年来，人类社会创造的知识比过去 3000 年的总和还要多"，"在农耕时代，一个人读几年书，就可以用一辈子；在工业经济时代，一个人读十几年书，才够用一辈子；到了知识经济时代，一个人必须学习一辈子，才能跟上时代前进的脚步"；在学习上，要变"要我学"为"我要学"，变"学一阵"为"学一生"，"坚持学习、学习、再学习"。① 然而，令人惊诧的是，我国近年来年人均读书量却相当少，成人人均纸质图书阅读量多年来不足 5 本，而一些国家却高达十几本，是我国的几倍。2017 年，成人年人均纸质图书阅读量我国仅为 4.66 本，日本高达 11 本，韩国为 9 本，法国为 8 本，美国为 7 本。② 2021 年形势依然严峻，不少新华书店倒闭。我国古代韦编三绝、囊萤、映雪、悬梁、刺股、凿壁借光，"三更灯火五更鸡，正是男儿读书时；黑发不知勤学早，白首方悔读书迟"的读书学习动人情境③，早已不见踪影；古人的读书学习方式尽管并非完全可取，但其读书学习的勤奋刻苦精神，却值得后人永远效法。当今社会，取而代之的却是一些年轻人业余闲暇商场超市的乐此不疲，低俗无聊的闲扯调侃，纸牌桌上的争论不休，麻将桌上的绞尽脑汁，酒桌饭场的胡言乱语，啤酒烧烤场所的生意火爆，练摊吃烤串的津津有味，好逸恶劳的游山玩水，娱乐场所的狂歌劲舞，网络游戏的执着沉迷，电视感官刺激的废寝忘食，手机低头族们的自娱自乐，文体追星族们的大呼小叫，部分人的金玉其外、败絮其中、本末倒置、价值紊乱、低级追求。一个拥有 5000 多年悠久历史和灿烂文明的国家似乎正在斯文扫地，"洛阳纸贵"、书香民族的风范似乎一去不复返。当局者迷，

---

① 《习近平谈治国理政》第 1 卷，外文出版社 2018 年版，第 59、403、406、407 页。
② 《人民日报》，2018 年 4 月 19 日。
③ （唐）颜真卿：《劝学》。

旁观者清，甚至一些外国朋友也在为我国读书现状表示担忧。2013 年以来，手机电脑网络微博微信热传的印度工程师孟沙美所写的《令人忧虑：不阅读的中国人》一文委婉地说道："中国是一个有全世界最悠久阅读传统的国家，但现在的中国人却似乎有些不耐烦坐下来安静地读一本书"，中国人业余闲暇或外出旅途中，"大部分人或者在穿梭购物，或者在大声谈笑"，或者在"打电话或玩手机"；或许"不应过分苛责"，"但我只是忧虑，如果就此疏远了灵魂，未来的中国可能会为此付出代价。"因而，我国必须大力倡导全民读书，终身学习。同时，应当进一步借鉴发达国家相关经验，弘扬我国当代著名小说家金庸 81 岁开始到英国剑桥大学攻读硕士、博士学位，86 岁获得博士学位，我国台湾地区寿星赵慕鹤 98 岁硕士毕业，105 岁考取博士，孜孜以求、永不懈怠的学习精神；激励全社会不断提高科学文化素质，大力推行广播电视、互联网+高等教育，微课、慕课和适当"翻转课堂"教学，不分年龄大小、学历高低，一概允许报考各级各类学位，特别是报考硕士、博士学位，并将其获得学位与普通研究生学位一视同仁，从而高效促进人口素质尤其是人口文化素质大幅提升。

第四方面，全面深入贯彻落实中央制定的一系列人口、人才、人力政策，特别是 2016 年 3 月中共中央印发的《关于深化人才发展体制机制改革的意见》，以及同年 5 月 30 日习近平总书记在全国科技创新大会、两院院士大会、中国科协第九次全国代表大会上的讲话，2018 年 5 月 28 日习近平总书记在两院院士大会上的讲话，2020 年 9 月 11 日习近平总书记在科学家座谈会上的讲话和 2021 年 5 月 28 日习近平总书记在两院院士大会、中国科协第十次全国代表大会上的讲话精神，全方位推进国家创新、民族创新，尤其是科技创新、文化创新。在建立健全和全面实行包括从少年儿童到 60 岁以上有突出贡献的专家国家奖励制度、国家荣誉称号制度的同时，让各行各业各个不同年龄层次的人才、人力，"揭榜挂帅"，"赛马"竞技，各展其长，各尽其能，努力开创人才辈出、群星灿烂，人尽其才、人力绽放、力尽其用、生动活泼的新局面。

3. 人口结构合理，分布、流动、任用高度科学

人口结构合理，分布、流动、任用高度科学，即人口结构合乎科学要求，分布、流动、任用充分合理。它主张，人口的男女性别结构、年龄结构、文化结构等高度合理，人口的地理分布、社会分工、流向、流量、流速，以及任职使用高度科学。

根据有关研究成果，今后相当长的时期内，世界尤其是我国人口男女出生性别比以 105：100 为最佳，年龄结构 0～14 岁、15～59 岁、60 岁以上，以 20%：65%：15% 为最佳；文化结构，大专及其以下学历人员、大学本科毕业生、硕士毕业研究生、博士毕业研究生，以 20%：50%：20%：10% 为最佳。而我国近 20 年的年均实际男女出生性别比一直为 118：100 左右，个别地区一度高达 200：100，0～14 岁、15～59 岁、60 岁以上人口为 18%：64%：18%；文化结构，大专及以下学历人员、大学本科毕业生、硕士毕业研究生、博士毕业研究生约为 93.8%：5%：1%：0.2%。[①] 几项比例指标，均不合乎人口结构最优化要求。而男女出生性别比过高，将导致一夫一妻制动摇和流氓犯罪、道德乱伦堕落现象增多。人口年龄重度老化，造成沉重社会负担，影响社会可持续发展进程。高学历人才比重偏低，不利民族复兴、走在世界人才强国最前列。所有这些问题，都亟待妥善解决。

全世界特别是我国人口的分布、流向、流量、流速，以及任职使用，其最佳模型应当为：世界发达国家尤其是地广人稀、人均资源较多的加拿大、澳大利亚和俄罗斯，大力引进高层次人才和重体力劳动者、服务人员，亚洲国家特别是人口密度偏高、人均资源较少的国家，如我国广设出国培训机构，组织数以亿计的人员劳务输出，并鼓励他们永久定居海外。我国大陆应大力支持东部上亿人口向西部和北部转移，向"一带一路"沿线地区聚集，为西部保护性发展性开发和振兴东北老工

---

① 参见《中华人民共和国 2020 年国民经济和社会发展统计公报》；教育部《2020 年全国教育事业发展统计公报》，以及其他相关研究资料。

业基地，以及"一带一路"建设等，作出应有的较大贡献。同时，农村人口向城镇，第一、第二产业向第三产业大规模转移劳动力。国家各级各类人力资源和社会保障部门，要进一步完善劳动用工和管理制度特别是人才招聘、任用、监管、考评、晋升和流动、退出机制，以及劳动保障制度，尽可能做到公平、公正、公开、透明、科学、合理，力求充分调动和全力发挥所有人力资源的社会积极能动性。

（三）人力资源开发与利用的最优化方法

人力资源开发与利用的最优化方法，是按照人力资源开发与利用的最优化原则，结合具体需要和实际情况，以最佳方式开发与利用人力资源的方法。它主要由 4 类方法组成。

1. 性别、人格资源开发与利用的最优化方法

性别、人格资源开发与利用的最优化方法，即根据性别资源、人格资源的不同属性特点，以最佳方式对其进行充分开发与利用的方法。它是一个内涵十分丰富、外延相当广阔的方法群体，需要引起高度关注。

（1）性别资源开发与利用的最优化方法

性别资源，即男女属性特点资源；它是人力资源的本源性重要组成部分。现代人体科学研究认为，男女生理基因不同，男女细胞中虽然都有 23 对 46 条染色体，其中 22 对相同，但其第 23 对染色体（性染色体）却存在差异。男性的第 23 对染色体为 XY，而女性则为 XX。男女身体中尽管都含有雄性和雌性激素，但男性的雌性激素仅是女性的 1/6，而女性的雄性激素是男性的 1/6。男女性的左右脑和下丘脑亦有一定的差异。[①] 男女不仅第一、第二性征不同，而且男性空间想象能力和逻辑推理能力强，富于创新尤其是发现、发明、创造和创业精神，身

[①] 参见时蓉华主编：《现代社会心理学》，华东师范大学出版社 2007 年版，第 178、179、180 页等。

强体壮、坚毅勇敢、心胸豁达；女性善于言辞、长于艺术，身体柔弱、温顺多情、感受敏锐、心细手巧。男性生育年龄时间长，女性生育年龄时间短。男性性欲主动、频繁、强烈、短暂，女性性欲被动、偏少、舒缓、持久。奥地利当代著名心理学家弗洛伊德认为，男女在细胞水平即存在着先天的差别，"男性的生殖细胞是主动的、活泼的；它去追求女性的生殖细胞，女性的卵细胞是静止地、被动地等待"，"女性在性机能上的地位也许有促使她们倾向于被动的行为和被动的目的"。① 还有人认为，男性喜欢狂放、威猛、征服，女性喜欢依附、被征服。男女属性特点，构成了男女彼此间的相互需要。我国古代儒家经典《礼记·礼运篇》认为，"饮食男女，人之大欲存焉"。晋代道家医学家葛洪在《素女经》中强调：男女"阴阳不交"，则生至疼痛淤之疾；"故幽、闲（阉人、闲者）、怒、旷，多病而不寿。"唐代名医孙思邈在其医著《千金要方》中认为，"男不可无女，女不可无男"，无女则失阴，无男则失阳；女无男、男无女"则意动，意动则神劳，神劳则损寿"。古希腊神话，则将人类最原始的祖先描写为男女同体、一头一身、正反两面、四只耳目、四手四足、胆大妄为的怪兽；阿尔卑斯山上的众神为之惶恐不安。为了安抚众神，宙斯将"男女"怪兽撕成前后两半。被分开的"男女"痛苦不堪，急切地寻找着自己的另一半。于是，便演绎出人世间男女爱情的一幕幕悲喜剧。② 德国 19 世纪诗人歌德有一句脍炙人口的名言："哪个少年男子不善钟情，哪个妙龄女郎不善怀春；这是人性中的至洁至纯。"③ 马克思强调"男人对妇女的关系是人对人最自然的关系"。④ 正是男女之间的这种属性特点及其所构成的相互需要，使性别资源的开发与利用成为必要和可能。

---

① 分别见《弗洛伊德后期著作选》，林尘等译，上海译文出版社 1986 年版，第 154 页；〔奥地利〕弗洛伊德著：《精神分析引论新编》，高觉敷译，商务印书馆 1987 年版，第 90、91 页。
② 牧之、张震编著：《心理学与你的生活》，新世界出版社 2009 年版，第 86 页。
③ 〔德〕歌德：《少年维特之烦恼》。
④ 《马克思恩格斯全集》第 3 卷，人民出版社 2002 年版，第 296 页。

事实上，性别资源的开发与利用，早已不是什么新鲜事物。从原始社会的群婚，到以后的对偶婚、一妻多夫、一夫多妻、一夫一妻制、"郎才女貌、门当户对婚配"，再到今天的婚介所、恋爱自主、婚姻自由，避孕知识和"性福365"之类措施的普及，"帅哥挂帅""美女攻关""名模登场""选美比赛"社交活动，西方国家的性观念解放，未来社会更多的性自由；从人类早期的母系女权主义社会、父系男权主义社会、男耕女织自然分工，到现代社会的男女平等、异性合作、同工同酬；均不同程度地包含着性别资源开发与利用的某些积极进步和科学合理元素。

性别资源开发与利用的最优化方法，即在充分认识性别资源特点和现状的基础上，对性别资源进行最有益开发与利用的方法。它要求，在现时代应致力完成两项任务。

第一，按照男女自然性为主的性别差异特征，以及彼此的相互需要，解放思想，更新观念，建立健全有关法律法规，为男女自然性为主的性别资源开发与利用，提供良性思想舆论环境和法律制度、社会保障。一方面，多设婚介所、恋爱场所、男女聚会娱乐场所，大力组织和广泛开展农村、城镇、社区，以及报纸、杂志、电视、网上男女相亲、联谊活动。不追究未婚同居、试婚择偶、异性正当交往的法律责任。另一方面，坚持女20岁、男22岁的最低法定婚龄制度，不提倡晚婚晚育；不禁止大学生恋爱，不阻止适龄大学生在不影响正常学习的情况下结婚。同时，鉴于婚恋中大量存在的"始于颜值，羡于才华，合于性格，久于三观，幸于同心，乐于善良，终于人品"的社会现象，以及"德性、相貌、才华、业绩、家庭"的应有理性组合，尽可能防止婚恋观念及其行为方式的扭曲变形、误入歧途。鉴于近亲结婚出劣势、远缘婚配出优势的规律，禁止近亲结婚，力避较近亲结婚，倡导、支持和鼓励远缘远距离婚姻、异族婚姻、跨国涉外婚姻。严格禁止法律规定的有严重遗传疾病和传染疾病者通婚。充分创造各种有利条件，发挥性别资源正能量。坚持非婚生子女与婚生子女一视同仁，一律对待政策。根据恩格斯提出的"以爱情为基础的婚姻才是合乎道德的"婚姻观点①，顺应人类两性关系越来越自由自主，"未来家庭离婚率增多""爱情、婚姻、性的统一与矛盾"两极化的发展大趋势②，适当放宽离婚限制条件。对离婚、一般再婚、老年再婚给予适当的社会理解和宽容。再一方面，对于不负责任、玩弄异性、丧失人格、败坏社会风气的各种"包二奶"行为，"第三者"插足现象，买卖婚姻，性骚扰举动，打着宗教信仰旗号，实为心灵残害、聚众淫乱、聚敛钱财的流氓邪恶活动，予以强烈道德谴责，重磅社会抨击，坚决彻底取缔。对于拐卖妇女，强迫、容留妇女卖淫，强暴妇女等违法犯罪，予以严厉法律制裁，从重打击。禁止网络媒体淫秽色情传播和婚姻诈骗，大力维护未成年人身心健康，营造健康向上的恋爱婚姻生态环境。③

　　第二，依据男女社会性为主的性别不同的优势特点，以及各自相对的缺点不足，一方面，大力倡导、支持和鼓励男女适当社会分工。人力资源和社会保障部门、群众团体，要积极创造条件，让男性劳动力尽可能多地投身管理、科研、高校、航空、航天、勘探、矿业、电力、交通、运输、远洋、边疆、安保、军事、外交等高素质、高标准、严要求、重体力、艰苦、危险行业；让女性劳动力尽可能多地流向一般教育、艺术、医务、纺织、商业、旅游、服务业等行业，使其各自发挥最大性别工作效能。另一方面，在男女可间杂的工作群体，按照"男女搭配，干活不累"、异性相吸、同性相斥的生产生活定律，以及美国现代著名成功学家拿破仑·希尔提出的世界上"最有效的联合——最容易生成'智囊团'的联合——是男人和女人的融合"理论，④ 最正确科

---

① 《马克思恩格斯文集》第4卷，人民出版社2009年版，第96页。

② 参见［美］约翰·托夫勒著：《第四次浪潮》，华龄出版社1996年版，第192、196、203~209页。

③ 详见张瑞甫、张倩伟、张乾坤著：《人生最优学新论》，人民出版社2015年版，第179、180、203~207页。

④ ［美］拿破仑·希尔著：《成功法则全集》，刘津、刘树林译，地震出版社2006年版，第1页。

学地进行男女混合编组、编班、组队，开展男女一起学习、讨论、研发、训练、合作活动，尽可能地使其取长补短，产生男女社会性为主的性别资源组合配置最大价值效益。

（2）人格资源开发与利用的最优化方法

人格资源，作为先天和后天交互作用形成的相对稳定的生理、心理、行为、个性、品格资源的总和，主要涉及形体、血型、气质、性格、特长资源。人的形体有高矮、胖瘦、强弱、美丑；血型有 A 型（保守稳健型）、B 型（积极进取型）、O 型（勇敢好胜型）、AB 型（保守稳健与积极进取综合型）；气质有胆汁质（高度兴奋型）、多血质（活泼开朗型）、黏液质（安静儒雅型）、抑郁质（孤独抑郁型）；性格有内向型、外向型、中间型、怪异型；特长有先天型、后天型，以及生理型、心理型、职业型、行为型；等等。彼此形形色色、林林总总，千奇百怪、千变万化，各有优劣。清代思想家魏源曾指出："不知人之短，不知人之长，不知人长中之短，不知人短中之长，则不可以用人，不可以教人"；"用人者，取人之长，避人之短；教人者，成人之长，去人之短"。[1] 人格资源开发与利用的最优化方法，即因人、因事、因时、因地、因情制宜的人格资源开发与利用的最佳方法。它规定，一方面，必须充分认识人格所涉及的形体、血型、气质、性格、特长资源的各自不同的人格特点，为形体、血型、气质、性格、特长资源的最优开发与利用做好充分思想准备；另一方面，根据形体、血型、气质、性格、特长资源的各自不同的人格特征，按照人生、社会与环境建设的最佳需要，有针对性地进行最正确科学的开发与利用，使其在学习、工作和生活等方面，各安其位、各展所长、各尽所能、各得其所，为人生、社会与环境最优化发挥最大价值效益。[2]

---

[1] （清）魏源：《默觚下·治篇七》。

[2] 张瑞甫、张倩伟、张乾坤著：《人生最优学新论》，人民出版社 2015 年版，第 338～346 页。

2. 体力、智力资源开发与利用的最优化方法

体力、智力资源开发与利用的最优化方法，指的是按照体力、智力资源特点，运用最佳方式开发与利用体力、智力资源的方法。

（1）体力资源开发与利用的最优化方法

现代生理科学表明，人的体力资源十分丰富。按照人的保守天年寿命 175 岁计算，人的心脏可跳动 60 多亿次，泵吸血液 500 万立方米；身高可达 2.75 米。人体一生能释放上千亿卡的热量，做上千亿千克米的功。人的拉力可达 10 吨以上，双手提力可达 400 千克，单腿蹬力可达 300 千克，踢力可达 500 千克，咀嚼力可达 110 千克，咬力可达 235 千克，举重（托举双鼎）可达 500 千克，背负力可达 500 千克，跳高可达 2.5 米，跳远可达 9 米（三级跳可达 17 米），投掷可达 110 米，奔跑时速可达 40 千米，最快跑速每秒可达 11 米，赛跑最长距离可达 5899 千米（时速 10.41 千米），游泳最快速度 45 秒 100 米，最长距离 9000 千米（法国游泳健将本·勒孔特横渡日本—美国太平洋创造）；有人不借助呼吸器沉没水中 20 分钟而不致窒息，有人不穿潜水服潜入 130 米深水而不致压死；有人体温高达 50℃，能奇迹般生还；有人能在 175℃ 高温下作业 20~25 分钟而不会热死；还有人从万米高空跳伞而不致摔死；人绝食而不断水可活 60 多天，绝食断水可活 7~10 天。2013 年 8 月 5 日，美国俄亥俄州一位 37 岁的男子突然停止心跳和呼吸，医生抢救无效将其宣布"死亡"，经儿子呼唤 45 分钟后死而复生……①人类后裔兽孩所表现出来的体力潜能，令人瞠目结舌。有媒体报道，印度七八岁的狼孩四肢奔跑"其速度之快可超越体魄健全的男子汉"，狼孩"动、卧、转、跳十分灵活"，奔跑速度"不亚于真狼速度"；法国 10 岁的猴孩"能像猴子一样在树上窜蹦跳跃"，12 岁的羚羊孩"蹦跳幅度惊人，频率很高，善于攀登悬崖峭壁"，10 岁的海豹孩"不怕严寒，不

① 《科学与人》1985 年第 3 期，第 20 页，以及其他相关文献。见《中国青年报》，1989 年 1 月 22 日。

穿衣服"，"举止同海豹无异"，曾在北极与海豹一起生活而不致冻死。兽孩体力之大，以至有人惊呼："如果科学能揭示出兽孩体能的秘密"，并开发与利用人体的这种机能，"那么，人类在征服大自然中就会别具一番风采，当今体坛世界纪录恐怕也要为两三岁娃娃所不齿"。① 体力资源开发与利用的最优化方法，即根据体力资源特点，充分开发与利用体力资源的方法。它具有相当广泛的应用价值。

体力资源开发与利用的最优化方法要求，一方面，人人致力于自身和他人体力科学发展、发挥与充分利用，加强体育锻炼、耐力锻炼、承受能力锻炼等，把体力提升到最大限度。另一方面，探明其各自生理极限，找出其规律性，把体力推到生理极限，进而突破极限，向更高境界跃升。再一方面，积极研发和推广业余体力回收器，将平时体育健身活动，特别是原地奔跑、小跑、投掷、举重、打球等支出的体力搜集起来，变废为宝，用于人力发电等；从而造福于自身，造福于人类社会。

（2）智力资源开发与利用的最优化方法

科学研究发现，在 DNA 进化水平上，人的体力、奔跑速度、免疫功能、抗寒御热能力、视觉、味觉、独立性、野外生存能力等，虽不及猿类和其他一些高级动物，但在大脑智力发展方面，却一直处于"领先地位"。② 先秦思想家荀子说过："水火有气而无生，草木有生而无知，禽兽有知而无义；人有气、有生、有知亦且有义，故最为天下贵也。力不若牛，走不若马，而牛马为用，何也？曰：人能群，彼不能群也。人何以能群？曰：分。分何以能行？曰：义。"③ 其实，人与其他动物的最本质的区别，就在于人的智力资源极为富足，简直让人难以置信。据研究，人脑由 100 多亿个神经元、1000 多亿个神经细胞组成。表面积可达 2200 平方厘米，神经组织比发达国家的电话网络系统还要复杂。人脑最大重量可达 2500 克，智商可达 200 以上；至少可容纳 5

---

① 《中国青年报》1989 年 1 月 22 日。
② 《百科知识》1985 年第 2 期，第 39 页。
③ 《荀子·王制》。

最优学通论

亿本书的知识量，300 万兆个信息单位。脑神经传输每秒可达 120 米以上，心算速度可在 1 分 28.8 秒内求出 100 位数的 13 次方。单向机械记忆能记住圆周率小数点后的 2 万多位数，16000 页佛教经文。① 人脑每秒进行 10 万种不同的化学反应，其电能相当于 20 瓦灯泡的功率，高能量地支持着人的复杂繁重的思维活动。人的智力资源潜力极大。20 世纪中叶，科学家认为一般人只使用了大脑细胞的百分之几，世界科学巨星爱因斯坦仅使用了大脑细胞的 13%，其余 87% 的大脑细胞处于沉睡状态。美国当代成功学家拿破仑·希尔认为："每一个人，即使是创造了辉煌成就的巨人，在他的一生中，利用自己大脑的潜能还不到 1%。"一份《美国心理学会年度报告》宣称："任何一个大脑健全的人与一个伟大的科学家之间，并没有不可跨越的鸿沟。他们的差别只是用脑程度与方式的不同，而这个鸿沟不但可以填平，甚至可以超越。因为从理论上讲，人脑潜能几乎是无穷无尽的……"② 美国当代人类潜能开发与利用专家葛兰·道门疾呼："每个正常的婴儿，出生时都具有像莎士比亚、莫扎特、爱迪生、爱因斯坦那样的潜能"；"聪明和愚笨"，都是后天努力差异和"环境"差异的"产物"。③ 美国当代成功学家安东尼·罗宾强调："人的潜能犹如一座待开发的金矿，蕴藏无穷，价值无比……每个人的潜能从来没得到淋漓尽致的发挥。并非大多数人命里注定不能成为'爱因斯坦'，只要发挥了足够的潜能，任何一个平凡的人都可以成就一番惊天动地的伟业，都可以成为一个新的'爱因斯坦'。"④ 苏联《今日生活》杂志介绍，如果人脑使用一半的能力，就可以轻而易举地学会 40 多种语言，背熟一套《苏联大百科全书》，还能学会几十所大学的全部课程。随着生理、心理科学的不断向前发展，

---

① 王晓萍等编著：《心理潜能》，中国城市出版社 1997 年版，第 5、6 页；严智泽等主编：《创造学新论》，华中科技大学出版社 2002 年版，第 241 页等。
② 王晓萍等编著：《心理潜能》，中国城市出版社 1997 年版，封一。
③ 林华民编著：《世界经典教育案例启示录》，农村读物出版社 2003 年版，第 15 页。
④ 田缘、张弘主编：《安东尼·罗宾潜能成功学》上册，经济日报出版社 1997 年版，第 3 页。

338

人的智力资源的存量，以及人的大脑细胞的使用数量，不断被发现、刷新：现已由原来的 1/100 持续变为 1/1000、1/10000、1/1 亿。而今研究成果表明，人的智力资源近乎无限。科学家惊奇地发现"脑部是完全不会疲倦的"，人脑力劳动"在 8 个或 12 个小时之后，工作能量还像一开始时一样地迅速和有效率"。人之所以在长时间地连续用脑之后感到"疲倦"，甚至功效降低，头昏脑涨，一是由于"匆忙、焦急、忧虑"等"精神和情感因素所引起"；二是耗能太多，大脑供血不足，物质营养得不到及时补充的生理、心理需求反应所致，而绝不是因为大脑信息塞满的缘故。不然，便无法解释为什么稍事休息、调整良好心态、补充饮食能量后，在无任何遗忘的情况下，会持续增加思维功效，并且人一生的知识能力、知识积累总体在不断增长。① 可以肯定，只要目标正确，方法得当，勤奋努力，任何人都可以成为天才。人的智力资源的最优开发与利用，具有无限广阔的发展前景。智力资源的最优开发与利用方法，指的是根据智力资源的特点，对人的智力资源的最正确科学的开发与利用方法。它具有十分重要的现实意义。

依据现有研究成果，智力资源开发与利用的最优化方法规定，除观念心态的最优化方法②和前面所介绍的认识与实践的最优化方法之外，还必须牢牢坚持和运用学习、记忆与思维的最优化方法，以及相关辅助最优化方法。

其一，学习的最优化方法。

学习的最优化方法，是根据学习及其最优化的构成形态，遵循目标明确态度端正、专博结合结构最佳（以哲学为底蕴、以专业基本理论为主干、以专业尖端知识为前沿、以基础人文社会科学和基础自然科学为辅助的最优知识结构；这种知识结构，即使对辅助知识一知半解也比一无所知好得多）、学思并重收效最大、融会贯通组合升华四项学习的

---

① 朱彤编著：《情商决定成败》，京华出版社 2006 年版，第 61 页。
② 张瑞甫、张倩伟、张乾坤著：《人生最优学新论》，人民出版社 2015 年版，第 36~62 页。

最优化原则等，结合具体需要，获取学习最大价值效益的方法。它大致包括三种类型。

一是最优知识技能获取法，即对知识技能的最佳获取方法。它主要包括两个方面的内容。一方面，听讲、阅读、预习、复习、见习与实习、演练、考试相并举；另一方面，是自学与求教、建立外脑相结合。

二是最佳知识信息解读创新法，即最合理精湛的知识信息解析阅读创新方法。它大致涉及三项内容。一方面，突出重点，全面展开，务求深解实效；另一方面，整理归类，找出规律，发现和发展真理；再一方面，努力探索、创建属于和最适合于自己的新方法。

三是学以致用，用当其所法，即学习与应用相结合，在学习中应用，在应用中学习，将所学知识、技能运用于当用之时、当用之处，使之发挥应有作用的方法。

其二，记忆的最优化方法。

记忆的最优化方法，是基于记忆及其最优化的属性规定，按照准确无误快速大量、深刻牢固永记不忘、回忆确切随时可取的三项记忆的最优化原则等，结合具体需要，最正确科学的记忆方法。它大致涉及八组十六种。

一是信心记忆法与意义记忆法。

信心记忆法，是坚信自己一定能够记住的方法。心理实验表明，坚定记忆信心，能够调动记忆情绪、激活记忆细胞、积极主动记忆、集中注意力，加速加深记忆内容。不少人认为，"相信自己一定能记住，就等于记住了一半"。记忆者应坚信自己不仅能够记住，并且能够记得精准，记得快捷，记得量大，记得牢固，随时可以提取。

意义记忆法，又称动机需要记忆法。它是根据记忆内容意义大小、动机需要高低强弱进行记忆的方法。实验表明，意义越大、动机需要指向越高越强的内容，记忆效果越好；反之，意义越小、动机需要指向越低越弱的内容，记忆效果越差。记忆者须充分明确记忆对象的重要意义，努力强化记忆动机需要，以"舍我其谁也"的主人翁姿态，开展高效记忆活动。

二是取舍记忆法与适时记忆法。

取舍记忆法，是根据记忆内容价值大小、需要程度高低，有选择地进行最优选取和舍弃的记忆方法。识记时，首先选择价值大、需要程度高的重点对象，其次选择价值一般、需要程度中等的对象，最后选择价值小、需要程度低的对象，根本忽略或完全不记无价值、不需要的对象。

适时记忆法，是根据生理、心理状态和所处的环境条件，特别是大脑兴奋度、情绪高低度和试图记忆心理，以及早晚最佳记忆时间，开展高效率记忆的方法。美国现代心理学家、斯坦福大学教授 G. 波卫尔研究发现，心情愉快比情绪一般和懊丧记忆效果好。心理学家盖兹实验表明，积极的试图记忆比消极的被动记忆效果好。有关调查表明，全天有 4 次记忆高潮。第 1 次为早晨 6~7 点起床后两小时；第 2 次为上午 9~10 点；第 3 次为晚上 6~8 点；第 4 次为夜间 10 点临睡前的 1 小时左右。一些学者认为，早晨和晚上记忆效果比其他时间好，早晨不受大脑前摄抑制的影响；晚上不受大脑后摄抑制的干扰，并且晚上 6~8 点为全天最佳记忆时间。还有人认为，晚上虽然比早晨记忆效果更好，但提取知识信息不如早晨容易。据此，应抓住生理、心理活动高潮期，愉快心情和积极的试图记忆心理，以及早晨、上午、晚上时间，结合记忆内容特点，开展记忆活动，强化记忆内容，力求收到恰适其时、事半功倍的记忆效果。

三是归类记忆法与排序记忆法。

归类记忆法，是将记忆内容整理归纳，分成不同类型，加以记忆的方法。这种方法，便于头脑知识信息库输入、译码、编码、存储和提取（输出），从而可以强化记忆效果。识记时，应当将记忆内容集中归结起来，然后按其不同性质、特点、形式、种类，予以分别记忆，使记忆内容高度清晰化、条理化。

排序记忆法，是对所记忆的内容主次轻重、难易缓急进行时间先后最优排序，确定相应持续时间长短的记忆方法。研究成果表明，学习记忆的记忆量与学习时间、学习数量成正比，与学习难度成反比；记忆效率通常与连续学习时间长度和数量难度成反比；熟练背诵且牢记不忘的次数一般为6次，每次间隔分别为10分钟、1天、1周、1个月、半年。学习记忆的新旧相关知识最佳比例为1：5，低于或高于该比例则会引起效率下降；学习记忆的最佳连续超时长度为50%，低于或高于此比例会导致效率下滑；学习记忆的内容最佳排序为先易后难；记忆效果后面最佳，前面其次，中间最差，中间仅为开端和结尾的约1/3；同类知识的集中学习，不同知识的分布学习，记忆效果最佳。识记时，需要在对记忆内容正确认识鉴别的前提下，进行科学时间排序。一方面，用较长时间集中反复学习主要重点内容，并按照记忆规律特点，适当间隔休息；同时，力争将新旧知识相关比例控制在1：5水准。另一方面，严格按照先主后次、先重后轻、先易后难、先急后缓记忆规则，以及记忆效果后面最佳、前面其次、中间最差记忆规律特点，确定记忆内容次序，力求达到最佳记忆效果。

四是笔记记忆法与诵读记忆法。

笔记记忆法，是对记忆内容做笔抄记录的记忆方法。它是记忆中普遍使用的记忆方法。常识表明，"好记性不如烂笔头"。笔记不仅便于书面写作，而且因其字形、字意印象和手动印记，可以加深记忆。毛泽东等名人名家"不动笔墨不看书"的良好学习习惯，大多数学子的每学必记、每听必录的优良学风，为人们提供了成功的范例。博闻强记者必须对所学、所思、所见、所闻重要内容，及时做好笔记，以便形成深刻印象，随时提取、运用。

诵读记忆法，是在阅览的同时朗读识记内容，或在笔记的同时默读识记内容的记忆方法。诵读记忆法同笔记记忆法一样，都是最常用的记忆方法。各级各类学生的学习记忆，均主要采取这种方法。疯狂英语学习方法创始人李阳的英语学习，也主要是采用的这种方法。只不过它较一般诵读记忆法，融入了更多的在户外旷野、大庭广众面前疯狂诵读的元素。对于识记材料，应凡学必读，通过读音强化记忆，达到最佳记忆效果。

五是缩略记忆法与口诀记忆法。

缩略记忆法，是将相关多项记忆内容化繁为简，压缩概括或升级换代为若干要略条目，形成纲领，减轻大脑负担，从而便于记忆的方法。人们常说的"UFO"（宇宙飞碟）、"WTO"（世贸组织）、"APEC"（亚洲及环太平洋经济合作组织）、"三农问题"（农业、农村、农民问题）、"五位一体"（经济建设、政治建设、文化建设、社会建设、生态文明建设五者有机统一）等，均属缩略记忆法的运用形式。识记者，应将较复杂的记忆内容缩减略化升级换代为英语词头、数字或目标纲领性内容，以达到快速简要记忆的目的。

口诀记忆法，是把识记内容缩编成合辙押韵、朗朗上口的歌诀，从而造成强烈印象，大大加快背诵速度的方法。这种方法，简便易行，收效甚佳。《三字经》《百家姓》《千字文》，以及乘法口诀、英语字母歌、各种诗歌等，其表现形式均与口诀记忆法相联系。识记者，应将复杂繁多的识记内容，尽可能简约口诀化，从而最大限度地提高记忆效果。

六是协同记忆法与整体记忆法。

协同记忆法，是充分调动听、说、读、写、看、做等各种感觉器官和表情动作，共同完成记忆任务的方法。这种方法，可使记忆大见成效。实验证明，在同一时间，人单从视觉获得的知识信息能记住70%，单从听觉获得的知识信息能记住60%，而视听结合却能记住86.3%。[①]如果加上说、写、做和其他表情动作，则记忆效果更佳，可达90%以上，甚至100%。据此，在记忆时应充分利用记忆增效特点，听、说、读、写、看、做和表情动作多元并举，使之优势互补、相互支持，获得最大记忆收益。

---

① 叶奕乾等：《图解心理学》，江西人民出版社1982年版，第224页。

整体记忆法，又称板块记忆法、框架记忆法、系统记忆法。它是通观整体，对已知内容一目带过，对未知内容重点掌握，以熟代生，以旧推新，抓住内在联系，找出内部规律，突出要点而又兼顾全面强化记忆内容的方法。快速阅读法、提纲记忆法等，都是整体记忆法的生动运用。心理学研究表明，学习记忆的识记效率，整体记忆法最高。识记者，必须首先对记忆对象进行整体把握；然后重点记忆新内容，按照新旧知识的内在逻辑，明确其异同特点，联想开去，以新带旧、以旧促新，从而达到突出要点而又兼顾全面推进记忆的目的。

七是睡眠记忆法与健脑记忆法。

睡眠记忆法，是利用睡眠恢复精力，给大脑知识信息库以整理调节时间和带着识记内容入睡的记忆方法。它大致分为两种：一是学习一段时间后闭目养神，打打瞌睡，继而再度学习；二是在睡觉前播放识记内容录音，利用大脑前意识和潜意识细胞的不停活动，带着识记内容入睡。实验证明，8 小时有睡眠的记忆平均可记住 60%，8 小时无睡眠的记忆平均只能记住 28%；入睡时播放学习内容录音，可以提高记忆效率 30% 左右。苏联介绍睡眠记忆法的《一边睡觉，一边成功》一书之所以一度成为特别畅销书，其中一个重要原因就在于此。[①] 识记者，应根据睡眠与记忆的内在联系特点，科学安排记忆活动；在长时学习时，既中间适当睡眠休息，又入睡前播放识记内容录音，从而最大限度地提高记忆效能。

健脑记忆法，即根据记忆的生理、心理需要，通过健脑增进大脑记忆机能，强化大脑记忆效果的方法。这种方法，主要分为饮食健脑记忆法（喝牛奶、豆浆、蜂王浆，吃鱼头、禽脑、兽脑、蛋类、鱼类、藻类、核桃、芝麻、瓜子、黄花菜、桂圆、香蕉、橘子、苹果、豆类、谷物、海产品等健脑食物的方法）、清心寡欲健脑记忆法、体育活动健脑

---

① 叶奕乾等：《图解心理学》，江西人民出版社 1982 年版，第 220 页；陈红春编：《人生价值的要素》，上海文化出版社 1988 年版，第 50 页。

记忆法、文艺娱乐健脑记忆法、清新空气健脑记忆法、眺望原野健脑记忆法、旅游观光健脑记忆法等。健脑记忆法旨在确保大脑不受各种食品添加剂、污染物危害和电磁波，尤其是手机、微机、微波炉、电视机、无线电发射装置等辐射前提下，运用营养饮食以及多种调身、调心、调息健脑方式进行记忆，从而尽可能地增进记忆效率。

八是联想记忆法与复习记忆法。

联想记忆法，是把所学内容同已知知识纵横联系起来，予以解读、分析和加深记忆的方法。这种记忆方法，能够将识记内容尽量类推引申、扩大、衍生、辐射、泛化，形成网络，从而有效巩固和加深记忆内容，尽可能地使所学知识、所获信息举一反三系统丰富化，形成有机整体。识记人员，在记忆对象时，应尽量联想相关内容，从而使之相互助推，得到多方面的牵引、支持，大大增强记忆效果。

复习记忆法，是对所学内容重复学习的方法。它主要包括及时复习、分布复习、综合复习三种类型。

及时复习，是记忆的十分重要的方法。其特点是在最佳时间间隔内抓紧复习，巩固提高。西方现代心理学家斯必叟（Spitzer）对文选记忆的实验表明，复习者一天后保持98%，一周后保持83%；无复习者一天后则保持56%，一周后仅保持33%。一般说来，所学内容12个小时内遗忘最慢，一天后至两三天内遗忘最快，以后遗忘逐步减慢。据此，掌握死记硬背需要机械记忆的内容，如人名、地名、时间、新概念、外语单词、各种数码、数理化公式、定理等，最好早晨学习、晚上复习，或晚上学习、早晨复习。这样效果最佳。

分布复习，即间隔分散复习。分布复习，由于能够适时休息，避免单一重复疲劳，及时恢复精力，因而便于记忆，比集中长时间、一次性复习效果好。苏联心理学家沙尔达科夫实验表明，同样时间条件下，分布复习者成绩优秀的占31.6%，良好的占36.8%，及格的占31.6%，劣等的没有；而集中复习者，成绩优秀的仅占9.6%，良好的占36.6%，及格的占47.4%，劣等的占6.4%。

综合复习，是运用多种方式对识记内容进行全面系统复习。它有助于整体记忆、把握实质、总揽全局，形成系统印象。大量研究成果表明，初学与间隔复习时间最佳比例为 2∶8，即学习 2 小时，8 小时后复习记忆效果最佳。

复习记忆者，应根据复习与记忆的特定关系，结合记忆内容特点，有针对性地进行及时复习、分布复习、综合复习，通过三管齐下，实现最佳复习记忆目标。

其三，思维的最优化方法。

思维的最优化方法，是在立足思维及其最优化的内涵解读，遵循科学精准清晰严谨、逻辑与历史相一致、利益分析与矛盾分析相结合、原则性与灵活性相统一、系统高效富于创新的五项思维的最优化原则等，结合具体需要，最正确科学的思维方法。它主要有十组二十种形态组成。

一是具体思维法与抽象思维法。

具体思维法，是根据事物的具体属性特点进行科学思维的方法。它涵盖形象思维法，又比形象思维法内涵丰富，广泛应用于日常思想意识活动和文学艺术创作。文学艺术创作惯用的生活原型法、杂合法、想象创作法，自然科学研究中 DNA "双螺旋结构" 的提出，均采取了具体思维法。

抽象思维法，即在具体思维法基础上通过概括提升形成的思维方法。它是撇开具体事物表象，深入事物内部，把握事物本质，揭示和升华事物共性特点的思维方法。各种理论方法，特别是哲学原理、逻辑学、数学方法，采用的大多是抽象思维法。抽象思维法，堪称具体思维法的拓展和提升。从人类原始思维到现代思维、未来思维，从儿童思维到成人思维，所遵循的思维发展路线，充分体现了从具体思维到抽象思维的历史进程。

二是纵向思维法与横向思维法。

纵向思维法，是按照事物产生、发展、变化过程的历史进行思维的方法。它具有时间先后特点。各门科学的历史研究方法，所采用的大都是纵向思维法。德国著名哲学家康德，曾对纵向思维法给予高度评价。他不仅认为"没有科学哲学的科学史是盲目的"，而且认为"没有科学史的科学哲学是空洞的"。①

横向思维法，即按照事物的横向联系，尤其是并列关系、交叉关系、属种关系特点，进行认识和分析事物的思维方法。它所运用的核心方法，是横向比较法、异同鉴别法。本方法，具有多向度规定和左右逢源的认识优势。与纵向思维法相对应的其他一切方法，本质上都与横向思维法相统一。

三是发散思维法与收敛思维法。

发散思维法，又称演绎思维法、辐射思维法。它是按照事物的相互关联性，最大限度地正确科学知解事物的方法。哲学中的具体分析法、文艺创作中的形象塑造法，大都属于发散思维法。

收敛思维法，又称归纳思维法。它是与发散思维法方向相反的一种思维形式，是根据事物的聚合集成性特点进行思维的方法。哲学中的抽象概括法、文艺创作中的杂合法，均为收敛思维法。

四是定位思维法与换位思维法。

定位思维法，是根据事物的位置特点，科学确定思维对象时空位置的方法。孔子的"不在其位，不谋其政"思想②；现代人的各就其位，各司其职，各尽所能，各得其所，不越位、不错位、恰适其位管理理念，以及当代中国化的马克思主义者提出的"调结构、转方式、扩内需、惠民生、促发展"的科学发展理念，无不基于定位思维法愿景期许。

换位思维法，即基于事物位变质变的规律特点，为获得思维积极效能，而变换对象位置，进行思维的方法。古代的异地做官任职规定；现

---

① 王贻志等：《国外社会科学前沿》，上海社会科学院出版社 1999 年版，第 19 页。
② 《论语·宪问》。

代经营管理的换位思考、角色扮演、为对方着想理论；英国科学家贝弗里奇所提出的"把问题搁置数天或数周"将其淡化或"遗忘"，然后"从新的角度来看这个问题"，"先前被疏忽的缺陷（会）暴露得十分明显"，"恰当的新的见解"会"跃入脑际"的学说①等；均采用了换位思维法。

五是移植思维法与嫁接思维法。

移植思维法，又称"拿来主义"思维法。它是根据一定思维需要，将相关思维方法移至并植入一定思维程式中，从而使思维更好地发挥效能的方法。英国科学家贝弗里奇认为"移植是科学发展的一种主要方法，大多数的发现都可应用于所在领域以外的领域。而应用于新领域时，往往有助于促成进一步的发现，重大的科学成果有时来自移植"；"移植"堪称"科学研究中最有效、最简便的方法，也是在应用研究中运用最多的方法"。② 鲁迅的"拿来主义"，我国在管理、科技创新等方面倡导的"引进、消化、吸收再创新"，运用的就是移植思维法。

嫁接思维法，又称杂交思维法、借鉴思维法。它是按照一定思维所需，将相关思维方法与既有思维方法有机结合在一起，从而形成各自所没有的杂交新优势的思维方法。古为今用、洋为中用、他为我用、我为他用的交叉科学思维方法、组合创新思维方法，所采用的均为嫁接思维法。

六是类向思维法与逆向思维法。

类向思维法，是根据事物的统一性，对有关思维内容进行同向、近向或侧向类推的延伸思维方法。它主要包括同向思维法、近向思维法、侧向思维法几种类型。逻辑学中的类比推理、相似假说，修辞学中的比喻、借代、夸张，运用的即是类向思维方法。美国现代著名工程师林里埃，从妻子的香水喷雾器悟出内燃机汽油雾化原理；风力灭火器发明人

---

① ［英］贝弗里奇：《科学研究的艺术》，陈捷译，科学出版社 1979 年版，第 70 页。
② 同上书，第 133 页。

从"吹灯灭火"悟出风力灭火器原理，各种成功经验借鉴等，所运用的即是这种方法。

逆向思维法，又称反向思维法、倒转思维法、反刍思维法。它是与类向思维法相对应的，根据事物的对立性，对有关思维内容、形式反其道而行之的思维方法。其特点是倒因为果，变果为因，因果互逆互证。英国19世纪科学家法拉第运用这种方法，从电产生磁力现象，想象到倒过来磁力也可以产生电，从而发明了发电机；书法中的倒书，体育健身中的倒行、倒立，写作中的倒叙等思维方法，也是这样。

七是原点思维法与目的思维法。

原点思维法，又称初始动机思维法、原定起点思维回归法。它是在思维发生偏差失误后，重新回到原来出发点，进而反思整个过程，找出偏差失误原因，纠正偏差失误，从而使之转入正确路线的思维方法。英国科学家贝弗里奇深刻指出："在无法解决某一问题时，最好从头开始；若有可能（则应）采用新的方法。"① 对于我国的三年"大跃进"变成三年"大跃退"，"文化大革命"异化为"大革文化的命"的动乱反思，以及为拨乱反正而制定的解放思想、实事求是、团结一致向前看、开拓创新、与时俱进的思想路线和宏伟蓝图，即运用了原点思维法。

目的思维法，又称目标思维法。它是在明确目的前提下，依据目的需要，检测和调控思维内容、形式，使之与目的保持一致的思维方法。系统中的控制反馈原理，就是基于目的思维法而提出的。

八是常规思维法与超常思维法。

常规思维法，又称一般思维法。它是按照惯常规则，进行思维的方法；具有传统性、习惯性、经验性、大众化、一般化的特点，适用于解决普通的思维问题。如日常衣、食、住、行、用、文、学、艺，以及劳动、休息、医疗、保健、婚恋、生育、家庭、交往中的常见问题。

---

① ［英］贝弗里奇：《科学研究的艺术》，陈捷译，科学出版社1979年版，第70页。

超常思维法，又称跳跃思维法。它是与常规思维法相对立的，超越常规标新立异的思维方法；具有反传统、违习惯、悖经验、个性化、特殊化的属性，常以叛逆姿态出人意料、出其不意、跳跃突进、异想天开的形式出现。通常用来解决棘手难题、特殊问题、新鲜问题，开展对策博弈、发明创造。著名军事家孙武、诸葛亮，著名诗人歌德，音乐大师贝多芬，著名科学家牛顿、达·芬奇、爱因斯坦、居里夫人，世界发明大王爱迪生等，他们惯用的思维方法，多是超常思维法。天才伟人、巨匠大师人物与一般人的最大区别，就在于前者在兼用常规思维法的同时，善用超常思维法；而后者则通常拘泥于常规思维法。

九是因果思维法与预测思维法。

因果思维法，是根据事物产生、发展、变化的原因与结果，进行正确科学思维的方法。它主要由归因思维法、过程思维法、结果思维法组成。归因思维法，即将一定结果的产生、存在、发展、变化和消亡，归结于相应原因的最佳思维方法。美国现代心理学家海德、维纳、E.琼斯、戴维斯等研究表明，对既定过程、结果能不能正确科学地积极归因，对于事业未来的成败得失至关重要。凡是信奉事在人为，把"成功"的原因归结为个人的"能力强"，把"失败"的原因归结为个人的"不够努力"的，都是正确科学的积极归因，都有助于事业的未来成功；凡是信奉天意命定，把"成功"的原因归结为客观条件、偶然侥幸、"任务容易或运气好"，把"失败"的原因归结为难以改变的"任务难"或自己的"能力差"的，都是错误的消极归因，都会导致事业的未来失败。① 思维的最优化方法，所追求的自然是正确科学的积极归因方法，而不是错误的消极归因方法。过程思维法，是在目标确定之后，如何为实现目标而规划过程的最佳思维方法。最优化的思维方法，所要求的过程思维法，无疑是"既管耕耘，又问收获""既奋力奔跑，

---

① 朱宝荣等：《现代心理学原理与应用》，上海人民出版社 2006 年版，第 5 页；时蓉华主编：《现代社会心理学》，上海人民出版社 1997 年版，第 195～203 页，2007 年版，第221～226 页。

又抬头看路"，而不是"只管耕耘，不问收获""只低头奔跑，不抬头看路"的思维方法。结果思维法，即对结果进行最正确科学分析评价的思维方法。它具有阶段性、结论性、成果性特点，与归因思维法、过程思维法有不可分割的内在联系。原因经过程而丰富密实为结果；过程是内外原因交互作用的历程；结果则包含最初的原因，比最初的原因丰富密实而又不多不少等于开端和过程的全部内外原因；思维的最优化方法，所求索的结果思维法，一要客观准确，二要定性研究与定量分析相结合，三要纵向对照与横向对比相统一。

预测思维法，是对未来进行正确科学预见测度的思维方法。事物的发展无不具有一定前兆、规律可循。预测思维法，堪称发现、发明、创造的制胜法宝；从根本上说，没有预测思维法，就不可能有发现、发明、创造。

十是重点思维法与全局思维法。

重点思维法，是依据最大思维收益需要，将思维精力集中在某一局域的思维方法。事物之间不仅存在着并列关系、交叉关系、从属关系，而且存在着重点与非重点关系。不分主次轻重、难易缓急一概而论的思维方法，不是正确科学的合乎逻辑的思维方法，更不是最优化的思维方法。重点思维法，具有牵一发而动全身，抓一点而影响其余的特点。抓住了重点，特别是重中之重，很多问题就会迎刃而解。

全局思维法，即根据事物联系的普遍性、整体性特点，在分清主次轻重、难易缓急的基础上，对思维对象统筹兼顾、全面安排的思维方法。马克思主义创始人提出的"人的全面发展"理论，当代中国化的马克思主义者建树的"科学发展观""人类命运共同体"理念，无一不是运用全局思维法的产物。

其四，智力开发与利用的相关辅助最优化方法。

智力开发与利用的相关辅助最优化方法，是根据智力及其最优开发与利用的内在规定和本质特点，结合智力开发与利用的主要最优化不足，所采取的辅助性最优化方法。除基于人以食为天、食以优为先、药食同源、相似物品营养互补、以形补形的饮食健脑法（即运用前面所述饮食健脑记忆法列出的饮食进行健脑的方法），以及节欲指动益智法、作息交替调节法、交叉并举统筹法①之外，主要有十种方法。

一是日积月累质变法，即通过日复一日、月复一月的连续积累，从而使认知思维由量变引起质变的方法。

二是闭目联想飞跃法，即通过闭目养神，联想开去，"物我两忘"，神游八方，思接千载，从而产生思想飞跃的方法。

三是洗浴睡眠梦幻法，即以洗浴睡眠方式，借助梦幻有益启示，予以最佳思维的方法。

四是散步出游驱动法，即通过外出散步游走，驱动思绪产生直觉、灵感、顿悟的方法。

五是音乐声响唤醒法，即利用优美动听的轻音乐声响，唤醒创造性思维的方法。

六是芳香四溢刺激法，即利用大量有益芳香气味尤其是蜡梅花、迎春花、洋槐花、枣花、百合花、桂花、菊花和甜杏、桃子、香瓜、苹果、鲜花生、鲜玉米等的芳香气味，刺激创造性思维的方法。

七是色彩、气温诱导法，即利用有益的颜色特别是绿色、蓝色、橘红色和清新的空气、13～23℃的适宜气温，诱导直觉、灵感、顿悟的方法。

八是空间环境变幻法，即通过人为选择和营造、更新良好环境，诱导创造直觉、灵感、顿悟的方法。

九是奇思妙想随记法，即将奇思妙想随时记录下来，加以整理、分析、概括、推论，以求有益和有所创新尤其是发现、发明、创造的方法。

---

① 张瑞甫、张倩伟、张乾坤著：《人生最优学新论》，人民出版社 2015 年版，第三章二（三）5（2）智力资源最优开发与利用法。

十是思维热线延伸法，即将进入高潮的思维延伸开去，充分运用，以求思维价值效益最大化的方法。

3. 生理心理节律资源开发与利用的最优化方法

同其他事物一样，人的生理心理活动也有自己特定的需要顺应的节奏规律。人类千百万年的实践经验和现代人体科学，特别是20世纪美国伊利诺大学、耶鲁大学等大学和德国医生威尔赫姆·弗里斯，奥地利生理心理学家赫尔曼·斯瓦波达，以及阿尔弗雷特·泰尔其尔教授等研究人员的相关研究成果表明，人的生理心理机能，在不同的时间、年龄，各有自己的特定规律。2017年10月，美国生理心理学家杰弗里·霍尔（Jeffrey C. Hall）、迈克尔·罗斯巴什（Michael Rosbash）、迈克尔·杨（Michael W. Young），则因发现人体昼夜生理心理节律基因，获得诺贝尔生理学及医学奖，受到举世关注。生理心理节律资源开发与利用的最优化方法，即根据生理心理节律资源的不同属性特点，以最佳方式，对其进行充分开发与利用的方法。它主要有4种具体方法。

（1）一天生理心理节律符合法

一天生理心理节律符合法，是美国伊利诺大学、耶鲁大学等大学研究人员发现并提出的合乎一天生理心理节奏规律的最优化方法。它旨在依据人体一天中的生理心理节律特点，最正确科学地安排学习、工作和生活。

相关研究成果表明：

夜间0~1点，人体最为困乏，各种器官处于最紧张的代谢状态。这时，应注意睡眠休息。

夜间2~3点，通宵达旦工作者效率最低。人体大部分功能处于抑制状态，但其听觉却异常灵敏。这是人类此时通过听觉获得外界信息的最主要的渠道。此时，可以放心地睡觉，不必担忧听不到外界的声响。

夜间2~5点，堪称人体最危险的时间。这时，人体警觉部位大部分处于抑制状态，分辨能力减弱，即使当事人不缺少睡眠，也往往出现失误。同时，危重病人的死亡率和婴儿的出生率凌晨4~5点最高。这一时间，应有意识地放弃一些高、精、尖的研究和作业，加强危重病人和临产孕妇的监护。

凌晨4~6点，天气欲暖还寒，人体调节力差，最容易感受风寒，但头脑却相当清醒。脑力劳动者需早起床，多穿些衣服，抓紧学习和工作，尤其是进行科学研究。

早晨7点，肾上腺分泌最多，心率加快，体温升高，血液循环脉冲特别强。这是人体发出的醒神"闹钟声"。学子和劳作者应尽快开展学习和工作，切不可贪睡懒起错过大好学习和工作时光；并且抓紧时间吃早餐，补充饮食营养。

早晨8点左右，性激素分泌达到高峰，男性比女性尤为突出。同时，大脑具有严谨周密的思维能力。这时，应慎防纵欲放任，需抓紧有利时机开展高难度的构思创造活动。

上午9点，人脑产生的麻醉剂——安卡伐灵和安多芬最多，机体对疼痛感觉最差。这时，需稍事休息。医生应利用此时，对病人实施手术治疗。

上午10点，内向性格的人专心致志程度、记忆能力、判断推理能力达到高峰，学习和工作效率最高，并能维持两三个小时。内向性格的人应争分夺秒，不失时机地开展高、精、尖的学习和研究工作。

中午11~12点，身体最易受酒精影响。同时，11点左右视力最佳。这时，需避免饮酒，做些实物分析、鉴定工作和进行午餐。

中午1~2点，人体内激素变化剧烈，感觉疲倦。需适当休息或做些轻松简单的工作，有条件的应午睡。

下午3点，外向性格的人分析能力、创造能力最为旺盛，并持续几个小时。外向性格者，需抓紧时间完成高难度的学习和科研任务。

下午4点，人体内代谢出现新的高峰，脸发红，身体冒汗，呼吸费力，应付后半天的活动。体力劳动者，应作短暂休息。

下午5点，人的嗅觉和味觉最灵敏，听觉达到第二次高峰。从事厨师、品尝工作，以及进食美餐、演唱、欣赏音乐者，需借机安排自己的相应活动。

晚上 6 点，人潜在的体力处于高潮，精力和耐力最旺盛。这时，应加强体育锻炼或脑力劳动，以及喝水、吃晚饭。

晚上 7 点，由于内分泌变化而烦躁不安，血压达到高峰，容易突然发怒，情绪最不稳定。此时，需自我调节和控制情绪，减少社交活动。

晚上 8 点，全部饮食储存在人体内，身体最重，但脑细胞却十分活跃，记忆力最强。这时，应避免爬高和重体力活动，力争坐下来，开展机械记忆的学习和难度较大的创新工作。

晚上 9 点，身体功能转入低潮。此时，需做些全天活动扫尾工作，并准备睡觉。

夜间 10 点，内分泌水平降低，体温下降，呼吸减慢，身体机能全面进入低潮。这时，应开始睡眠休息。成人一般 10 点左右入睡为最佳睡眠时间。此时，不仅入睡快，而且睡眠质量高。过早或过晚入睡，将延迟实际入睡时间，降低睡眠质量。

夜间 11 点，人体机能进一步下降。上夜班最容易出差错。这时，从事复杂工作者，需注意冷风吹拂、冷水洗脸或喝茶醒脑提神。

夜间 12 点，人体极度疲倦，各部分器官均处于抑制状态，身体开始最紧张的代谢活动。上夜班者，应适当休息。

就全天而言，从早到晚 12 个小时内，人体机能和工作效率呈波浪形下降趋势。一般说来，早晨 6~7 点，想象力最丰富，应借机抓紧开展构思创造工作；上午 8~10 点，逻辑思维能力最强，需做些严谨推理创造工作；下午 2~4 点，体力回升，应做些快速完成的简单工作，并适当进行体育活动；晚上 7~9 点，记忆力特别强，需开展加深记忆的学习和复习。有人进一步研究发现，50%以上的人工作 1 小时左右达到思维高潮，17%的人早晨思维能力最强，33%的人晚间思维能力最高，大约 50%的人一天思维能力没有明显变化。苏联科学院一位著名院士，每天严格规定上午从事严谨的著书立说，下午写些轻松科普作品，晚上看书学习。结果，在很多领域都取得辉煌成就。①

上述内容，仅是最常见的一天生理心理节律符合法。除此，还应注意到早晨、上午精神振奋效率最高的"百灵鸟型"与下午、晚上思维能力最强的"猫头鹰型"，以及"百灵鸟型"与"猫头鹰型"相混合的"中间型"之间，内向型与外向型性格之间，上白班者与上夜班者之间，太阳出落时差不同地区之间，不同民族之间，人们的生理心理节律的一定差异；并且同一个人在不同的年龄阶段、不同的空间环境、不同的生理心理状态与不同的学习、工作和生活习惯支配下，一天生理心理节律符合法亦需做出相应调整。

一天生理心理节律符合法要求，针对人体一天中生理心理节律情况，在体力、精力最充沛，活动效率最高的时间，安排高难度、高价值的学习和工作；在体力、精力一般，活动效率一般的时间，安排一般难度、一般价值的学习和工作；在体力、精力较差，活动效率较低的时间，安排低难度、低价值的学习和工作，或开展轻松愉快的业余活动与休息。

（2）周、月生理心理节律符合法

周、月生理心理节律符合法，包括周生理心理节律符合法和月生理心理节律符合法两种类型。

周生理心理节律符合法，即依据周作息人员一周中的生理心理节律特点，最合理精当地安排学习、工作和生活的方法。科学家统计分析，周双休日的人员，周二、周三、周四的学习、工作能力最强，效率最高，产品质量最好；周一、周五和周六周日则相对较差。因为周二、周三、周四的学习、工作受前摄抑制或后摄抑制的影响最小；而周一受前摄抑制的影响最大，周五受疲劳和后摄抑制的影响最大，周六、周日则不仅分别受前摄抑制和后摄抑制的影响较大，而且受休息日放松懈怠习

---

① 重轩：《人对自身的认识》，《科学与人》1985年第3期；莫语编著：《数字知道答案》，北京邮电大学出版社2004年版，第105～107页；王行健编著：《成功学圣经全集》，地震出版社2006年版，第82页，以及其他相关文献。

惯生理心理消极抑制影响。由于周生理心理节律是长期星期制影响下形成的，因而对于无星期观念的农民、牧民、渔民和其他自由职业者等，不存在周生理心理节律及其符合方法。

月生理心理节律符合法，指的是根据人体一月中的生理心理节律特点，最合理高效地安排学习、工作和生活的方法。这里的月生理心理节律，有两种含义：一种是指人出生后的每月生理心理节律；一种是指与农历月相对应的生理心理节律。

月生理心理节律的发现，堪称20世纪人类最重要的发现之一。

20世纪初，威尔赫姆·弗里斯发现，一些病人间隔一定时间求诊的规律。其中，男性间隔23天或其整数倍数，女性间隔28天或其整数倍数。于是，他把23天定为"体力节律"，28天定为"情绪节律"。赫尔曼·斯瓦波达经过长期验证，得出了同样的结论。维也纳一位心理学家还发现，他研究的几百个家族谱系中，多数人寿命的总天数正好是23天或28天的整数倍数。此外，阿尔费雷特·泰尔其尔在研究智商的基础上，发现学生成绩升降的周期为33天，后被称为"智力节律"。美国、苏联、俄罗斯等国家的大量研究成果进一步证实，人的体力节律、情绪节律、智力节律的每个周期，都存在着"高潮期""低潮期"和"临界日"。"高潮期"是人的体力或情绪或智力处于水平线以上的最佳状态时期。"低潮期"是人的体力或情绪或智力处于水平线以下的低劣状态和"临界日"时期。"临界日"是各种节律由高潮期进入水平线以下低潮期或由低潮期上升至水平线以上高潮期的时日；这一天是体力下降、情绪不稳、神思恍惚，最易患病、失误、遭意外的一天。

人从出生后的第一个体力最高潮日为第5.75天，情绪最高潮日为第7天，智力最高潮日为第8.25天；体力最低潮日为第17.25天，情绪最低潮日为第21天，智力最低潮日为第24.75天；体力临界日为第11.5天（第二个体力临界日为第23天），情绪临界日为第14天（第二个情绪临界日为第28天），智力临界日为第16.5天（第二个智力临界日为第33天）。

体力节律、情绪节律、智力节律，当日所处位置的计算公式为：

$$\text{体力节律当日所处的位置的余数} = \frac{365 \times 周岁 + \dfrac{周岁}{4}（闰年天数） + \text{上一个生日到计算时的天数}}{23} \text{所得}$$

$$\text{情绪节律当日所处的位置的余数} = \frac{365 \times 周岁 + \dfrac{周岁}{4}（闰年天数） + \text{上一个生日到计算时的天数}}{28} \text{所得}$$

$$\text{智力节律当日所处的位置的余数} = \frac{365 \times 周岁 + \dfrac{周岁}{4}（闰年天数） + \text{上一个生日到计算时的天数}}{33} \text{所得}$$

体力节律、情绪节律、智力节律的重合情形为：体力节律与情绪节律 644 天（23 与 28 的最小公倍数）重合一次；体力节律与智力节律 759 天（23 与 33 的最小公倍数）重合一次；情绪节律与智力节律 924 天（28 与 33 的最小公倍数）重合一次；体力节律、情绪节律、智力节律三者 21252 天（23、28 和 33 的最小公倍数）重合一次。这些月节律的彼此重合，虽然间隔时间漫长，很少有二者重合之日，三者重合期则一生最多有 3 次；但是，彼此间的"高潮期""低潮期"和"临界日"却大部分时间处于优劣互补状态的"重合"时日。①

这一方面表明，节律高潮资源大有潜力可供开发，可以广泛利用，不必过于担心节律"低潮期"和"临界日"的消极影响；另一方面昭示，节律"低潮期"和"临界日"的副作用不可低估，要严加防范，及时作出相应最佳对策。

农历月节律，是由月球的圆亏变化规定的。现代科学研究表明，人

---

① 陈红春编著：《人生价值的要素》，上海文化出版社 1988 年版，第 16~18 页；陈建：《多日性人体节律》，《科学与人》1983 年第 1 期；夏晋祥：《生命节律与人》，《科学与人》1985 年第 3 期。

的生理心理节律与月球变化有着密切关系。美国莫里斯教授研究发现，心脏病人在新月和满月期疼痛加剧，发作次数最多；一般人则较平时寝卧不安，精神紧张。美国利伯博士指出，精神失常、癫痫和其他脑疾病患者，在新月和满月期，发作次数比平时多；并且他在对美国南部某地50年间发生的2000例凶杀案调查中发现，满月期比其他时间多得多，其次是新月期较多。还有人统计，满月之夜火灾和流氓犯罪以及谈情说爱的，比平时剧增。新月和满月之所以对人体生理心理活动产生影响，不少学者认为很可能是人体含水比重与地球表面含水比重，均为80%左右的缘故。月球可以引发海洋潮汐，同样也会影响人的生理心理生物潮汐，影响人的生理心理节律。

周、月生理心理节律符合法规定，按照最少投入消耗、最大价值效益取向，根据自己的周、月生理心理节律特点，因己制宜，因事制宜，因时制宜，因地制宜，酌情安排学习、工作和生活。具体说来，一方面，周作息人员应尽可能在周二、周三、周四开展高难度的学习和工作等活动；在周一、周五安排低难度的学习和工作等活动；在周六、周日进行适当娱乐和休息。另一方面，在出生后每月的体力、情绪、智力高潮期，特别是二者或三者的重合高潮期和接近高潮期，致力完成高、精、尖的任务；在低潮期，特别是二者或三者的重合低潮期和接近低潮期，完成难度较小的任务；在临界日，特别是二者或三者的重合临界日和接近临界日，注意安全和适当休息。再一方面，在农历残月期，开展一些精密细致的学习和工作等；在新月期和满月期，完成一般学习、工作和要求较低的学习和工作等，并且注意身体变化，防止疾病发生，适当控制情绪，谨防一时冲动触犯法律或疏忽大意造成意外事故。[①]

（3）一年生理心理节律符合法

一年生理心理节律符合法，是依据人在一年中的不同季节、月份的

---

① 陈建：《多日性人体节律》,《科学与人》1983年第1期；《月球对人类健康的影响》,《百科知识》1985年第5期。

生理心理节律变化特点，最正确科学地安排学习、工作和生活的方法。

研究结果显示，人在一年四季不同月份的生理心理节律是不一样的。春秋两季，人的脉搏缓慢，夏冬两季脉搏较快。夏季血压最低，冬季最高，冬季比夏季高约 10 毫米水银柱；春秋两季血压平稳。人的生理活力夏季最旺，冬季最低，春秋两季表现一般，但大脑清醒度冬季却最高，其次为春秋两季，最后为夏季。我国心理学家统计表明，北方生产效率最高时节为 3 月、4 月、5 月份和 9 月、10 月份；南方则为 2 月、3 月、4 月份和 10 月、11 月份。法国生物节律专家英佩尔统计表明，秋季是一年中的最佳季节，人的工作能力最强。这一结果主要与天高云淡，气候适宜，万物葱茏，山明水秀，风清气爽，空气中的负氧离子较多有关。美国生物学家哈尔贝尔研究证实，冬季人的生命活力、工作效率最低，死亡人数最多。当然，这与温度低下、万物萧条、空气不良、环境不佳等相联系。一般说来，温度 13～23℃，通风透光、空气清新、负氧离子多，环境无异味、烟尘、噪声、辐射等污染，色调白、绿、蓝、红为主，人的生理心理活动绩效最高。

一年生理心理节律符合法主张，按照最少投入、消耗，最大价值效益的宗旨，根据人在一年中不同季节月份的生理心理节律特点，最合理高效地安排学习、工作和生活。在我国，尤其应将高、精、尖的认知、科研、生产、管理项目，安排在 3 月、4 月、5 月、9 月、10 月份；一般项目放在 2 月、11 月份；难度小、要求低的项目，放在 1 月、6 月、7 月、8 月、12 月份完成。

（4）一生生理心理节律符合法

一生生理心理节律符合法，指的是根据人从出生到去世的各个不同时期的生理心理节律特点，最正确科学地安排学习、工作和生活的方法。它既是人的一天生理心理节律符合法，周、月生理心理节律符合法，一年生理心理节律符合法的综合运用和延展，又具有自身特定的内涵属性。

科学家研究发现，女性从 10 岁、男性从 11 岁开始，每 3 年为一个小生理节律（小生物节律）变化周期。人的心理节律（精神节律）6年为一个周期。由此而出现的女性和男性生理心理节律节点分别为6岁、7岁，12岁、13岁，18岁、19岁，24岁、25岁，30岁、31岁，36岁、37岁，42岁、43岁，48岁、49岁，54岁、55岁，60岁、61岁，66岁、67岁，72岁、73岁，78岁、79岁，84岁、85岁，90岁、91岁，96岁、97岁等。在这些节点年岁，特别是中前期节点年岁，人的生理和"精神生命"逐级"得到强化"；而在其中后期节点年岁，人的生理和"精神生命"则逐步降级弱化。人的大生理节律（大生物节律）变化周期，则为13年。25岁后，每隔13年未来生命的能量储备就减少一些。①

美国20世纪心理学家麦尔斯（Miles）研究表明，人的不同能力的平均发展水平与年龄关系有以下相关特点：人的知觉能力10~17岁最高，记忆能力18~29岁最强，比较和判断能力30~49岁最佳，一般在此前后较低。② 心理学家一致认为，0~35岁是最佳学习时间，25~45岁是最佳创业时间。20世纪中叶，美国当代学者莱曼研究了几千名科学家、艺术家和文学家，发现25~45岁是发明创造的最佳年龄区间。人的智力，35岁左右总体达到巅峰，且保持10年左右的平顶，此后虽然记忆力、反应速度、工作效率开始稍有下降，但是其知识经验能力、概括抽象能力、系统分析能力、综合判断能力、组合创新能力、稳健推进能力，以至辩证认知能力、语言表达能力、理性行为能力却会不断上升。这些宝贵智力要素功能，45岁左右达到第二个高峰，55岁左右达到第三个高峰，65岁左右达到第四个高峰，75岁左右达到第五个高峰，85岁左右达到第六个高峰。③

一生生理心理节律符合法强调，在最少投入消耗、最大价值效益的

---

① 李光伟编著：《时间管理的艺术》，甘肃人民出版社1987年版，第82页等。
② 叶奕乾等编著：《图解心理学》，江西人民出版社1982年版，第349、350页。
③ 李孝忠著：《能力心理学》，陕西人民教育出版社1985年版，第161、163页；［日］长谷川和夫等主编：《老年心理学》，车文博译，黑龙江人民出版社1985年版，第86、38页；［美］琼·依·莱尔德语：《智力种种》，《人才》1983年第1期。

最优化前提下，依据人的各个年龄阶段的不同生理心理特点，尤其是本专业发明创造的最佳年龄特点，最正确科学地安排自己一生的学习、工作和生活，力求不失时机地抓住各种发明创造的最佳年龄，充分开发与利用自己所处的各个不同年龄阶段的优势资源，最大限度地提升自己的各种技能，创造自己光辉的一生。

需要注意的是，周、月生理心理节律符合法，一年生理心理节律符合法，一生生理心理节律符合法，与一天生理心理节律符合法一样，都不是一成不变的。它们除受出生时间、性别、年龄、情绪、健康状况的影响之外，还受观念、心态、性格、旨趣、爱好、作息时间、空间位置、活动环境、各种机遇，以及所属民族、生活习惯、文化传统、社会背景等因素的影响，随这些因素的变化而变化。因而，各种形式的生理心理节律符合法，应结合具体情况灵活运用。同时，这些生理心理节律符合法之间，既相互独立、相互区别，又在某些方面、一定程度，相互重合、相互交叉、相互渗透，在一定条件下相互转化，形成一个有机整体，对人的生理心理共同发挥作用。生理心理节律符合法，既要合乎各部分生理心理节律的要求，更要服从总体生理心理节律的需要。当部分与整体发生矛盾时，部分应当服从整体，力求整体价值效益最大化。

4. 其他人力资源开发与利用的最优化方法

其他人力资源开发与利用的最优化方法，是既与以上人力资源开发与利用的最优化方法相联系，又与它们相区别的人力资源开发与利用的最优化方法。它主要包括少年儿童、青年、中年与老年人力资源深度开发与利用的最优化方法，视力、听力、感觉力、知觉力、交往力、协作力、发明创造力、成才力等人力资源全面开发与利用的最优化方法，以及乡村、城镇和家庭、学校、社会，部门行业与国内、国际、全球人力资源广泛开发与利用的最优化方法，各种人力资源的系统整合化开发与利用的最优化方法。它要求，根据人力资源开发与利用的相应最优化原则，按照其他人力资源开发与利用的最优化需要和实际情况，对其予以最正确科学充分地开发与利用。

二、物力资源开发与利用的最优化

物力资源作为人的"无机身体"和人的延长了的"器官"，其开发与利用的最优化，堪称人力资源开发与利用的最优化的外化拓展。物力资源开发与利用的最优化，大致由物力资源开发与利用及其最优化的基本特征，物力资源开发与利用的最优化原则，物力资源开发与利用的最优化方法三个方面构成。

（一）物力资源开发与利用及其最优化的基本特征

广义物力资源，泛指自然界、人类社会的一切物质力量和源泉。它在很大程度属于无限资源。狭义物力资源，仅仅指与人类生产、生活直接相联系的物质力量和源泉。它主要涉及相关的物质资源、空间资源，尤其是生产资料、生活资料、空间大小、形状、位序、结构资源等。它在很多方面属于有限资源。物力资源具有多样性、多层次性、多功能性。有的存量无比巨大、有的存量相当有限，有的属可再生资源、有的属不可再生资源，有的为清洁安全性资源、有的为污染危险性资源，有的是高价值资源、有的是低价值资源等。马克思主张"探索整个自然界，以便发现物的新的有用属性；普遍地交换各种不同气候条件下的产品和各种不同国家的产品；采用新的方式加工自然物，以便赋予它们以新的使用价值"，"把自然科学发展到它的最高点"，"发现、创造和满足由社会本身产生的新的需要。"[1] 物力资源开发与利用的最优化，指的是根据物力资源的各种特性，运用最正确科学的方式，以最少的成本代价，获得最大的物力资源价值效益。

（二）物力资源开发与利用的最优化原则

物力资源开发与利用的最优化原则，是基于物力资源开发与利用及

---

[1] 《马克思恩格斯文集》第8卷，人民出版社2009年版，第89、90页。

其最优化的基本特征，按照相应需要和有关属性特点，进行物力资源开发与利用的最正确科学准则。它大致涉及两项内容。

1. 开源节流，清洁安全，循环增效，物尽其用

开源节流、清洁安全、循环增效、物尽其用，即对地球内外有限物力资源的适度开发、节约利用和对一切物力资源的清洁安全、无公害、循环再生、高效、节能、降耗、减排、环保化属性的最佳开发与利用。

开源节流、清洁安全、循环增效、物尽其用要求，一方面，通过多种科学方式尽可能地合理适度开发与利用现有物力资源。对于储量相当有限且高耗能、高污染的物力资源，尤其是地球天然植物、珍稀动物、煤炭、石油、天然气、各种金属矿藏、石料等生物质能资源、矿物质能资源和地下淡水资源①，予以最正确科学的有计划、有步骤、有偿性的适度开发与利用。同时，牢固树立"贪污和浪费是极大的犯罪"，坚决"反对贪污和浪费"②，严格"厉行节约"的观念③，发扬节约一粒粮、一滴水、一滴油、一两煤、一度电、一分钱的勤俭节约精神和"勤俭办一切"事业、"全面节约资源"的优良传统④，通过大张旗鼓地宣传教育和制定强力措施，全面杜绝和惩治每年高达数以万亿元以上损失的各种跑、冒、滴、漏铺张浪费现象，特别是农作物收获、储运、加工过程中15%（每年可养活1.5亿人）的浪费现象，餐桌食品15%（每年可养活1.5亿人）的浪费现象⑤（我国每年须进口5000多万吨粮食弥补缺口），秸秆焚烧、垃圾焚烧浪费现象，衣物、家具、用具、办公用品30%的浪费现象，道路、管线、设施、仪器、设备闲置不用、提前报废和随意改造浪费现象，土地长期闲置不用和大量房屋任意拆迁现象，

---

① 张瑞甫著：《社会最优化原理》，中国社会科学出版社2000年版，第357~405页。

② 《毛泽东选集》第1卷，人民出版社1991年版，第134页。

③ 《毛泽东文集》第7卷，人民出版社1999年版，第240页。

④ 分别见《毛泽东文集》第6卷，人民出版社1999年版，第447页；《习近平谈治国理政》第3卷，外文出版社2020年版，第5、367页。

⑤ 参见2020年8月19日世界粮农组织（联合国粮食和农业组织）统计资料，中央电视台2020年8月20日新闻联播节目；《农科院推算：我国每年浪费食物可养活2.5亿~3亿人》，《人民日报》2013年7月7日。

以及一切政绩工程、形象工程、重复投资、重复建设、劳民伤财、挥霍浪费现象等。

另一方面，在国家环保和国际环保部门组织的严密监控下，大力制定和实施相关节能、降耗、减排、低碳、增效、环保措施，坚决关停并转环境污染大户，改造和淘汰一切高耗能、高污染企业，通过立法、行政、司法和各种形式的领导干部问责制，环保不力一票否决制，最大限度地推进企业的节能、降耗、污染物减排达标排放乃至零排放；最大限度地延长生产链，深度开发、综合利用物质产品，使有用之物更加有用，无用之物变废为宝，让各种物力资源发挥最大效用，释放最大正能量；既还社会丽日蓝天下的"绿水青山"优良环境，又创造出物力资源开发与利用的"金山银山"最大价值效益。

2. 不断探索、发掘、拓展和利用新能源、新材料

不断探索、发掘、拓展和利用新能源、新材料，是当今世界物力资源开发与利用的最优化当务之急和未来发展大趋势。据有关专家测算，人类现有的常规能源有不少将在本世纪末枯竭或半枯竭，旧材料将有一大批被淘汰。不断探索、发掘、拓展和利用新能源、新材料，指的是在现有条件下，尽可能持续不断地探索、发掘、拓展和利用新能源、新材料，最大限度地将其用于经济社会建设。它规定，必须及时而又尽可能多地利用新技术、新设备，探索、发掘、拓展和利用新能源、新材料，尤其是利用取之不尽用之不竭而又无污染可循环再生利用的无限巨大的宇宙能，近乎无穷的太阳能，可年发电 17 亿亿度相当于全世界年用电量 100 倍的风能，高度惊人的云雨雷电能、温室气候能、海洋潮汐能，储量极大的地热能、淡水动力能、可燃冰能、核能、氢能，每年可分别产肉 4 亿吨、产肥料 50 亿吨、产生活燃气数千亿立方米的秸秆饲料化、肥料化、氨气化的植物动物微生物转化能，以及各种新型嫁接杂交农作物、无土栽培作物、有益无害的克隆产品、经济动物新品种、纳米材料、环保材料、低耗、低碳、高能、高效材料等，使新能源、新材料不断发现，应运而生、应时而用，及时替补、不断更新换代升级，发挥最

大替代递升高效增益功能，获得最大价值效益。

（三）物力资源开发与利用的最优化方法

物力资源开发与利用的最优化方法，是遵循物力资源开发与利用的最优化原则，结合具体需要和实际情况，获取物力资源最大价值效益的方法。它主要由两种方法组成。

1. 质、量、度、关节点资源开发与利用的最优化方法

任何物力资源，都有其一定的质、量、度、关节点。所谓质，即物成为它自身并区别于其他物的内在规定性。它分为本质（一级本质、二级本质、多级本质）、一般性质、个性特质。物的属性，通常是物的本质、一般性质和个性特质的对立统一。物的共性，则是物的一般性质，它决定物的个性特质或特点。物的现象，则是物的外化形式。它分为真相、假象，原本现象、折射现象、衍生现象，初级现象、高级现象、过程现象、结果现象等。物的量，就其狭义而言，是物的大小、多少、规模等可以用数量表示的规定性。① 物的度，是物保持自己质的量的界限、程度、幅度和范围。物的关节点，则是物的质变关键环节和物的度的上下限、边界点。质、量、度、关节点的变化相互影响、相互制约、互相转化。物的质变，反映着物的量变、度变和关节点的变化；物的一定量变可以引起物的质变，物的度变和关节点的变化则直接表明物的质变。人们通常所说的从有到无、从无到有、从旧质到新质的飞跃发展、旧事物的灭亡、新事物的产生，"三点确定一个平面，四点确定一个立体空间"，"点动成线、线动成面、面动成体、体动成系统"，"善不积不足以成名，恶不积不足以灭身"，"财大气粗、人贵言重，人穷志短、人微言轻"，"过度则反，不及则失"，"一夫当关，万夫莫开"，"关键时刻决胜负，紧要之处定输赢"，"画龙点睛，真龙活现"，"一着不慎，

---

① 一说物的量是标明物的规模、程度、幅度、范围，以及物的内部要素排列形式、所处方位等规定性。

满盘皆输"，"一叶障目，不见泰山"，"千头万绪抓根本，提纲挈领统全局"等，均说明质变或量变、度变、关节点变化的至关重要性。质、量、度、关节点资源开发与利用的最优化方法，即对质、量、度、关节点资源进行开发与利用的最佳方法。它要求，通过对质、量、度、关节点物力资源的正确认识，科学掌控，根据人生、社会与环境资源最少投入消耗、最大价值效益取向的规定，使物力资源的质达到最优，使物力资源的量、度、关节点达到最佳，总体达到价值效益最大化。

2. 空间形状、位序、结构资源开发与利用的最优化方法

空间形状作为狭义而言的物力形态，即空间资源的广延性、伸张性和长、宽、高三维性形态。位序、结构，即物力资源所处的方位及其排列次序、内外结合方式构成形态。空间形状、位序、结构，在规定物力资源质、量、度、关节点，以及物力资源的变化趋向，降低物力资源能量消耗，获取物力资源最大价值效益等方面，具有举足轻重的意义。世人习惯上所讲的"大小相宜""高低相适"，"形体美丑""区位优势""高位效应"，"地球虽大能撬动，秤砣虽小坠千斤"，"过河小卒顶车用"，"棋局相当在人走，博弈高下决胜负"，"不善弈者谋棋子，善弈高手规全局"，"睫在眼前犹不见"，"前后左右不一样，远近高低各不同，位变序变质量变，结构不同功效异"，运筹学中的箱包问题、存储容量问题、排队服务论等，在某些方面和一定意义则揭示出空间形状、位序、结构资源的特有功用。空间形状、位序、结构资源开发与利用的最优化方法，指的是对空间形状、位序、结构资源进行开发与利用的最佳方法。它规定，按照人生、社会与环境建设的相应诉求，结合空间形状、位序、结构资源的特点，力求以最少的投入、消耗，实现空间形状的最科学美观，内部容积的最大利用，所处方位、内外结合方式、排列次序、构成形态最精当合理，整体价值效益达到最大值。①

---

① 张瑞甫著：《社会最优化原理》，中国社会科学出版社 2000 年版，第 357~405 页。

三、财力、时间和其他资源开发与利用的最优化

财力、时间和其他资源开发与利用的最优化，可谓资源开发与利用的最优化中既直接现实，又高度整合化的资源开发与利用的最优化。它主要由财力、时间和其他资源开发与利用及其最优化的规定取向，财力、时间和其他资源开发与利用的最优化原则，财力、时间和其他资源开发与利用的最优化方法三项内容组成。

（一）财力、时间和其他资源开发与利用及其最优化的规定取向

财力资源，主要涉及财政、金融、税收政策，货币储备、印制、投放、使用，各种财政收入，各级各类财政支出等的力量和源泉。它对于维系和推进生产、流通、消费乃至整个社会发展，具有不可替代的重要作用。时间资源，即时间所具有的可开发与利用的先后顺序性、间隔性、持续性、久暂性，以及一去不复返的一维性或曰不可逆性资源。马克思说过："时间是人类发展的空间"①，"一切节约归根到底都是时间的节约"，"社会发展、社会享用和社会活动的全面性，都取决于时间的节省"，"社会必须合乎目的地分配自己的时间"。② 鲁迅先生认为"时间就是性命。无端的空耗别人的时间，其实是无异于谋财害命的。"③ 时间就是生命，时间就是效益，时间就是金钱，时间就是命令，时间就是胜利，诸如此类的观念，越来越成为人们的共识。现代科学研究表明，任何事物的产生、存续和发展、变化，都有其相应的最佳时间。不仅人的学习最佳时间是 0~35 岁，创业最佳时间是 20~45 岁；不仅新闻报道、事件真相揭秘有"黄金时间"，抢险救援有"黄金时间"；而且通常越早越好。最佳时间，往往比什么都重要。

---

① 《马克思恩格斯文集》第 3 卷，人民出版社 2009 年版，第 70 页。
② 《马克思恩格斯文集》第 8 卷，人民出版社 2009 年版，第 67 页。
③ 《鲁迅全集》第 6 卷，人民文学出版社 1981 年版，第 97 页。

　　其他资源，主要指的是人力资源、物力资源、财力资源、时间资源以外的速度、功效、信息和综合配置资源。速度资源，指的是事物发展变化进程与时间之比，即 S/T 资源。功效资源，即人力、物力、财力、时间资源投入、消耗获得的功绩效果资源。速度资源、功效资源，有其直接现实价值效益性。个人的先进落后、社会的发达与否，很大程度取决于个人和社会的前进速度与功效高低。古人常以年、月、日、时、刻计算速度、功效，今人则以亿万分之一微秒甚至无穷小量为最小时间单位计算速度、功效。信息资源，即物质和精神文化符号、信号可利用的资源。它包括信源、信道、信宿和编码、译码等资源。2016 年 4 月 19 日，习近平总书记在网络安全和信息化工作座谈会上的讲话深刻指出："从社会发展史看，人类经历了农业革命、工业革命，正在经历信息革命。农业革命增强了人类生存能力，使人类从采食捕猎走向栽种畜养，从野蛮时代走向文明社会。工业革命拓展了人类体力，以机器取代了人力，以大规模工厂化生产取代了个体工场手工生产。而信息革命则增强了人类脑力，带来生产力又一次质的飞跃"①。2018 年 8 月 21 日，习近平总书记在全国宣传思想工作会议上的讲话号召，要"使互联网这个最大变量变成事业发展的最大增量"。② 信息化社会，信息大显神通。当今的大数据、云计算、互联网、数字化，通常可以在瞬间搜寻到古今中外任何所需要的公开化信息。其他大众传媒和实验、调查、访问等，亦可获取大量实用性信息。信息化时代，给人们的学习、工作和生活带来了极大的便利，使社会的生产、生活和交往发生了前所未有的巨大变化。综合配置资源，即人力、物力、财力、时间与速度、功效、信息各种资源的优化组合资源。"不谋万世者，不足谋一时；不谋全局者，不足谋一域"③；不求最优者，必为非优所累及。综合配置资源开发与利用，作为多元多维相互影响的系统整体，既需要有大局意识、核

---

① 《人民日报》2016 年 4 月 26 日。
② 《习近平谈治国理政》第 3 卷，外文出版社 2020 年版，第 311 页。
③ （清）陈澹然：《寤言·卷二·迁都建藩议》。

心观念、长远观点，更需要有整体最优化思维、系统最优化实践；既需要分门别类资源开发与利用的最优化，又需要综合配置资源开发与利用的最优化。财力、时间和其他资源开发与利用的最优化，即财力、时间和其他资源开发与利用的最正确科学化。它旨在通过最少的成本投入、消耗，获得最大的财力、时间和其他资源价值效益。

（二）财力、时间和其他资源开发与利用的最优化原则

财力、时间和其他资源开发与利用的最优化原则，指的是根据财力、时间和其他资源开发与利用及其最优化的规定取向，按照相应需要和有关属性特点，最有效地开发与利用财力、时间和其他资源的准则。它主要包括两项内容。

1. 科学安排，最大限度地开发与利用财力资源

科学安排、最大限度地开发与利用财力资源，即各种财政收入尽可能地增多，各级各类财政支出尽可能地减少，财政、金融、税收政策尽可能地正确科学，货币储备、纸币印制投放使用最高度地合理，总体财政收支基本平衡，并且力求收入大于支出，货币储备不断增长，纸币印制投放使用与经济发展同步，与物价大体持平，财力价值效益达到最大化。

具体说来，须高度明确和完成两项基本任务。

（1）广开财源，增收节支，充分提升财力增量规模

人多力量大，财多功效高。财力只有通过大力发展和节约支出，不断积累增多，才能提升实力，形成一定数量规模，进而发挥巨大效能。广开财源、增收节支、充分提升财力增量规模，即通过积极努力，不断扩大财源，节省开支，积累财力，形成一定所需规模。它要求，一方面，既立足自力更生，紧密结合实际，增加内部财力，就地取财，自身生财，又面向外界，借助一定外援，广开外界财源，形成内外聚财合力，获得最大财力资源；另一方面，严格财力开支，尽量节约开支，防止一切财力浪费，确保一定财力资源数量储备科学增长。

（2）合理使用，力求财力发挥最大价值效益

古今中外大量科学研究和经验事实表明，不仅不同数量的财力投放效益不同，同量的财力用在不同的事项、个人、群体、地区和不同部门行业效益不尽相同，而且同量的财力在不同的时间、地点、条件下发挥的作用不同，投入结构比例不同效果不同。一般说来，由于生产、生活和人类社会是一个相互联系、互相制约的有机整体，以及受重要程度、"木桶短板效应"和需求与效益之间复杂关系的影响，同样的财力用在重大事项、贫困人员、弱势群体、落后地区、基础教育、基本建设和急需部门行业，比用在一般事项、富裕人员、强势群体、发达地区、高等教育、高端建设和非急需部门行业的效益会大得多，适时投放比滞后和超前投放作用会强得多，投入结构比例合理比投入结构比例不合理效果会高得多。合理使用、力求财力发挥最大价值效益，指的是基于财力资源开发与利用的不同属性特点，最正确科学地开发与利用财力，使之发挥最大效用。它规定，按照财力资源的投向、投量、时间、地点、条件和投入结构比例等不同属性特点，最正确科学地使用财力，并且适当向重大事项、贫困人员、弱势群体、落后地区、基础教育、基本建设和急需部门行业等倾斜，适时以最合理的结构比例财力投入，获得单位和整体最大财力价值效益。这对于重大事业，发展中的个人、群体、地区、相关部门和新兴行业等，尤为重要。

2. 尽可能地开发与利用时间和其他资源

尽可能地开发与利用时间和其他资源，指的是最大限度地开发与利用时间和速度、功效、信息与综合配置资源等其他资源。时间和速度、功效、信息与综合配置资源，在以往相当长的历史时期，除少数情况外，很少受到应有的关注。而今，时过境迁，沧桑巨变，人类已进入微秒计时、分秒必争、高速发展、功效至上的大数据、云计算、互联网、数字化时代和系统化、全球化社会。事业的成败得失，在很大程度取决于主体所具有的和实际运用的时间长短和速度快慢、功效高低、信息多少与主体所具有的系统化、全球化综合配置资源能力。

因抢占先机而捷足先登，因功效超人而全面制胜，因一条信息而改变命运，因综合配置资源能力技高一筹而影响一个人、一个团队、一个地区、一个国家前途命运的事例，早已不是危言耸听的奇闻，而是铁一般的不争事实。

尽可能地开发与利用时间和其他资源规定，按照系统论的观点和方略，一方面，充分开发与利用时间资源，争分夺秒，让时间用当所用，决不浪费一分一秒时间；并且可同时并行交叉开展的学习、工作和其他活动务必同时并行交叉进行，决不异时单独分散人为延长时间。另一方面，根据速度、功效、信息与综合配置资源等其他资源的属性特点和功能效用，尽可能地开发与利用速度、功效、信息与综合配置资源等其他资源，使其充分发挥正能量，释放最大价值效益。

（三）财力、时间和其他资源开发与利用的最优化方法

财力、时间和其他资源开发与利用的最优化方法，是按照财力、时间和其他资源开发与利用的最优化原则，结合具体需要和实际情况，以最佳方式开发与利用财力、时间和其他资源的方法。它主要由两类方法构成。

1. 财力资源开发与利用的最优化方法

财力资源开发与利用的最优化方法，即遵循财力资源开发与利用的最优化原则，结合具体需要和实际情况，最大限度地开发与利用财力资源的方法。它大致有两种形式。

（1）突出重点，兼顾一般

由于财力资源需求的不同特点，财力资源开发与利用便有了主次轻重、先后缓急之分。突出重点，兼顾一般，即彰显重点、兼顾其他各个方面，整体财力资源开发与利用收到最大价值效益。它要求，依据财力资源需求的不同特点，首先将财力资源开发与利用的对象，划分为主次轻重、先后缓急不同类型；然后，根据其不同特性，将主、重、先、急者作为重心，将次、轻、后、缓者作为一般，从而按照先主后次、先重

后轻、先急后缓的操作规程，统筹规划，全面安排，力争获得财力资源开发与利用的最大价值效益。

（2）用当其所，价值效益尽其最大化

财力资源开发与利用的最优化方法，不仅需要突出重点、兼顾一般，而且必须达到用当其所、价值效益尽其最大化。用当其所，价值效益尽其最大化，指的是财当其用，"用较少的钱办较多的事"①，甚至花相对最少的钱办相对最大最多的事，不花钱也办事并且办好事。它规定，依据财力资源供求的不同特点，因己制宜、因事制宜、因时制宜、因地制宜、因情制宜、恰如其分、用当所用，尽可能地使其发挥最大积极效用；坚决防止无计划、非理性的越位、错位、不到位滥用行为和浪费现象发生。

2. 时间和其他资源开发与利用的最优化方法

时间和其他资源开发与利用的最优化方法，即时间和速度、功效、信息与综合配置资源开发与利用的最优化方法。它指的是按照时间和其他资源开发与利用的最优化原则，结合具体需要和实际情况，以最佳方式开发与利用时间和其他资源的方法。它主张，全力做好三项工作。

其一，针对时间和速度、功效资源开发与利用的特点，争分夺秒抢时间。力求不失时机抓机遇，捷足先登求速度，全力以赴获功效，以最少的时间、最佳的时间、最快的速度、最大的功效，获得最高的时间和速度、功效价值效益。当前，我国国民尤其应坚持三个"务必"。一是务必强化时间意识，增强时间竞争感、危机感、紧迫感，在保障必要休息、放松、娱乐、身体健康和一定生活质量的前提下，杜绝一切不必要的时间浪费，敬业爱岗，奋发向上，艰苦奋斗，勇往直前，争创人生佳绩。二是务必防止消极怠工，广泛开展技能大赛、工作速度竞赛，大力提高工作速度。三是务必及时而又全面掌握和运用世界最先进的科学方法、管理方法、技术方法和创新，尤其是发现、发明、创造方法，努力

---

① 《毛泽东文集》第7卷，人民出版社1999年版，第240页。

研究、探索和运用一套最适合自己的最优化工作方法，最大限度地提高工作效率。

其二，根据信息资源开发与利用的最优化诉求，制定和实施四大方略。一是积极创造条件，最大限度地制造、搜集和传播良性信息。其中包括全方位建立健全全球大数据、云计算、互联网、数字化平台，建立健全图书报刊、广播影视、信传情报机构，以及经济、政治、文化尤其是交通、运输、邮政、电信、教育、科技、艺术、卫生、体育、服务、军事、外交资讯数字化系统；大力开展访谈、问卷、调查、实验、探索、搜集信息活动，尽可能地增加良性信息拥有量，力求正能量充沛、主旋律高昂；千方百计地及时阻断和清除各种恶性信息、垃圾信息、不良信息，尤其是虚假、诈骗、侮辱、攻击、谩骂、恐怖、色情、暴力信息；建立健全信息强效安全网、"防护墙"，防止"黑客"攻击、"病毒侵袭"，确保良性信息制造、搜集和传播畅通无阻，安全高效进行。近年来，美国网络专家斯诺登引爆，并持续在世界多国扩展的美国中央情报部门利用国际互联网仅有的 1 个主根域服务器和全球 12 个辅根域服务器有 9 个设在美国（其余 3 个分别设在英国、瑞士和日本）的特定优势条件，监视监听国际互联网信息和电话手机信息的丑闻，应倍加防范，严厉制裁。① 二是最正确科学地筛选、加工、改造信息和组合优化良性信息。其中包括将获得的信息，通过比对、鉴别、取舍、分类、加工，从而大力改造、补充、重组、升华信息等。三是最充分地利用信息。其中包括分类利用、主次利用、轻重利用、先后利用、移植利用、嫁接利用、综合利用、创新利用；大力发展"专家智库""大数据""云计算""互联网+"、数字化等新业态。四是通过国际组织、联合国，建立世界性信息网络联盟，加强国际间全球化信息交流、合作与监管，力求信息共有、资源共享、有偿使用、互利互惠，尽可能地"让信息

---

① 迄今，国际互联网已覆盖全球 200 多个国家和地区；2013 年，美国前国务卿希拉里叫嚣："跨越中国的长城，穿越中国的防火墙，美国能够到达中国的每一个角落。"

多跑路"，让人力"少跑腿"，赋予每一个良性信息以最大应用价值效益。

其三，高度重视和倾力开展综合配置资源开发与利用的最优化。综合配置资源开发与利用的最优化，重在人力、物力、财力、时间与速度、功效、信息资源各自开发与利用的最优化基础上，按照彼此之间相互协调、效能最大化的要求，通过多方面的努力，对各种资源开发与利用进行宏观最佳综合配置。对此，必须立足资源开发与利用的最优化总体，从全局需要出发，致力完成三项基本任务。一是人得其事，事适其人，人尽其能，事半功倍；即让人人都能得以从事与自己的生理、心理特点和身份、地位、职业相适应的事业，让一切事业都适合于人生、社会与环境的正当合理利益诉求，达到事半功倍的最大效果。二是物尽其用，财尽其力，时间和速度、功效、信息尽其最大效能；即让各种不同的物力、财力、时间和速度、功效、信息资源发挥最大效用，彼此得到充分开发与利用。三是统筹安排，整体价值效益最大化；即通过统一科学谋划，系统安排，彰显重点，全面兼顾，良性互动，调结构、优比例、转方式、升级换代，最高度地协调各种资源特别是人力、物力、财力、时间和速度、功效、信息资源开发与利用的最优化相互关系，使各种资源相互配合、相互支持、相互促进，使综合配置资源开发与利用实现整体价值效益最大化。

第九章　最优学的重要保障：管理、改革、开放与创新的最优化

人是社会的人，社会是人的社会。人类要生存、进步，社会要存续、发展，环境要优化、美化，必须依靠管理维持、调控，借助改革消除障碍、弊端，凭借开放互通有无、相互协作，致力创新谋求升华。无论是人生最优化、社会最优化，还是环境最优化，都离不开管理、改革、开放与创新的最优化。最优学的重要保障，无疑是管理、改革、开放与创新的最优化；管理、改革、开放与创新的最优化，为人类生存、进步，社会存续、发展，环境优化、美化，提供了不可或缺的重要保障。

一、管理的最优化

管理的最优化，是最优学重要保障的第一要务。它主要包括管理及其最优化的功能解说，管理的最优化原则，管理的最优化方法三个方面的内容。

（一）管理及其最优化的功能解说

"管理"一词，虽然出现较晚，但管理思想及其实践活动，却悠久绵长，丰富多样。

在我国，"管"字最早见于两千多年前的经典《诗经·商颂》中的

"嘒嘒管声"一语，指竹制筒状吹器；后泛指中空圆形细长之物。《庄子·秋水篇》曰："用管窥天，用锥指地也，不亦小乎？"后引申为约束、统辖等。"理"字的最初含义为玉石纹路。《荀子·儒效篇》曰："井井兮其有理也"；后指"治玉"。《韩非子·和氏篇》曰："王乃使玉人理其璞而得宝焉"；后引申为道理、法则、规律、真理、治理等。"管理"二字合为一词，是近代从西方引进的，意为基于人类与社会一定需要，对人、财、物、时间等的管辖处理。英语中的"管理"一词 Manage，最初由意大利文 Maneggiare 和法文 Manage 演变而来，意为"训练和驾驭马匹"，后被美国人率先引入管理学，泛指统辖、经营、安排、处理等；与现代汉语中的"管理"一词含义基本相同。管理的实质在于，运用最正确科学的理论、原则与方法，对人、财、物、时间等进行最有效的管辖处理。它主要包括管理目标、领导、制度、计划、组织、指挥、人事、劳动、分配、沟通、协调、控制、激励、改革、创新等。

管理思想及其实践活动，渗透于人类社会的所有向位、层面和过程：

管理自我、管理他人、管理家庭，管理学习、管理工作、管理生活，管理团队、管理国家、管理世界——管理无人不需；

主体管理、客体管理，经济管理、政治管理、文化管理、社会管理、生态管理，专项管理、公共管理、系统管理——管理无事不用；

目标管理、要素管理、结构管理、环境管理、过程管理，定性管理、定量管理，绩效管理、风险管理、危机管理（应急管理等）、机遇管理、保障管理，战略管理、战术管理，宏观管理、微观管理——管理无时不有；

领导管理、制度管理、计划管理、组织管理、人事管理、劳动管理、分配管理、沟通管理、协调管理、控制管理、激励管理、财物管理、时空管理、信息管理、动态管理、整体管理、改革管理、开放管理、发展管理、创新管理、未来管理——管理无处不在；

　　人人需要管理，事事需用管理，时时需有管理，处处需求管理。

　　而今，向管理要时间，向管理要速度，向管理要效益，早已成为全球共识。

　　管理最优化，即管理理论、原则与方法和管理实践的最佳化。其根本宗旨在于，以最少的人力、物力、财力、时间投入、消耗，获得最大的管理价值效益。管理最优化不仅对于管理本身，而且对于整个人生、社会与环境最优化都有不可或缺的价值作用。[①]

　　（二）管理的最优化原则

　　管理的最优化原则，即根据管理及其最优化的功能解说，按照相应需要和有关属性特点，所建树的管理最佳准则。依据现代管理的多元职能，它主要涉及七项原则。

　　1. 目标明确可行，措施保障有力

　　管理目标，是管理所要达到的目的界标。它具有多层次、多向位、多阶段的特点。管理目标的确立，堪称管理最优化的首要任务。西方当代贸易管理巨头 J. C. 宾尼指出："一个心中有目标"的"人"，"会成为创造历史的伟人；一个心中没有目标的人，只能是个平凡的职员"。[②]

---

① 张瑞甫：《管理职能的通用最优化方略论析》，《北京大学学报》（哲学社会科学版）2007年10月专刊；张瑞甫、李明远、张倩伟：《科学管理是定性与定量有机整合的过程》，《人民日报》2005年5月23日；张瑞甫、张倩伟：《定性管理与定量管理最优化的优缺点及其互补整合》，《国际教育周刊》2007年第3期；张瑞甫、张倩伟、张乾坤：《现代管理最优化理论与儒家相关思想及其内在联系》，《第四届世界儒学大会学术论文集》，国家文化部、山东省人民政府2011年9月主办。

② 田缘、张弘主编：《安东尼·罗宾潜能成功学》下册，经济日报出版社1997年版，第645页。

无论是个人管理，还是组织管理、社会管理、环境管理，都是这样。美国摩托罗拉公司为降低费用，提高利润，曾向员工提出电话机生产差错率小于十万分之一的管理目标；结果仅 1988 年 1 年，就节约 2.5 亿美元的返工修复费用。① 我国"文化大革命"时期，错误地将社会发展管理目标定位于"以阶级斗争为纲"，实行无产阶级对资产阶级的"全面专政"；结果，暴殄天物，毁坏文明，导致众多国计民生大业走向衰落，不少方面一败涂地。改革开放、拨乱反正以后，将社会发展管理目标矫正为"以人为本"，"以经济建设为中心"，"统筹兼顾"，"全面建成小康社会、全面深化改革、全面依法治国、全面从严治党"，实现"人的全面发展"和"经济建设、政治建设、文化建设、社会建设、生态文明建设"五位一体，"创新、协调、绿色、开放、共享"发展，"全面协调可持续"又好又快的科学发展的社会发展管理目标，从而营造出富强文明、风清气正、欣欣向荣、国泰民安的"小康"社会盛世景象。管理措施，则是实现管理目标的方针、政策、举措。

目标明确可行，即管理所要达到的各级各类目的界标高度准确无误，并且切合实际，便于操作，科学可行。措施保障有力，指的是实现管理目标的各项方针、政策、举措保障科学有力，富有成效。目标明确可行、措施保障有力要求，管理目标尽可能的明确而又切实可行，管理措施保障最大限度的强力高效，为获得管理最大价值效益提供前提依据，力求宏观战略管理波澜壮阔，微观战术管理无微不至，整体管理所向披靡。

2. 管理人员精干，组织结构健全

管理人员，即参与管理的各级各类人员。他们是管理的主体，是以一当十、当百甚至更多的"关键少数"②；包括管理领导者和一般管理者。通常可分为高层管理人员、中层管理人员、基层管理人员。现代管

---

① 田缘、张弘主编：《安东尼·罗宾潜能成功学》下册，经济日报出版社 1997 年版，第641、642 页。

② 《习近平谈治国理政》第 2 卷，外文出版社 2017 年版，第 126 页。

理理论认为，在一般情况下，管理人员的层级单元数量，高层 7~9 人为最佳，中层单元 5~7 人为最佳，基层单元 3~5 人为最佳。管理人员的最佳管理幅度，高层以人均直接和间接管理 54~135 人（中层和基层领导）为最佳，中层以人均直接管理 18~45 人（基层领导）为最佳，基层以人均直接管理 6~15 人（员工）为最佳。管理人员的管理形式，通常是条块结合，垂直管理与水平管理（同级穿插分工管理等）相统一，分工与协作相配合；既各负其责，各司其职，工作到位，不缺位、不错位、不越位，又整体一盘棋，相互协调，相互配合，相互支持。坚决防止工作缺位、错位、越位、不到位，甚至以权谋私，胡作非为。防止《周易·系辞下》所揭示的"三人行则损一人，一人行则得其友"，先秦思想家老子所说的"损不足以奉有余"① 现象发生。同时，还应适当兼顾管理人员职权的一定灵活性，赋予下级人员"将在外，君命有所不受"② 的自主机动权。管理人员的精干与否，对于管理绩效至关重要。我国社会广为流传的"群雁高飞头雁领"，"上梁不正下梁歪，下梁一歪倒下来"，"兵熊熊一个，将熊熊一窝"，"村看村，户看户，群众看干部"，"干部干部，先干一步"，"干部带了头，群众有劲头"等民谚歌谣，便是典型的写照。组织结构，是管理部门单位的组成机制和结合方式，是管理的骨骼和脉络。它大致有"金字塔"式、扁平式和交叉综合式 3 种形态。"金字塔"式管理组织结构，是高层管理人员和管理对象最少、中层管理人员和管理对象一般、基层管理人员和管理对象最多，像金字塔那样，由最尖端到中间一般再到宽大底部，层次级别分明、上下垂直的管理组织结构形式。扁平式管理组织结构，是由若干管理人员与管理对象组织构成的层次级别并列、地位同等的水平型管理组织结构形式。交叉综合式管理组织结构，是"金字塔"式管理组织结构和扁平式管理组织结构的合二为一。"金字塔"式管理组织结构与扁

---

① 《老子·道德经》第七十七章。
② 《孙子兵法·九变》等。

平式管理组织结构，二者各有优缺点。"金字塔"式管理组织结构的优点，是便于集中，管理高效，决策一旦确定便可雷厉风行，贯彻到底；缺点是缺乏集思广益，易于独裁专制，且一旦出现错误难以迅速纠正。扁平式管理组织结构的优点，是利于发扬民主，群策群力；缺点是容易造成相互推诿、互相扯皮、互相纠结，降低管理效能。交叉综合式管理组织结构，作为"金字塔"式管理组织结构和扁平式管理组织结构二者的结合体，搞好了，将会对二者取长补短，属典型的最佳管理组织结构形式；搞不好，将会对二者的缺点集于一身，成为最劣管理组织结构形态。

管理人员精干，即管理人员精明强干；组织结构健全，指的是管理组织的构成健康全面。它规定，必须致力做好两项工作。

第一，管理人员尽可能的精明强干。

具体说来，它包括四个方面的内容。

第一方面，严把管理人员准入关。通过制定科学统一标准和合理程式，采取高标准、严要求、硬规定，公平、公正、公开，自荐与民主推荐相结合，"海选"与差额选举相并举，直选与委任相统一，层层考试，级级演说，一一选拔。我国唐代曾以"四善二十七最"作为官吏考试录用标准。"四善，一曰德义存闻，二曰清慎名著，三曰公平可称，四曰恪勤匪懈。""二十七最"，即"近侍之最""选司之最""考校之最""礼官之最""乐官之最""判事之最""宿卫之最""都领之最""法官之最""校正之最""室纳之最""学官之最""将军之最""政教之最""文史之最""纠正之最""句检之最""监掌之最""役使之最""屯官之最""仓库之最""历官之最""方术之最""关津之最""市司之最""牧官之最""镇防之最"。[①]"四善二十七最"，虽然极难有人一一达到，但多多益善，"最"多最好。我国目前多以"年轻化、知识化、专业化、革命化"四化，"德、能、勤、绩、廉"五佳，为管

---

① 《文献通考》卷三十九。

理人员选拔任用基本准则，以一年一度的各级各类公务员考试为干部选拔任用主要途径，以群众推荐、上级考察、综合评定、媒体公示为领导干部选拔任用既定方式。这些虽非尽善尽美，但却蕴含一些管理最优化元素。

第二方面，坚持老、中、青三结合，以中年为主；男女相结合，男女参半；高学历、高职称专家学者型与基层经验丰富实干型相结合，二者对等；坚持不同风格、不同专业特长人员相配合，使之彼此优势互补，相互助力。

第三方面，根据三国时代诸葛亮提出的"因人择官者乱，为官择人者治"理论①，因岗用人、因人上岗，职责明确、责任到人，分工协作、分工不分家、相互一体化，力求管理人员发挥最佳作用，获得最大管理价值效益。

第四方面，加强监督检查，定期述职考核，按期换届选举，适当进行干部调整，轮岗交流、竞争上岗、提职晋升、平移转岗、异地调任、依规退出、能上能下、能官能民，不断改革、完善、提升管理用人方式。

第二，管理组织结构最大限度地健全。

该项规定重在管理组织机构尽可能地健康全面，既不残缺不全、功能缺失，需要补充完善，又不臃肿累赘、混乱无序，需要"瘦身"调理；而是各个组成部分既构成俱全、恰如其分，又协调一致、功能巨大；做到"金字塔"式上下一体垂直管理到底，扁平式前后左右水平管理到边，交叉综合式立体管理到位，且能确保集前两者的优点于一身，系统整体管理高度和谐，管理幅度、层级、质量、数量达到最佳，管理组织结构发挥最大价值效益。

当前，我国管理组织结构亟待消除的突出弊端，仍然是一些部门和单位机构臃肿，人浮于事；政事不分，政企不分，事企不分，相互纠

---

① （三国）诸葛亮：《将之器》。

缠，能量空耗；民主法治不足，集中统一有余；组织形式落后，机构运转不力；官僚主义、形式主义、享乐主义、奢靡之风时有发生，整体效率不高等。对此，应按照管理组织结构最优化要求，尽快予以纠正。

3. 规章制度严明，决策计划科学

规章制度，即为达到一定目标特别是管理目标而制定的警示人们的规约、纪律、章程、法度。孟子认为"规矩，方圆之至也；圣人，人伦之至也""不以规矩，不能成方圆""徒善不足以为政，徒法不能自行"，不以"仁政"与严明的规章制度、科学的决策计划为保障，"不能平治天下"。① 唐代诗人杜荀鹤的《泾溪》一诗警示人们："泾溪石险人兢慎，终岁不闻倾覆人。却是平流无石处，时时闻说有沉沦。"习近平总书记强调："小智治事，中智治人，大智立法。"② 古希腊著名思想家亚里士多德主张，对于社会生活"最好的办法，就是形成一个关于公共原则的正确的制度"；而"法是国家公民相互进行裁决的一个公约"，"法律是没有感情的智慧"。③ 马克思主义则认为，"制度问题"至关重要，必须"高度重视"。④ 现代科学管理理论认为，规章制度的设计制定和贯彻落实，前提宗旨是"科学合理"，具体执行是"挺在前面"，主观要求是"自觉自信"、坚定不移，完善方式是"因情制宜"、保障有力、与时俱进，最高目标是成本最少、收益最大。古代圣贤强调："令者，言最贵者也；法者，事最适者也。言无二贵，法不两立"，主张"法不阿贵，绳不挠曲"⑤，王子犯法与庶民同罪；如果"不法法，则事毋常；法不法，则令不行"⑥，认为立法必须严肃认真，公平、公正、公开、合理，法律面前人人平等；倘若立法不当，有法不依，执法

① 《孟子·离娄上》。
② 中共中央文献研究室编：《习近平关于社会主义政治建设论述摘编》，中央文献出版社2017年版，第85页。
③ 亚里士多德：《政治学·法律》，参见金明华主编：《世界名言大词典》，长春出版社1991年版，第762页。
④ 《邓小平文选》第2卷，人民出版社1994年版，第333页。
⑤ 《韩非子·问辩、二柄》。
⑥ 《管子·法法》。

不严，违法不究，则办事不力；立法过宽，把不该立法的法律化，则法不治众，有令不行；立法过窄，则法外不治，收效甚微。司法与立法同样重要。西方法学中有一个著名案例，讲的是，19世纪德国普鲁士时期的国王威廉一世，在距离首都柏林不远的波茨坦市修建了一座行宫。一次，他在行宫登高远眺波茨坦市景全貌，不料视线被紧挨着宫殿的一座磨坊挡住。如此不合时宜的"违章建筑"，让这位国王大为扫兴。他想以一种和平公正的方式解决。于是派人前去与磨坊主人协商，希望能够买下这座磨坊然后把它拆掉。不料，无论怎样晓之以理，动之以情，许之高价，磨坊主人硬是不卖。而这里却是国家的门面。100多年后，"二战"结束，闻名世界的波茨坦公告，就在这里签订。威廉一世一怒之下，派警卫员索性直接把磨坊拆除。没想到第二天，这位磨坊主居然一纸诉状把国王告上法庭。地方法院竟然以法为重，无视皇权，判决国王败诉，责令国王立即把磨坊"恢复原状"。国法至上，公民一律平等；国王只好服从判决。后来，威廉一世和磨坊主相继过世。小磨坊主人想把磨坊卖掉，于是给威廉二世写信表达意愿。可是，没想到国王回信却写道："我亲爱的邻居……你说你要把磨坊卖掉，朕以为切切不可。毕竟这间磨坊已经成为我德国司法独立之象征，理当世世代代保留在你家的名下。至于你的经济困难，我派人送3000马克，请务必收下。如果你不好意思收取，就算我借给你的，解决你一时之急——你的邻居威廉二世。"至今，那个见证和象征德国司法独立的磨坊，像纪念碑一样仍然屹立在德国的波茨坦市区。它向世人昭示着国家法律作为公民意志的集中体现，应当永远大于任何权力这样一条真理。国家法律是这样，规章制度在其有效范围内也应当如此。决策计划，是为实现一定目标而做出的决定、策略、筹计和规划。它既是规章制度的具体展开，又是规章制度的执行保证。古代国家推行的"食客""幕僚""朝议""运筹于帷幄之中，决胜于千里之外"的决策计划制度，现代国家采用的"众议制""参议制"议会制度，人民代表大会制度、政治协商制度、政策研究室、参事室、高端智库、智囊团意见建议，以及各种凭借专家悉心论证、集思广益开展的科学管理、管理系统工程等，均不同程度地为决策计划打下坚实的基础。

规章制度严明，即管理所制定和实行的规约、纪律、章程、法度高度严谨明确。决策计划科学，指的是管理所作出的决定、策略、筹计和规划正确无误。规章制度严明、决策计划科学主张，依据最佳管理目标需要，结合自身相关诉求和实际特点，使制定和实行的各项规章制度，最大限度地严格明确、无懈可击，尤其是"顶层"规章制度"设计"制定和系统规章制度设计制定万无一失，便于安排操作；决策计划尽可能地合理高效。对于后者，应充分致力于三项任务：一是广泛搜集整理相关信息，深入开展调查研究，充分占有和利用决策计划资源；二是坚持从下到上、从上到下的民主集中制决策计划准则，高度解读和吸纳明代贤相著名行政管理学家张居正提出的"天下之事，虑之贵详，行之贵力，谋在于众，断在于独"，集思广益，励精图治，议事当广其谋，任事宜专其职的宝贵决策计划理念、经验；[①]三是充分运用现代管理科学、运筹学、系统论、未来学的决策计划科学方略，实行定性决策计划与定量决策计划相结合，确保决策计划最高度的科学化。

4. 领导指挥高超，用人分工适当

领导（Leader 或 Leaing），有名词和动词两种含义。其名词含义为组织活动的引领导向者或曰管理者；动词含义为引领导向组织活动或曰管理活动。《后汉书·淮阴侯列传》将高级领导视为将帅，认为"能领者谓之将也，能将将者为之帅也"。法国著名军事家拿破仑认为，领导决定组织活动的成败得失，如同狮羊之战："一头狮子率领的一群绵羊，能战胜一头绵羊率领的一群狮子。"美国前总统尼克松在其所撰著的《领导者》一书中指出："伟大的领导是一种特有的艺术形式，既需要超群的力量，又需要非凡的想象力。尽管领导需要有技术，但领导远

---

① （明）张居正：《张太岳集·陈六事疏》。

远不是有技术就行。就某种意义来说，管理好比写散文，领导好比写诗。在很大程度上，领袖（领导者）办事必然是靠符号——形象，以及成为历史动力的、能启发觉悟的思想。人们可以被道理说服，但要用感情来感化；领袖（领导者）必须既能说服人们，又能感动人们。管理者考虑的是今天和明天，领袖（领导者）必须考虑后天。管理代表一个过程，领袖（领导者）代表历史的方向。因此，一个没有管理对象的经理就不成其为管理者；但是，一个领袖（领导者）即使失去了权力，也能对其追随者发号施令。"① 领导作为首领，是管理者和被管理者的统帅，是组织活动的最高决策指挥者。

用人分工，重在知人善任，用当其所，人尽其能。对此，古今中外积累了十分丰富而又宝贵的可资借鉴的经验。现撷英萃取如下。

"蛟龙得水而后立其神，人主得民而后成其威"；"以天下之目视，则无不见也；以天下之耳听，则无不闻也；以天下之心虑，则无不知也"。

————春秋管理学家管子：《管子·形势解、九守》。

"仁者能好人，能恶人"；"可与共学，未可与适道；可与适道，未可与立；可与立，未可与权"。

————世界文化名人孔子：《论语·里仁、子罕》。

"日月不高，则光辉不赫"；"君者舟也，庶者水也；水则载舟，水则覆舟"；"君人者隆礼尊贤而王，重法爱民而霸，好利多诈而危，权谋倾覆幽险而尽亡"；"主道知人，臣道知事"；"德以叙位，能以授官"；"人之所欲生，甚矣：人之所恶死，甚矣"，"兵不血刃，远近来服，德胜于此，施及四极"；"君子役物，小人役于物"，"两贵不能相事，两贱不能相使"，"时用则强，不用则亡"。

————战国思想家荀子：《荀子·天论、王制、大略、成相、正名、议兵、修身、致士、赋》。

---

① 杨文士、张雁主编：《管理学原理》，中国人民大学出版社 2004 年第 2 版，第 235 页。

"善用人者，必循天顺人而明赏罚"；"明主之吏，宰相必起于州部，猛将必发于卒伍"。

　　　　　　　　——战国思想家韩非子：《韩非子·用人、显学》。

"运筹帷幄之中，决胜千里之外，吾不如子房；镇国家，抚百姓，给饷馈，不绝粮道，吾不如萧何；连百万之众战必胜，攻必取，吾不如韩信。三人皆人杰，吾能用之，此吾所以取天下者也。"

　　　　　　　　——汉武帝刘邦；参见何奇等编：《中外古今管理思想选粹》，

企业管理出版社 1987 年版，第 256 页。

"木秀于林，风必摧之；堆出于岸，流必湍之；行高于人，众必非之。"

　　　　　　　　——三国魏国学者李康：《命运论》。

"世必有非常之人，然后有非常之事；有非常之事，然后有非常之功"；"论大功者，不录小过；举大善者，不疵细瑕"。

　　　　　　　　——汉代史学家班固：《汉书·司马相如传下、陈汤传》。

"聪者听于无声，明者见于未形"；"浴不必江海，要之去垢；马不必麒麟，要之善走"。

　　　　　　　　——汉代史学家司马迁：《史记·淮南衡山列传、外戚世家》。

"智莫大于知人"，"有大略者不可责以捷巧，有小智者不可任以大功"。

　　　　　　　　——西汉淮南王刘安主编：《淮南子·泰族训、主术训》。

"聋者目善视，瞽者耳善闻；缺一须专一，用志斯不分。"

　　　　　　　　——五代南汉帝王刘岩：《病中杂诗》。

"导师失路，则迷者众。"

　　　　　　　　——南朝学者朱昭之：《难顾道士夷夏论并书》。

"厉直刚毅，材在矫正，失在激讦。柔顺安恕，每在宽容，失在少决。雄悍杰健，任在胆烈，失在多忌。精良畏慎，善在恭谨，失在多疑。强楷坚劲，用在桢干，失在专固。论辩理绎，能在释结，失在流宕。普博周给，弘在履裕，失在溷浊。清介廉洁，节在俭固，失在拘扃。休动

387

磊落，业在攀跻，失在疏越。沉静机密，精在玄微，失在迟缓。朴露径尽，质在中诚，失在不微。多智韬情，权在谲略，失在依违。"

——魏晋学者刘劭：《人物志·体别》。

"善用人者，能使方者为方，圆者为圆，各任其所能。人安其性，不责万民以工倕之巧，故众技以不相能似拙，而天下皆自能，则大巧矣。"

——西晋学者郭象：《庄子注》。

"得人者昌，失人者亡。"

——唐代学者李观：《项籍碑铭序》。

"劳者歌其事，乐者舞其功。"

——唐代文学家嵇康：《声无哀乐论》。

"人之才行，自昔罕全。苟有所长，必有所短。若录长补短，则天下无不用之人；若贵短舍长，则天下无不弃之士"；"讷讷寡言者未必愚，喋喋利口者未必智；鄙朴忤逆者未必悖，承顺惬意者未必忠"。

——唐代学者陆贽：《陆宣公集》卷十七。

"十羊九牧，其事难成；一国三公，事从焉在？""善为天下者，计大而不计小。"

——唐代学者张昭远；《旧唐书·陈子昂传、刘子玄传》。

"营大者，不计小名；图远者，弗苟近利。"

——唐代学者李延寿：《北史·太武五王卷》。

"因其材以取之，审其能以任之；用其所长，掩其所短。"

——唐代学者吴兢：《贞观政要·择官》。

"简能而任之，择善而从之，则智者尽其谋，勇者竭其力，仁者播其惠，信者效其忠；文武并用，垂拱而治。"

——唐代政治家魏征：《谏太宗十思疏》。

"天下之患，不患材之不众，患上之人不欲其众；不欲士之不欲为，患上之人不使其为也。"

——北宋政治家王安石：《材论》。

"君子挟才以为善，小人挟才以为恶"，"与其得小人，不若得愚人"；"然变也尝为吏……圣人之官（管）人，尤匠之用木也，取其所长，弃其所短。故枙梓连抱而有数尺之朽，而良工不弃"。

——北宋史学家司马光：《资治通鉴》周纪一。

"人各有才，才各有大小。大者安其大而无忽于小，小者乐其小而无暴于大。是以各适其用而不丧其所长。"

——北宋文学家苏轼：《应制举上两制书》。

"各因其才而尽其力，以求至微至密之地。"

——北宋文学家苏辙：《上两制诸公书》。

"救乱之世不语儒，求治之世不语战。"

——宋代学者宋祁：《杂说》。

"事无全利，亦无全害，人有所长，亦有所短，要在权利害之多寡，酌长短之所宜，委任责成，庶克有济"；"名实之不核，拣择之不精"，"牛骥以并驾而俱疲，工拙以混吹而莫辨"，"毁誉失实……事何由举？""世不患无才，患无用之之道，如得其道则举天下之士，唯上之所欲为无不应者"。

——明代政治家张居正：《张太岳集·陈六事疏》。

"学术者，人才之本也；人才者，政事之本也；政事者，民命之本也。无学术则无人才，无人才则无政事，无政事则无民命。"

——清代学者颜元：《习斋记余》卷三。

"创业要找最适合的人，不一定要找最成功的人"；"不能统一人的思想，但可以统一人的目标"；"放弃才是最大的失败"。

——中国电子商务创始人马云："马云百度百科"。

"良将用兵，能用其所长；织工织布，能尽善尽美，推及百工，都能如此。"

——古希腊思想家亚里士多德：《伦理学》。

"须量才任事。如勇敢的人可派他去争辩；巧言的人可派他去劝诱；机警的人可派他去探询观察；冒失荒唐的人可派他去办那些不免稍亏于理的事务。"

>　　　——英国 17 世纪思想家弗兰西斯·培根:《培根论说文集》,
>　　　商务印书馆 1983 年版, 第 173 页。

"你可以接管我的工厂, 烧掉我的厂房, 但只要留下我的那些人, 我就可以重建国际商用机器公司。"

>　　　——美国当代著名企业家、国际商用公司创建人沃特蒙;
>　　　参见何奇等编:《中外古今管理思想选粹》, 企业
>　　　管理出版社 1987 年版, 第 177 页。

"将我所有的工厂、设备、市场、资金全夺去, 但只要保留我的组织人员, 四年之后, 我仍将是一个钢铁大王。"

>　　　——美国当代著名企业家、钢铁大王卡内基; 参见何奇等编:
>　　　《中外古今管理思想选粹》, 企业管理出版社 1987 年版,
>　　　第 177~178 页。

"一个人只有处在最佳能发挥其才能的岗位上, 他才会干得最好。"

>　——英国当代著名管理学家罗杰·福尔克; 参见何奇等编:《中外古今
>　　管理思想选粹》, 企业管理出版社 1987 年版, 第 257 页。

"世界上最聪明的人, 就是懂得使用聪明人的人, 使世界上的知识为我所用。"

>　　　——日本当代著名企业家扇谷正造、本明宽; 参见金明华主编:
>　　　《世界名言大词典》, 长春出版社 1991 年版, 第 464 页。

"人才的组合正是人类微妙之处。如果是机器, 一加一必定是等于二; 但是, 人的组合如果得当, 一加一往往会变成三甚至五, 反之, 可能是零甚至得到负效果。"

>　　　——日本当代著名企业家松下幸之助; 参见何奇等编:《中外古今
>　　　管理思想选粹》, 企业管理出版社 1987 年版, 第 257 页。

而今, 卓越管理者则制定出全面测试、考核人才"德、能、勤、绩、廉", 以及生理、心理特长的方案。国家公务员考试, 从内容到形

式均收到了良好的预期效果。①

领导指挥高超，即领导者指挥组织活动、实现组织目标的才能和艺术，高度科学、超凡脱俗。用人分工适当，指的是根据职位需要和相关人员特点，对其进行适当分工，使之充分发挥积极能动性。习近平总书记提出："用人导向最重要、最根本、也最管用。""有权就有责，权责要对等"，"做到法定职权必须为，法无授权不可为"，"总揽不包揽、分工不分家、放手不撒手"。② 管理的主要任务，在于用人分工适当。

领导指挥高超、用人分工适当强调，一方面，领导者必须具有道德家的情怀、战略家的头脑、旅行家的目光、工程师的技艺、实干家的毅力、健全人格的风范。另一方面，用人必须在知人善任的前提下，使各种不同职位所需人员，各就其位，各司其职，各尽所能。"奴才好用不中用，人才难用却有用。"用人分工适当，既要善用呼风唤雨、叱咤风云、神通广大而又难以驾驭、功高震主的"孙悟空式"的人物，又要善用忠贞不渝、能力一般的"沙僧式"的人物，必要时还要善用忠于职守、满腹经纶、心慈手软而又是非不辨的"唐僧式"的人物，甚至善用形象丑陋、好吃懒做、意动神摇、乏德少才的"猪八戒式"的人物。用人制度的设计制定和具体安排实施，要力避叶公好龙、形式主义、有才不用、大材小用、"乱点人才谱"和"武大郎开店"嫉贤妒能，以及"引进之前是人才，引进之后是奴才"的滥作为不道德现象发生；防止"新办法不会用、老办法不管用、硬办法不敢用、软办法不顶用、歪办法不能用"的庸才尸位素餐，混天了日，无所事事。要以识才慧眼、爱才诚意、用才胆识、容才雅量、聚才良方，延揽各类人才，汇聚各地人才，尽可能做到人适其位，用当其所，人尽其才，位合其人，分工恰当，职位发挥最大效能，达到优势互补，整体价值效益最大化。

---

① 张瑞甫、张倩伟、张乾坤著：《人生最优学新论》，人民出版社 2015 年版，第 245～246 页。

② 分别见《习近平谈治国理政》第 2 卷，外文出版社 2017 年版，第 128、164、147 页。

5. 处事待物妥善，劳动分配合理

事在人为，物在人用；劳动是创造财富之父，事务是创造财富之母。处事待物是否妥善，劳动成果分配是否合乎情理，直接影响到劳动积极性和劳动绩效的有无与高低。先秦思想家慎到曾作出过这样的表述："一兔走，百人逐之，非一兔足为百人分也，由未定……积兔满市，行者不顾，非不欲兔也；分已定矣。分已定，人虽鄙不争。"① 改革开放初期，邓小平则指出："不讲多劳多得，不重视物质利益""对少数人可以，对广大群众不行""如果只讲牺牲精神，不讲物质利益，那就是唯心论"。② 18 世纪法国著名法学家孟德斯鸠指出：由于人的利己本性，"一切有权力的人都容易滥用权力，这是万古不易的一条经验。有权力的人们使用权力一直到遇有界限的地方才休止"。③

西方管理学中有一个公平分配蛋糕的故事。故事说的是，有 7 个人要公平分配 1 块有限的大蛋糕。

方案 1：让其中的任何一个人分配。结果分配者总是自己分配的最大，其他人分配的较小。

方案 2：大家轮流分配。结果虽然能够保证每人分配权利的公平，但每人却有 6 天挨饿。

方案 3：大家选举一个信得过的人分配。结果这个人开始还能基本公平，但却不能持之以恒。

方案 4：选举一个分配监督委员会监督制约。结果虽然能够做到基本公平，可是由于监督委员会经常发生争议，意见分歧，从而影响分配效率。

方案 5：每个人轮流分配，并且相互监督制约，分配者最后一个领取。结果不仅每个人都拥有和行使了平等的分配权力，付出同样的分配劳动量，而且分配的蛋糕质量数量最为公平。

---

① 《慎子·佚文》。
② 《邓小平文选》第 2 卷，人民出版社 1994 年版，第 146 页。
③ ［法］孟德斯鸠著：《论法的精神》，彭盛译，当代世界出版社 2008 年版，第 76 页。

　　由于在人性论和道德文化取向上的差异，无疑，中国人更倾向采取方案3，即大家选举一个信得过的人分配；西方人则倡导方案4，即选举一个分配监督委员会监督制约。显然，中西方人的分配方案，都各有利弊，只有取长补短，才能相得益彰。只有采取方案5，即每个人轮流分配，并且相互监督制约，分配者最后一个领取，才能保障分配达到并且永久保持最公平合理。

　　处事待物妥善，即处理和对待事物妥当，合乎一定利益诉求。劳动分配合理，就其狭义而言，仅仅指劳动成果的分配合乎情理。处事待物妥善、劳动分配合理要求，一方面，一切从自身和社会利益最大化出发，具体事物具体分析，具体事物具体对待，尽可能使事物对人生、社会与环境发挥最大积极效用；另一方面，牢牢坚持和全面深入贯彻落实按劳分配为主、其他分配形式为辅的效率优先、兼顾公平的劳动分配制度，并且在区别体力劳动与脑力劳动、简单劳动与复杂劳动、低级劳动与高级劳动的基础上，通过社会必要劳动或曰平均劳动的通约换算，科学评价，合理分配，力求充分调动各方面劳动者的劳动积极性，使之尽最大努力地为社会作出应有的劳动贡献。

　　6. 协调控制有力，奖罚激励高效

　　协调控制，即协和调节、掌控制约。协调控制本身，就是生产力。它是管理的一项重要职能。美国当代著名管理学家哈罗德·孔茨、海因茨·韦里克认为，"管理工作的控制职能是对业绩进行衡量与矫正，以便确保……目标能够实现和为达到目标所制定的计划能够得以完成"；"管理人员必须问自己"并解决这样一些问题："什么能最佳地反映我部门的目标？当没有达到这些目标时什么能最佳地表明其情况？能最佳地衡量关键点偏差的情况的是些什么？什么能表明谁应对哪些失误负责？哪些标准最省钱？"① 奖罚激励，是为维护和提升管理绩效，对被

---

① ［美］哈罗德·孔茨、海因茨·韦里克编著：《管理学》，张晓君等编译，经济科学出版社1998年版，第378、380页。

管理者人的业绩奖赏或失误惩罚。它是管理最优化的必要条件。汉宣帝刘询认为："有功不赏，有罪不诛，虽唐虞不能以化天下。"① 奖罚必须大力推行，广泛应用。

协调控制有力，即协和调节、掌控制约一定人、财、物、时间及其相互关系富有效力。奖罚激励高效，指的是奖罚激励高度奏效。它包括物质奖罚激励和精神奖罚激励，以及二者的结合形式。协调控制有力、奖罚激励高效规定，致力完成两项任务。

其一，高度协调，强力控制。即按照管理目标要求随时监督检查和解决相关问题，强有力地协调控制管理主客体及其人与人之间、人与财之间、人与物之间，人与时间之间，以及财、物、时间与人之间的主次轻重、先后缓急、并行交叉、部分整体、内在外在、静态动态等各种纵横交错的关系，随时发现误差，随时纠正误差，使之达到最大限度的和谐统一，顺利而又卓有成效地实现管理最佳目标。

其二，奖当其奖，罚当其罚。一方面，奖罚正确，当奖则奖，当罚则罚，不可错奖错罚。商代开明帝王成汤曾昭告万民："尔有善，朕弗敢蔽。罪当朕躬，弗敢自赦……尔万方有罪，在予一人。予一人有罪，无以尔万方。"② 不仅表现出古代帝王敢于担当、勇于为民请命、与民为善、罪己自罚的高尚情怀，而且彰显出其奖罚分明、难能可贵的管理立场和态度。荀子强调："无功不奖，无罪不罚。"③ 唐代帝王李世民认为："奖罚不中，则民无所措手足。"④ 唐代学者吴兢认为："赏当其功，无功者自退；罚当其罪，为恶者戒惧。"⑤ 另一方面，奖罚适时，防早忌迟。既防止奖罚过早，无的放矢，形同虚设；又避免奖罚过晚，大打折扣，收效甚微。战国军事家吴起甚至提出"赏不逾时，罚不后事。

---

① （汉）刘询：《赐王成爵秩诏》。
② 《尚书·商书·汤诰》。
③ 《荀子·王制》。
④ 《帝范·赏罚第九》。
⑤ 《贞观政要·择官》。

过时而赏，与无赏同；后事而罚，与无罚同"的观点①。我国当今国家级奖励，有不少过时现象。20 世纪六七十年代的"两弹一星"元勋，到了四五十年后的 1999 年才开始予以重奖。这些功勋人员有的早已离休，有的已经过世。相当多的英模人物，荣誉称号多为追授；不少贪官污吏贪腐几十年，临近退休或退休后才受到惩罚，甚至一直逍遥法外。已故著名计算机科学家王选院士，在一次报告会上，曾发出这样耐人寻味、不无抱怨的感慨："我发现，在人们认为我是权威这个事情上，我真正是权威的时候不被承认，反而说我在玩弄骗人的数学游戏；可是我已经脱离第一线，高峰过去了，不干什么事情，已经堕落到了靠卖狗皮膏药为生的时候，却说我是权威……我觉得人们把我看成权威的错误在什么地方呢，就是把时态弄错了，明明是一个过去时态，大家（却）误以为是（现在）将来时态。院士者，就是他一生辛勤奋斗，做出了贡献，晚年给他一个肯定。"② 再一方面，奖罚适度，奖罚其所。不可奖过其功，奖低其绩；不应罚过其过，罚低其错。切不可滥奖滥罚，迫不得已，宁肯多奖少罚。荀子不仅认为"利而不利也，爱而不用也者，取天下也；利而后利，爱而后用之者，保社稷也；不利而利之，不爱而用之者，危国家也"；而且强调"赏不逾僭，刑不逾滥，赏僭则利及小人，刑滥则害及君子。若不幸而过，宁僭勿滥（疑罪从无）；与其害善，不若利淫"。③ 最正确科学的管理，应通过适时适度适当奖罚，切实达到奖优罚劣，鼓励先进，鞭挞后进，惩治败类，带动中间，促进整体强效激励作用大提升；不仅让有功者受赏，"让有为者有位、吃苦者吃香、流汗流血牺牲者流芳"④，而且让失职、渎职、不作为、滥作为造成损失危害者，受到应有惩罚；绝不让英雄模范、先进人物、有功之人荣光一时，吃亏痛苦一世，流汗流血又流泪，绝不让形形色色的坏

① 《王文成公全书·卷九》。
② 王选：《我一生中的八个重要抉择》，北京大学出版社 2000 年版，第 18 页。
③ 《荀子·富国、致士》。
④ 《习近平谈治国理政》第 3 卷，外文出版社 2020 年版，第 157 页。

人、落后分子逍遥自在，置身事外，毫发无损。

7. 整体效能最大，权变创新一流

美国当代著名管理学家彼得·德鲁克认为，"管理整体化"效能的实质在于"创造出一个大于其各组成部分的总和的真正的整体，创造出一个富有活力的整体，把投入于其中的各项资源转化为较各项资源的总和更多的东西"。① 被誉为西方现代科学管理之父的 F. W. 泰罗有句名言："在科学管理中并不存在什么固定不变的东西。"② 整体效能最大、权变创新一流，可谓管理最优化的目的性、前瞻性原则。

整体效能最大，即管理整体效益能量趋于最大化；权变创新一流，指的是权衡变化，善于创造革新，走在世界最前列。整体效能最大、权变创新一流，是管理发展的必然要求。它主张，一方面，将管理的各个组成要素作为有机整体，按照管理价值效益最大化的规定，把管理目标、领导、制度、计划、组织、指挥、人事、劳动、分配、沟通、协调、控制、激励、改革、创新等，最紧密地结合起来，从而使之发挥大于各孤立要素功能之和的整体最大效能。另一方面，随管理主客体，特别是管理环境、过程的不断变化，以变应变，万变不离最优，及时权衡利弊得失，变革管理现状，尽可能地创造出新的最大业绩，确保管理充满青春活力，永远立于最优之地。

（三）管理的最优化方法

管理的最优化方法，指的是按照管理的最优化原则，结合具体需要和实际情况，以最佳方式获得管理最大价值效益的方法。它主要由 5 组 10 种方法构成。

1. 人性假设法与利益导向法

人性，即人的自然属性、社会属性和精神属性的统一。它决定着人

---

① ［美］彼得·德鲁克著：《管理：任务·责任·实践》，孙耀君译，中国社会科学出版社 1987 年版，第 498 页。
② 孙耀君编著：《西方管理思想史》，山西人民出版社 1987 年版，第 87 页。

的思想意识和行为，有什么样的人性往往就有什么样的思想意识和行为。英国18世纪哲学家休谟在其《人性论》一书中指出："人性科学也可以达到极其精确的程度"，能够"以最少的和最简单的原因来说明所有的结果，借以使我们的全部原则达到最大可能的程度"；人性科学作为一切科学的基础、"首都或心脏"，"一旦掌握了人性以后，我们在其他各方面就有希望轻而易举地取得胜利了"。① 英国19世纪空想社会主义者欧文认为，"认识支配人的本性的规律……这是一切知识中的最重要的知识。"② 人性问题研究，对于从根本上解决哲学、自然科学、人文社会科学问题，具有决定性的意义。

古今中外，一些思想家对人性曾提出诸多思想观点。在我国，先秦时期即有老子的人性"天道观"③，孔子的"性近习远说"④，孟子的"性善论"，荀子的"性恶论"，告子的"性无善无不善论"；汉代则有董仲舒、王充的"性三品说"，扬雄的"性善恶混杂说"。在西方，古希腊时代，则盛行人的"神性论""兽性论""自然品性论"。现代心理学、行为科学、管理学界流行的，则是在泰勒的经济人理论（"X理论"）、梅奥的社会人理论（"Y理论"）、麦格雷戈的X与Y混合理论，厄威克、大内的经济社会多面人理论（"Z理论"），以及赫茨伯格的激励与保健"双因素"理论、弗洛姆的"期望值"理论、亚当斯的"公平与效率"理论、麦克利兰的"成就激励"理论基础上，提出的经济人性假设理论、政治人性假设理论、文化人性假设理论、特殊人性假设理论、综合人性假设理论，以及马斯洛的"需要层次"人性假设理论等。这些人性假设理论，所涉及的经济人，主张经济利益至上，如各种拜金主义者，拜物教徒等；政治人，崇尚政治权利高于一切，如各种"官本位"主义者、权迷心窍者；文化人，强调知识就是力量，

① ［英］休谟著：《人性论》上册，关文运译，商务印书馆1962年版，第9、7页。
② 西方法律思想史编写组编：《西方法律思想史资料选编》，北京大学出版社1983年版，第600页。
③ 《老子·道德经》第二十五章。
④ 《论语·阳货》。

知识决定一切，如各级各类酷爱知识、追求真理的知识分子；特殊人，作为健康的或病态性格者，以及由特别爱好、特殊经历、特殊嗜好造成的特殊人格，则是立足于自己的特殊性格、身份、地位和需求的人格，如内向型人、外向型人、洁癖症人、强迫症人、恋物癖人、瘾君子、行为极端怪异者；综合人，则推崇机动灵活、伺机而动、全面满足，如各种理想主义者、追求完美人物等。马斯洛的需要层次人性假设理论，则将人的需要分为五个层次。第一层次为生理需要，即饮食、衣着、住所、异性、繁衍、休息等；第二层次为安全需要，即生存保障、人权维护等；第三层次为情感需要，即情爱、友谊、交往、归宿等；第四层次为尊重需要，即荣誉、地位、权力、尊严、自尊、他尊等；第五层次为自我实现的需要，它除高级求知、求美、"超越"、享用需要外，主要包括个人能力的发挥、崇高理想的实现、劳动发明创造等。通常，五个层次的需要由低级到高级逐级递升，不可或缺；但在特殊情况下，却不排除层次残缺不全，越级跳跃和前后次序倒置。马斯洛的需要层次人性假设理论，亦可概括为生存需要、发展需要、享受需要和自我实现的需要几个层级。"仓廪实则知礼节，衣食足则知荣辱"①，"长袖善舞，多钱善贾"②，"玩鲍者忘兰，大迷者易性"③，"宁为宇宙闲吟客，怕做乾坤窃禄人"④，"士为知己者死，女为悦己者容"⑤。人生不同，不仅各有各的最佳需要，而且彼此又有共同最佳需要。通常，年收入 5000 美元以下者，侧重于物质生活需要；5000~10000 美元之间者，物质生活需要与精神文化生活需要并重；10000 美元以上者，则侧重于精神文化生活需要。

　　人性假设法，即通过对被管理者的不同人性的科学假定，予以恰当对待，使之发挥管理者所期望的最大积极效能的方法。它实际上是一种

---

① 《管子·牧民》。
② 《韩非子·五蠹》。
③ （晋）葛洪：《抱朴子·守塉》。
④ （唐）杜荀鹤：《自叙》。
⑤ 《史记·刺客列传》。

按人性规律办事的方法。它要求，按照管理价值效益最大化的规定，在确定被管理者的人性定位归宿或曰属于什么样的人的基础上，依据其人性特点，投其所好、避其所恶或对其不合乎管理要求的人性予以干预、改造、惩戒，从而最大限度地调动其生产劳动和正当行为积极性。具体说来，对于"经济人"，多采取一些财物经济奖罚手段；对于"政治人"，多运用一些政治权利措施；对于"文化人"，多施予一些科学知识、社会荣誉的奖罚；对于"特殊人"，因人制宜，不同对待；对于"综合人"，按照"官以任能，爵以酬功"①，或曰"德以叙位，能以授官"②，优者晋级、劣者受罚的宗旨，采取多元手法综合对待，以充分发挥和利用其各方面的人生与社会积极性；对于不同"需要层次"的人，区别不同情况，因"需"而定，具体对待。

利益导向法，指的是以利益作为动力引导被管理者人，晓之以利害有无大小多少，充分发挥其相应积极性，并把其积极性引导到对组织群体及其任务要求最有利方向的方法。同人性假设法一样，它也是一种按人性规律办事的方法。它规定，根据人是利益动物，人非利不生、非利不存、非利不长、非利不为，人的一切活动都是为了追求自身利益，"利之所在，虽千仞之山无所不上，深渊之下无所不入"③ 的规律，按照物质利益、精神利益、物质与精神复合利益的不同种类数量层次，根据被管理者人的实际需求特点，施加一定利益，从而最大限度地调动被管理者人的积极性，并把其积极性引导到最有利于组织群体及其任务要求的方向，使之最大限度地为组织群体事业效力。④

2. 教育说服法与以情感人法

人非生而知之，不教不知，不育不成，不说不服。《周易》中即载

---

① 《新唐书·李宓传》。
② 《荀子·致士》。
③ 《管子·禁藏》。
④ 张瑞甫：《再论社会主义人性规律》,《齐鲁学刊》1984 年第 6 期；《论个人利益的正确导向》,《中国教育报》1994 年 2 月 9 日理论版,《新华文摘》1991 年第 4 期。

有"圣人以神道设教，而天下服矣"的金言①。唐代文人白居易认为："感人心者莫先乎情，莫始乎言，莫切乎声，莫深乎义。"② 教育说服法，即通过教育说服，使之晓之以理，从而达到以理服人的方法。它主张，从事教育说服的管理者，应具备人才学、生理学、心理学、教育学、行为科学、伦理学、法学、社会学、管理学等多学科的理论知识，运用摆事实、讲道理、说真话、交朋友等最有效的方略法术，对被管理者人教而不厌、说而不倦，使之成为或回归教育说服的管理者所期望的人格模式。

人非草木金石，天生七情六欲。情欲不责有无，而贵行止。以情感人法，指的是在晓之以理的基础上动之以情，设身处地为被管理者人着想的方法。真情所至心心相印，以身相许无所不予；大爱相加金石为开，化铁融金感天动地。以情感人法强调，管理者对被管理者人不惜感情投入，广泛联络感情，使人心人情融为一体，发挥最大人情效能。必要时，可采取放录像、组织外出参观学习，到大自然中放飞心情形式，以及手拉手、面对面、心贴心谈话、跳舞、唱歌、游戏、娱乐，角色换位演出体验活动、爱心奉献活动、结对交友帮扶活动等，让失落者找到"自我"，让出轨者回归"本我"，让一般者走向"超我"，让先进者奔向"无我"，让团队群体竞相超越，达到高度"群我"！

3. 以身作则法与有功必奖法

"其身正，不令而行；其身不正，虽令不从。"③ 己不正难正人，"居上者不以至公理物，为下者必以私路期荣"。④ 明代学者王阳明认为："执规矩以为方圆，则方圆不可胜用；舍规矩以为方圆，而随以方圆为规矩，则规矩之用息也。故规矩者，无一定之方圆，而方圆者有一

---

① 《周易·观象传》。
② （唐）白居易：《白氏长庆集·与元九书》。
③ 《论语·子路》。
④ （唐）房玄龄：《晋书·袁宏传》。

定之规矩。"① 身教胜于言教，榜样的力量甚至超过律令。以身作则法，即以身体力行为准则、率先垂范，做出榜样、以教他人的方法。它要求，除不必要的事必躬亲、严格分工之外，期望别人做到的，自己首先做到，切实让被管理者人学有榜样、行有规则、赶有方向、干有劲头，能够各司其职，各尽所能。

功者，功绩奉献者也。因果相报，有功必奖天经地义、理所当然。有功必奖法，指的是有了功绩，不管大小、时间长短、何人何事，必须酌情予以奖励的方法。它规定，对于各级各类立功人员、立功表现，均给予及时正确恰当的物质或精神奖赏，使立功者受到适当褒扬，立功表现得到充分肯定，形成"点亮一盏灯，照亮一大片"的辐射性、连动性放大积极效应。同时，按照"仕而优则学，学而优则仕"的通则②，以及"干活不依'东'（东家、主人），累死也无功""奖其无用等于白奖"的训诫，适当兼顾奖其所好，让其满意，使之再接再厉，勇往直前。

4. 违纪必究法与区别对待法

唐代学者白居易曾指出："天育物有时，地生财有限，而人之欲无极。以有时有限奉无极之欲，而法治不生其间，则必物暴殄而财乏用矣。"③ 法纪制定对于管理必不可少。人性假设法与利益导向法，尤其是教育说服法与以情感人法，以身作则法与有功必奖法，不是万能的；特别是当教育无效、说而不服、情感不动、有则不遵、奖而无效时，必须通过诉诸法纪，对违法乱纪者予以适当制裁。《韩非子·五蠹》有一个著名的故事："有不才之子，父母怒之弗为改，乡人谯之弗为动，师长教之弗为变……州部之吏，操官兵，推公法而求索奸人，然后恐惧，变其节，易其行矣。"违纪必究法，即违犯法纪制度，必须予以追究查处的方法。它主张，管理者对被管理者人，在依法制定和颁布纪律的前

---

① 《王文成公全书》卷之七。
② 《论语·子张》。
③ （唐）白居易：《策林》。

提下，对违法乱纪者在弄清事情原委、事实真相的基础上，予以严格追究，适当处罚。同时，要充分明确处罚本身不是目的，处罚的目的在于惩前毖后、治病救人，防止此类现象再度发生，而不是一棍子将人打死；要用联系的全面的发展的眼光看待人，给违纪甚至某些违法人员以改邪归正的机会和人生出路。

区别对待，是辩证唯物主义者看待事物的重要方式。其理论依据是，人与事物千差万别，世界上没有两个完全相同的人、两种绝对相同的事物。对待人与事物，必须使主观符合客观，让行为忠于事实，坚持实事求是，不同情况不同对待。区别对待法，指的是对不同的人与事物采取不同的态度，予以不同对待的方法。它强调，一切从实际出发，按照人与事物的本来面目认识人与事物，根据人与事物的最少投入消耗、最大价值效益取向对待人与事物，以期达到最合情合理、最合乎管理最优化旨归。

5. 刚柔相济法与综合治理法

刚柔相济，又称软硬兼施、恩威并用、"胡萝卜加大棒"。刚柔相济法，由刚性方法和柔性方法组合而成。刚性方法，主要为法纪制约、有效惩治方法；柔性方法，主要为教育、说服、感化、引导、奖掖方法等。二者各有优劣，彼此相互补充。刚柔相济，重在恰当适度。荀子曾提出："治之经，礼与刑，君子以修百姓宁；明德慎罚，国家既治四海平。"[1] 西汉淮南王刘安等人认为："太刚则折，太柔则卷；圣人正在刚柔之间。"[2] 笔者以为，刚性方法与柔性方法二者须视具体情况而定，应先则先，当后则后；既可"先礼后兵"、先柔后刚，亦可丑话在前，先兵后礼、先刚后柔；还可刚柔同时交叉并举，一起使用。面对阳刚或阴柔管理对象，既可以刚制刚、以柔克刚，也可以柔制柔、以刚克柔，还可刚柔并用、刚柔相成；总体则应以柔为主，以刚为辅，按照"治

---

① 《荀子·成相》。
② （汉）刘安主编：《淮南子·氾论训》。

大国若烹小鲜"①，理大事驾重若轻，"垂拱而天下治"②，"天下可运于掌"③ 的古训，最后达到以柔代刚，自我管理，"无为而治"④，"无为而无不为"⑤，无为而无不治的管理至境。刚柔相济法，即软硬兼施、奖罚并举、相得益彰的方法。它要求，根据被管理者人"吃软不吃硬"或"吃硬不吃软"的特点，应软则软、当硬则硬、恩威结合、软硬交替、刚柔并用、相互助益，从而尽可能地发挥最大管理价值效益。

综合治理法，指的是多管齐下、全面治理的方法。它规定，一方面，在上述各种管理的最优化方法单独实施无效时，采用多元化治理方式，人治、德治、法治法、术、势相结合，对被管理人员尤其是"破罐破摔"、"针插不进、水泼不进、软硬不吃"、一切无所谓的人员，予以全方位治理和最深度的心理防线突破，唤醒其内心最深处的乐生向善的人性欲望，促使其尽快回归健康人生和正常社会生活。另一方面，管理者面对总体被管理人员，综合运用各种管理的最优化方法，全面治理被管理人员，既使之有则改之，无则加勉，又使各种具体管理的最优化方法相互配合，优势互补，达到整体管理价值效益最大化。

二、改革、开放的最优化

当人们的观念、行为或国家、社会组织体制、机制出现僵化、紊乱、滞后，不再适应变化了的新形势、新特点、新诉求，改革、开放便成为必要，提到人生、社会与环境最优化的重要议程。近代启蒙主义者严复认为，事物变化所引发的改革、开放，如"日月之经天，江河之行地，寒暑之推迁，昼夜之相代"自然而合理。⑥ 改革、开放的最优

---

① 《老子·道德经》第六十章。
② 《尚书·周书·武成》。
③ 《孟子·梁惠王上》。
④ 《论语·卫灵公》。
⑤ 《老子·道德经》第三十七章。
⑥ 严复：《庄子评注》第二十七章。

化，大致由改革、开放及其最优化的价值内蕴，改革、开放的最优化原则，改革、开放的最优化方法构成。

（一）改革、开放及其最优化的价值内蕴

事物都是个性与共性的统一。无论是个人还是国家、社会，其文明虽然有形态差异，程度高低，但其总体却各有优长；诚如习近平总书记所说："世界上不存在十全十美的文明，也不存在一无是处的文明"，"文明因交流而多彩"，"因互鉴而丰富"。① 改革、开放，就其广义而论即改进原有观念、心态、行为、模式、体制、机制，革除现有弊端、失误，打开封闭之门，解放思想、更新观念、实事求是，奋力作为，加强对外交流合作，形成优势互补，实现互利共赢。现代系统论认为，系统变革的速度、系统对外开放的程度，与系统的层级和复杂程度成正比。系统越高级，越需要不断变革和加强对外开放，越需要大规模进行物质交换和能量信息交流；反之，系统越低级，则越保持相对稳定，越自我封闭。国家因改革而出新，社会因开放而精彩。我国深入民族文化基因、影响古今中外的古代圣典《周易》，通篇讲述的是与改革、开放密不可分的变易宏论。其中，最突出的内容是"易穷则变，变则通，通则久，是以自天佑之，吉无不利"。② 战国时代思想家尹文子认为"是虽常是，有时而不用；非虽常非，有时而必行"；"或顺或逆，得时则昌"，"或是或非，失时而亡"。③ 西汉学者桓宽则强调"明者因时而变，知者随世而制"。④ 大量理论研究和经验事实表明，许多原有观念、心态、行为、模式、体制、机制，在一定时间和一定局域内或因不具备条件无能为力或因成本过高得不偿失而解决不了、解决不好，甚至永远难以解决的老大难问题，通过改革、开放，更新观念，优化心态，调整行

---

① 《习近平谈治国理政》第 1 卷，外文出版社 2018 年版，第 259、258 页。
② 《周易·系辞下、系辞上》。
③ （战国）尹文子：《大道上》。
④ （汉）桓宽：《盐铁论》。

为，变革模式，改进体制、机制，突破时间和地域局限，往往可以顺利得到解决。改革、开放的最优化，即以最小的改革、开放成本、风险，获得最大的改革、开放价值效益。它对于最大限度地保障人生、社会与环境最优化，具有不可或缺的功能作用。

（二）改革、开放的最优化原则

改革、开放的最优化原则，即基于改革、开放及其最优化的价值内蕴，根据相应需要和有关属性特点，所建立的最正确科学的改革、开放准则。它主要有两项。

1. 解放思想，实事求是，改劣除弊

解放思想、实事求是、改劣除弊，即以改天换地的英雄主义精神，"凤凰涅槃、浴火重生"的气概，"壮士断腕"、脚不旋踵的决心，解除思想禁锢，放飞思绪情怀，变更和新化观念，求真务实，改正劣质事物，革除弊端失误。我国古代思想解放、观念奇新的大师庄子，在其《天下篇》以特有的风范写道："以天为宗，以德为本，以道为门，兆于变化，谓之圣人"；春秋时代的改革家郭偃强调："论至德者不和于俗，成大功者不谋于众。"① 其他事情也是如此。奥地利当代著名心理学家弗洛伊德则主张，走出自我，达以本我，至于超我，止于无我。庄子、郭偃和弗洛伊德的超凡脱俗志向，尽管多少带有浪漫主义、自由主义、无政府主义、空想主义色彩，但其放荡不羁、崇尚自由解放、个性张扬、敢于变革现实的改革精神，却难能可贵，在一些方面值得传承光大。法国现代科学家贝尔纳认为："构成我们学习的最大障碍是已知的东西，而不是未知的东西。"② 人类社会越发展，人的知识经验越丰富，越需要解放思想、实事求是、改劣除弊。解放思想、实事求是、改劣除弊要求，全方位解放思想，最大限度地更新观念，尽可能地求真务实，

---

① 北京大学哲学系中国哲学史教研室选注：《中国哲学史教学资料选辑》上册，中华书局1981年版，第110页。

② 严智泽等主编：《创造学新论》，华中科技大学出版社2002年版，第20、21页。

改正所有劣质事物，革除人生、社会与环境建设的各种弊端失误；并且尽可能地将解放思想与实事求是、更新观念与现实需要、改劣除弊与防患未然，紧密结合起来，从而最大限度地为人生、社会与环境整体最优化廓清道路，保驾护航。

2. 打破闭锁，联通世界，互惠互利

人类生活在同一个"地球村"，生活在历史、现实和未来交汇的同一个时空中，越来越成为你中有我、我中有你的"命运共同体"。[1] "浩渺行无极，扬帆但信风。"[2] 由于"追求幸福生活是世界各国人民共同愿望"，"人们对美好事物的向往，是任何力量都无法阻挡的"[3]，人生、社会与环境特别是经济、政治、文化的差异性制约和互补性需求，使打破闭锁、联通世界、互惠互利势在必行。这对于我国这样一个沿袭两千多年封建传统的发展中大国，意义尤为重大，堪称"当代中国最鲜明的特色"，新的历史时代"最鲜明的旗帜"。[4]

打破闭锁、联通世界、互惠互利，即打开和破除全部有形无形的物质的和精神文化的封闭枷锁，联络沟通世界，彼此互通有无，相互借鉴，相互支持，互利共赢。它规定，按照自身最大限度地发展的需要，结合自身和外界特点，全面打破各种各样的不必要的封闭枷锁，最大限度地联通世界，尽可能地取长补短，相互支援，充分开展互助合作，达到互利共赢。

（三）改革、开放的最优化方法

改革、开放的最优化方法，指的是遵循改革、开放的最优化原则，结合具体需要和实际情况，最正确科学地进行改革、开放的方法。它主要有两种。

---

① 《习近平谈治国理政》第1卷，外文出版社2018年版，第272页。
② （唐）尚颜：《送朴山人归新罗》。
③ 《习近平谈治国理政》第3卷，外文出版社2020年版，第202、469页。
④ 《习近平谈治国理政》第2卷，外文出版社2017年版，第39页。

1. 全方位清除障碍，铺平道路，确保发展

道路，是人生、社会与环境优化的路线和重要条件。路况的好坏优劣，有无障碍、障碍大小多少、是否平夷舒坦，对于实现人生、社会与环境最优化影响巨大。全方位清除障碍、铺平道路、确保发展，即全面彻底清除人生、社会与环境最优化道路的各种障碍，铺平人生、社会与环境最优化道路，保障人生、社会与环境最优化最高效地进行。它要求，全面、全程、全方位清除阻碍人生、社会与环境最优化的各种观念、心态、行为、模式、体制、机制障碍，逢山开路，遇水架桥，铺设出通向人生、社会与环境最优化的金光大道，切实保障人的全面发展与社会全面协调可持续又好又快的科学发展，保障环境最大限度的优化。

当前，我国尤其应加强改革的"系统集成、协同高效"①，全面发力、重点突破、多点展开、纵深推进；注重开放的选择性、优化性、风险效益评估、战略调整、机遇预期应对；处理好改革、开放与发展、稳定的关系，让改革、开放与稳定释放出更多的"红利"，更好地服务于发展，更多地惠及民生。必须进一步清除影响改革、开放的封建主义、官僚主义、形式主义、享乐主义、奢靡之风、"左"的思想残余，尤其是根深蒂固的"姓资""姓社"的思想和破坏民主法治建设的行为②，以及打着改革、开放旗号，以权谋私、出卖集体利益、国家利益、民族利益，侵犯公民合法权益的贪污腐败行为和懒政、怠政、低效、渎职现象③。努力建设个人全面发展型、经济繁荣型、政治民主型、文化发达

---

① 《习近平谈治国理政》第 3 卷，外文出版社 2020 年版第 179 页。

② 封建的"左"的东西，在现有和原有社会主义国家根深蒂固、为祸甚劣，且一遇适宜气候便会再度兴妖作怪。我国"大跃进""人民公社化"运动，经济效益急剧下滑，以至一些地方出现"饿死人"的现象；"反右"扩大化错划"55 万"右派，十年"文革"浩劫，经济损失多达 5000 亿元人民币，直接受迫害者高达 1000 多万人；苏联斯大林统治时期，直接受迫害者高达 1200 万人。惨痛教训，须铭记不忘，防之又防。

③ 2015 年，广州市政协委员曹志伟，将广州一项社会建设工程从立项到通过政府审批的 108 个公章、799 个审批工作日，微缩为一幅 8 米多长的"万里长征图"，意在呼吁有关部门通过行政改革，减少行政审批事项，提高办事效率，在社会引起高度反响，几年来，这张"万里长征图"在不断缩短。参见电视政论专题片《将改革进行到底》解说词（第 2 集），《人民日报》2017 年 7 月 19 日。

型、社会和谐型、生态文明型（资源节约型、环境友好型）全方位最优化社会。

2. 尽可能交流合作，取长补短，永续升华

人生、社会与环境，是包含众多不同种类层次子系统的母系统；而任何系统要达到和维持自身的最佳状态，实现自身的不断升级，必须时时处处与外界进行良性物质交换和能量信息交流。世界潮流浩浩荡荡，和平发展大势所趋、人心所向，顺之者昌、逆之者亡。交流合作，作为系统存续和发展的前提不可或缺。没有交流合作无机物就不可能正常演化，生物就不可能积极进化，个人和社会生产、生活与交往就不可能健康有序进行，社会产品就不可能流通，交往就不可能实现，人生、社会与环境最优化就会流于空想。"大道之行也，天下为公。"① 海纳百川，有容乃大；海内存知己，天涯若比邻，"志合者，不以山海为远"。② 尽可能交流合作、取长补短，达到永续升华，堪称人生、社会与环境最优化的重要历史使命。在这个意义上"理解、支援和友谊，比什么都重要"。③ 各国都应当在和平共处、互利共赢的前提下，反对冷战思维、单边主义、霸凌主义，全面对外开放，开展交流合作、相互借鉴、不断发展自身。尽可能交流合作，取长补短，永续升华，即基于人生、社会与环境众多不同种类层次的子系统和母系统的维系与演进的需要，最大限度地开展个人或国家、社会的对外交往协作，力争通过优势互补，达到个人或国家、社会的永恒持续升华。它规定，无论个人或国家、社会，必须最大限度地多层次、宽领域、广渠道、高效益地开展对外经济、政治、文化交往协作，最大限度地取人之长，补己之短，实现合作互利共赢，达到自身永恒持续升华。

现今，我国不仅应进一步致力于构建新时代的世界文明大国开放体系，彰显亲仁善邻、守望相助、协合万邦、讲信修睦，"近者悦，远者

---

① 《礼记·礼运》。
② （晋）葛洪：《抱朴子·外篇》。
③ 《毛泽东选集》第4卷，人民出版社1991年版，第1441页。

来"，"老者安之，朋友信之，少者怀之"①，笑走全世界，喜迎八方客的礼仪之邦特有情怀，树立好古道热肠、诚信友善的文明古国形象，而且要进一步结合我国现实国情，倾力做好多元化、大规模劳务输出工作，做大做强做好留学事业，加大留学人员和外国高、精、尖人才的引进、任用力度。同时，要千方百计把好出口项目论证和进口产品质量安全关，严防把不应放走的关系国计民生大业的最宝贵最尖端的物质和精神文化精华"开放"掉，把不该引进的有害国计民生的物质和精神文化糟粕引进来。严格限制一次性、不可再生性能源资源材料的对外出口，大力防止巨额资金外逃和美元贬值的侵袭，高度防止高科技人才、世界顶级高科技成果的流失；强效阻断具有不安全性隐患的转基因种子、食品、有害药品、有毒物品，以及消极腐朽思想文化、不健康生活方式流入；严厉打击各种跨国犯罪、走私活动，全方位构建起友好交流、密切合作、互利共赢，而又安全健康永续良性发展的对外开放新格局。

三、创新的最优化

创新的最优化，既是最优学最宝贵的内容，又是最优学重要保障最根本、最尖端的组成部分之一。它主要由创新及其最优化的重要意义，创新的最优化原则，创新的最优化方法三项内容构成。

（一）创新及其最优化的重要意义

创新，通常指从无到有的产生、创立、出新，亦即发现、发明、创造、革新。创新，就其狭义而言可以划分为原始创新、组合创新（集成创新）、传承创新（"是与不是之间"的"站在巨人肩膀上的"创新）、引进消化吸收再创新，发现创新、发明创新、创造创新、变革创新，发掘创新、整理创新、评价创新、除弊创新、建树创新，理论创

---

① 孔子：《论语·子路、公治长》。

新、技术创新、实践创新，部门创新、行业创新、专业创新，自主创新、协同创新，国家创新、制度创新、系统综合创新等。其中，难度最大、价值最高、位居巅峰的创新，当属原始创新、创造创新、建树创新、理论创新、系统综合创新。世界每天都是新的，事物时时处处都在发生变化。我国春秋经典《考工记》即提出"知者创物"之说。唐代著名书法家李邕告诫世人"学我者拙，似我者死"。① 明代学者归有光认为："天下之事，因循则无一事可为。"② 近代改革派领导者康有为强调"今日不变新，则不可；稍变而不尽变，不可"。③ 同时代的学者王国维认为，创新相当艰辛而又富有神奇色彩："古今成大事业、大学问者，必经过三种之境界：'昨夜西风凋碧树，独上高楼，望尽天涯路'，此第一境也；'衣带渐宽终不悔，为伊消得人憔悴'，此第二境也；'众里寻他千百度，蓦然回首，那人却在灯火阑珊处'，此第三境也。"④ 德国 19 世纪作曲家苏曼指出，智者创新，庸者尾随其后；"人才进行工作，而天才进行创造"。⑤ 美国现代著名科学家富兰克林认为，创新像一个"新生婴儿"，最初或许显现不出"有什么用"，但她却拥有最广阔甚至无穷无尽的发展前景。美国当代著名科学哲学家巴伯强调，创新越基础，其现实爆发力、后续影响力就越大。他指出："科学发现越基础，它所具有的直接或间接后果的数量就越多。"⑥ 马克思主义者像其他一切有识之士一样，一向高度重视创新。恩格斯曾盛赞马克思道："每一个新发现——它的实际应用也许还根本无法预见——都使马克思感到由衷喜悦，而当他看到那种对工业、对一般历史发展立即产生革命

---

① 中共中央文献研究室编：《习近平关于社会主义文化建设论述摘编》，中央文献出版社 2017 年版，第 157 页。
② （明）归有光：《奉熊分司水利集并论今年水灾事宜书》。
③ 引自肖萐父、李锦全主编：《中国哲学史》下卷，人民出版社 1983 年版，第 339 页。
④ 王国维：《人间词话》。
⑤ 本书编纂组编：《中外名言大全》，河北人民出版社 1987 年版，第 109 页。
⑥ 参见张华夏、叶乔健编著：《现代自然哲学与科学哲学》，中山大学出版社 1996 年版，第 498、520 页。

性影响的发现的时候，他的喜悦就非同寻常了。"① 列宁大力倡导"培植"人的"进取心、毅力和大胆首创精神"。② 邓小平认为，创新是全方位的、永恒的，意义非凡，要"大胆地试，大胆地闯"，特别是"搞科技，越高越好，越新越好"。③ 习近平总书记则强调"创新始终是一个国家、一个民族发展的重要力量，也始终是推动人类进步的重要力量。不创新不行，创新慢了也不行"；"要增强创新意识，敢于走前人没有走过的路，敢于抢占国内国际创新制高点。要把握创新特点，遵循创新规律，既奇思妙想、'无中生有'，努力追求原始创新，又兼收并蓄、博采众长，善于进行集成创新和引进消化吸收再创新；既甘于'十年磨一剑'，开展战略性创新攻关，又对接现实需求，及时开展应急性创新攻关；既尊重个人创造，发挥尖兵作用，又注重集体攻关，发挥合作优势"；要"加快建立健全国家创新体系，让一切创新源泉充分涌流"，"让创新成果更多更快造福社会、造福人民"。④ 创新意义至关重大，创新任重道远而永无止境。

创新的最优化，指的是运用最优化的理论、原则与方法，创造出最理想化的新成果，建树起最辉煌的业绩。它可谓人生、社会与环境最优化的灵魂中枢，具有取之不尽、用之不竭的巨大动力。

（二）创新的最优化原则

创新的最优化原则，即立足创新及其最优化的重要意义，按照相应需要和有关属性特点，力求创造性地促进人生、社会与环境最优化的准则。它主要涉及以下两项内容。

---

① 《马克思恩格斯选集》第3卷，人民出版社2012年版，第1003页。
② 《列宁选集》第3卷，人民出版社2012年版，第375页。
③ 《邓小平文选》第3卷，人民出版社1993年版，第374、378页。
④ 分别见习近平：《为建设世界科技强国而奋斗——在全国科技创新大会、两院院士大会、中国科协第九次全国代表大会上的讲话》，人民出版社2016年版；习近平：《在知识分子、劳动模范、青年代表座谈会上的讲话》，《人民日报》2016年4月30日；《习近平谈治国理政》第1卷，外文出版社2018年版，第125页。

1. 任凭自由想象，"零"禁区提出、分析、解决问题

任凭自由想象，"零"禁区提出、分析、解决问题，既是人生、社会与环境最优化的巨大天然权利，又是创新的首要职责前提。一些统治者可以不同程度地禁止人们的言论和行动自由，唯独不能禁止人们自由想象和"零"禁区提出、分析、解决问题。世界著名科学家爱因斯坦，曾给"想象"和"提出问题"以极高的评价。他一方面强调："想象力比知识更重要，因为知识是有限的，而想象力概括着世界上的一切，推动着进步，并且是知识进化的源泉。严格地说，想象力是科学研究中的实在因素"①；另一方面指出："提出一个问题往往比解决一个问题更重要，因为解决一个问题也许仅是一个数学上的或实验上的技能而已。而提出新的问题、新的可能性，从新的角度去看旧的问题，却需要有创造性的想象力，而且标志着科学的真正进步。"② 英国当代科学哲学家波普尔认为，"科学"创新始于"问题"，"问题总是最先出现的"。③ "科学"创新，"只能从问题开始"，"永远始于问题，终于问题——越来越深化的问题，越来越能启发新问题的问题"。④ 德国现代著名科学家海森堡甚至认为，"提出正确的问题往往等于解决了问题的大半"。⑤ 马克思主义经典作家则指出：包括想象在内的"幻想是极其可贵的品质"，有人认为"只有诗人才需要想象，这是没有道理的，这是愚蠢的偏见！甚至在数学上也需要想象，甚至微积分的发现没有想象也是不可能的"。⑥ 在理论上"主要的困难不是答案，而是问题"，"问题就是时代

---

① 《爱因斯坦文集》第1卷，许良英等编译，商务印书馆1976年版，第284页。
② [美]爱因斯坦、英费尔德著：《物理学的进化》，周肇威译，上海科学技术出版社1962年版，第66页。
③ [英]卡尔·波普尔著：《历史决定论的贫困》，林汝楫、邱仁宗译，华夏出版社1987年版，第96页。
④ [英]卡尔·波普尔著：《猜想与反驳》，傅季重等译，上海译文出版社1986年版，第318页。
⑤ [德]海森堡著：《物理学和哲学》，范岱年译，商务印书馆1981年版，第8页。
⑥ 《列宁全集》第43卷，人民出版社1987年版，第122页。

的口号，是它表现自己精神状态的最实际的呼声"。① "每个原理都有其出现的世纪。"② "生活总是会给自己开辟出道路的"，"生活本身会从中选出最富有生命力的幼芽……直到从中得出最适当的办法。"③ 习近平总书记强调，要"坚持问题导向"，"问题是创新的起点，也是创新的动力源"。"创新的过程就是发现问题、筛选问题、研究问题、解决问题的过程。""创新可大可小，揭示一条规律是创新，提出一种学说是创新，阐明一个道理是创新，创造一种解决问题的办法也是创新。"④ 创新不仅有反思性、批判性、颠覆性的创新，有原始性、建设性、里程碑式的重大创新，"重大原始创新成果往往萌发于深厚的基础研究，产生于学科交叉领域"⑤，而且也有发掘性、整理性、修补完善性、评价褒贬性的一般化创新。要"依托最有优势的创新单元，整合全国创新资源，建立目标导向、绩效管理、协同攻关"机制，"使蕴藏在亿万人民中间的创新智慧充分释放"，力求"创新活动效率最大化"。⑥ 美国现代著名作家、思想家爱默生在其《自己靠自己》一书中，高度感慨道："在天才的每一项创作和发明之中，我们都看到了我们过去放弃的想法；这些想法再呈现在我们面前的时候，就显得相当的伟大。"⑦ 很多事情往往不怕做不到就怕想不到；只要想得到自己或别人迟早就能做得到。这绝不是唯心主义者的呓语，而是合乎实际的规定。科学创新的过程，实质上是由一系列"天光云影"般的想象不断化为行动，由持续提出问题、分析问题到解决问题，由不可能到可能，由可能变为现实的永不休止的过程。凌空飞翔、嫦娥奔月、千里眼、顺风耳、隐身术，运筹于帷幄之中、决胜于千里之外，秀才不出门便知天下事，各种推测、

---

① 《马克思恩格斯全集》第 40 卷，人民出版社 1982 年版，第 289、290 页。
② 《马克思恩格斯文集》第 1 卷，人民出版社 2009 年版，第 607 页。
③ 《列宁选集》第 4 卷，人民出版社 2012 年版，第 208、209、15 页。
④ 习近平：《在哲学社会科学工作座谈会上的讲话》，《光明日报》2016 年 5 月 19 日。
⑤ 习近平：《在清华大学考察时的讲话》，新华社北京 2021 年 4 月 19 日电。
⑥ 《习近平谈治国理政》第 2 卷，外文出版社 2017 年版，第 270、276、274 页。
⑦ 引自马银春编著：《只有想不到没有做不到》，中国物质出版社 2009 年版，第 263 页。

透视、显微、遥感、遥测、遥控、克隆技术，甚至少数人的死而复生等，最初都只是人类不可能的妄想、幻想、空想的想象，幼稚可笑的问题，而今不仅都一一变为可能，而且都一一成为现实。这一切，仿佛都在诠释印证着同一个真理：任凭自由想象和"零"禁区提出、分析、解决问题，对于创新具有极端重要价值。任凭自由想象，"零"禁区提出、分析、解决问题，即全方位任凭自由想象飞跃，打破一切禁区，时时处处勇于提出、分析、解决一切问题。

任凭自由想象，"零"禁区提出、分析、解决问题要求，全方位自由超越自我、超越梦想，任凭上天入地自由想象，海阔天空随心所欲提出问题，全方位深入分析问题，风驰电掣解决问题，让创新之花时时竞相开放、遍地飘香，处处结出硕果、放出耀眼光芒。

2. 力求唯一，确保第一，敢为天下先

纵观人类科学文明创新的红线，从《周易·系辞上》提出的"太极"，《黄老帛书》论及的"天极"、地极、"天当"、地当，到汉代哲学家周敦颐提出的"人极"，再到郭沫若盛赞毛泽东的"为民立极"，当代中国共产党人强调的科学发展、"创新"工程，乃至一些学者追求的"穷无穷、极无极"①，无不彰显着力求唯一、确保第一、敢为天下先的神韵风采。当今世界充满竞争。今日不创新当时就落后，今天不创新明天被淘汰，早已成为人类不争的事实，成为社会连连敲响的警钟。现实世界，在相当广泛的领域和诸多方面的际遇，如同战场；战场不相信眼泪，常常只有冠军没有亚军，只有胜利者和失败者，没有调和居中者，这早已不是什么潜规则，而是一种显而易见的现象。力求唯一、确保第一、敢为天下先，指的是基于世界的无限性和永恒发展，以及事物普遍联系、一切皆有可能，事在人为，世界上没有办不成的事、只有办事得法不得法努力不努力的人和创新永无止境的客观规律，力求事业唯一，确保事业第一，敢于填补世界发展空白，勇做世界先驱者，不断实现

————————

① （汉）刘安主编：《淮南子·原道训》。

"从0到1"的多元多维突破，保持一路第一的领先地位，一直走在世界最前列，成为时代弄潮儿、社会急先锋。力求唯一、确保第一、敢为天下先，通俗地讲，就是敢于"先出头"。敢于"先出头"尽管风险较大，但收益却往往最高。实际上，"先出头"是所有事物创生、演进、布新最珍贵的品质。新生事物不"先出头"，就不成其为新生事物；植物不"先出头"，就不能破土而出、茁壮成长、出类拔萃；动物"不先出头"，不仅不能称雄世界，而且会出现难产、胎死腹中；人类不"先出头"，就不可能成为宇宙之最、天之骄子、万物之灵；个人不"先出头"，就不可能出人头地、成就伟绩大业、成名成家；社会不"先出头"，就不能够独领风骚，引领世界发展潮流。"先出头"，对于人生、社会与环境最优化具有怎么估计都不会过高的意义。一些人奉行的所谓"出头的椽子先烂""枪打出头鸟""不敢为天下先"信条，纯属懒汉懦夫哲学、苟且偷生消极庸俗之谈，应当彻底扫进历史的垃圾堆。

力求唯一、确保第一、敢为天下先规定，致力人生、社会与环境全方位最优化者，必须彻底破除不敢"先出头"的腐朽观念，以及小进即止、只求满意、不求最优，甚至不思进取、得过且过、庸碌无为的思想行为；做到殚精竭虑、倾其全力求唯一，不断填补世界发展空白，始终引领世界发展潮流，永葆世界第一，勇于"先出头"，敢为天下先驱，奋力践行前人没有走过的路，永远走在世界最前列。

（三）创新的最优化方法

创新的最优化方法，指的是遵循创新的最优化原则，结合具体需要和实际情况，以最少的投入消耗，获得最大的创新价值效益的方法。人类千百万年的生产、生活与交往实践，创造和积累了相当丰富的创新最优化方法。其中，至少在科技文化层面，最主要、最常见的有8组16种方法。

1. 预测热点法与冷门爆炸法

预测热点法，即根据事物尤其是人生、社会与环境运动变化的趋势、特点，对几年乃至几十年、上百年后可能出现的热门事业，进行推论，作出准确预见的方法。事物都有自己的发展创新规律，"人无远虑，必有近忧"，"凡事预则立，不预则废"。① 英国16—17世纪著名科学家牛顿指出："没有大胆的猜测就作不出伟大的发现。"② 列宁则认为："神奇的预言是童话，科学的预言却是事实。"③ 他强调"不仅仅限于解释过去，而且大胆地预察未来，并勇敢地用实际活动来实现未来"。④ 澳大利亚现代教育家彼得·伊利亚德认为："今天你如果不生活在未来，那么，明天你将生活在过去。"⑤ 预测热点法要求，及时认清和把握事业变化大趋势，抓住最佳时机，走在时代最前列，力争做出划时代、超历史的重大贡献。英国17世纪剧作大师莎士比亚说过："人间万事都有一个涨潮的时刻，如果把握住潮头就会领你走向好运。"⑥ 大凡赫赫有名的科学巨匠，都是预测事业热点的内行高手。英国现代预言家阿德里安·贝里的《大预言未来500年》一书，对人类迄今的重大事件预测有多项命中。⑦ 美籍华裔科学家、诺贝尔奖获得者杨振宁在谈到自己成功的经验时说道：20世纪"四十年代末五十年代初，物理学发展了一个新的领域。这个新的领域是粒子物理学。我和我同时代的物理工作者很幸运，和这个新领域一同成长。这个领域在（20世纪）五十年代、六十年代、七十年代乃至今天，一直有长足的发展，影响了人类对物质世界结构的基本认识"。⑧ 杨振宁60年前选中的粒子物理学，恰恰是20世纪六七十年代以至今天的物理学热点。在杨振宁看来，"当

---

① 《论语·卫灵公》，《中庸》。
② 引自［英］贝弗里奇著：《科学研究的艺术》，陈捷译，科学出版社1979年版，第153页。
③ 《列宁选集》第3卷，人民出版社2012年版，第551页。
④ 《列宁选集》第2卷，人民出版社2012年版，第441页。
⑤ 引自［美］珍妮特·沃斯、［新西兰］戈登·德莱顿著：《学习的革命》，顾瑞荣译，上海三联书店1998年版，第172页。
⑥ 李光伟编著：《时间管理的艺术》，甘肃人民出版社1987年版，第56页。
⑦ ［英］阿德里安·贝里著：《大预言未来500年》，田之秋译，新世界出版社1997年版。
⑧ 《杨振宁教授谈读书教学四十年》，《光明日报》1983年12月31日。

某一个新兴学科兴起时，可供研究的题目很多，遍地是'黄金'，随手就可捡一块。如果某一学科已经发展了许多年，选题已被许多人占去了，你再去研究，虽然不能说一点成果也搞不出来，但成功的机率就很少了"。因此，他主张"在选择研究方向的时候，要看出哪些学科在今后二三十年内大有前途，然后确定自己的专业"；他认为"只要正确选择自己的专业目标，肯定是前途无量的！"① "愚者暗于成事，智者见于未萌。"② 而今，大量迹象和科学发展的规律所预示的今后数十年乃至上百年甚至永久性的科学事业热点，总体上是原始创新科学、交叉科学、边缘科学、综合科学、方法科学③，特别是系统论、信息论、控制论，最优化理论、原则与方法，以及最优学科学；哲学热点，是思维科学、行为科学、人生哲学、社会哲学、自然哲学、宇宙哲学、科学哲学、横断科学、系统哲学；自然科学热点，是生命科学、管理科学、运筹学、数量经济学，以及克隆技术、纳米技术、量子通信技术、人工智能技术、航空航天航海技术、海洋生物技术、新能源新材料技术、生态环保技术等；人文社会科学热点，是人生学、语言学、人才学、教育学、社会学、未来学、古今中外多元一体的综合创新科学等。这些科学，应引起特别重视。

阳春白雪和者盖寡，高处不胜寒。冷门爆炸法，是在被忽视或因无能为力被放弃冷落的领域大显身手的方法。唐代诗人白居易的《大林寺桃花》一诗："人间四月芳菲尽，山寺桃花始盛开。长恨春归无觅处，不知转入此中来"，人们常讲的"一山有四季，十里不同天"，为冷门爆炸法的运用提供了客观依据。冷门爆炸法规定，对不应忽视和放弃冷落的领域，进行客观评价分析，找出原因，打破瓶颈制约，大开冷门，注入生机和活力，使之"解冻"萌发，苗壮成长，取得历史性突破。美籍华裔教授、诺贝尔奖获得者李政道，当了解到被长期搁置的非

---

① 《杨振宁博士谈专业方向的选择》，《祝你成才》1982 年 1~2 月号。
② 《战国策·赵策》。
③ 详见习近平：《在两院院士大会上的讲话》，新华社北京 2018 年 5 月 28 日电等。

线性方程孤子解的研究仅限于一维空间时，感到需要打破这一冷落僵局，补充发展为三维空间的解。于是，他潜心研究并一举攻克这一冷门难题。在这个领域，他从所知甚少"一下子赶到别人前面"。李政道深有感触地对别人说道："你们要想在研究工作中赶上、超过人家吗？你一定要摸清楚在别人的工作里，哪些地方是他们不懂的。看准了这一点，钻下去，一旦有所突破，你就能超过人家，跑到前头去了。"① 此类现象，不仅在科学文化领域大量存在，而且在其他领域屡见不鲜。

2. 边际生长法与聚焦闪光法

边际生长法，即选取科学交界处或其边缘，作为事业生长点，以取得重大成就的方法。它主张，一方面，大力发现和培植事业边际生长点；另一方面，充分利用事业边际生长优势，使其发挥最大边际效益。现实生活告诉人们，台风的边缘风力最大，畦田边际作物长势最好，排队加塞边缘最有力，边缘化的个人、社会、事业进步阻力最小。现代科学研究的大趋势，除了高度综合之外，便是高度分化，形成越来越多的分支科学、交叉科学、边缘科学。这似乎又一次印证了两极相通、对立统一、相互转化的古训。基于这一事实，英国科学家贝弗里奇在其《科学研究的艺术》一书中指出："有重要的独创性贡献的科学家，常常是兴趣广泛的人，或者是研究过他们专修学科之外科目的人"；因为"独创性常常在于发现两个或两个以上研究对象或设想之间的联系或相似之点，而原来以为这些现象或设想彼此没有关系"，"如果具有相关学科或者甚至远缘学科的广博学识，那么，独创的见解就更可能产生"。② 美国现代控制论创始人诺伯特·维纳深刻指出："在科学发展上可以得到最大收获的领域是各种已经建立起来的部门之间的被忽视的无人区……到科学地图上的这些空白地区做适当的察堪工作，只能由这样一群科学家来担任，他们每人都是自己领域中的专家，但是每人对他的临

① 《年轻人要有一股锐气》，《人才》1982年第5期。
② ［英］贝弗里奇著：《科学研究的艺术》，陈捷译，科学出版社1979年版，第58页。

418

近的领域都有十分正确和熟练的知识。"① 英国现代科学家何非则告诫人们："科学研究工作就是设法走到某事物的极端，观察它有无特别现象的工作。"边际生长法，将越来越显示出自己的巨大威力。

聚焦闪光法，是凝神聚力，集中优势力量，将已获得的知识信息系统概括浓缩，集中到某一项任务焦点上的方法。它是事业由量变到质变的飞跃。"道以多歧亡羊"②，事以散乱乏功。聚焦闪光法强调，通过全神贯注，鼎力以赴，甚至举全国之力、世界之力，形成能量在分散状态下所没有的规模集成效能，从而以重点突破关键任务乃至全部任务。聚焦闪光法，具有炸弹和聚光镜的功能。炸弹中的火药分散后充其量只能燃烧冒烟，而聚集成炸弹却会产生威力巨大的爆炸。同样，散射的光不会雪亮，而聚集成焦点则会发出耀眼夺目的光芒。对此，法国 19 世纪昆虫学家法布尔感叹道："精神集中到一点"，"其力量就好比炸药，立刻可以把障碍物爆炸得干干净净"。苏联作家格拉宁在评价著名昆虫学家柳比歇夫时感慨道：他"一生干了那么多事，产生了那么多思想，这是用什么方法达到的？最后几十年（他是 82 岁去世的），他的工作精力和思维效率有增无减。关键不是在数量上，而在他是怎么样，用什么方法做到的"；"他是依靠他那最最合理的方法一手造就了自己；他创造了他的方法，他通过他的方法证明，如果把一切才能集中用到一个目标上，可以取得多么多的成就。只要连续多年有系统地、深思熟虑地采用他的方法，可以超过天才。他的方法似乎使才能提高了。他的方法是远射程的枪炮，是把所有光线集中到一点的凸透镜，是加速器。它是理智的凯歌"。③ 柳比歇夫一生出版近 70 部学术著作，还写有 12500 页的打印论文。他所采用的主要创新方法，便是十分奏效的聚焦闪光法。人们常讲的"团结就是力量"，解体前的苏联综合国力堪与世界霸主美国抗衡，欧共体的繁荣发展等，在方法论层面，所诠释的就是聚焦闪光

① ［美］维纳著：《控制论》，郝季仁译，科学出版社 1985 年版，第 2 页。
② 《列子·歧路亡羊》。
③ 肖兰、丁成军编：《人才谈成才》，中国青年出版社 1986 年版，第 248、249 页。

法的特有能量魅力。

3. 发散猎奇法与收敛集萃法

发散猎奇法，又称演绎索奇法、辐射求新法。它是按照事物的普遍联系，尤其是主要相关联系特点，进行创新的方法。英国科学家牛顿发现万有引力定律，采用的即是发散猎奇法。儿时的牛顿和小朋友在一起玩耍，很多小朋友对司空见惯的苹果落地现象熟视无睹、置之度外。牛顿却陷入沉思，任凭思绪自由发散——苹果为什么落在地上，而没有向前后左右和天上飞去？月亮挂在天上活像一个大苹果，为什么月亮不会落地——炮弹打出去划一道弧线落地，如果它打得像月亮那样高还会落地吗？正是带着和长期思考着这样一连串的问题，通过发散猎奇法，牛顿发现了万有引力定律。逻辑学中的演绎法、文艺创作中的情节构思法，多半属于发散猎奇法。发散猎奇法要求，根据事物的普遍联系，由内而外、由此及彼、联想开去，举一反三，从而形成新思路、发现新事物、得出新论断。

收敛集萃法，又称归纳推导法、组合集结法。它是与发散猎奇法方向相反的一种创新形式，是根据事物的组合集结性特点予以创新的方法。逻辑学中的归纳综合法、文艺创作中的杂取法，均属收敛集萃法。收敛集萃法规定，将分散的对象、信息，由外而内，由分到总，整合成一体，从中发现和抽象概括出某些共性、联系、规律，形成整体升华效应。

4. 类向推衍法与逆向反求法

类向推衍法，即根据矛盾双方的统一性，对有关对象进行同向、近向或侧向类推的延伸方法。它主要包括同向延伸法、近向延伸法、侧向延伸法几种类型。恩格斯对类向推衍法给予高度评价。他说："如果我们把事情顺过来，那么一切都会变得很简单。"① 逻辑学中的类比推理、相似假说，修辞学中的比喻、借代、夸张，运用的即是类向推衍法。原

---

① 《马克思恩格斯文集》第9卷，人民出版社2009年版，第464页。

子弹制造者从火药聚集可以制成威力颇大的炸弹，悟出原子核聚变能够制成威力极大的原子弹原理；各种仿生器具发明者从相关生物形状、性能、特点悟出仿生器具设计工艺，如蜂窝散热器、鱼雷、潜艇、直升飞机的构造；大量成功经验借鉴等，所运用的亦是这种方法。类向推衍法主张，依据矛盾统一性可以由小到大、由此及彼的特点，沿自己所需要的正确取向，使好事锦上添花，创新层出不穷，将事物进一步推向前进乃至推向极致；循科学思路，让事业熠熠生辉，使之充分发挥创新效能。

逆向反求法，又叫反向创新法、倒转创新法、反刍创新法。它是与类向推衍法相对应的，根据矛盾双方的对立性，与有关对象背道而驰的方法。这种方法，往往成本十分低廉，效果却极为显著。氢弹制造所依据的核裂变原理方法，采用的即为原子弹制造所依据的核聚变原理方法的逆向反求法；"把木梳卖给和尚"，让其自用梳头挠痒，或作为开光"法器"圣物赠送善男信女大获收益的方法；由"1+1可以等于或大于2"，想到"1-1可以等于或大于0"；人们所熟知的"塞翁失马，焉知非福"，用必要的资产、感情投资换取数倍的回报等方法，亦复如此。逆向反求法强调，按照矛盾对立性在一定条件下可以相互转化的特点，尽可能地创造条件，让缺点转为优点，让教训变为财富，让失败成为成功之母，使坏事变为好事。

5. 多维交合法与头脑风暴法

多维交合法，即将多维孤立零散的富有价值效益的相关元素、信息正确科学整合在一起，从而产生奇迹，达到一定目的的方法。它要求，通过多视角、多渠道、多层次、多形式的多维审视、对比、分析、鉴别、筛选、联想、优化、组合，特别是奇异交合，实现创新愿望。它大致分为搜集、整理、析别、归类、优选、改造、升华、整合8个步骤。

被誉为人类有史以来"智商最高"（200）的"旷世奇才"、15世纪意大利天才达·芬奇，之所以能够集哲学家、数学家、物理学家、工程师、文学家、画家、音乐家于一身，其所采用的科学艺术方法，主要是多维交合法。19世纪，担任过法国科学院秘书、帝国大学参议员、国家参政员的奇才居维叶，之所以成为头戴生物学家、博物学家、社会学家、政治活动家几顶桂冠的赫赫有名的科学文化巨人，其举世罕见、多得惊人的辉煌业绩，亦主要得益于多维交合法。

居维叶所采取的具体做法有四种：

一是善于挖掘、改造前人的科学遗产，批判地传承其精华，弥补其不足。

二是善于发现、吸收、利用组织和整合同时代人的最新科学成果。他坦率地说道："生活在如此多的博物学家中间，当他们著作一出现，就很快从中抽取所需素材，像他们自己一样享有集中起来的好处。如此构成大量专门适用于我的研究课题的材料。我的大部分劳动仅在于使用如此丰富的材料。"

三是广泛结交，虚心求教。居维叶的朋友遍及许多行业：既有大名鼎鼎的科学家、教授、旅行家，也有一般工人、农民、市民等。他对朋友常讲的口头禅是："对于我，请公布您的珍藏。"① （当今社会，涉及的隐私保护、知识产权应当有偿获得。）

四是创造条件，利用一切渠道和机会搜集信息用于发明创造。他除了参加会议外，还经常自己出资举办各种形式的学术沙龙。

20世纪中叶，震惊世界的美国阿波罗登月计划的成功设计和实施，使用的也是多维交合法。该计划总指挥韦伯坦言："阿波罗登月计划中没有一项新技术，都是现成的技术，关键在于综合。"②

达·芬奇、居维叶的成功创新之路和阿波罗登月计划的成功设计和实施，值得效法。现代高科技营造的通信快捷、交通便利、信息爆炸、大数据、云计算、互联网、数字化，将使多维交合法如虎添翼，更显神通。

---

① 《人才》1982年第7期，第40页。
② 参见严智泽等主编：《创造学新论》，华中科技大学出版社2002年版，第326页。

　　头脑风暴法，是基于一定目标需要，邀请若干专家海阔天空地各抒己见，掀起头脑风暴，形成思想碰撞火花，进而得出最佳方案的方法。它规定，集思广益，让应邀者打破等级常规，畅所欲言，力求获得最优方案。我国先秦时期的诸子百家争鸣，古希腊罗马时期的各种学术流派之争，20 世纪 30 年代后期法国兴起的被称作一群"数学疯子"的布尔巴基学派，就十分推崇头脑风暴法。该学派相关人员经常聚集在一起大鸣大放大辩论，从而在头脑风暴激荡中冲破各种传统模式，形成优势互补，碰撞出直觉、灵感、顿悟火花，造就出闪光的创新思想。锐意创新者，不可不引起高度关注。

　　6. 怀疑求异法与希望筛选法

　　怀疑求异法，即通过怀疑而求得异于他人的创新方法。我国古代先哲老子有一句名言："胜人者有力，自胜者强。"① 高尔基说过，人类"最伟大的胜利就是战胜自己"。爱因斯坦则说道："一个人的真正价值首先取决于他在什么程度上和在什么意义上从自我解放出来。"② 怀疑不仅包括别人别事，而且包括自己和个人之事。怀疑求异法主张，根据事物在每一瞬间既是它自身又不是它自身，一切皆流，一切皆变，只有变化永恒不变，"一切都是相对的"辩证唯物主义观点，以及人的认识、实践能力和客观条件的永恒局限性，通过对现有文明成果的大胆怀疑，提出不同看法，作出大胆设想，从而达到疑中求异、疑中求新的创新目的。创新同读书一样，贵在有疑，大疑则大进，小疑则小进，无疑则不进。马克思为人处事不仅相当坦诚，而且一向十分重视怀疑求异法。他平生最喜爱的两句名言，除了"人所有的我都具有"外，便是"怀疑一切"。③ 马克思是这样恪守的，也是这样去做的。列宁评价马克思的怀疑精神和治学态度时说道："凡是人类社会所创造的一切，他都有批判地重新加以探讨，任何一点也没有忽略过去。凡是人类思想所建

---

① 《老子·道德经》第三十三章。
② 《爱因斯坦文集》第 3 卷，许良英等译，商务印书馆 1979 年版，第 35 页。
③ 《马克思恩格斯全集》第 31 卷，人民出版社 1972 年版，第 589 页。

树的一切，他都放在工人运动中检验过，重新加以探讨，加以批判，从而得出了那些被资产阶级狭隘性所限制或被资产阶级偏见束缚住的人所不能得出的结论。"① 伟人之所以伟大，除了他们的天才和勤奋之外，在很大程度就在于其具有高度的怀疑精神、自尊自信力强；常人之所以是常人，在很大程度就在于他们墨守成规、不敢怀疑、习惯于跪着，而站起来却是另一番世界。一个不敢向权威挑战，怯于向现有定论提出怀疑的人，绝不会成为历史的伟人。孔子所说的"当仁不让于师"②，唐代文人韩愈所说的"闻道有先后，术业有专攻"，"弟子不必不如师，师不必贤于弟子"③，亚里士多德面对恩师柏拉图所说的"我爱我师，但更爱真理"，德国现代哲学家尼采所说的"永远做一个好的学生，这对于他的老师不是好的报答"④，均提供了相关典范。世界在不断变化，人的认识和实践能力在不断提高，科学工具和手段在不断改进，科学发展进程本质上是不断发现、怀疑、"证伪"和上升、前进的过程；那些既不能被证实也不能被证伪的命题，除了自相矛盾的悖论外，便是伪科学命题。⑤ 英国当代哲学家波普尔的"证伪主义"，对此进行了精辟的诠释。当然，老是怀疑、疑而不决也不可取；老是怀疑，有时会导致"疑事无成，疑行无功"。⑥ 正如鲁迅所说："怀疑并不是缺点。总是疑，而并不下断语，这才是缺点。"⑦ 在一定意义，怀疑并不总是同自信、严谨的创新相联系，而且还会同无知相伴随。老是疑而不决，就会陷入

---

① 《列宁选集》第 4 卷，人民出版社 2012 年版，第 284、285 页。

② 《论语·卫灵公》。

③ （唐）韩愈：《师说》。

④ 引自严智泽等主编：《创造学新论》，华中科技大学出版社 2002 年版，第 98 页。

⑤ 有些学者依据人类认识和实践的永恒有限性，认为尽管人们更多地倾向于辩证唯物主义，反对不可知论，但理论上却对广义世界的有限性和无限性，世界的物质统一性，既不能证实，也不能证伪；这种观点，虽然不无一定科学价值，但是在人类无限发展着的认识和实践活动进程中，世界的有限性和无限性，世界的物质统一性，却不断地在现实世界被肯定和证明；其实，认识人类视野之内的有限宇宙，远比认识在人类视野之外的无限宇宙意义要大得多。

⑥ 《战国策·赵策》。

⑦ 《鲁迅全集》第 6 卷，人民文学出版社 1981 年版，第 486 页。

相对主义和不可知论。但是，这绝不排除将怀疑求异法作为重要创新方法的必要性。

希望筛选法，是在既定希望引领下最正确科学地筛选创新目标的方法。它强调，一方面，将规定目标全面审视，找出其优点和缺点，提出改进希望，从中淘汰其缺憾、弊端，从而筛选出最佳希望；另一方面，请有关专家人员帮助审查、鉴别最佳希望。希望筛选法的特点是希望切实，便于操作，见效快，收益高；它广泛应用于哲学、自然科学、人文社会科学和其他各种认识与实践活动之中。各级各类项目论证，均离不开希望筛选法的支持。重大项目论证，则往往需要多层次、多形式的多次性希望筛选法的介入，需要予以层层筛选，级级升华。

7. 常规探取法与超常飞跃法

常规探取法，又称一般探求法。它是按照惯常规则，进行创新的方法。它具有传统性、习惯性、经验性、大众化、一般化的特点，适用于解决普通创新问题。如日常衣、食、住、行、用、文、学、艺，以及劳动、休息、医疗、保健、婚恋、生育、家庭、交往、环境中的常见创新问题。常规探取法要求，常人常事常规划，与平常中见真知；常物常理常思维，在平常中见水平，发现真理、悟出奥妙、展现风采、创造新奇。

超常飞跃法，又称疾行跨越法。它是与常规探取法相对应的，超越常规标新立异的方法；具有反传统、违习惯、悖经验、个性化、特殊化的属性，常以叛逆姿态、异想天开形式，出人意料、飞跃突进。通常用来解决一些棘手难题、特殊问题、新奇问题、高难度对策博弈问题、发明创造问题。著名军事家孙武、诸葛亮，著名诗人歌德，音乐大师贝多芬，著名科学家达·芬奇、牛顿、爱因斯坦、居里夫人，世界发明大王爱迪生等，他们惯用的创新方法，多是超常飞跃法。天才伟人、巨匠大师与一般人的最大区别，往往就在于前者在兼用常规探取法的同时，善用超常飞跃法；而后者则通常拘泥于常规探取法。超常飞跃法规定，新人、新事、新思路，于新异中出神奇；特物、特理、特对待，在特别中求超常；在少见多怪中见奇迹，在奇思妙想中凌空展翅飞翔。

8. 多元激发法与志在必胜法

多元激发法，即运用多种形式激发创造思想，激励创新行为的方法。它主张，充分利用哲学、逻辑学、生理学、心理学、教育学、行为科学、美学、概率统计、信息论、控制论、系统论、未来学、创造学和调查、观察、实验、探索的最优化方法等，尽可能地启迪思维，激发直觉、灵感、顿悟，开展创新活动，从而达到理想化的创新目的。

志在必胜法，是立志既定志向，目标所指必定得以胜利的创新方法。其突出特征是，敢想敢干，敢于胜利；大有"舍我其谁也""唯我莫属""唯我独尊""唯我独胜"顶天立地的英雄主义气概。对此，美国成功学家拿破仑·希尔有一句名言："我成功，是因为我志在成功。"① 志在必胜法强调，坚定信心，强化意志毅力，倾力实践，不获全胜决不罢休。被誉为企业家摇篮和"鼓气学校"的日本富士山下的一所学校，在培养和训练学生创新能力方面所采用的就是志在必胜法。该学校校旗上写着"一百升汗水和眼泪" 8 个大字。学校将学生分成若干小组，13 个人一组，每天数次走上大街高呼："我是最优秀分子，我能胜！我能胜！我能胜！"上课时，老师领着学生高喊："我能干！我力大！我年轻！我能胜！我能胜……"校长介绍说，我们的办学方针就是教给学生"足够自信力"，"我们的目的就是要把每个学生推到极限，然后战胜极限"。② 美国西点军校，所采用的让学生在充满信心的极端严酷条件下进行的魔鬼训练等，亦与志在必胜法结下不解之缘，给人们带来极大的启迪、震撼与正能量。

除此，创新的最优化方法作为一个庞大的群体，还包括其他章目所述的相关认识的最优化方法、实践的最优化方法、资源开发与利用的最优化方法，以及理想设定法、实验探索法、规律发现法，有无转换法、

---

① 引自金泉编著：《心态决定命运》，海潮出版社 2001 年版，第 50 页。
② 参见李光伟编著：《时间管理的艺术》，甘肃人民出版社 1987 年版，第 63 页。

突出重点法、全面安排法、可持续延展法，循序渐进法、交叉并举法、缺点排除法、优点集成法、解构重组法，原点反思法、两端极化法、迎头赶超法，就势布局法、借局布势法、造势立异法、纵横裂变法，自我挑战法、超越极限法、出奇制胜法，尤其是直觉、灵感、顿悟等奇思妙想开发与利用法和情绪安排法，全方位开放、立体化办事、动态化调控、系统化设计规划建构提升推进方法，争取外援、善假于物方法等，它们都可以大力借鉴，广泛利用。

第十章 最优学的系统整合、未来发展及其歌诀千字文

最优学，是一个相互联系、不可分割的有机整体。它既需要各部分内容的具体建构，又离不开各部分内容之间的系统整合、未来发展设想，甚至还需要哲理意境、文学语言、诗歌体裁的一定歌诀助力支持。最优学的系统整合、未来发展及其歌诀千字文，可谓最优学的高度概括、升华、展望与学记歌诀，在最优学的构成体系中居于统摄全局的重要地位，发挥着特有的重要功能效用。

一、最优学的系统整合

"整合"一词，在我国当今是一个使用频率极高的前沿新潮词汇。它指的是，事物或要素之间作为一个有机整体的相互融合贯通。英语中的"整合"（together）一词，含义与我国汉语相同。最优学的系统整合，即最优学各部分内容的整体有机结合；它高度概括彰显着最优学的内容体系、性质特点。马克思指出："不同要素之间存在着相互作用，每一个有机整体都是这样。"① 现代系统论创始人、美籍奥地利著名科学家 L. 贝塔朗菲（Ludwig Von Bertalanffy）认为，"'整体大于它的各

---

① 《马克思恩格斯文集》第 8 卷，人民出版社 2009 年版，第 23 页。

部分的总和’是基本的系统问题的一种表述，至今仍然正确”；他强调："这是我们在观察各种各样对象——无论是活的机体、社会集团，或者以至原子时所遇到的事实。"① 我国当代著名科学家钱学森深刻揭示道："系统思想是进行分析与综合的辩证思维工具，它在辩证唯物主义那里取得了哲学的表达形式，在运筹学和其他系统科学那里取得了定量的表述形式，在系统工程那里取得了丰富的实践内容"；"局部与全部的辩证统一，事物内部矛盾的发展与演变等……是‘系统’概念的精髓"。② 系统在客观世界中的普遍性，为最优学的系统整合提供了深刻的科学依据，使最优学的系统整合成为必要和可能，进而可以变为现实。

（一）最优学的系统整合要义旨归

最优学的系统整合，其要义旨归在于将最优学作为一个系统整体，使其各部分内容之间达到尽可能地融会贯通、协调一致、相得益彰，从而最大限度地发挥整体功能大于各孤立要素（部分）功能之和的最大系统功能，产生最大价值效益，实现其原创科学的整体最优化和人生、社会与环境整体全方位最优化。我国系统论学者欧阳光明，在其所参写的北京大学孙小礼教授主编的《科学方法中的十大关系》一书中精辟地指出："系统最优化，这一现象和趋势是复杂系统为目的性所驱使的一种客观规律"；"优胜劣汰，适者生存"，"人们希望系统最优化，而系统最优化又是可能的，原因就在于系统的复杂性和多样性。对于任何一个系统而言，其存在的方式是多种多样的。既然存在差别，就可以比较，就会有最优。研究系统问题就是要用最优化的观点使系统达到最佳状态"；"无论是在研究、设计、制造、管理人造技术系统"，"还是在研

---

① ［美］L. 贝塔朗菲：《普遍系统的历史和现状》，《科学译文集》，科学出版社 1981 年版。

② 上海交通大学编：《智慧的钥匙——钱学森论系统科学》，上海交通大学出版社 2005 年版，第 42、79 页。

究自然界的生命系统", 都"应用最优化的原则去研究其规律和原因"。① 最优学的系统整合实质, 就是根据人生、社会与环境最优化的总体需要, 按照最优学整体最优化的规定, 以及各部分内容的不同特点和相互关系, 最正确科学地建构起最优学系统整体。最优学的系统整合意义, 就在于它不仅能够最大限度地防范和消除最优学各部分内容之间的不应有的排斥、对立和隔膜, 弥补其分章列项的研究缺憾, 而且能够使其各部分内容之间的关系达到最大限度的和谐统一, 从而发挥出最大学术理论价值和实践应用效益。

（二）最优学的系统整合方略与相应体系

最优学的系统整合方略, 重在按照最优学的系统整合要义旨归, 把最优学学科群体及其硬件建设的构成体系作为一项宏大系统工程, 运用系统论的最优化理论、原则与方法, 将最优学的各部分内容最正确科学地整合为一个有机体, 使之达到全方位最优化, 产生最大系统功能, 形成最大价值效益。最优学的系统整合相应体系, 在很大程度除了自身四部一统十位一体的新体系之外, 还包括最优学学科群及其硬件建设的构成体系。

最优学学科群的构成体系, 可谓最优学构成体系的全方位延伸和展开。它主要涉及最优学通论（最优学原理与方法）、人生最优学（主要为《人生最优化原理》《人生最优学新论》《中外名人的人生之路: 人生最优化相关范例评介》）, 社会最优学（主要为《社会最优化原理》）, 以及认知最优学（思维最优学）、语言最优学、行为最优学（实践最优学）, 经济最优学、政治最优学、文化最优学、教育最优学、科技最优学、卫生最优学、体育最优学、人际关系最优学、军事最优学、外交最优学, 资源最优学、管理最优学、发展最优学、创新最优学、环境最优学（生态最优学）、系统最优学、未来最优学, 理论最优

---

① 孙小礼主编:《科学方法中的十大关系》, 学林出版社 2004 年版, 第 99 页。

学、应用最优学，定性最优学（一般最优学、普通最优学）、定量最优学（数量最优学），最优学分支、交叉、边缘、综合、新兴科学，最优学案例分析，最优学思想史，比较最优学，最优学原著选介、研究动态、前沿问题、未来发展等诸多形式的最优学。见图10-1。可以说，有多少学科门类就有多少种相应的最优学。这些最优学形态，构成各具特色而又优势互补的有机整体。其中，最优学通论作为对最优学的通体研究论析或曰广义最优学原理与方法，自然居于基础和支配地位；人生最优学、社会最优学作为最优学的主干内容，自然构成最优学的中心内容；其他最优学形态作为最优学通论、人生最优学、社会最优学不同向位、层面的拓展和应用，则服从和服务于最优学通论和人生最优学、社会最优学。

最优学硬件建设的构成体系，主要涉及最优学系科学院的创建，相应学术团体、科研机构的设立，最优学报纸杂志、网站的创办，最优学奖项的设立，最优学国际交流合作研究等。它们将伴随最优学的全面发展应运而生，与最优学其他构成体系建设相辅相成，同向同行共进。

二、最优学的未来发展

天道不可违，人道犹可追；天随人愿，事在人为。

最优学通论特定的内容体系和人生最优学、社会最优学，以及其他各学科、门类、分支、交叉、边缘、综合、新兴最优学，乃至与最优学学科群的构成体系相适应的最优学硬件建设的构成体系等，决定了最优学充满无限生机，具有无比强大的发展动力，无限光明的未来发展前景。最优学的未来发展前景，必将是高度自觉主动化，内容范围极大化，形式风格多样化，文理交叉综合化，科技含量最大化，应用收益极效化，全面系统最佳化，自成一体独立化，学科群体繁荣化，各行各业普及化。未来的最优学，必定成为人类永恒的、最正确科学有效、最富有价值魅力、最具影响前途的科学。最优学所迎来的未来的人类社会，

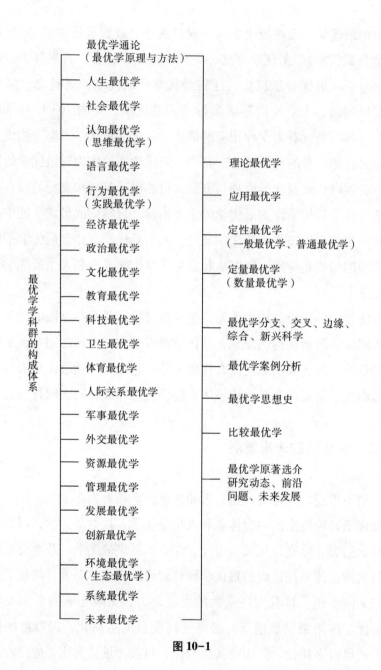

图 10-1

必定是一个思必想最优、言必称最优、行必求最优、动必取最优，自觉
自为而又极其有效地获得人生、社会与环境全方位最优化的社会，一个
永远立于宇宙最优化之巅的社会，一个最优化永恒发展的社会，一个人

类彻底解放、个人全面发展，物质产品极大丰富、人的思想觉悟极大提高、人际关系最大限度的协调，人们各尽所能、各取所需、按需分配，互助合作、环境尽可能地友好和谐的社会。这个社会一定会到来，这个社会正以锐不可当之势昂首阔步、高歌猛进地向我们走来！它将走进星光灿烂的天宇，走出一条金光闪闪的通天大道，创造出一个又一个神话般奇迹！

让我们高擎最优学的大旗，以豪迈的激情，昂扬的斗志，开拓奋进，勇往直前，创造和迎接最优学乃至人类社会的光辉灿烂的未来！

三、最优学歌诀千字文

文以载道，道以文彰；"言之无文，行而不远"[1]，而"正得失，动天地，感鬼神，莫近于诗"。[2] 为了丰富内容，创新语言，活跃形式，提升品位，便于学记和系统掌握、高效应用、广泛传播最优学的基本内容，特别是其理论、原则与方法，同时也为了立说立行，理论联系实际，把最优学的理论、原则与方法应用于本书的写作实践，实现最优学的思想内容与表现形式的完美统一，特以哲理意境、文学语言、诗歌体裁这一写作最优化表达方式，将最优学的各项内容概括、升华为以下歌诀千字文，奉献给广大读者和社会各界同人。

（一）最优学的缘起、由来与创立

茫茫宇宙无边际，形形色色多奇异。

无始无终恒运动，永续发展不停息。

普遍联系相作用，千变万化有玄机。

最优现象广存在，最优本质互统一。

---

[1]　孔子语；见《左传·襄公二十五年》。
[2]　（汉）毛苌：《诗》序。

最优缘起极深远，最优由来广无比。

最优规律寓其中，最优变化无所敌。

最优规则定向位，最优发展规全局。

自然界域莫能外，人生社会更如此。

芸芸众生大彻悟：最优原本遍寰宇！

最优观念应建树，最优大旗当高举。

最优资源待开发，最优密码需破译。

最优科学应研究，最优学科当创立！

（二）最优学的内在规定与强力支持系统

最优科学参天地，行健自强无所惧。

植根宇宙之本真，源于需要求极值。

映现世界之灵韵，揭示自然之奥秘。

穷究人生之精妙，彰显社会之真谛。

内在规定甚明确，含义特点尤清晰。

研究对象最优化，所有事物取最利。

以人为本求至善，统筹兼顾著威力。

全面协调不疏漏，持续发展不停息。

创新驱动能量大，绿色推进特合理。

开放合作求共赢，成果共享最有益。

向着最好去努力，向着最坏去防御。

投入消耗须最少，收益要求最大值。

内容新颖且宏大，天地人事无不及。

构成体系特新颖，逻辑严谨堪称奇。

学科定位尤特殊，傲然屹立不可替。

支持系统极强大，哲学依据倍鼎力。

天道自然相助推，生物世界互周济。

人文社科作砥柱，科技方略功效巨。

古今最优作参验，中外最优为考据。
融会贯通再创新，淡妆浓抹总相宜。
历史确证何其多，事实面前毋置疑。
现实走势甲天下，时时处处露晨曦！

（三）最优学的形态、规律、范畴与关注

最优科学真神奇，顺天应人禀机宜。
人自天来遵天道，天以人贵人第一。
以事为体寻最优，以物为器作工具。
以理为用精参验，人事物理相助益。
最优形态多元化，样式不一永牢记。
生发分异两极化，适中和合创新奇。
最优原本一系列，千姿百态如林立。
人优社优环境优，各种最优成一体。
最优规律广存在，为人处世莫违逆。
多样统一相贯通，转化递升互制宜。
系统演进无止境，顺应发展勇进取。
最优范畴相关联，复杂多样为一体。
相对绝对互规定，模糊精确难分离。
部分整体相成辅，内容形式互一致。
静态动态相贯通，有限无限互统一。
最优关注为根本，其他关注莫大意。
最优主体立天地，最优客体含妙机。
最优认识知世界，最优实践无匹敌。
最优方式多样化，事半功倍齐发力。
各种方式相配合，优势互补功效巨。
最优精神永向上，最优意志不可移。
吞吐日月冲霄汉，思接千载骛八极。

435

呼风唤雨挟雷电，排山倒海力无比。

出神入化创大业，经天纬地建奇迹！

（四）最优学的理论、原则与方法

最优学科多魅力，基本理论要牢记。

乐天达观永向前，昂扬奋进猛搏击。

最佳目标精设计，牢固确立为前提。

天人关系为背景，合乎需要遵规律。

目标高远又切实，扬长避短彰优势。

化整为零层层进，积零为整利又利。

以变应变不离宗，科学修正不迟疑。

最优路线巧规划，最大收益代价低。

最优实践踏实地，最优调控特及时。

最良环境大营造，过程调优抢先机。

基本理论尤重要，通用原则牢坚持。

人本物用铭心间，突出重点彰核力。

周密安排零缺陷，整体少耗效益巨。

人生社会环境美，全面发展创佳绩。

最优原则相促进，规模效益可称奇。

法天行健求至善，方法互补相给力。

定性定量相结合，简单复杂互一致。

要素结构相协调，系统环境互适宜。

现实可能相贯通，理论实践互一体。

最优方法贵选创，利害相权取其利。

利利相权取最大，能全取的全都取。

害害相权取最小，能不取的均舍弃。

充分发挥正能量，全面杜绝负效益。

一般方法作底蕴，主要方法倍给力。

简易方法特便捷，高级方法驭全局。

方法配合显身手，所到之处皆胜利！

（五）最优学的宗旨、指向、聚焦、追索与保障

最优学科无伦比，现实理想相联系。

最优宗旨统全面，最优人生显威力。

最优指向定向位，最优路线不背离。

最优经济为基础，最优政治倍称奇。

最优文化尤繁荣，最优民生永牢记。

最优生态最宜人，天蓝地绿皆欢喜。

最优发展为主线，好快多省勇进取。

统筹兼顾相配合，厚积薄发可持续。

最优聚焦保重点，统筹规划须注意。

最优生产效益高，最优经营功效巨。

最优生活特高尚，幸福美满多安逸。

最优交往大学问，经世致用莫小视。

相互尊重倍和谐，互利共赢均惬意。

具体事物具体待，特殊情况特处理。

个体群体相辅成，并列交叉联一体。

主次轻重关重要，难易缓急藏妙机。

先主后次巧安排，先重后轻分高低。

先易后难妙排序，先急后缓有条理。

多维交合需计量，矛盾冲突取至利。

最优追索求最佳，快速高效取最值。

最优资源待开发，最佳利用出奇迹。

人力资源最宝贵，人口质量居第一。

人事安排尤科学，机能发挥要重视。

物力资源需环保，清洁循环从长计。

437

开源节流须并重，科学开发大受益。

空间资源多有限，充分利用不浪费。

因形填空不闲置，序变质变创神奇。

财力资源有限度，周密计划最有利。

确保重点扶贫困，统筹安排出效益。

时间资源常一定，能同时的不异时。

可并行的不单行，能交叉的不独立。

速度快慢决胜负，小进即停须防止。

争分夺秒抢机遇，捷足先登最有益。

功效资源最直接，确保收益合实际。

信息资源特重要，广开来源多搜集。

人和人力贵妙用，占尽天时与地利。

超越时空引未来，因势利导做先驱。

人尽其才物尽用，财尽其力优配置。

其他资源广开发，充分利用大受益。

系统综合猛增效，规模效用无可比。

最优保障一体化，相互配合最有力。

最优管理水平高，管人管物功效巨。

理财理时出奇效，收益巨大无企及。

改革开放促转型，更新换代求升级。

内外互动相交流，发展前景尤美丽。

最优创新全方位，敢为人先创新奇。

原始创新最尊贵，力求唯一保第一。

勇做时代弄潮儿，永于历史潮头立！

（六）最优学的系统整合与未来发展

最优科学最大气，最优学科照寰宇。

人事物理交相助，自由王国任腾飞。

文理科学相交叉，综合学科出奇迹。

多管齐下共参战，社会各界齐参与。

系统整合奏奇效，最优蔚然成一体。

全面推进建大业，未来发展创伟绩。

最优主体更伟大，最优客体更鼎力。

最优认识更精当，最优实践更威仪。

最优理论更正确，最优原则更高级。

最优方法更完善，最优内容更富裕。

最优组合更恰当，最优体系更神奇。

最优业绩特显著，天地之间任披靡。

人生最优为宗旨，社会最优统全局。

经济最优卷巨澜，政治最优竞高低。

文化最优相峥嵘，民生最优为真谛。

环境最优为守护，内外最优最惬意。

所有最优相整合，系统效益大无比。

未来前景无限好，最优事业最壮丽！

主要参考文献

（一）

（1）《周易》《诗经》《尚书》《老子·道德经》《论语》《孙子兵法》《墨子》《管子》《庄子》《大学》《中庸》《礼记》《孟子》《荀子》《韩非子》《黄帝内经》《淮南子》等。

（2）北京大学哲学系中国哲学史教研室编注：《中国哲学史教学资料选辑》上、下卷，中华书局1981、1982年版。

（3）北京大学哲学系外国哲学史教研室编译：《西方哲学原著选读》，商务印书馆1981、1982年版。

（4）《马克思恩格斯文集》第1~10卷，人民出版社2009年版。

（5）《列宁选集》第1~4卷，人民出版社2012年版。

（6）《马克思恩格斯列宁斯大林论人性异化人道主义》，清华大学出版社1983年版。

（7）《马克思恩格斯列宁斯大林论历史科学》，人民出版社1980年版。

（8）《马克思恩格斯列宁斯大林论思想方法和工作方法》，人民出版社1984年版。

（9）《毛泽东选集》第1~4卷，人民出版社1991年版；《毛泽东文集》第1~8卷，人民出版社1993、1996、1999年版。

（10）《邓小平文选》第1~3卷，人民出版社1993、1994年版。

（11）《习近平谈治国理政》第1卷，外文出版社2018年版。

（12）《习近平谈治国理政》第 2 卷，外文出版社 2017 年版。

（13）《习近平谈治国理政》第 3 卷，外文出版社 2020 年版。

（14）中共中央：《关于制定国民经济和社会发展第十个五年计划的建议》，《人民日报》2000 年 10 月 19 日。

（15）江泽民：《在庆祝中国共产党成立八十周年大会上的讲话》，《人民日报》2002 年 11 月 18 日。

（16）胡锦涛：《在中国共产党第十八次全国代表大会上的报告》，人民出版社 2012 年版。

（17）习近平：《在中国共产党第十九次全国代表大会上的报告》，人民出版社 2017 年版。

（18）习近平：《在庆祝中国共产党成立 100 周年大会上的讲话》，人民出版社 2021 年版。

（19）中共中央：《关于全面深化改革若干重大问题的决定》，人民出版社 2013 年版。

（20）中共中央：《关于坚持和完善中国特色社会主义制度、推进国家治理体系和治理能力现代化若干重大问题的决定》，新华社北京 2019 年 11 月 5 日电。

（21）《国家"十四五"发展规划和 2035 年远景目标纲要》，新华社北京 2021 年 3 月 12 日电。

（22）马克思主义理论研究和建设工程重点教材编写组：《马克思主义哲学》，高等教育出版社、人民出版社 2009 年版。

（23）郭贵春主编：教育部硕士研究生思想政治理论课教材《自然辩证法概论》，高等教育出版社 2013 年版。

（24）杨春贵主编：教育部硕士研究生思想政治理论课教材《马克思主义与社会科学方法论》，高等教育出版社 2012 年版。

（25）马克思主义理论研究和建设工程重点教材编写组：《马克思主义基本原理》，高等教育出版社 2021 年版。

（26）马克思主义理论研究和建设工程重点教材编写组：《思想道德与法治》，高等教育出版社 2021 年版。

（27）马克思主义理论研究和建设工程重点教材编写组：《中国马克思主义与当代》（博士研究生教材），高等教育出版社 2021 年版。

（28）张岱年著：《中国哲学大纲》，中国社会科学出版社 1982 年版。

（29）张岱年等主编：《中国文化概论》，北京师范大学出版社 2004 年版。

（30）邢贲思：《哲人之路》，浙江人民出版社 2002 年版。

（31）邢贲思主编：《哲学前沿问题述要》，人民出版社 1993 年版。

（32）罗国杰主编：《伦理学》，人民出版社 1989 年版。

（33）张世英著：《进入澄明之境》，商务印书馆 1999 年版。

（34）袁贵仁著：《对人的哲学理解》，东方出版中心 2008 年版。

（35）王伟光著：《利益论》，中国社会科学出版社 2010 年版。

（36）李德顺著：《价值论》，中国人民大学出版社 1987 年版。

（37）杨耕著：《为马克思辩护》，北京师范大学出版社 2006 年版。

（38）王浦劬等著：《政治学基础》，北京大学出版社 2014 年版。

（39）赵剑英著：《哲学的力量》，中国社会科学出版社 1997 年版。

（40）王通讯著：《人才论集》第 1~5 卷，中国社会科学出版社 2001 年版。

（41）刘蔚华主编：《方法学原理》，山东人民出版社 1989 年版。

（42）孙小礼等主编：《科学方法》上、下册，知识出版社 1985 年版。

（43）张继志主编：《实用方法与技巧》，哈尔滨船泊工程学院出版社 1989 年版。

（44）冯之浚主编：《软科学纲要》，生活·读书·新知三联书店 2003 年版。

（45）盛立人等编著：《社会科学中的数学》，科学出版社 2006 年版。

（46）莫语编著：《数字知道答案》，北京邮电大学出版社 2006 年版。

（47）李光伟编著：《时间管理的艺术》，甘肃人民出版社 1987 年版。

（48）李国纲主编：《管理系统工程》，中国人民大学出版社 1998 年版。

（49）时蓉华主编：《现代社会心理学》，华东师范大学出版社 2007 年版。

（50）王重鸣编著：《管理心理学》，人民教育出版社 2000 年版。

（51）程正方编著：《现代管理心理学》，北京师范大学出版社 2009 年版。

（52）郑全全、俞国良编著：《人际关系心理学》，人民教育出版社 1999 年版。

（53）叶奕乾等编著：《图解心理学》，江西人民出版社 1982 年版。

（54）周昌忠编译：《创造心理学》，中国青年出版社 1983 年版。

（55）王极盛编著：《科学创造心理学》，科学出版社 1986 年版。

（56）孙钱章主编：《现代领导方法与艺术》上、下册，人民出版社 1998 年版。

（57）华罗庚、钱伟长、张宝生等编著：《管理现代化研究和实用教材》，湖南人民出版社 1981 年版。

（58）丘成桐、杨乐、季理真主编：《数学与人文》，高等教育出版社 2010 年版。

（59）丘成桐、杨乐、季理真等主编：《数学与生活》，高等教育出版社 2015

年版。

（60）章祥荪著：《管理信息系统的系统理论与规划方法》，科学出版社 2001 年版。

（61）郭田德、韩丛英、唐思琦著：《组合优化机器学习方法》，科学出版社 2017 年版。

（62）韩伯棠主编：《管理运筹学》，高等教育出版社 2005 年版。

（63）钱颂迪等编著：《运筹学》，清华大学出版社 1990 年版。

（64）袁亚湘、孙文瑜著：《最优化理论与方法》（计算数学），科学出版社 1997 年版。

（65）魏权龄、闫洪著：《广义最优化理论和模型》（数量最优化研究），科学出版社 2000 年版。

（66）［美］蒋中一著：《动态最优化基础》，商务印书馆 1999 年版。

（67）中国科学院数学研究所编著：《优选法》，科学出版社 1975 年版。

（68）严智泽等编著：《创造学新论》，华中科技大学出版社 2002 年版。

（69）甘自恒编著：《创造学原理和方法》，科学出版社 2003 年版。

（70）［英］贝弗里奇编著：《科学研究的艺术》，陈捷译，科学出版社 1979 年版。

（71）［美］加里·德斯勒编著：《人力资源管理》，吴雯芳、刘昕译，中国人民大学出版社 2005 年版。

（72）［美］叶纳编著：《职业生涯规划》，刘红霞、杨伟国译，机械工业出版社 2011 年版。

（73）［美］马克·赫斯切著：《管理经济学》，李国津译，机械工业出版社 2007 年版。

（74）［美］尼萨·拉培·伍、杰克·安廷·伍著：《现代实用管理学入门》，翁延真等译，科学技术文献出版社 1989 年版。

（75）［美］朱·弗登博格、［法］让·梯若尔著：《博弈论》，黄涛等译，中国人民大学出版社 2002 年版。

（76）［美］阿尔文·托夫勒著：《第三次浪潮》，朱志焱等译，新华出版社 1996 年版。

（77）［美］菲利普·R. 哈里斯、罗伯特·T. 莫兰著：《跨文化管理教程》，关世杰主译，新华出版社 2002 年版。

（78）［美］丹尼尔·雷恩著：《管理思想的演变》，赵睿等译，中国社会科学出版社 2000 年版。

（79）［德］雅斯贝尔斯著：《历史的起源与目标》，魏楚雄、俞新天译，华夏出版社 1989 年版。

（80）［挪威］埃里克·纽特著：《未来学》，于芳译，华文出版社 2009 年版。

（81）《中国社会科学》《新华文摘》《自然辩证法研究》《哲学研究》《世界哲学》《哲学动态》《中国管理科学》《运筹学学报》《系统工程学报》《未来与发展》等。

（82）英国《自然》，美国《科学》等。

（二）

（1）张瑞甫、张倩伟、张乾坤著：《人生最优学新论》，人民出版社 2015 年版。

（2）张瑞甫著：《社会最优化原理》，中国社会科学出版社 2000 年版。

（3）张瑞甫著：《人生最优化原理》，山东人民出版社 1991 年第 2 版。

（4）张瑞甫主编：《中外名人的人生之路：人生最优化相关范例评介》，内蒙古人民出版社 2010 年版。

（5）张倩伟、张伦传编著：国家"十三五"重点出版物出版规划项目（名校名家基础学科系列）《微积分》（经济类），机械工业出版社 2021 版。

（6）张倩伟、张伦传编著：《数学分析》（上、下册），清华大学出版社 2015、2017 年版。

（7）张瑞甫、李明远、张倩伟：《科学管理是定性与定量有机整合的过程》，《人民日报》2005 年 5 月 23 日。

（8）张瑞甫：《自私不是人的本性的哲学证明》，《光明日报》1990 年 11 月 12 日，《新华文摘》1991 年第 1 期。

（9）张瑞甫：《论个人利益的正确导向》，《中国教育报》1994 年 2 月 9 日，《新华文摘》1994 年第 4 期。

（10）张瑞甫：《利益的多元建构及其系统整合》，《中国教育报》1994 年 10 月 19 日。

（11）张瑞甫：《略论人生的价值重在社会贡献》，《中国教育报》1994 年 1 月 12 日。

（12）张瑞甫：《中国特色社会主义价值导向建构的深层思考》，《新华文摘》1994 年第 11 期。

（13）张瑞甫：《管理职能的通用最优化方略论析》，《北京大学学报》2007 年

10 月（专刊）。

（14）张瑞甫：《社会最优化原理初论》，中国人民大学复印报刊资料《新兴学科》1999 年第 2 期。

（15）张瑞甫：《自然科学与社会科学联盟的哲学思考》，《齐鲁学刊》1988 年第 3 期。

（16）张瑞甫：《民主与自由的哲学沉思》，《当代马克思主义理论与实践》，中国广播电视出版社 1991 年版。

（17）张瑞甫：《再论社会主义人性规律》，《齐鲁学刊》1986 年第 6 期。

（18）张瑞甫：《传统发展观质疑》，《晋阳学刊》1987 年第 2 期。

（19）张瑞甫、张乾坤、包艳：《人生和社会最优化思想与儒学相关理念探讨》，《第一届世界儒学大会学术论文集》，文化艺术出版社 2009 年版。

（20）张瑞甫、钱荣英、张乾坤：《儒学相关思想与科学发展观的内在联系及应有最优化取向》，《第二届世界儒学大会学术论文集》，文化艺术出版社 2010 年版。

（21）张瑞甫、张倩伟、张乾坤：《现代管理最优化理论与儒家相关思想及其内在联系》，《第四届世界儒学大会学术论文集》，国家文化部、山东省人民政府主办。

（22）张瑞甫、张倩伟、张乾坤：《儒家的"中极和合"哲学与现代最优化理论》，《第五届世界儒学大会学术论文集》，国家文化部、山东省人民政府主办。

（23）张瑞甫、钱荣英、张乾坤：《语言最优化初论》，《现代语文》（语言版）2009 年第 2 期。

（24）张瑞甫、张倩伟：《定性最优化与定量最优化的优缺点及其互补整合》，《国际教育周刊》2006 年第 3 期。

（25）张瑞甫、张倩伟：《人生最优化的哲学论析》，《齐鲁学刊》2016 年第 6 期。

（26）张瑞甫、张乾坤：《略论新时代中国特色社会主义文化建设的最佳方略》，《山东社科论坛论文集》2018 年 9 月。

（27）张瑞甫、张乾坤：《略论思政课的循序渐进与科学实效性》，《山东教育》（高教版）2019 年 6 月。

（28）张瑞甫：《新时代教师的使命担当》，《山东教育》（高教版）2019 年 9 月。

（29）张倩伟：《最优生产规模的 DEA 方法》，《统计与决策》2007 年第 19 期。

（30）张倩伟：《生产前沿面的规模收益结构分析》，《统计与决策》2010 年第 14 期。

（31）张倩伟：《规模收益状况的动态因素分析》,《数学的实践与认识》2010年第 16 期。

（32）张倩伟、魏权龄：《关于 DEA 的有效性"新方法"的探讨》,《数学的实践与认识》2007 年第 22 期。

（33）魏权龄、张倩伟：《DEA 的非参数规模收益预测方法》,《中国管理科学》2008 年第 2 期。

（34）Zhang Qianwei, Gao Jinwu. Fuzzy DEA with Series Network Structure. Advanced Science Letters, 2012, in press.

（35）ZhangQianwei, Yang Zhihua. Nonparametric Statistical Method—the Applications of DEA in Factor Analysis of Congestion Phenomenon. Conference Proceedings of2009International Institute of Applied Statistics Studies, Qingdao, CHINA, 2009.

（36）张乾坤：《再论语言最优化问题》,《现代语文》（综合版）2013 年第 4 期;《新华文摘》2013 年第 19 期摘要。

（37）张乾坤：《论文写作的语言风格论析》（硕士学位论文），2013 年中国知网。

（38）张乾坤：《"立德树人"的深度考析》,《文化学刊》2015 年第 11 期。

（39）张乾坤：《略论"人生出彩"》,《文化研究》2015 年第 10 期。

后　记

"看似寻常最奇崛，成如容易却艰辛。"著书难，著原始创新之书、新兴学科之书更难。但是，"书山有路勤为径，学海无涯苦作舟。"只要目标明确，大胆创新，方法科学，艰苦奋斗，信心百倍，持之以恒，再大的困难也能够战胜！

呈现在读者面前的这部书，不仅是国家社会科学基金后期资助项目新兴学科的标志性研究成果，而且是作者殚精竭虑研究和撰写十多年之久的又一部原始创新力作；它既是作者的全国和省部级奖图书《人生最优化原理》《社会最优化原理》《人生最优学新论》的姊妹作，最优学五部曲《人生最优化原理》（人生最优学原理）、《社会最优化原理》（社会最优学原理）、《中外名人的人生之路：人生最优化相关范例评介》《人生最优学新论》《最优学通论》的第五部，也是最优学新兴学科全面诞生的又一宣言书。

作为文理多学科交叉，天文地理、人伦日用多有所及的原始创新著作，需要查阅的古今中外相关文献资料卷帙浩繁，需要搜集整理的相关知识信息浩如烟海，而真正有借鉴价值和可供直接引征的元素却异常散乱疏离，少之又少。作者不得不对本书整体进行全方位苦苦探索，系统化精心构思，对选题、书名、目录、内容、体系、字词、句段反复研究推敲，对大量思想观点、行文论述倾力创造。可以说，该书从确定选题、拟定题目、撰写提纲，到查阅搜集整理相关资料信息、动笔写作、修改定稿，无时无处不浸润着作者的心血和汗水。仅目录、提纲、绪论的写作，即历时一年，三易其稿，五次大动。

本书的部分内容自 2007 年以来，曾给我校多届博士生、高校在职教师攻读硕士学位硕士生和教育硕士生、普通硕士生、本科生，以及校内外教师培训班讲授过，且产生强烈共鸣，受到广泛欢迎。其中，少量内容，已以论文形式在《人民日报》《北京大学学报》《新兴学科》《齐鲁学刊》《现代语文》《世界儒学大会学术论文集》等报刊、大会文献公开发表，95%以上的内容为首次公开出版。

国家社会科学基金项目评委、全国哲学社会科学工作办公室、山东省社会科学规划管理办公室、曲阜师范大学社会科学处的有关领导和负责同志，对本书的立项给予了大力支持。著名哲学家、马克思主义理论家、中共中央党校原副校长、《求是》杂志原总编邢贲思教授，国际著名哲学家、美国哈佛大学博士、夏威夷大学成中英教授，著名运筹学专家、中国科学院大学数学科学学院执行院长、博士生导师郭田德教授，在百忙中审阅了部分书稿，并欣然赐序或亲笔题词。人民出版社原副总编于青、侯俊智主任、程露编辑，对本书的出版给予热情关照。中共山东省委宣传部副部长、省文明办主任刘宝莅女士，中共山东省委教育工委、省教育厅有关领导，中共曲阜师范大学党委宣传部、社会科学处、《现代语文》编辑部、《曲阜师大报》编辑部等有关领导和同志，《新华文摘》社原社长李椒元编审，著名伦理学家罗国杰教授的夫人张静贤老师，对本书的姐妹作《人生最优学新论》的立项、出版、评介、评奖，给予了大力帮助。山东社联主席、山东社会科学院院长刘蔚华教授，山东人民出版社崔同顺社长、宋强编辑，中国社会科学出版社王浩总编、任明编审，《中国社会科学》杂志编审、当代中国出版社唐合俭总编，山东工业大学（后并入山东大学）党委书记程汉邦教授，山东省伦理学会会长、山东大学哲学系主任臧乐源教授，以及北京大学、中共中央党校、中国社会科学院等单位的著名专家教授，对该书的前两部姐妹作

《人生最优化原理》《社会最优化原理》的出版、评介，给予了宝贵支持。中央人民广播电台、《人民日报》《光明日报》《中国教育报》《中国青年报》《中国新闻出版广电报》《中华读书报》《哲学动态》《道德与文明》《新兴学科》《科学中国人》《写作》《中国优秀创新成果通报》《20世纪哲学文库》，以及新华网、人民网、光明网、中国报道网、国家新闻出版总署网、"中国图书网"，"京东""当当""淘宝""亚马逊"等30多家国家权威电台、报刊、图书、国内国际大型网站，对《人生最优化原理》《社会最优化原理》《人生最优学新论》给予了报道评介、大力宣传。三书，先后获中央宣传部、国家新闻出版署、中国社会科学院、共青团中央、中国版协、山东省人民政府、中共山东省委教育工委、山东省教委、山东省教育厅等评定的9项全国优秀图书、省部级和地厅级优秀社会科学成果一、二等奖；其中6项一等奖。

借此机会，特向支持、关照、帮助"最优学五部曲"立项、赐序、题词、出版、发行、报道、评介、宣传、评奖的所有评委、恩师和广大读者，致以崇高的敬意和衷心的感谢！向大力支持《人生最优化原理》《社会最优化原理》出版的已故国学大师、哲学泰斗、北京大学张岱年教授，著名哲学专家山东社联主席、山东社会科学院院长刘蔚华教授，向热情帮助《人生最优学新论》出版的已故著名伦理学家、教育部思想政治教育指导委员会副主任、国务院学位委员会哲学组召集人、中国人民大学罗国杰教授，表示深切怀念！

读者是"上帝"，专家为"圣人"，实践是检验真理的唯一标准，学术创新价值与社会效益是本书写作、出版的目的。由于本书的原创尝试性和作者的条件水平所限，像其他任何原创力作、新兴科学一样，缺点错误在所难免。本书的好坏优劣、是非曲直还仰仗"上帝"评介，依靠"圣人"指点，有待"实践"检验，更期产生应有"学术创新价值"和理想化"社会效益"。

未觉人生春华梦，却见岁月秋风景。人生易老，岁月无情；十年时光，如梦如幻，霜染鬓发，年逾半百。作者虽非不休不眠不食人间烟火、没有七情六欲的圣灵尤物、人间另类，但却常因潜心研究和倾力撰著此书废寝忘食、一日两餐甚至一餐，忙得不可开交。往事历历难以回首，今情切切任重道远；来日匆匆不敢懈怠，岁不饶人催人奋进！

伟人自有伟人之道，常人自有常人之理。常人虽不比伟人，但我却一直以伟人为榜样，坚守尽人事而任自然之信条，一些方面"虽不能至，然心向往之"，甚至为了探求真理、弘扬正义、彰显正能量、追求效益最大化知其不可为而为之。时光可以改变人的容颜，但却难以撼动人的初心。凭天地良心为人处事，持科学态度仗义执言，借三尺讲台奉献社会，以学术创新造福人民，一直是我不变的人生信念、永恒的事业追求。

作者坚信，未来的生活必定无比美好，未来的前景必将无限光明！走自己的路，让历史见证；走学术创新之路，让世人评说；走最优化之路，必定走向无限光辉灿烂的未来！

张瑞甫

2007 年"五四"青年节启笔于北京大学

2021 年"五一"国际劳动节定稿于曲阜师范大学